– Schauplätze dieses Buches –
Vorkommen von Reptilien

Verzauberte Welt der Reptilien

Klaus Zimniok

Verzauberte Welt der Reptilien

Abenteuer · Erlebnisse · Erkenntnisse

Vorwort Heinz Sielmann

Meyster

Meiner Frau in Dankbarkeit gewidmet

Dank

Viele haben mir geholfen und zum Gelingen dieses Buches beigetragen. Ihnen allen meinen aufrichtigen Dank: Heinz Sielmann für das Vorwort, dem Verlag, Andreas Hopf und der Offizin – für die Gestaltung des Buches und die vielen guten Ratschläge – und den Reptilienliebhabern, die Fotos von ihren Erfahrungen einbrachten, wie meine Freunde Alexander Kubetz und Karlheinz Bässler.

Zu danken habe ich auch für familiäre Hilfe: Meiner Frau, die die Reptilien um sich duldet und sogar Schlangen anfaßt, die es zu fotografieren oder zu operieren gilt, und meiner Tochter Gabi für ihre einfühlsame Pflege, die sie meinen Reptilien während meinen Studienreisen in ferne Länder angedeihen ließ.

Zum Schluß ein Gedenken aller der Schlangen, Echsen, Krokodilen und Schildkröten, die, waren sie mir freundlich oder feindlich gesinnt, dieses Buch ermöglichten.

1. Auflage 1979
M 20

Konzeption und Lektorat
Offizin Hopf & Partner, München
Redaktion Barbara Scriba-Sethe
Umschlag Zembsch' Werkstatt
Gestaltung des Bildteiles Günther Plass
Papier und Gesamtherstellung
Salzer - Ueberreuter, Wien
ISBN 3-7057-2004-X
Printed in Austria 1979

Inhalt

Bei Namen in Kursivschrift enthält das Literaturverzeichnis nähere Angaben.

Vorwort

Auf unserer Erde leben rund 2700 Arten Schlangen, über 3000 Arten Echsen und etwa 220 Arten Schildkröten. Mit 23 Arten haben sich die Krokodile in unsere Zeit herübergerettet. Die Brückenechse, ein sogenanntes »lebendes Fossil«, das schon vor über 220 Millionen Jahren über die Erde kroch, hat auf einigen Inseln vor Neuseelands Küste beinahe unverändert überdauert. Über die Reptilien der Urzeit und insbesondere über die untergegangenen Dinosaurier geben Funde Aufschluß. Diese Tiere beherrschten in der »goldenen Zeit der Reptilien« Land und Meer. Auch unsere lebenden Reptilien sind eine Tiergruppe besonderer Eigenart und von schillernder Vielfalt im Ansehen der Menschen und der verschiedenen Völker.

Reptilien faszinieren mich von Kindheit an. So hatte ich schon als Schulbub mehrere Terrarien, in denen ich nicht allein unsere einheimischen Schildkröten und Eidechsen, sondern auch Schlangen betreute. Vor den Toren von Königsberg, in Ostpreußen, wo ich aufgewachsen bin, gab es noch naturnahe Landschaften, in denen zahlreiche Reptilien leben. Für einen passionierten Buben ein herrliches Gebiet zum Beobachten und Sammeln.

Auf einer meiner Exkursionen passierte mir ein Mißgeschick. Auf einer Waldlichtung entdeckte ich eine einfarbige braune Schlange, die ich für eine harmlose Schlingnatter hielt. Natürlich wollte ich sie für mein Terrarium einfangen. Als ich mich vorsichtig näherte, eilte sie in ein Mauseloch. Beim Zuspringen bekam ich gerade noch den Schwanz zu fassen und zog sie behutsam heraus. Kaum war das geglückt, biß sie mich in den rechten Zeigefinger, und ich erkannte mit Schrecken an dem kurzen Abstand von Schwanzspitze zur Kloake, daß ich keine harmlose Schlingnatter, sondern eine ungemusterte Farbvariante der Kreuzotter in der Hand hatte. Ich band den Finger mit einem Schnürsenkel ab und radelte, so schnell ich konnte, nach Hause. Dort bekam ich vom herbeigerufenen Arzt eine kleine Injektion und den ersten Kognak meines Lebens. Der Kreuzotternbiß in meiner Kindheit hat mir

nicht geschadet, auch meine Bewunderung für diese Reptilien wurde dadurch nicht geschmälert. Ich machte mir aber zum Grundsatz: Man fasse keine Schlange an, die man nicht kennt!
Die Schlange ist manchem immer noch Botin der Finsternis, Sinnbild des Zornes und der Sünde, von Tücke und Verrat. Ein mit magischen Vorurteilen belastetes Tier. Krokodile gelten als menschenfressende Bestien und, leider, in der Lederwarenindustrie als besonders chic. Selbst das Bild mancher Echse ist getrübt von überkommenem Aberglauben.
Unsere Zeit beginnt langsam, die Mannigfaltigkeit und Schönheit der Reptilien, die Vielfalt der Farben und Formen zu würdigen und ihre Eigenart und ihr bislang noch zu wenig erforschtes Verhalten zu begreifen.
Die Reptilienhäuser unserer Zoos und nicht minder die ständigen Schlangen- und Reptilienausstellungen in vielen Städten überall in der Bundesrepublik Deutschland faszinieren immer mehr Besucher und zeugen von allgemeinem Interesse. Immer mehr Menschen verfallen dem Zauber dieser einzigartigen Tiere. Und immer mehr Liebhaber pflegen und hegen sie in ihren Terrarien und sind sogar den meistgefürchteten Schlangen zugetan.
Klaus Zimniok ist einer von ihnen. Er hat sich ein Leben lang mit Reptilien befaßt, sie und ihr Verhalten in seinen vielen Terrarien beobachtet und ist ihnen auch dort nachgegangen, wo sie zu Hause sind: in Afrika, Süd- und Nordamerika ebenso wie in Südostasien, auf verlorenen Inseln in Weltmeeren und anderswo.
Dies alles hat ein Buch von besonderem Reiz gelingen lassen, das die Verfemten und Verfolgten des Tierreichs fesselnd jedem nahebringt. So und nicht anders sind diese Tiere! Des Verfassers Abenteuer und Erlebnisse mit ihnen und die anderer Forscher und Wissenschaftler, die zuweilen mit dem Leben bezahlten, geben einen wirklichen Einblick in eine Welt voller Geheimnisse.
Der Mythos von Schlange und manch anderem Reptil wird aufgezeigt und ein weiter Bogen gespannt von der Antike bis in unsere Zeit, von den heiligen Krokodilen der alten Ägypter bis zu den Tänzen der Hopiindianer mit Klapperschlangen, vom alttestamentarischen Fluch über die Schlange bis zur halbgöttlichen Verehrung der Kobra bei frommen Hindus, die in ihr eine Offenbarung ihres Gottes Schiwa sehen.
So bekommen wir eine Anschauung von der Welt der Reptilien in einer Gesamtschau von Abenteuer und Erleben in Tropen und Subtropen, von naturwissenschaftlichen Erkenntnissen und geisteswissenschaftlichen Fakten ebenso wie von der Sorge und Liebe der Terrarianer zu ihren Hausgenossen.
Dies alles macht das Buch zu einer spannenden wie wertvollen Lektüre. Es ist – und das macht es mir auch persönlich wichtig – ein Plädoyer für ein verkanntes Tier, das vielleicht durch dieses Buch neue Freunde gewinnt.

Heinz Sielmann

Erstes Kapitel

Ins Reich der Reptilien

Die Einstellung zu Reptilien

Gott erschuf die Schlange und verfluchte sie: »Weil du dies getan hast, sei verflucht aus allem Vieh und allem Getier des Feldes! Auf deinem Bauch sollst du kriechen und Staub fressen dein Leben lang« (Genesis 3,4). Zumindest letzteres pflegen Schlangen nicht zu tun. Sie sind auch nicht listig, wie die Bibel meint, und weder heimtückisch noch verschlagen, vielmehr in Menschenhand oft zutraulich, ja liebenswürdig.

Adam und Eva gingen, die Schlange ringelte sich aus dem Paradiese in die Welt – mit gespaltener Zunge prüfend, was sie erwarte, ob sich der Fluch erfülle. Die Einstellung zum Reptil, verfemt von den einen, in Terrarien sorgsam behütet von anderen, reicht von Furcht zu Begehren, von Verabscheuung bis Bewunderung.

Den einen ist die Schlange »kriechende Verkörperung von Tücke und Verrat«, ein »gottfeindliches Wesen«, belastet mit dem Fluch aus biblischer Zeit, satanischer Ausdruck maliziöser Feindseligkeit gegen die Menschen, die ihr Anblick versteinern läßt. Sie sind starr entsetzt, unfähig, sich abzuwenden. Anderen bedeutet sie Schönheit des Bösen. Viele sind von ihr gefesselt, von der Geschmeidigkeit des Körpers, der unnachahmlichen Pracht ihrer Farben und fasziniert von der Einmaligkeit des Wesens. Den Schlangenfreunden ist sie ein liebenswerter Pflegling.

Eine im Tierreich einzigartige Bandbreite!

Gibt es vielseitigere Tiere als Reptilien? Ihr Name leitet sich aus dem lateinischen »repere«, kriechen, her, obgleich durchaus nicht alle das tun. »Kriechtiere« wühlen, schwimmen, gleiten von Ast zu Ast, fliegen, brechen durch Bambusdickicht und greifen an. Sie verfolgen manches, nur nicht den Menschen. Sie ernähren sich von vielem: vom Mehlwurm bis zur Gazelle, von Käfern und Pflanzen, vom Vogelküken bis zum Reiher, von Fischen, Mäusen, Ratten, Eiern, ja sogar von ihresgleichen. Der Mensch steht nicht auf ihrem Speisezettel.

Wie sind sie wirklich, diese Reptilien? Abenteuer, Erlebnisse und Erkenntnisse eines Lebens mit und unter ihnen geben eine Antwort.

Vor mir im Wohnzimmer zwei hellbeleuchtete Terrarien, von Grünpflanzen umrankt. Eine verzauberte Welt aus Glas, Licht und Leben.
Das obere bewohnen fünf Schlangen. Zwei kindsarmdicke Königspythons erfreuen sich genüßlich zusammengeringelt der Wärme der Lichtstrahlen. Ihre Köpfe liegen auf einem Rindenstück. Ihre starren Augen glitzern. Zwei Haitiboas kriechen züngelnd im Geäst. Die rostbraun und hellrot gefleckten Körper bringen Farbe in den kleinen Ausschnitt einer tropischen Landschaft. Eine Sandboa lauert auf Beute. Sie ist völlig in Torfmull eingegraben, nur Nase und Augen lugen hervor.
Im Terrarium darunter zwei große Warane aus dem Mangrovenurwald Sumatras. Sie wirken wie verkleinerte Abbilder stolzer Saurier längst vergangener Zeiten. Einer schläft, der andere verfolgt mit klugen Augen jedes Tun im Zimmer. Stehe ich auf, so auch er, tastet mit tiefgespaltener Zunge vorwärts, kratzt an der Scheibe und erbittet Ausgang.
Mein Hund döst bei mir, die Schnauze auf die Vorderbeine gelegt. Es mag überraschen, den Hund, unser beliebtestes Haustier, von alters her in menschliche Gemeinschaft aufgenommen, mit Reptilien auf eine Stufe gestellt zu sehen. Gewiß, diese sind wechselwarm, sie beziehen ihre Wärme aus der Umwelt, erscheinen den meisten geheimnisvoll, wenn nicht unheimlich. Zoologisch mag sie Welten trennen. Und dennoch: Hält man einen Waran als Haustier frei im Zimmer, erkennt man bald Intelligenz, die, wenn auch anders strukturiert, der eines Hundes in manchem nur wenig nachsteht. Auch der Waran ist tierische Hochform.

Saurier

Die größten Tiere, die im Zeitalter der Saurier vor mehr als hundert Millionen Jahren über unsere Erde gingen, waren Reptilien. Manche über zwanzig Meter lang, mehr als sechs Meter hoch und schwerer als zehn Elefanten, beherrschten sie damals in ihrem goldenen Zeitalter stampfend, fliegend und schwimmend die Erde, während die wenigen schon vorhandenen Säugetiere, die von Reptilien abstammen, kaum die Größe eines Hundes erreichten.
Doch nicht allein von diesen Giganten ihres Geschlechts, sondern vornehmlich von den Reptilien unserer Zeit, nicht minder geheimnisumwittert, von Schlangen, Echsen, Schildkröten und Krokodilen, den Todesbringern, Bösewichten wie Sanftmütigen, erzählt dieses Buch, zeigt ihre Gewohnheiten auf und sieht sie als Teil unseres Daseins und meines Erlebens. Es geht dem Mythos der Schlange und manch anderem Reptil nach und spannt einen weiten Bogen von der Antike bis in unsere Zeit.

Schlangenfurcht

Keine anderen Tiere standen und stehen derart im Widerstreit weltweiter Anschauungen, je von Kulturkreis zu Kulturkreis verschieden, werden als verderbenbringende Geschöpfe, als Inkarnation des Bösen, verachtet, gefürchtet, verfolgt, zertreten und gleichzeitig geliebt, göttlich verehrt, ja heiliggesprochen. Das überrascht nicht. Der Mensch verbrachte einen Großteil seiner Entwicklungsgeschichte umgeben von Reptilien und war gezwungen, sie seiner geistigen Welt ein- und seiner körperlichen unterzuordnen. Auch heute noch rufen sie tiefste Erinnerungen im Menschen wach, zum Bösen aber auch zum Guten. Sind es nicht Urinstinkte, die hervorbrechen, sehen wir eine Schlange? Es gibt viele andere Erklärungen: Die Furcht sei nicht angeboren, sondern anerzogen. Weil sie kriechen, schleichen, sich winden, verabscheue man sie aus einer tiefsitzenden Abneigung. Es gelte das »Gesetz des Winkels«. Je mehr ein Tier dem Menschen ähnle, gar aufrecht geht, um so sympathischer sei es ihm, sagen die Psychologen. Einem »angeborenen, auslösendem Mechanismus« schreiben es die vergleichenden Verhaltensforscher (Lorenz, Koenig) zu, findet man die Kopfproportionen von Wüstenspringmaus, Pekinesen, Rotkehlchen, Taube und Waldkäuzchen »niedlich« wie die eines Kindes. Damit können Schlangen allerdings nicht dienen. Ein Kleinkind spielt noch unbeschwert mit ihnen, ein Reptilienliebhaber wieder, aber ein in Gefangenschaft geborener Affe, der vorher nie mit einer Schlange in Berührung kam, fürchtet sich vor ihnen wie wir uns vor Giftschlangen. Doch die moderne Serumbehandlung hat den Giften viel ihres Schreckens genommen.

Mögen die Meinungen auch auseinandergehen, die Phantasie des Menschen beschäftigten Reptilien außerordentlich.

Schlangen in Sagen, Mythen und Religion

Die Schlange ist Glücksbringerin und Schatzhüterin in vielen unserer Märchen und Sagen und zeigt abwechselnd gute und schlechte Eigenschaften. Sie nagt an den Wurzeln der Weltesche Yggdrasil und beschleunigt den Weltuntergang. Ihr wohlgesonnenen Menschen teilt sie huldvoll reiche Gaben zu, macht sie unverwundbar, läßt sie siegen und sogar die Sprache der Tiere verstehen.

Schlangen erwürgten Laokoon und seine beiden Söhne, inspirierten einen spätantiken Bildhauer zu seiner Marmorskulptur und Lessing zu seinem »Laokoon«. Herkules mußte im Lernäischen Sumpf mit den Schlangenköpfen der Hydra um sein Leben ringen und Wotan mit seinem Speer gegen ein Schlangenungetüm, ehe es sein Pferd Sleipnirs unter die Hufe bekam, wie es das Hornhäuser Reiterstandbild zeigt.

Und peitschten nicht die Erinnyen Rechtsbrecher durch das Dunkel ihrer Verbrechen? Führten nicht Schlangen im Hain von Epirus, von zarter Priesterinnen Hand gespeist, Apollons göttliche Befehle aus? Vishnu, höchster der Hindugötter, meditiert bis zur Zeit seiner nächsten Inkarnation, der Welt kosmisch entrückt, auf dem Körper einer edlen Kobra, der Weltschlange, deren sieben Köpfe ihn beschirmen und beschatten. Bei seiner dritten Inkarnation nahm er die Gestalt einer Schildkröte an.

Das Schlangenlabyrinth in Dantes Hölle könnte schrecklicher nicht sein. Schlangen winden sich um die armen Sünder, fesseln Arm und Bein, pressen Hals und Kopf, durchdringen Nieren und Eingeweide und fließen vorn zum

Knäuel zusammen: »E il capo, ed erau dinanzi aggroppate...« (24. Gesang). Eine infernalische Vision der Verachtung christlichen Denkens für die Schlange, Mitschuldige bei der Vertreibung aus dem Paradiese und an der Erbsünde.

Doch die Schlange ist nicht ewiger Verdammnis anheimgegeben, kein bleibendes Relikt einer wohlausstaffierten christlichen Hölle. Im Fegefeuer entdeckt Dante die Verführerin Evas; Augustinus und Thomas von Aquin, die angesehensten Kirchenväter des Mittelalters, untersuchen gelehrt, wie die Übeltäterin aussah, weichen jedoch im Ergebnis voneinander ab. So bleibt auch dieses, wie so vieles, offen.

Fegefeuer bedeutet Läuterung und Vorstufe zur Erlösung. So sollte den Schlangen und anderen Reptilien auch bei uns Gerechtigkeit widerfahren, und sie sollten sich der Wertschätzung erfreuen, die andere Kulturen ihnen von jeher zuerkennen.

Reptilien im Ansehen der Völker

In alten, längst vergangenen Zeiten haben Menschen göttlich verehrt, was sie fürchteten. Krokodile waren den alten Ägyptern heilig, sie balsamierten sie ein und bestatteten sie mit allen Ehren.

Den Azteken schwebte Gott Quetzalcoatl als gefiederte Schlange in dunkelverhangenen Wolkenbänken und brachte Regen und Fruchtbarkeit.

Den alten Griechen galt die Äskulapnatter als Lieblingstier des Gottes der Heilkunst Asclepios, der sie als Zeichen seiner Macht trug. Ja, diese Schlange soll selbst heilende Kräfte besessen und Rom zu Zeiten der Konsuln Fabius und Brutus von der Pest befreit haben.

Abermillionen Hindus verehren noch heute die Kobra als halbgöttliches Wesen und als eine Offenbarung des Gottes Schiwa, weihen sie in Tempeln und feiern ihr zu Ehren im Juni jeden Jahres das Kobrafest »Nag-Panchami«.

In den Tempeln Malaysias verheißen Lanzenottern Gläubigen Glück und Frieden.

Moses hißte auf Geheiß des Herrn eine eherne Schlange am Stabe, auf daß ihr Anblick jeden heile, der von einer Schlange gebissen worden war.

Das Verhältnis der Araber zu Schlangen ist zwiespältig wie das Mohammeds. Ihm waren Schlangen »Dschinnen«, böse – und als Hausschlangen gute Geister. Als jemand in Medina eine erschlug, kam er dabei um. Er mußte sich an einem guten, zum Islam übergetretenen Dschin vergriffen haben, mutmaßte Mohammed.

Die Ainu, Ureinwohner Japans, töteten Schlangen nicht. Sie sahen in ihnen böse Geister, die aus der Unterwelt kamen, wo sie in Menschengestalt Häuser und Gärten bewohnten und sich von Tau nährten. Der Geist einer ermordeten Schlange schlich sich in Herz und Gemüt ihres Mörders und trieb ihn in den Wahnsinn.

Nach altdeutschem Brauch brachte eine Schlange Regen, hing man sie nur in die richtige Richtung. Die Heilkraft mancher Quellen schreiben schwedische Bauern weißen Schlangen zu, die angeblich im Wasser hausen.

In Südafrika erkennen Zulus und Kaffern in Schlangen die Seelen ihrer Vorväter, die ihnen gute oder böse Träume schicken.
Viele Tage dauert der Tanz der Hopiindianer mit Klapperschlangen, die als Sendboten zum Gott der Unterwelt um Regen bitten. Es bedarf dazu kultischer Riten der Priester. Sie tragen Schlangen im Munde und tanzen.
Die Krokodile im Teich bei Karatschi sind Hohe Priester, denen Pilger Verehrung erweisen und fromme Sprüche auf die Stirn kritzeln.
Mönche in Thailand sammeln in heiligen Teichen Tempelschildkröten, sind es doch die Seelen Verstorbener.
In aller Welt hegen und pflegen Tausende von Liebhabern Reptilien in ihren Terrarien, beobachten und vermehren sie, sind ihnen freundschaftlich zugetan und haben viel Freude.
Ich bin einer von ihnen.

Meine Tiere

Schon mit acht Jahren fing ich mir Blindschleichen und dann Eidechsen und Ringelnattern. Meine Mutter mißtraute dem »Gewilper« und hielt es je nach Färbung und Gestalt für giftig. Die Tiere durften nicht in die Wohnung, sondern fanden ihr Domizil in der Waschküche mit den hölzernen Bottichen und heizbaren Kesseln. Derartiges und die wöchentlich einmal auftauchenden und meine Pfleglinge vertreibenden Waschfrauen gab es damals nach dem Ersten Weltkrieg noch.
Ich bin nie mehr losgekommen von der eigenartig faszinierenden Welt der Reptilien – möchte nicht mehr missen, von meinen Waranen begrüßt zu werden, meine Skinke um mich zu haben, die mir tolpatschig entgegenkraxeln, meine Wasserschildkröten, die bettelnd zur Scheibe schwimmen und behutsam Herzfleisch aus den Fingern nehmen. Und nicht zu vergessen meine Schlangen, die sich räkeln, ringeln, zischen und vertrauensselig die Wärme meiner Hand oder das Futter in ihr suchen – nur die ungiftigen, die anderen dürfen das nicht. Die Schwimmkünste meiner Wassernattern fesseln mich noch ebenso wie die meiner ersten Ringelnatter.
Meine Tiere leben jetzt mit allen Errungenschaften moderner Technik. Sie verteilen sich auf über zwanzig Terrarien je nach ihrer Verträglichkeit untereinander und ihren Lebensansprüchen gemäß ihrer Herkunft aus brennendheißen Wüsten, regendampfendem Dschungel, Ozeanen südlicher Breiten, dürren Steppen und Savannen kärglichen Bewuchses, subtropischen oder gemäßigten Klimaten. Einen großen Teil brachte ich von Studienreisen aus fernen Erdteilen mit.
Ob in Afrika, Indien, Thailand, Japan, Nord- oder Südamerika, auf Ceylon oder anderswo, überall interessierte ich mich für die Reptilien und ihre Biotope voll exotischer Schönheit. Urwald und Dschungel nahmen mich auf, war ich auf Fang aus. Und nicht zuletzt hatten es mir die Menschen angetan, die mit Reptilien umgehen. Sind es versponnene Sonderlinge?
Alles andere als das! Liebhaber, Zoologen und Ärzte gaben mir ihr Wissen und ihre Erfahrungen weiter, Schlangenfänger nahmen mich in unwirtliche

Landstriche mit, einfache Menschen erzählten mir von Abenteuern und Erlebnissen, und Schlangenbeschwörer weihten mich in ihre Geheimnisse ein.

Reptilienpsychologie

In diesem Buch wird dem oft rätselhaft geheimnisvollen Verhalten der Reptilien nachgegangen. Und es interessieren nicht nur die Fakten: Eine Brillenschlange wiegt sich zu Tönen, die sie gar nicht hören kann. Eine Königskobra, stolz aufgebäumt zum zustoßenden tödlichen Biß bereit, läßt sich von einem Hindumädchen küssen. Wie ist dies wissenschaftlich zu erklären? Warum sind Pythons bei Schlangentänzerinnen lammfromm? Warum und wann beißt eine Schlange zu und nimmt eine andere Futter aus der Hand des Menschen? Krokodile rotieren mit der Beute unter Wasser. Chamäleons und manche Agamen und Leguane verfärben sich. Wann und wie? Der Tokee, ein farbenprächtiger tropischer Gecko, krächzt sein »geckoo-geckoo-geckoo« nachts lautstark in die sonst so stumme Welt der Reptilien.
Am Tage ist der berückend schöne ostasiatische Krait, quergeringelt in Blauschwarz und Elfenbeinweiß, ein apathisches Knäuel. Man kann ihn aufheben, quälen, schlagen und töten, nichts bringt ihn zum Beißen. Nachts wird er zu einer der gefürchtetsten Giftschlangen, und mit ihm umzugehen ist ohne vorherigen Anruf im Krankenhaus oder am besten gleich bei einem Beerdigungsinstitut wenig ratsam. Welches Muster steuert sein Verhalten? Und das der Klapperschlange in den hitzebrodelnden Wüsten Nordamerikas, die in finsterster Nacht mit einem »sechsten Sinn« Beute ausmacht? Wie finden Meeresschildkröten durch alle Strömungen und Fährnisse des Meeres über Tausende von Kilometern ihren Weg zu einem winzigen Niststrand?
Wer will, kann dies Tierpsychologie oder Tierverhaltenslehre nennen. Bei den verblüffenden Verhaltensweisen der Reptilien nimmt sich allerdings manches anders aus als bei Enten, Gänsen, Hunden, Affen und anderen Tieren vergleichender Verhaltensforscher, deren liebstes »Tier« immer noch der Mensch ist.

Die große Faszination

Schlangen und andere Reptilien strahlen eine große Faszination aus, und ihr unterliegen immer mehr Menschen unseres technisch-bürokratischen Zeitalters. Vielleicht weil ihr Trachten und Sehnen Befreiung in der Natur sucht oder weil sie sich, wie auch die Schlange, aus dem Paradies der Geborgenheit vergangener Zeiten vertrieben fühlen.
Davon künden Umfragen und die Besucher der Reptilienhäuser zoologischer Gärten ebenso wie die steigenden Umsätze der Reptilienhandlungen, die sich schon in mittleren und kleineren Städten auftun. In München zählte man bei einer Schlangenausstellung in den ersten drei Tagen zehntausend Besucher, und eine für ein halbes Jahr gedachte wird wegen des Andrangs ständig verlängert. In London gaben ein Prozent der Schuljungen Schlangen als ihre Lieblingstiere an. Schildkröten kommen gleich hinter Vogel, Hund und Katze und kriechen oder schwimmen in sechzehn Prozent aller westdeutschen Haushalte.

Was das Buch will

Den Reptilienfreund interessiert zumeist, welches Erleben ein anderer mit diesen Tieren und welche Erfahrungen er hat. Ihn und den Laien auf dem Gebiet der Herpetologie, der Reptilienkunde, werden die Erkenntnisse moderner Forschung gleichermaßen fesseln.
Denn dieses Buch will unterhalten, es erzählt dabei kurzweilig Spannendes und Einmaliges aus der Welt der Reptilien, von fernen Ländern ebenso wie von dem Zauber unserer Terrarien, gibt Einblick in eine ganz andere Welt als die der Säuger, Fische und Vögel. Eine fremde Welt?
Reptilien sind nicht wie andere unserer Tiere, nicht von der »eisigen Gefühllosigkeit« einer Spinne, nicht so anschmiegsam wie Hund oder Katze, so anmutig wie ein Reh, verschlagen wie ein Fuchs oder heiter unbeschwert wie ein zwitschernder Vogel: sie sind vielschichtiger, geheimnisvoller, Tiere der großen Schöpfung besonderer Eigenart.
Sie erschließen sich uns mit etwas Wissen um ihr Verhalten, etwas einfühlsamem Verständnis für ihre andersartigen Bedürfnisse und etwas Beherztheit für Neues. Sie bereichern unseren Alltag, erfreuen uns, und viele werden uns liebenswert. Aus Gefürchteten werden Respektierte, aus Verfolgten Vertraute und aus Verfemten oftmals gute Freunde.

Zweites Kapitel

Nur ein graues Pulver

Hongkong Die Boeing 707 setzt auf, stürmt voran, bremst dröhnend ab, rollt langsam aus. Rechts und links Wasser, begrenzt durch Gesteinsbrocken. Man hat die Piste wegen der Enge zwischen den Bergen ins Meer gebaut.

Wieder in Hongkong, der britischen Kronkolonie, dem westlichen Tor Rotchinas. Im »Hilton«, auf Hongkong Island, kommen wir unter: ein Politiker, ein Journalist und ich.

Die gepflegte Atmosphäre des internationalen Hotels, der quirlende Verkehr auf den Straßen und das Fremdartige, sie geben uns das Gefühl, wieder dabeizusein. Zwischen doppelstöckigen Bussen und vielen Autos vereinzelt Kulis mit Rikschas, die barfüßig auf das Pflaster patschen – Relikte einstiger Zeiten, sozial beschämend, erfrischend jedoch unter den Produkten genormter Technik.

Schon von Bangkok aus hatten wir mit einem chinesischen Schlangenfänger Verbindung aufgenommen, der in Rotchina »arbeitet«.

Die New Territories der Kronkolonie, die Großbritannien 1898 von China für neunundneunzig Jahre gepachtet hat, wären prächtiges Kobraland: schroffe, hitzestrahlende Felsberge, Seen voller bunter Wohndschunken, zerklüftete Täler mit spärlichem Gesträuch, in Wassernähe von üppigem Grün. Doch bei dem Bedarf der Chinesen an Schlangen gibt es dort nur noch wenige – dafür um so mehr Ratten.

So decken die Fänger ihren Nachschub jenseits der Grenze, des kleinen Chunflusses, der die schilfig grüne Ebene nahe der Berge silberflimmernd durchschneidet. Dort fährt die Eisenbahn von Hongkong nach Canton und verläuft die Grenze, die Einheimische leicht überschreiten können.

So erhoffen wir es wenigstens, als wir nach einem chinesischen Abendessen einschließlich leckeren Schlangenfleisches, wie wir erst nachher erfahren, mit dem Fährboot auf das Festland Hongkong-Kowloon übersetzen, vorbei an Handels- und Kriegsschiffen und verwegen vollbeladenen Frachtdschunken.

Auch hier noch buntes Treiben in engen Straßen, viele offene Läden, grelle Lichtreklame, buntbemalte Aushänge, die Waren und Mao anpreisen. Mao, von Fotos, Bildern, Transparenten, von überall her lächelnd. Wenn man es nicht besser wüßte, man wähnte sich in Rotchina.

Wir haben die Anschrift von dem »Snake Shop«, dem Schlangenladen, den der Fänger um Mitternacht beliefern soll. Ein Taxifahrer, der etwas Englisch spricht, fährt uns, vermag jedoch nach einer Spazierfahrt durch die chinesische Welt die Straße nicht zu finden. In einem der vielen Stoffläden, den »Taylors« – bekannt für billige Maßanzüge in Rekordzeit – lassen wir uns die Anschrift in chinesischen Zeichen malen. Aber erst das dritte Taxi bringt uns ans Ziel, eine abgelegene Seitenstraße, eng und dürftig erleuchtet. Wir merken es an den Blicken der Chinesen: Hierher verirren sich nur selten Europäer.

Welch ein Gegensatz zum Hongkong der Reichen, seiner Transparenz und lässigen Eleganz! Ein süßlicher Geruch, diese schmuddlige Gasse, Chinesengesichter, verzerrt im Widerschein verdreckter Lampen: alles hat vom unwirklichen Haus einer Traumwelt, die nicht unseres Jahrhunderts ist.

Der Schlangenladen

Der Laden ist klein und zur Straße hin offen. Handtuchartig geht er nach hinten. An der einen Seite Kisten zum Sitzen, an der anderen Käfige, Flaschen, Gläser und Undefinierbares. In der rechten hinteren Ecke liegen Säcke, unseren Kartoffelsäcken nicht unähnlich, jedoch kleiner.

Im Schein einer trüben Glühlampe, die in der Fassung von der niedrigen Decke hängt, wird Ma-jong gespielt, auch nebenan klappern die Spielsteine.

Einer der Spieler, wohl der Ladeninhaber, steht überrascht auf und begrüßt uns. Hier spricht niemand Englisch, nur durch Zeichen können wir uns verständigen. Wir fühlen uns als Attraktion, denn immer mehr Menschen sammeln sich draußen, schmächtige Jünglinge, vielleicht unterernährt und heroinsüchtig, und alte, verbrauchte Mütterchen. Mir fällt ein, daß Hongkong einer der größten Umschlagplätze für Rauschgift ist. Aber darauf deutet sonst nichts hin. Alles wartet, wie wir auch.

Kurz nach Mitternacht weichen die Umstehenden zurück und machen dem Kobratransport Platz. Die schwärzlichen Schlangen sind in zwei Drahtkörben kleiner Maschenweite eingepfercht, ineinander verknäuelt und rühren sich nicht. Es ist, als suchten sie beieinander Schutz. Kommen sie aus der Freiheit, die so verängstigt dahindösen?

Die Menge ordnet sich, Jünglinge fügen sich neben Mütterchen und alle in eine Reihe. Was bedeutet das?

Umgang mit Kobras

Die Chinesen im Laden beginnen zu hantieren. Einer öffnet einen der Drahtkörbe und dirigiert die nächstliegende Kobra in einen Sack, den ein anderer nahe der Öffnung aufhält.

Die Kobra ist froh, ins Dunkel des Sackes zu entweichen und Schutz zu finden. Doch ihre vermeintliche Sicherheit währt nicht lange. Durch den Sack hindurch wird sie abgetastet und ihr schlanker Schlangenkörper so lange ge-

wendet und gezogen, bis ein ganz bestimmtes Stück ihres Bauches ausgemacht und bei der Öffnung des Sackes greifbar ist.
Dieses Umgehen mit einer Kobra im Sack ist nicht besonders gefährlich, geschieht es doch selten, daß eine ihre zwei feststehenden Gifthaken durchschlägt. Eher vermögen Vipern (Ottern) ihre zwei aufklappbaren Giftzähne gleich Injektionsnadeln durch Stoff zu jagen.
Es kommt überraschend für uns. Man schlitzt am lebenden Tier an der fixierten Stelle den Bauch auf, entfernt etwas daraus und gibt es in ein Trinkglas. Wir meinen, es sei das Herz oder die Leber. Wer kennt sich schon in der Anatomie des langen Schlangenkörpers auf den Zentimeter genau aus! Doch es ist die Galle.
Die Kobra schlägt um sich, bäumt sich auf, zischt giftig, peitscht den Sack, den man in der hinteren linken Ladenecke ablegt. Ihr Schicksal ist besiegelt. Jämmerlich wird sie verenden und in aller Frühe in einem chinesischen Restaurant oder der Küche eines Reichen ihrer letzten Bestimmung entgegengehen, die chinesische Tafel zu bereichern. Kobrafleisch ist begehrt. Für Chinesen ein Leckerbissen und schmeckt auch uns – solange wir unwissend sind.

Leckerbissen Kobra

Die Kobra wird vorher enthauptet, dann ausgenommen und ohne Blut und Geschlechtsstoffe zubereitet, denn Schlangengift könnte gegen manche Hitzegrade widerstandsfähig sein – und ist es auch, wie wir jetzt wissen.
Allein in Hongkong, so schätzt man, verspeisen Chinesen jährlich eine Viertelmillion Schlangen. Sie kommen selbst aus Bangkok. Die Kobra als begehrtes Handelsgut des Fernen Ostens!
Bei einem Großhändler in Bangkok hatte ich sie in Transportkästen gesehen, in Lattenkörben mit so weitem Abstand der Hölzer, daß mir nicht ganz geheuer war. Schlangen sind Experten im Ausbrechen und winden ihre schmiegsamen Körper durch unwahrscheinlich kleine Öffnungen. Ja, bestätigte der Händler, das komme schon mal vor, eine kleine Kobra entkäme hier und da. Meine Verwunderung verstand er falsch: so eine kleine Kobra sei ja kein arger finanzieller Verlust.
Ich malte mir aus, wie so eine kleine Kobra im Zug, im Auto oder im Flugzeug spazierengeht... Aber was soll es angesichts soviel asiatischer Unbekümmertheit – auch Schlangen gegenüber.

Potenzmittel

Wir beginnen, den Verwendungszweck der Galle zu ahnen. Sie wird auf drei bis vier Gläser heißen Reisweines aufgeteilt. Dann beginnt der Verkauf. Vorwiegend Jünglinge trinken genüßlich das Gemisch, und die Mütterchen zahlen: hundert und noch mehr Hongkongdollar das Glas. Viel Geld für diese Leute. Aber was tut man nicht alles!
Kobragalle als Potenzmittel! Anregung für einen geschäftstüchtigen Arzneimittelfabrikanten, seine Kollektion um ein diesbezügliches Mittel zu erweitern. Lieferanten für Kobragalle gesucht!
Vielseitige, arme Kobra!

Früher begnügte man sich in China mit ein paar Tropfen Kobragiftes in Reiswein. Der Magen verdaut es wie anderes Eiweiß. Die Kobra stößt vor, ein schillernder Leib, ein Biß, Zähne fahren in Stoff, Gift spritzt heraus, wird später gesammelt und dem verehrungswürdigen Kunden teuer verkauft. Die Kobra hat ihre Schuldigkeit getan und kommt zurück in ihr Gefängnis fürs nächste Mal. Das war »humaner«.

Der Inhaber des »Sexshops auf Asiatisch« bedeutet uns, näher zu treten und zuzuschauen. Er greift im Drahtkorb die nächstliegende Kobra im Nacken kurz hinter dem Kopf und zieht sie aus dem Schlangenknäuel, langsam und vorsichtig, bemüht, das schicksalergebene Dahinbrüten der anderen nicht zu stören. Er weiß wie wir: Diese nachtaktiven Schlangen sind zur mitternächtlichen Stunde besonders schnell und gefährlich.

Er will uns das wild um sich schlagende Tier aus der Nähe zeigen. Da geschieht es:

Biß der Kobra

Der Kopf des Reptils windet sich. Nur die Gehirnkapsel, die das Zentralnervensystem schützt, umgibt festes Knochengerüst. Die anderen Knochen, der Ober- und zweigeteilte Unterkiefer, an Bändern aufgehangen, sind beweglich und lassen sich seitlich und gegeneinander verschieben, bei der einen Schlange etwas mehr, bei der anderen etwas weniger. Dies ermöglicht eine riesige Sperrweite und Dehnbarkeit des Maules und setzt Schlangen in den Stand, Tiere, weit umfänglicher als sie, zu verschlingen. Dabei dehnt sich die Kopfhaut gewaltig, wird dünn wie eine Membran und gespannt wie das Fell einer Trommel.

Die Kobra quetscht ihren Kopf platt, ihr verzerrtes Maul zischt und faucht. Und da: Aus dem Griff befreit, haut sie, rasend vor Wut, das Maul erst im letzten Augenblick öffnend, ihre beiden Giftzähne in die Hand zwischen Daumen und Zeigefinger, hakt sich ein, hängt im Fleisch, drückt immer mehr ihres Giftes ins Blut, langsam und genüßlich, sie hat Zeit.

Wir stehen wie gelähmt, entsetzt zu sehen, wie sich eine Kobra in Menschenfleisch verbeißt.

Vieles schießt mir durch den Kopf:

Die vielverbreitete Meinung stimmt nicht. Eine Kobra beißt auch ohne vorherige Drohstellung.

Unglücksfälle

So ähnlich muß es auch Bender, der Inhaber des Reptilienzoos in Königswinter, gespürt haben. Er zog als erster in Deutschland Kobras aus dem Ei groß. Er, der souverän mit seinen Kobras umging, mit ihnen spielte wie andere mit Kätzchen, übersah eine seiner Lieblinge, die versteckt hinter der Terrarientür lag. Die Schlange biß ihn in den Zeigefinger. Duplizität der Ereignisse: Sein Serum war zu alt, die neue Ampulle zerbrach, der Rest reichte nicht mehr aus, um eine durchgreifende Besserung zu erzielen. Das Gift lähmte seine Zunge, ehe er in Bewußtlosigkeit fiel, aus der er nicht mehr erwachte.

Ein Liebhaber in einer bayerischen Stadt nahe der österreichischen Grenze hatte eine harmlose Rattenschlange bestellt. Er staunte nicht wenig: Eine Kobra entstieg dem Transportbeutel, witterte züngelnd und präsentierte sich gleichsam als Zeichen fatalistischer Unbekümmertheit asiatischer Händler. Er wollte sie in einem Zoo eintauschen. Doch dazu kam er nicht mehr: Sie biß ihn in den Handballen. Serum war keines vorhanden. Ein Hubschrauber brachte ihn zum Krankenhaus rechts der Isar nach München. Als er ankam, war er tot.

Den Tod in der Hand

Die Kunden haben den Schlangenladen fluchtartig verlassen und bilden einen Halbkreis auf der Straße, ihre Kobrafurcht hält sie in respektvoller Entfernung. Auch für sie bedeutet ein Kobrabiß ein seltenes, sie entsetzendes Ereignis.

Die Schlange hängt noch an der Hand des Chinesen, schon viel zu lange.

Sie herunterreißen? Es hätte womöglich alles nur verschlimmert und sie sich womöglich auf einen von uns gestürzt.

Genau zwischen den Winkeln des Maules fasse ich mit der rechten Hand den Kopf der Kobra und löse mit der linken die Windungen vom Oberarm ihres Opfers. Dann eine glühende Zigarette vor die Schnauze, und sie läßt los.

Ich halte die Kobra in der Hand, spüre die Kraft des aufs äußerste gereizten Tieres, fühle ihre Haut: kalt, trocken, geschmeidig. Schlangenhaut ist nicht glitschig.

Es ist nicht die erste hautnahe Begegnung mit einer Kobra, doch die erste unter solchem Geschehen. Was mit ihr tun? Wie sie loswerden? Sie töten? Wie? Warum?

Ich werfe sie mit beiden Händen weit von mir, in die hintere linke Ecke, auf den Sack mit der Todeskandidatin. Die Kobra fängt den Wurf geschmeidig ab, schnellt etwas am Boden auf uns zu, bäumt sich zu einem Drittel ihrer Körperlänge auf, spreizt dank ihrer verlängerten Halswirbel ihren Nacken, weitet ihn zu einer flachen Scheibe, zu einem Hut. Ihre Augen funkeln feindselig.

Das ist sie, die stolze Kobra! Sich ihrer wiedergewonnenen Freiheit bewußt, steht sie vor uns, starren Auges. Ihren schimmernden Vorderleib wiegt sie hin und her. Ihr Stoß vermag uns nicht zu erreichen.

Einer der Gehilfen lenkt die Schlange mit einem vorgehaltenen Sack ab. Erbost wendet sie sich ihm zu und zeigt uns ihren Nacken, dessen ganze Breite eine maskenähnliche Zeichnung ziert. Es ist ein ausgewachsenes Exemplar einer chinesischen Kobra, einer »Naja naja atra«, wie sie wissenschaftlich heißt.

»Naja« leitet sich von »Naga« her, dem Wort für Schlange im Sanskrit, der altindischen Gelehrten- und Literatursprache.

Entdecker im Gefolge Vasco da Gamas sahen zu Beginn des 16. Jahrhunderts die indische Brillenkobra und nannten sie »Cobra di Capello«, Hutschlange.

Der Gehilfe wirft den Sack über die Kobra. Ihre Drohstellung fällt zusammen, sie windet sich, will hervor. Doch zu spät: Schnell zugepackt, und man steckt die Kobra in einen Sack und bindet ihn zu. Ihr Auftritt ist beendet.

Das graue Pulver

Der Gebissene, etwas blaß, aber ganz ruhig, hat inzwischen die Einbißstelle mit einem Messer erweitert, schneidet sie ganz auf und blutet stark. Dann drückt er ein graues, puderähnliches Pulver in die Wunde.

Das ist alles! Kein Abbinden des Armes, keinen Calciumstoß, kein Antihistaminikum oder Cortisonpräparat und erst recht keine Serumspritze!

Nur ein graues Pulver, wie es verschiedentlich auch Medizinmänner verwenden sollen, so es noch »echte« sind. Ein Pulver, das bisher kaum ein Weißer zu Gesicht bekam, von dem nur Legenden erzählen, das westlichen Ärzten allenfalls ein mitleidiges Lächeln abringt. Man bedenke: Eine Kobra verbraucht bei einem Biß zwischen hundert und dreihundert Milligramm flüssigen Giftes, fünfzehn und weniger können bereits tödlich sein.

Der Tod des Chinesen ist nach menschlichem Ermessen ohne eine sofortige Seruminjektion unabwendbar. Doch der Betroffene grinst, hält unsere Angst für unnütz, ihm könne das Gift nicht schaden.

Und er behält recht!

Die Folgen eines Kobrabisses

Anscheinend schmerzt seine Wunde kaum. Kobragift anästhesiert. Der französische Mediziner Calmette hat das im Pasteur-Institut in Saigon im Selbstversuch nachgewiesen und bereits im Jahre 1895 ein Serum gegen Kobragift hergestellt.

Wir bleiben noch über drei Stunden im Schlangenladen und achten nicht auf unsere Müdigkeit. Auch nicht die geringsten Symptome eines Kobrabisses. Auffallende Veränderungen an der Bißstelle, Schwellungen, Blaufärbung oder Ödeme, wie sie nach einem Vipernbiß auftreten, fehlen. Der Allgemeinzustand des Gebissenen bleibt gut. Kein einziges Anzeichen einer toxischen Wirkung: weder Übelkeit, Erbrechen, Schwindelanfälle, Durchfall noch Zuckungen, Speichelfluß oder Atembeschwerden, nicht einmal ein erhöhter oder schwacher Puls. Nichts von alledem!

Normale Körperreflexe, ruhige Atmung, keine geschwollenen Lymphknoten im Achselbereich!

Als wir gehen, arbeitet der Chinese längst wieder und unterhält sich angeregt mit Käufern und Gehilfen, als sei nichts geschehen. Die Übeltäterin, die Kobra, bewegt sich im Sack. Man hat sie uns zuliebe leben lassen. Uns ist jedoch nicht danach, sie als »Andenken« mitzunehmen.

Immunisierung?

Warum lebt der Chinese noch, warum keine Giftwirkung?

Gewiß, beim Ausbluten ist ein Teil des Giftes herausgeschwemmt worden, doch das übrige hätte ausgereicht, eine ganze Schulklasse samt Lehrer auszulöschen.

Man könnte einwenden, der Chinese habe sich früher laufend kleinste Mengen Giftes eingeritzt und sei immun geworden, doch schon die Dosierung wäre für ihn ein großes Problem und Wagnis gewesen.

Eine aktive Immunisierung gegen Schlangengift scheidet praktisch aus. Das hat Rosenfeld, Leiter der physiopathologischen Abteilung des Schlangeninstituts Butantan in São Paulo, Brasilien, überzeugend dargelegt.
Laufende Giftinjektionen in die Blutbahn schwächen den Allgemeinzustand eines Menschen in kurzer Zeit so, daß sie abgebrochen werden müssen. Selbst die robusten Pferde vertragen das nur schwer, müssen sie zur Serumgewinnung herhalten. Das erfuhr ich in Butantan.
Die Konzentration der im Körper eigengebildeten Antitoxine, der Abwehrstoffe, fällt zudem binnen kurzem ab, wie man aus Tierversuchen weiß. Wird der Mensch nicht kurz nach der Immunisierung gebissen, verfügt er über keine ausreichende Zahl Antitoxine. Neue eigene zu bilden, bleibt ihm nach einem Biß keine Zeit, er stirbt vorher.
Selbst bei Menschen, die bis zu zehnmal gebissen wurden, zeigte sich keinerlei Immunisierung. In Nordamerika wiederholte Versuche, Menschen durch Gaben natürlich abgeschwächter Gifte nordamerikanischer Schlangen für dauernd zu immunisieren, hatten keinerlei Erfolg.
Einen einmal überlebten Schlangenbiß als Überlebensgarantie anzusehen ist daher schlichtweg falsch und kann auch keinesfalls als Erklärung für die »Schlangenfestigkeit« der Schlangenbeschwörer dienen.
Wenn nicht eine Immunisierung, was bleibt dann als Erklärung? Vielleicht doch das graue Pulver?

Traum am Morgen

Es dämmerte bereits, als wir zum »Hilton« zurückkamen.
Die Lichter hinauf zum Victoria Peak waren am Verblassen, Müllfahrzeuge huckelten dahin.
Die Nervenanspannung hielt mich noch wach. Meine eigenen Schlangen, ebenfalls aus Rotchina importiert, waren sicher verwahrt in meiner schwarzen Reisetasche, im unteren der zwei Fächer mit einem Reißverschluß und den kleinen Luftlöchern.
Es würde ein langer Tag werden: Bestimmen von Reptilien, Besuche, Verhandlungen ...
Ich legte mich hin, um noch etwas zu schlafen. Kobras standen steil erhoben vor mir, entblößten ihre Giftzähne (was sie, ohne zu beißen, gar nicht können) und wiegten grazil ihre Körper, schwangen sich hin und her, berührten mich jedoch nicht.
Dann lugten die Köpfe zweier halbwüchsiger Kobras aus einem runden flachen Körbchen, wie es Gaukler mit sich führen, und als ich sie rief (was sie gar nicht hören können), hoben sie den Deckel, wuchsen heraus, neugierig, mitteilsam, überhaupt nicht gefährlich, mir freundschaftlich zugetan.
Jemand schob die Zeitung unter der Tür ins Zimmer, und von diesem Geräusch wachte ich auf.
Dieser Traum fiel mir Jahre später wieder ein, als ich in Indien zwei solche Kobras in eben einem solchen Körbchen geschenkt bekam. Doch dies ist eine andere Begebenheit, und von ihr später.

Nachspiel

Das Abenteuer im Hongkonger Schlangenladen hatte ein Jahr später ein kleines, aber bezeichnendes Nachspiel, als ein Medizinprofessor in einer großen Stadt Deutschlands einen Vortrag über Reptilien hielt.
Seine Ausführungen waren anschaulich, brachten jedoch nicht viel Neues. Nachher ging ich zu ihm hin, um seine Meinung über das graue Pulver zu erfahren. Er stritt mir den ganzen Vorfall einfach ab. Auch mein Hinweis auf die zwei Zeugen – der Journalist hatte ihn in einer großen Tageszeitung des süddeutschen Raumes erwähnt – änderte nichts.
Ich bestand auf meiner Darlegung, da sah ich sein nachsichtiges Lächeln – und gab es auf.
Was nicht sein darf, das ist nicht. So einfach kann man es sich machen!
Ich sah die Kobra an der Hand des Chinesen, sah sie stolz erhoben vor mir, fühlte sie in meinen Händen – so als sei alles eben erst gewesen.
Ich ging und blieb ohne ärztliche Aufklärung.

Das Kobragift

Doch ist sie aus unserer wissenschaftlichen Sicht überhaupt möglich?
Das Gift der Kobra ist isoliert wasserklar mit einem kleinen Stich ins Gelbliche, transparent und klebrig, ein für den Menschen starkes Toxin. Als Nervengift wirkt es spezifisch »neurotoxisch«, es greift die Nervenbahnen an. Es lähmt nicht so sehr das Atemzentrum im Gehirn, wie vielfach angenommen wird, sondern die Nerven der Atemmuskulatur. Der Mensch erstickt, und dies bei zumeist noch intaktem Kreislauf, sobald das Zwerchfell und die Thoraxmuskulatur ausfallen. Es ist dies eine Wirkung, wie wir sie ähnlich vom berühmt-berüchtigten Pfeilgift »Curare« südamerikanischer Indianer kennen.
Kein schöner, aber im Vergleich zu Vipern- und Otterngiften ein schneller und beinahe gnädiger Tod.
Im Labor ist es gelungen, mit dem Gift asiatischer Kobras bei isolierten Herzen einen (systolischen) Herzstillstand nachzuweisen. Diese »cardiotoxische« Wirkung ähnelt der des Fingerhutgiftes (Digitalis). Sie dürfte auf kleinmolekulare Polypeptide, aus dem Kobragift isoliert, zurückzuführen sein.

Das Kobragift ist ein furchtbares Gift für alle Lebewesen.
Ich sah, wie eine zierliche, ganz junge Brillenkobra eine fünfmal so große Wasserschlange in die Schnauze biß, die sofort wie wild zu zucken und um ihre Längsachse zu rotieren begann und nach zehn Minuten tot war. Warmblüter, wie Ratten, sterben weit schneller. Die unvorstellbar geringe Menge von 0,00002 Gramm Kobragift tötet bereits ein Meerschweinchen. Weniger empfindlich ist der Hund, der Mensch dafür um so mehr.
Setzt man das Körpergewicht ins Verhältnis zur Anfälligkeit gegen das Gift, erhält man auf experimenteller Grundlage rechnerisch folgende Werte:
Ein Gramm Kobragift reicht aus für
166,5 Zentner Mäuse
25 Zentner Hunde

Drittes Kapitel

Hausgenossin Kobra

Buddhas Segen

Als Buddha, den die Menschen den Erleuchteten nennen, noch auf Erden weilte, ging er in glühender Sonne über ausgedorrtes Land. Nirgends ein schattenspendender Baum oder Strauch. Vom Wandern müde, legte er sich in die heiße, sengende Sonne. Eine Kobra schlängelte sich des Weges, auch sie von der erbarmungslosen Sonne arg mitgenommen. Der schlafende Buddha erbarmte sie, und so breitete sie ihren Nackenschild und gab ihm Schatten.

Als der Erleuchtete erwachte, wunderte er sich über die wohltuende Frische, erkannte seine Wohltäterin und legte segnend zwei seiner Finger auf ihren Nacken. Seitdem tragen die Kobras Indiens Buddhas Fingerabdrücke.

Diese Sage verdanke ich meinen Gastgebern, einem älteren Ehepaar in einem kleinen Ort kaum eine Autostunde von Madras entfernt – ebenso meinen zwei Brillenschlangen. Ihr wissenschaftlicher Name »Naja naja«, »Schlange Schlange«, kennzeichnet sie als Inbegriff des kriechenden Geschlechts.

Wie ich zu Kobras kam

Es ist jene Gegend, in deren sonnenbeschienenen, veralgten Gräben und Tümpeln der Madrashechtling (Aplocheilus bloki), Zierfischliebhabern wohlbekannt, nach Mücken hascht und vielerlei Schlangen daheim sind.

Meine beiden Schlangen waren es in dem schönen Garten am weiß geschlämmten Haus mit dem rohrgedeckten Dach, dem auch der Tropenregen nichts anhaben konnte. Ich sehe ihn noch vor mir: hohe Mangobäume mit weißem Blütengeriesel, rotviolette Lagerstroemien und den alten Reisighaufen ganz hinten.

In ihm stocherte der herbeibeorderte Schlangenfänger, ein verhutzeltes, altes Männchen und gar nicht der Typ eines unerschrockenen Reptilienbändigers, bis zwei Brillenkobras ihre zerstörte Heimstatt verließen. Sie suchten zu entkommen, und als dies nicht gelang, richteten sie sich auf und spreizten ihren Nacken. Ihre Vorderleiber schimmerten bronzen in der Sonne, die streifig durch das Geäst der Bäume drang und helle Kringel und dunkle Figuren auf den Boden malte.

Sie gefielen mir vom ersten Augenblick an, in ihrer anmutigen Haltung und der »gestenlosen Kühle«, mit der sie ihr Leben zu verteidigen gewillt waren. An ihre Augen voll skeptisch-distanzierter Wut würde ich mich gewöhnen. Wie ein Stierkämpfer, nur ohne dessen Pose, hantierte der Fänger mit seinem einzigen Werkzeug, einem grauen Leinensack. Er hielt ihn vor die aufgebrachten Kobras, die wütend nach ihm stießen, sich schließlich beruhigten und ganz damit aufhörten, als es ihnen nichts half. Sie immer noch ablenkend, ergriff er nun die eine von hinten und beförderte sie in den Sack. Der zweiten erging es nicht anders. So einfach hatte ich mir den Fang wilder Kobras nicht gedacht.

Nun schenkte man mir auch das Körbchen mit Deckel, von dem ich in Hongkong geträumt hatte. Gut verschnürt nahm ich es samt Kobras auf die Heimreise nach Deutschland mit. Der Reiz des sensationell Neuartigen mit dem Kitzel der Gefahr umgab mein Gepäck und mich – ein Gefühl der Vorfreude.

Daheim stellte ich das Körbchen in ein Terrarium. So behielten die Schlangen ein Stück gewohnter Umgebung, und mir blieb erspart, sie anzufassen, was sie vielleicht doch für eine »unfreundliche Geste« gehalten hätten.

Die Kobras lieben ihr Körbchen sehr und kriechen zum Schlafen hinein, oder sobald sie sich fürchten. Ihre zarten Köpfe heben den Deckel und prüfen züngelnd, was es gibt, ehe sie heraus- und zur Scheibe kommen. Beunruhigt sie etwas, richten sie sich auf und zeigen ihre Brillenzeichnung.

Fromme Hindus, heilige Schlangen

Kobras gelten frommen Hindus als heilige Tiere, als eine Offenbarung des Gottes Schiwa. Wenn in Indien Götter den Ochsen und Kühen so nützlich sind, warum nicht auch den Schlangen!

Und es gibt dort wohl mehr Kobras als Rinder: Aber- und Abermillionen, im Dschungel und auf Feldern, in der Weite trostlosen Landes ebenso wie in gepflegten Parks, in unzugänglichen Niederungen und in den Schlupfwinkeln der Dörfer.

Kobras werden nicht nur in der dämmrigen Kühle mancher Tempel, sondern auch in Termitenhügeln verehrt. Hier erscheinen sie als von Gott Schiwa selbst gesandt, als ein heiliges Symbol der Fruchtbarkeit. Frauen schmücken den Termitenbau mit Blumen und Früchten, bringen Schüsselchen voll Reis und Milch und beten die Schlangen an. Ist es gar ein Kobrapärchen, das sich für seine Liebe einen Termitenhügel erwählt hat, kennt ihre Verehrung keine Grenzen. Bald findet sich ein Priester ein, und nach und nach wächst ein Tempelchen an heiliger Stätte, wie es sich für Gottheiten geziemt.

Doch man täusche sich nicht: Viele Inder fürchten die Kobra. An die vierzigtausend Menschen, etwa die Einwohnerzahl einer mittleren Stadt, sollen ihrem Biß jährlich zum Opfer fallen. Aber was bedeuten Zahlen in einem solchen Land wie Indien, wo oft noch behördlich unregistriert gestorben wird, wo jemand nicht selten eine Schlange als Alibi vorschiebt, hat er seinen Nächsten umgebracht, und wo ein Menschenleben sowieso nicht viel wiegt.

Die Kettenviper

Viel gefährlicher, besonders für barfüßige ländliche Inder, ist die »Daboia«, die Kettenviper. Wer sie in Terrarien pflegt, nennt sie »Vipera russellii« und hält sie für eine unberührbare Schönheit, so ihm an Gesundheit und Leben liegt.

Eine Schönheit ist sie zweifellos: Rötliche Flecken, schwarzweiß gerandet, verlaufen als rautenförmige Zeichnung über ihren Körper und fließen auf beiden Seiten kettenförmig ineinander, was ihr zu ihrem Namen verhalf.

Sie sieht einer jungen Netzpython ähnlich und wird gelegentlich mit dieser ungiftigen Schlange verwechselt, obwohl ihr dreiecksförmiger vom Hals abgesetzter Vipernkopf warnen müßte. Doch welcher Mensch, von Sammlerleidenschaft gepackt und auf Besitz aus, achtet schon solcher »Kleinigkeiten«!

So hob einmal ein Brite eine Kettenviper auf und trug sie in sein Haus. Sie tat ihm nichts: Schlangen können Launen haben, und das auch zum Guten hin. Als sie dann seinen Hund biß und dieser qualvoll starb, war es ihm doch nicht mehr geheuer, er erkannte seinen Irrtum, trauerte um seinen geliebten Hund und dankte allen in Indien reichlich verfügbaren Göttern, daß die Viper ihn gnädigst verschont hatte.

Die Kettenviper richtet sich nicht gleich einer Kobra auf. Ihren Hals S-förmig gebogen, schnellt sie vor und haut nadelspitz zwei Hohlzähne ins Fleisch. Sie hat kein Nervengift (Neurotoxin) wie die Kobra. Ihr Gift wirkt hauptsächlich »hämotoxisch«, also blut- und gefäßschädigend. Ein brennender Schmerz durchzuckt den Gebissenen. Eine schwere Blutvergiftung, Gewebsblutungen und Gewebezerfall folgen, und der Blutdruck sinkt plötzlich auf Schockwerte ab.

Der Mensch stirbt eines qualvollen, langsamen Herztodes binnen zwölf bis dreißig Stunden, manchmal auch erst im Laufe zweier Wochen.

Die Giftzähne, zweieinhalb Zentimeter lang, liegen wie bei allen Vipern flach gegen den Gaumen und werden erst zum Biß blitzschnell aufgestellt.

Die Kettenviper zischt von allen Schlangen des asiatischen Raumes nebst der Königskobra am lautesten und durchdringendsten. Bösartig-schrill stößt sie Luft durch ihre Nasenlöcher (nicht durch das Maul). Verklebt man die Nasenlöcher einer Schlange – es muß nicht gerade eine giftige oder gar die Kettenviper sein –, kann sie nicht mehr zischen. Das sei akustisch besonders Empfindsamen empfohlen, die das Zischen einer Schlange beunruhigt.

Indo und Indira

Meine zwei Brillenkobras taufte ich Indo und das Weibchen Indira, weil es sich als herrschsüchtig erwiesen hatte.

Beobachten wir sie:

Im Körbchen schlafen sie. Zusammengeringelt bekunden sie Wohlempfinden, richten sie sich mit gespreizter Haube auf, beweisen sie Mut zu Abwehr

oder Angriff, wütend kriechen sie noch ein Stück am Boden, ehe sie sich aufbäumen. Flachen sie ihren Nacken und bleiben am Boden, haben sie Angst und suchen Schutz im Körbchen.
Einzigartig ist das Liebesspiel der Kobras. Ohne den Nacken zu spreizen, richten sie sich anmutig auf, schlängeln sich aneinander hoch, rhythmisch ästhetisch ist es wie ein Tanz. Zum Liebesakt benötigen sie zwischen fünf Stunden und mehreren Tagen.
Viele halten Kobras für besonders intelligent. *Mell,* dem wir aus der Zeit nach dem ersten Weltkrieg wertvolle Erkenntnisse über chinesische Reptilien verdanken, beobachtete eine Jungkobra: Sie hatte eine für sie zu dicke Wasserschlange gebissen und vermochte sie nicht zu verschlingen. Bei den folgenden Jagden nahm sie Beutetiere erst einmal probierend quer ins Maul. Dann erst biß sie zu und fraß sie, zu dicke ließ sie laufen.
Ratten sterben meist acht Minuten nach dem Biß, bei Fröschen dauert es länger, bei Mäusen geht es schneller. Vögel bekommen sie keine – bis sich Indo einmal selbst bediente.

Kobras gehen spazieren

Eines Tages lagen Indo und Indira nicht im Terrarium und auch nicht in ihrem Körbchen. Die Terrarientüren waren mit dem Glasschloß gesichert wie eh und je. Doch die Tiere waren weg und mußten ins Zimmer entkommen sein. Unwillkürlich duckte ich mich: kein schönes Gefühl, Kobras im Nakken zu spüren!
Ich tastete das Terrarium ab, von innen und von außen, kein Ritz, keine Öffnung. Es war nahezu unerklärlich.
Draußen ließ ich mich in einen Sessel fallen. Was war zu tun? Die Kobras suchen? Das schied aus. Die Terrarien stehen inmitten von Pflanzbeeten, aus Blumenkästen hängen Tillandsien und wachsen Orchideen dem Licht entgegen, ein Wellensittichkäfig unterbricht das Grün, und ein Springbrunnen befeuchtet die Luft des Schlangenzimmers. Verstecke über Verstecke in diesem tropischen Wintergarten für findige Kobras! Und wer riskiert schon ohne Vorwarnung einen Kobrabiß ins Gesicht?
Und niemand durfte etwas erfahren, die leichte Geringschätzigkeit der Besserwisser hätte mir gerade noch gefehlt.
Vielleicht erinnerten sich die Ausbrecher ihres geliebten Körbchens, und ich stellte es in die Pflanzen. Das Terrarium wechselte ich gegen ein anderes gleicher Größe und Machart aus.
Stündlich sah ich nach. Das Körbchen war und blieb leer. Auch nach zwei Tagen und zwei Nächten! Und ich begann, an dem Erinngerungsvermögen der Kobras und ihrer vielgerühmten Intelligenz zu zweifeln. Oder hatten sie zuviel davon?
Etwas anderes bewährte sich: der Wellensittichkäfig. Vogelfreunde – ich bin selbst einer, doch was blieb mir in meiner Not weiter übrig – mögen mir verzeihen, am besten, sie lassen die nächsten Zeilen aus. Indo lag zusammengeringelt im Käfig, als Katze hätte er gewiß geschnurrt. Vier der Vögel fehlten,

die anderen flatterten vor Angst herum. Die Schlange hatte ihren schmiegsamen Körper durch die Drähte gezwängt; vollgefressen, wie sie war, kam sie nicht mehr heraus. Träge sah Indo mich an und hielt es nicht einmal für nötig, sich zu erheben, als wisse er sich durch die Drahtstäbe des Käfigs geschützt. Man soll kein Tier ohne Grund enttäuschen, nicht einmal eine Kobra. Und so ließ ich ihn vorerst in Ruhe.

Ich stellte das geöffnete Terrarium samt Körbchen in die Grünpflanzen – und hatte Erfolg: Indira schlief am Morgen des nächsten Tages zusammengeringelt in ihm, als sei sie nie ausgebrochen. Da sage einer, Kobras, zumindest weiblichen Geschlechts, seien nicht anhänglich! Weniger an Menschen, aber an eine gewohnte Umgebung!

Das Problem Indo war noch zu lösen. Ich zog meine dicksten Lederhandschuhe und einen weit fallenden weißen Mantel an, fuhr in Gummistiefel und trat so vermummt mit einem Schürhaken und einem festen Tuch aus Leinen dem Reptil entgegen. Etwas lächerlich kam ich mir dabei schon vor.

Die Käfigtüren waren zu klein, so hob ich das Drahtgestell von seinem Plastikuntersatz. Indo bäumte sich auf und funkelte mich, in seiner Verdauungsruhe gestört, böse an. Ich versuchte, ihn mit dem Schürhaken zu Boden zu drücken. Es mißlang. Er stieß nach mir, zitterte vor Wut, preßte zischend Luft aus seinem Körper. Was haben die paar Tage Freiheit aus dir gemacht, du heimtückisches Biest! Ich nahm es sofort zurück. Das war er nicht. Wie würde sich ein Mensch benehmen, traktierte man ihn roh mit Eisen, um ihn aus dem gelobten Land ägyptischer Fleischtöpfe zu entfernen!

Ich warf das Tuch über Indo, packte zu und erwischte seinen Hals oder was ich dafür hielt und trug das zappelnde Durcheinander aus Stoff und Schlange schnell ins Terrarium.

Wie leicht hatte es bei dem verhutzelten Inder im Garten bei Madras ausgesehen, wie gekonnt bei den Chinesen im Laden von Hongkong, und wie hatte ich mich angestellt! Doch das war jetzt alles gleich. Meine Welt war wieder in Ordnung – wenigstens bis zum nächsten Mal.

Übrigens fand ich noch den Fehler, als ich das ausrangierte Terrarium in seine Teile zerlegte. Ein Brettchen der oberen Rückseite hatte sich gelockert, und die Schlangen hatten es mit ihrer zielstrebigen Kraft weggedrückt und waren entkommen. Das Brettchen war danach in seine alte Lage zurückgerastet. Seitdem halte ich nichts mehr für unmöglich – jedenfalls was Schlangen anbelangt – und glaube auch keinem Schlangenliebhaber mehr, der mir beteuert, ihm sei noch nie und niemals eine Schlange ausgekommen.

Eine Kobra im Stiefel

Alle Kobras lieben dunkle Verstecke, ob in Gefangenschaft oder Freiheit. In Bangkok erzählte man mir folgende Begebenheit. Draußen vor der Eingangstür seines Bungalows hatte ein Sergeant seine Stiefel abgestellt, fein säuberlich, wie es sich für einen ordnungsliebenden Menschen beim Militär gehört, auch wenn er Urlaub von Vietnam macht.

Er ist noch nicht allzulange in Ostasien und kennt die Vorliebe der Kobras für dunkle Verstecke nahe bei Menschen nicht.
Müde von nächtlicher Jagd, streift eine vorbei, sieht die Stiefel, kriecht in einen hinein und bettet in dem Versteck ihren jungen Leib wohlig zur Ruhe.
Am nächsten Morgen, die Sonne steht schon hoch, wird sie ganz zur Unzeit unsanft geweckt, fällt mitsamt Stiefel um und pult verschlafen den Kopf aus ihrem Leibesgeringel.
Der Sergeant, der im Stiefel auf etwas Weiches stößt, fährt verdutzt mit einer im Urlaub unangemessenen Schnelligkeit wieder heraus, und langsam dämmert es ihm: eine Schlange!
Nicht so der Kobra: Sie bleibt, den Kopf vorn, im Dunklen leise zischend liegen und harrt der Dinge.
Schon der zweite Schuß aus des Sergeanten Dienstpistole befördert ihr junges Leben ins Nirwana, Abteilung »gutmütige Giftschlangen«.
Der Sergeant, Amerikaner, schießt das Magazin leer und seinen Stiefel zu einem Sieb. Leichtgläubigen Kameraden und wissend lächelnden Thai-Mädchen erzählt er, welch heroischen Kampf es erforderte, um am Leben zu bleiben.

Feinde der Kobras

Junge Kobras, etwas über eine Fingerspanne lang, benötigen keinerlei Hilfe. Kaum hat ihr Eizahn die Eischale durchbrochen, richten sie sich auf und stoßen nach allem, was sich bewegt, verteidigen ihr junges Dasein und bedienen sich ihres Giftes, um zu überleben.
Die Zahl ihrer Feinde ist groß: Schnabelgewaltige Vögel, größere Schlangen mit kannibalischen Anwandlungen, Ratten, sonst Beute der Schlangen, und sogar Schweine, überall schnüffelnde Nimmersatts, stellen ihnen nach. Sie sind gegen Schlangengift keineswegs immun, doch ihre Speckschicht schützt sie, denn nur in einer Blutbahn wird Gift wirksam. Fällt plötzlich ein großer Vogel wie ein Stein tot vom Himmel, so hat er sich eine Giftschlange gegriffen, der es gelungen ist, ihren Tod zu rächen. Selbst Hauskatzen spezialisieren sich zuweilen auf junge Kobras.

Kampf auf Leben und Tod

Alle in den Schatten stellt der Mungo, eine spitzmäulige Schleichkatze. Sie spielt eine besondere Rolle in J. Rudyard Kiplings Dschungelbüchern, wo alle Sympathien dem Mungo »Rikki-Tikki-Tavi« gehören, dem Tapferen und Schnellen. Indern hingegen versinnbildlicht der Kampf des Mungo gegen die Kobra des Menschen Ringen mit dem Tod. Wie der Mungo die Schlange umtanzt, so belauert der Tod ständig den Menschen und wartet auf seine Chance.
In der Freiheit geht der Mungo einer starken Kobra meistens aus dem Wege, Gaukler jedoch hetzen profitgierig beide aufeinander, und das endet zumeist zuungunsten der Schlange. Ich allerdings sah einen Mungokampf, der anders verlief. Im matten Licht eines Tropenabends hängen verspielt die rosa Blüten einer Phalaenopsis-Orchidee vom Ast eines uralten Baumes. Ein Mungo versucht, eine prächtige Kobra zu ermüden, greift blitzschnell an,

nur einen Atemzug lang, springt behend zurück, in die Luft, kommt von der Seite. Über dem Teller der Körperwindungen wacht stolz der Kobrakopf, wie ein zürnend-strafender Gott, und stößt immer wieder nach dem struppigen Angreifer. Kommt er dem Boden nahe, zieht die Schlange ihn schnell zurück und hoch, sie gibt ihren Nacken nicht preis. Es ist ein Kampf auf Leben und Tod, so unglaublich schnell, daß man kaum zu folgen vermag.
Orchideenblüten gaukeln wie Falter durch die Luft zu Boden und irritieren den Mungo, nur für einen Augenblick. Doch der genügt. Der Schlangenkopf stößt auf das Tier, ins Fell bis zur Schnauze.
Der Kampf ist entschieden. Auf ihr Gift kann sich die Kobra verlassen. Der Mungo ist dagegen keineswegs immun. Aus sicherer Entfernung, am Baum wie ein kleiner Kobold lauernd, sieht er uns traurig an. Er fühlt seinen Tod.

Vielseitiger Mungo

Auch in Europa gibt es wildlebende Mungos, die vor einem solchen Mißgeschick allerdings gefeit sind, mangels Kobras und tropischer Orchideenblüten. Ihr Ruf als Schlangenvertilger brachte sie nördlich von Dubrovnik, auf die dalmatinische Halbinsel Pelješac, die von der Insel Korčula nur durch eine Meerenge getrennt ist.
Die Bevölkerung um das Bergmassiv des Pelješac fühlte sich von der Sandotter (Vipera ammodytes) belästigt. Diese Schlange hieße besser Hornotter, auf Sand kommt sie kaum vor. Weit giftiger als unsere Kreuzotter, ist sie dennoch bei Terrarianern wegen ihres ausgeglicheneren Wesens beliebt.
Wie dem auch sei, die ausgesetzten Mungos übernahmen die Herrschaft über die Macchia, rotteten die Schlangen aus und anderes Getier noch dazu und störten das vielgepriesene Gleichgewicht der Natur.
Die Gebete aus dem Kloster Podgorje, das vom Westhang des Berges aus dem Dunkelgrün seiner Zypressen über die Adria zu verkarsteten Inseln schaut, waren erhört worden. Als das Gebiet noch den Italienern gehörte, hieß das Kloster »Sottomonte« und der Berg »Monte Vipera«. Jetzt müßte er »Berg der Mungos« heißen, schon damit er nicht ständig Schlangenliebhaber enttäuscht, die sein Name magnetisch anzieht.
Ob allerdings die Dörfler der Ortschaft Orebic unten am Meer, die Kleinlandwirte, Winzer und andere, die Hühner und anderes Geflügel halten, nochmals die Ottern für Mungos eintauschen würden, steht sehr dahin, weiß doch ein Mungo eine saftige Hühnerkeule allemal mehr zu schätzen als ein dürftiges Schlänglein. Jetzt steigen eher fromme Wünsche nach den Ottern zu dem Herrgott auf, der die Schlange verfluchte.
Auch in Honduras, wo man Mungos ebenfalls aussetzte, erwiesen sie sich als wenig dankbar. Sie waren keineswegs auf diverse Giftschlangen versessen, sondern auf saftiges Hühnerfleisch. Hier ließ man es dem Vernehmen nach nicht bei Gebeten, sondern führte Abgottschlangen (Boa constrictor) ein, damit diese ihrerseits mit den Mungos aufräumen.
Fressen und gefressen werden, Kommen und Gehen, steter Wandel im Kreislauf der Natur!

Viertes Kapitel

In Dschungel und Savanne

Ein Dschungelerlebnis

Ein Soldat fährt einen Jeep sorglos auf einsamer Straße durch den Dschungel Burmas, fühlt sich geborgen in diesem Produkt moderner Technik amerikanischer Herkunft. Der Fahrtwind spielt in seinen Haaren. Er pfeift vor sich hin.

Nichtsahnend streift das offene Auto eine große Schlange und wirbelt sie in die Luft. Ebenso verdutzt wie der Fahrer, findet sie sich auf der Motorhaube wieder und zeigt zu seinem Entsetzen wenig Neigung, als Kühlerfigur zu dienen, züngelt vielmehr mit gespaltener Zunge vielverheißend giftig zur Windschutzscheibe, schiebt sich an ihr hoch, langsam, stetig, unabänderlich.

Der Fahrtwind behindert sie wenig. Ihr Kopf mit starrglitzernden Augen gewinnt an Höhe, pendelt, sucht.

In der Dienstvorschrift des Soldaten ist kein Kampf mit einem solchen Reptil, nicht einmal kleineren Ausmaßes, vorgesehen. Ihm wird halb übel, sein Herz rast, er atmet schwer. Was tun? Durch die Windschutzscheibe schießen? Sicherheitsglas! Und wer trifft schon lenkend und fahrend, zitternd und entsetzt bebend, genau den Kopf einer Schlange, die nicht stillhält. Anhalten und dann schießen? Da, so befürchtet er nicht zu Unrecht, hat sie ihm vorher ihre Giftzähne in Haar und Schädel gehauen. Und es dämmert ihm etwas vom vielseitigen Nutzen eines Stahlhelmes als Kopfbedeckung, wenn dieser auch zu anderen Zwecken gedacht ist.

Er fährt langsamer, schneller, wuchtet den Wagen nach links, nach rechts, nichts beeindruckt das riesige Reptil, das bereits über die Windschutzscheibe peilt.

Manches über Schlangen Gelesene und Gehörte, Richtiges und Unsinniges schießt dem Soldaten durch den Kopf. Schreck und Angst lähmen seine Gedanken. Sich nicht rühren? Gut gesagt in einem Auto, das über holprige Straßen zu steuern ist. Die Schlange ablenken? Wie und womit? Ein Karateschlag? Hält sich die Schlange an die Regeln? Und wenn sie beißt, wie lange

dauert es bis zu seinem seligen Ende? Muß man die Wunde ausbrennen, wie in Western gezeigt? Fragen über Fragen!
Die Schlange ist über der Scheibe, ihr Kopf pendelt über seinem, zischt böse. Das ist zuviel für ihn. Seine Nerven halten nicht mehr stand. Abrupt tritt er auf das Bremspedal: Vollbremsung! Die Räder blockieren, der Jeep rutscht, schleudert, steht. Der Soldat wirft sich nach draußen, in akrobatischer auf dem Kasernenhof nie gezeigter Manier, rast in wilder Panik davon, ohne sich umzusehen, läßt alles hinter sich!
Die Schlange verkraftet den gewaltsamen Bremsvorgang längst nicht so gut wie Mensch und Maschine, fällt aus ihrer luftigen Höhe, vergißt den Unfall, verzeiht die Fahrerflucht und macht sich ebenfalls aus dem Staube. Eben eine kluge Schlange.

Die Königskobra

Es war die »Hamadryad«, die Königskobra. Schlange der Superlative: die größte (über fünf Meter), beweglichste, imponierendste und intelligenteste Giftschlange der Erde. Sie greift von sich aus Menschen an, verfolgt flüchtende Gegner, ein Panier des Todes...
In Burma bis Südchina und im indomalaischen Archipel bis zu den Philippinen kann man ihr begegnen. In Vorderindien mag sie seltener sein, und auf Ceylon suchte ich sie vergebens.
Sie bevorzugt das Feuchtheiße der Tropen, liebt Sonnenschein und dennoch den Dschungel, hält sich viel an Gewässern auf und dort, wo es wenig Menschen gibt.
Ihr in freier Wildbahn zu begegnen wird zu einem unvergeßlichen Erlebnis. Beklemmend und furchterregend steht sie plötzlich, einen Urwaldpfad sperrend, steil aufgerichtet vor einem. Es ist ein faszinierender Anblick einer majestätischen Schlange von der »furchtlosen Geste einer Sieggewohnten«.
Man geht ihr lieber aus dem Wege. Ihr Biß kann binnen einer Viertelstunde töten. Sogar Elefanten meiden sie, denn sie sterben nach drei Stunden, sofern die Giftzähne nicht an der sprichwörtlich dicken Haut abprallen, sondern in die Rüsselspitze oder Zehennagelgrenze eindringen.
Diese Schlange verspeist andere Schlangen, auch giftige. Gegen deren Gift ist sie immun, wenigstens soweit es sich um Arten handelt, die in ihrem Verbreitungsgebiet leben.

Nomenklatur

Als Schlangenfresserin hat man ihr den Gattungsnamen »Ophiophagus« gegeben und ihre Art mit »hannah«, die Riesin, bezeichnet. Zusammen also wissenschaftlich: »Ophiophagus hannah«, schlangenfressende Riesin.
So einfach ist das, sofern nicht...
Früher gehörte sie nämlich wie die meisten Kobras zur Gattung »Naja«, und für einige ist das trotz zoologischer Besonderheiten immer noch so.
Für viele sind solche Fragen der Einordnung in das wissenschaftliche System der Reptilien wenig ergiebig. Tierfreunde wollen weniger Knochen und Schuppen zählen oder Schlangenhaut mikroskopieren und erfreuen sich an lebenden Tieren immer noch mehr als in Spiritus konservierten.

Sie nehmen es, wie die Reptilien selbst, gelassen hin, wenn manche im Laufe ihrer beider Leben den Namen wechseln. Die Tiere bleiben ja dieselben.

Intelligenz und Brutpflege

Man sagt Königskobras Intelligenz nach. Tierinspektor Seitz, seinerzeit beim Berliner Aquarium, hält sie für geistig so regsam wie Warmblüter. Öffnete er ihr Terrarium, kamen sie sofort erhobenen Hauptes und gespreizten Nakkens herbei, begrüßten ihn wie einen guten Bekannten und beobachteten jede seiner Bewegungen. Im Zoologischen Garten New Yorks in der Bronx kannten Königskobras ihren Pfleger bereits an seinen Schritten und erwarteten ihn an der Tür ihrer Behausung, wie zahme Raubtiere ihren Dompteur. Auch nach *Mell* vermögen sie Erschütterungsreize zu differenzieren.

Königskobras treiben Brutpflege. Wer traut das Schlangen zu?

Mit einer Körperschlinge fügt das Weibchen Pflanzenstoffe, Holzstückchen, Laub und Vermoderndes zu einem doppelstöckigen, einen Meter breiten Nest, legt in die untere Etage ihre Eier und in die obere sich selbst. Dies nicht, um zu brüten, dazu müßte sie bei den Pythons in die Schule gehen, sie bewacht und verteidigt ihr Nest gegen Eierdiebe.

Aber auch sonst können Königskobras recht böse und aggressiv sein.

So fuhr ihr eine Engländerin mit einem offenen Sportwagen über den Schwanz, als das Tier, nichts Böses ahnend, eine Straße kreuzte. Es erboste sich darüber sehr und raste an die hundert Meter hocherhobenen Hauptes neben dem Auto her, gleichsam im Kopf-an-Kopf-Rennen, was der verdutzten Autolenkerin gar nicht behagte. Schauer jagten ihr über ihren Rücken, ihre Hände zitterten, der Schlange bösschrilles Zischen übertönte das Summen des Motors, der sich schließlich als kräftiger und das Auto als schneller als das Tier erwies.

Die Schlange der Kleopatra

In Nordafrika und in den südlichen feuchtheißen Wäldern und Savannen lebt die ägyptische Kobra, die Uräusschlange (Naja haje). Sie entbehrt zwar der Brillenzeichnung, bäumt sich jedoch auf, spreizt ihren Nacken zur Scheibe und weist sich so dem stolzen Geschlecht der Kobras angehörend aus. Sie ist ein geschichtsträchtiges Tier und eine »Diva« unter den Schlangen.

Den alten Ägyptern war sie heilig. »Ara«, die Aufgerichtete, Sinnbild der Erhabenheit, Symbol der Herrscherwürde. Ihr Bildnis, beiderseits der Weltkugel an Tempeln in Stein gehauen, in Bildwerken auf dem Haupt des Pharaos thronend, zeugt von unüberwindlichem Herrschertum. In Karnak, auf dem östlichen Nilufer unweit von Luxor, schmücken zwei der anmutigsten Kobras in Stein den Architrav des riesigen Eingangstores zur größten Tempelanlage des alten Ägypten.

Es ist die »Aspis« der Antike, über die beinahe jeder römische und griechische Schriftsteller zu berichten weiß, zumeist mit mehr Phantasie als Beobachtungsgabe.

Plinius, ehemaligen Gymnasiasten in guter (oder unguter) Erinnerung, hält sie für ein »entsetzliches Tier zarten Gefühles«, in »treuer Ehe« lebend, bis der Tod den Partner nimmt. Wird dieser getötet, verfolgt der andere den Mörder mit unglaublicher Rachbegier, achtet keiner Entfernung, überwindet alle Schwierigkeiten, findet ihn selbst in der größten Menschenmenge. Nur durch Flucht über Flüsse ist Rettung möglich.

Nach der verlorenen Seeschlacht von Aktium im Jahre 31 v. Chr. erwies Kleopatra, Königin von Ägypten und Frau des Mark Anton, einer Schlange die königliche Ehre, sie durch ihren Biß von ihrem irdischen Dasein zu erlösen.

Shakespeare läßt die Königin zur Schlange sagen: »Mit deinen scharfen Zähnen löse gleich des Lebens wirren Knoten, sei zornig, mach ein Ende!« Und die Schlange tat es.

Ob eine Kobra die »Schlange der Kleopatra« war, mag wissenschaftlich nicht zu erweisen sein, liegt aber nahe. Hätte sich die extravagante Selbstvergifterin des Altertums eine Viper ausgesucht, ihr Sterben wäre um einiges langsamer und qualvoller gewesen. Zu damaligen Zeiten galt der Biß einer Kobra – zu Recht, wie wir heute wissen – als wenig schmerzhaftes Mittel, sich unliebsamer Zeitgenossen, warum also auch nicht seiner selbst, zu entledigen.

Die Kapkobra

Von den afrikanischen Kobras hat nicht die Uräusschlange das wirksamste Gift, sondern eine kleinere und schönere: die leuchtend gelbbraune Kapkobra (Naja nivea).

In der Schlangentoxologie geht es eben nicht nach Maß und Gewicht. Es gibt Schlangen, kaum länger als ein Strumpfband, die äußerst giftig sind.

Die Kapkobra wird oft von abartigen Anwandlungen erfaßt, andere Schlangen zu verschlingen. Ihr ausgesprochenes Pech ist es, bereichert sie ihren Speisezettel mit Giftschlangen. Gegen deren Gift ist sie nämlich, anders als die Königskobra, keineswegs immun. Selbst wenn sie eine Mamba bezwingt und genüßlich verspeist, ihr Tod ist ebenfalls besiegelt. Ausgleichende Gerechtigkeit in der Welt der Schlangen!

Von noch extravaganteren Kobras ist zu berichten.

Die Wasserkobra und der Schlangenfänger

Im Gebiet der großen zentralafrikanischen Seen lebt die Wasserkobra (Boulengeriana annulata). Dort ernährt sich die vorzügliche Taucherin ganz unstandesgemäß von Fischen, die sie mit graziler Eleganz in nächtlicher Jagd erbeutet. Ihren Nacken spreizt sie nicht. Was würde ihr dies unter Wasser auch nützen!

Der in Zentralafrika operierende Schlangenfänger Ionides begegnete ihr nach einer Schilderung des Engländers *Alan Wykes* an der Nordostküste des Tanganjikasees nahe Kigomo.

Es ist eine dramatische Erstbegegnung.

Ein Einheimischer überbringt ihm die Nachricht, am Ufer des Sees sei eine Schlange in einer Blechbüchse verschwunden. Auf Befragen: Nur den Schwanz habe er gesehen, die Schlange könne er nicht beschreiben.

Die Büchse entpuppt sich als alter Benzinkanister, durch dessen Öffnung die

Schlange hineingekrochen ist, aber auch bei kräftigem Schütteln kommt sie nicht heraus.
So legt Ionides eine Bindfadenschlinge um die Öffnung und wartet hingebungsvoll. Doch die Schlange hat offensichtlich mehr Geduld als er mit ihr, und sein lautes Fluchen stört ihr Wohlbefinden keineswegs, da sie nicht hören kann.
Vielleicht ist es eine ganz landläufige Schlange, und das Warten lohnt überhaupt nicht?
Dann kommt ihm der Einfall, den Kanister voll Wasser zu füllen, um das Tier zum Aufgeben zu ermuntern. Aber das denkt gar nicht daran. Langsam versteht er: eine Wasserschlange. Stolz und Neugierde des Fängers sind geweckt. Er schneidet den Deckel des Kanisters an drei Seiten in mühselig langwieriger Arbeit mit einem Büchsenöffner auf. Aber wie eine unbekannte Schlange abwehren, wenn sie angreift, statt ihm für die Befreiung zu danken?
So ist ihm nicht ganz wohl zumute, als er den Kanisterdeckel vorsichtig herunterdrückt. Heraus schießt zusammen mit dem Wasserschwall eine über den ganzen Körper gebänderte Schlange, die im Sonnenschein oberseits rotbraun irisiert. Von den Menschen nimmt sie überhaupt keine Notiz, strebt ins Wasser und verschwindet in einer Felsspalte.
Das kann nur die Wasserkobra gewesen sein!
Ionides hat sich in das schöne Tier geradezu verliebt und will es besitzen. Doch dazu gehören zwei.
Aus der überfluteten Felsspalte läßt sie sich nicht herausholen, im See weicht sie geschickt aus und kommt nur noch nachts aus ihrem Versteck. Der Fänger versucht es mit einem Schmetterlingsnetz, mit Stöcken und schließlich, der Gefahr nicht achtend, mit der bloßen Hand. Alles vergebens!
Er beobachtet das Verhalten der Kobra, wie der Jäger den Wildwechsel eines kapitalen Hirsches. Er studiert ihren nächtlichen Ausgang und den Standort der Fische, die sie frißt. Daraufhin entwirft er einen regelrechten Schlachtplan, obgleich er als ausgedienter Soldat militärischen Ambitionen abgeschworen hat.
Nachdenken macht sich, wie auch sonst im Leben, bezahlt. Und eines Nachts – Mondlicht erhellt den See – kommt die Kobra aus ihrem Versteck. Ionides kann sie mit einem Gabelstock gegen den Fels drücken, den Kopf fassen und den Schwanz der Widerstrebenden aus der engen Felsspalte lösen. Dies alles unter Wasser und binnen weniger Sekunden.
Beinahe einen Monat hat er für den Fang benötigt. Es wurde seine Lieblingsschlange.

Speikobras Im südlichen Afrika traf der noch »amtierende« Schlangenfänger Jack Seale auf eine tote Schlange. Dunkel violett schimmernd, lang ausgestreckt wie ein verkrumpeltes Gummiband, lag sie in Laub und Mull. Hals und Kopf waren nach oben gedreht, das Maul war geöffnet. Er befühlte den lappigen Körper,

hob ihn an und wußte: Sie ist gar nicht tot, sie simuliert! Er ließ sie in dem Glauben, daß er »hereingefallen« war, sie ließ ihn dafür in Ruhe. So hatten beide etwas davon.
Es ist die Ringhalskobra (Hemachatus haemachatus), eine Kobra der Extreme, die Mensch und Tier gewöhnlich mit einem Giftstrahl begrüßt. Wie die Schwarzhalskobra (Naja nigricollis) zählt sie zu den Speikobras.
Früher tat man »spuckende« Schlangen als Schlangenlatein ab, als eine Erfindung orientalischer Märchenerzähler, später, als auch Zoologen so etwas behaupteten, als deren »spinnertes« Phantasieprodukt. Doch man irrte sich.
Diese Schlangen verfügen tatsächlich über eine Art Zerstäubungsanlage: Sie pressen Luft durch die Giftzähne. Das Gift wird mitgerissen, und zwei parallele Giftstrahlen erreichen über zwei Meter zielsicher die Augen.
Es ist ein ideales Verteidigungsmittel, von Mutter Natur bestens gefertigt.
Mensch und Tier, einmal getroffen, sehen nichts mehr und toben vor Schmerzen. Nur Brillenträger haben es ausnahmsweise einmal besser.
Tiere der Wildnis werden blind und schnell ein Opfer ihrer Feinde. Menschen retten ihr Augenlicht, waschen sie die Augen kurzerhand aus, um Bindehautentzündungen oder Hornhautreizungen vorzubeugen.
Die Giftsprüherin jedoch gewinnt Zeit. Ohne zu beißen, verschwindet sie.
Rachegefühle sind ihr im Gegensatz zum Menschen unbekannt.
Im Terrarium vergißt eine Speikobra oft ihre gute Erziehung und sprüht und sprüht: Giftkristalle wachsen an den Scheiben, Giftpartikelchen schweben in der Luft, wenig empfehlenswert für Lunge, Augen oder Wunden.
Nimmt man das alles in Kauf, läßt sich erproben, wie zielsicher so eine Schlange ist. Auf die Terrarienscheibe werden außen zwei Augenringe in natürlicher Größe gemalt. Durch sie sieht man hindurch und läßt die Kobra sprühen. Sie trifft das Glas vor den Augenringen fast immer und wird immer wütender, weil ihre Treffsicherheit ihr nichts nützt. Die physikalischen Eigenschaften eines durchsichtigen Körpers wie Glas werden einer Schlange nicht über ihr Spatzengehirn, sondern über ihr Maul bewußt, wenn sie mit ihm dagegenprallt.
Durch eine kleine Operation kann man eine Speikobra von ihrer abartigen Veranlagung, Gift zu sprühen, befreien. Aber wer operiert schon gern Kobras!

Der Student und die Schwarzhalskobra

Ein Student der Zoologie aus Kapstadt, Europäer von Abstammung, hatte eine frustrierende Begegnung.
Er war mit der Bahn zu Verwandten nach Springbok ins Buschmannsland gefahren, um sich mit seiner Freundin Leila, einer Inderin, zu treffen.
So radelt er, eine wissenschaftliche Exkursion vorschützend, west- und dann südwestwärts in abgelegener Gegend. Es ist nachmittags und er wohlgelaunt.
Rechts und links des engen Weges dorniges, undurchdringliches Gestrüpp.
Da bewegt sich etwas vor ihm, stellt sich auf, nachtschwarze Augen glitzern ihn starr an: eine imposante Schwarzhalskobra versperrt ihm den Weg.

Sie ist ihm wohlbekannt. Er weiß, wie gut und treffsicher sie Gift versprüht. Aus sicherer Entfernung versucht er, sie zu vertreiben. Das ist gar nicht so leicht. Schließlich wirft er den Inhalt seines Picknickkorbes nach ihr: Brot, Konserven und anderes, nur die Flasche Whisky nicht, mit der er sich die Zeit vertreibt.

Ob er trifft oder nicht, die Kobra wird nur noch um so wütender und wartet um so beharrlicher, ihm ihr Gift entgegenzuschleudern, wie er ihr seine Verwünschungen, die sich weiter vom Universitätsniveau entfernen, als er es räumlich von seiner Alma mater ist.

Sein Rad, mit Schwung in Richtung Schlange geschoben, rollt vorbei, fällt schließlich ins Gestrüpp und bestärkt die Kobra in ihrem Ausharren. Der Student weiß nicht, vielleicht hatte er in Herpetologie gerade geschwänzt, welch stundenlanger Ausdauer ein solches Tier fähig ist, um so länger, je mehr man es reizt.

Des Studenten Zeit ist begrenzt, anders als die der Schlange, sie geht dahin wie sein Whisky. Wird Leila überhaupt noch anzutreffen sein?

So bemüht er sein angehendes Zoologengehirn angestrengt um Abhilfe.

Die Natur selbst, hilfreich wie so oft, schickt sie ihm in Gestalt eines kleinen Pelztieres, eines afrikanischen Mungos, nicht größer als eine Katze. Koboldhaft umtanzt es die Schlange, greift sekundenschnell an, weicht zurück, weicht aus, federt hoch, auf den Nacken der Kobra, verkrallt sich, zerbeißt malmend ihren Kopf und verschwindet triumphierenden Blickes mit seiner Abendmahlzeit im Dornengestrüpp.

Der Student fährt sich über die Augen. War es Wirklichkeit? Wer wird ihm das glauben: Eine südlich des Oranjeflusses in der Republik Südafrika schon seltene Schwarzhalskobra versperrt ihm den Weg, ein in dieser Gegend nicht gerade häufiger Mungo macht ihn frei, und dies soll er Leila, als Inderin hier auch nicht gerade heimisch, beibringen?

Wird sie ihn nicht bittersüß lächelnd fragen, warum die Kobra den Mungo nicht angespieen und geblendet habe, ob sie etwa genau so zielunsicher gewesen sei wie er, und dies ohne vorherigen Whiskykonsum?

So radelt er schließlich zurück, nicht ohne wehmütig darüber zu sinnieren, warum es gerade eine Speikobra sein mußte, die eine süße Gesetzesübertretung zu verhindern verstand. Tauchen bei Zoologen und denen, die es werden wollen, seltsam zoologische Komplikationen auf, wie sich bei Ärzten die ausgefallensten Krankheiten einstellen?

Woher ich diese Begebenheit habe? Von einem Zoologen. Er erzählte sie mir bei einer Zwischenlandung in Dakar im Senegal, als wir aus Rio de Janeiro kamen. Wir standen in der feuchtwarmen Tropennacht vor dem afrikanisch-exotischen Flughafengebäude voll Phantasie und Charme. Das Kreuz des Südens fehlte am Himmel, die nördliche Hemisphäre hatte uns wieder.

Auf dem Weiterflug nach Zürich merkte ich es: Er hatte so verschmitzt gelächelt, er selber war der junge Student aus Kapstadt gewesen.

Fünftes Kapitel

Die Geheimnisse der Schlangenbeschwörer

Vor ein paar Jahren bereiste ein Kamerateam Assam, den nordöstlichen Teil Indiens. Es ist ein feuchtheißes und das regenreichste Gebiet der Erde zugleich, wenigstens nach den Aufzeichnungen der meteorologischen Station in Tscherrapundschi.

Hier gedeiht vieles: von Tee bis zum Reis, von Baumwolle bis Zuckerrohr, am üppigsten jedoch der Urwald – und in ihm die Königskobra.

Die Kameraleute kamen aus der Hauptstadt Shillong, dem Sommerkurort im Garo-Khasi-Bergland südöstlich des Bramaputra, in das burmesische Grenzgebiet, wo halbwilde Stämme die Staatsgewalt nicht besonders schätzen.

Ein Jahr darauf sah ich ihren Film, den eindrucksvolle Szenen über Schlangenbeschwörungen auszeichneten.

Ist sonst die Brillenschlange (Naja naja) Lieblingstier indischer Schlangenbeschwörer, so ist es hier die Königskobra (Ophiophagus hannah), deren Biß binnen kurzem zum Tode führt.

Das Tier des Schlangenbeschwörers Saki gleitet nicht enden wollend vier Meter lang aus dem Korb. Es richtet seinen Vorderkörper steil auf, breitet den Nacken zum Hut, den Kopf glitzernden Auges drohend seinem Herrn zugewandt. Der entlockt einer einfachen Bambusflöte gequälte Töne. Sein Oberkörper wiegt sich nach ihrem Rhythmus, und so auch die Kobra, die Töne gar nicht vernehmen kann. Schneller bewegt sich die Flöte, schneller und ausholender folgt die Kobra. Faszinierender Gleichklang von Tier und Mensch.

Besitzt Saki geheime Kräfte, wie man sie Fakiren nachsagt? Oder ist die Schlange zahm? Kann man einer Giftschlange, und der schnellsten, größten und furchtbarsten noch dazu, so etwas beibringen?

Die Kamera schwenkt auf eine Folkloreszene, als müßte sie den Zuschauer mit Gewohnterem beruhigen. Hindumädchen tanzen. Wie wäre es mit einem

Schlangentanz burmesischer Tempelmädchen, von dem man hört, ihn aber nie sieht?

Wir kommen voll auf unsere Kosten.

Der Todeskuß eines Hindumädchens

Aus dem Nachbardorf eilt ein Hindumädchen herbei, das mit Kobras in einem merkwürdig-vertrauten Verhältnis stehen soll, bemerkt der Sprecher. Es tanzt. Der bunte Sari ist bis zu den Knöcheln gewickelt. Die Königskobra folgt, schwingt ihren Oberkörper, wiegt sich zum Tanz, wie vorher zur Flöte. Der Tanz wird schneller, die Aufmerksamkeit der Kobra angespannter, die der Zuschauer zum Staunen. Alles treibt einem Höhepunkt zu. Die Flötentöne setzen aus. Die Kobra steht still, starrt gebannt auf das Mädchen. Das neigt sich über sie, die Arme nach hinten angewinkelt, und küßt die Schlange auf die Stirn, ruhig und bedächtig, erhebt sich, tanzt wieder. Aus ihrer »Verzauberung« gelöst, nimmt die Kobra wieder den Rhythmus des Tanzes auf.

Erstmals gezeigter Todeskuß eines Hindumädchens.

Ich weiß nicht, wie es anderen Zuschauern ergangen ist, mir war beklommen zumute vor Spannung.

Die erwartete Erklärung blieb aus. Es gebe keine. Vieles zwischen Himmel und Erde...

Welcher westliche Mensch ist gewillt, etwas als Wunder hinzunehmen, glaubt schon an Schlangenzauber oder geheimnisvolle Kräfte eines hübschen Mädchens gegenüber einer Kobra, auch wenn es eine männliche gewesen sein sollte.

Es muß eine Erklärung geben! Doch welche?

Es bedurfte dreier Jahre voller Erlebnisse und Beobachtungen in drei Erdteilen, ehe ich sie fand.

Schlangenbeschwörung auf Ceylon

Beginnen wir auf Ceylon, dem jetzigen Sri Lanka.

Kandy, den buddhistischen Wallfahrtsort und Wohnsitz höchster Priesterschaft im Innern der Insel, kann man von Colombo mit der Eisenbahn erreichen. Mehr von Menschen, Tieren und Pflanzen sieht man bei einer Fahrt mit dem Auto quer durchs Land. Tropische Urwälder – hier gibt es sie noch – wechseln mit Parklandschaften und Bananenpflanzungen mit Teeplantagen ab. Zwischen hohen Bäumen weiße, rohrgedeckte Häuschen. Immer wieder sind Baumriesen schwarzgescheckt voll fliegender Hunde, riesigen Fledermäusen, die tagsüber mit dem Kopf nach unten schlafen.

Ein tropischer Regenguß hält uns für Stunden auf.

Kurz vor Kandy geht es über den Mahaweli Ganges, der sein Wasser braunerdig dahintreibt. An seinem Ufer steht man vor einem toten Ceylonesen. Zwei rote Punkte oberhalb der rechten Ferse deuten auf die Todesursache: Schlangenbiß.

Keine gute Einstimmung, wenn man dem Verhalten von Kobras nachgeht!

Kandy orientiert sich zum heiligen See hin, dessen Wasser so braun wie das des Flusses ist und dessen Mitte eine quadratische Insel mit drei hochragenden Palmen ziert. Mönche füttern Schildkröten und nicht minder heilige Wasserschlangen. Gern hätte ich eine gefangen. Doch wer darf sich an solch geweihten Tieren vergreifen! Hier am Ufer des Sees finden wir den Schlangenbeschwörer. Im Schneidersitz spielt und bewegt er seine Flöte und dazu sein zernarbtes und zerschnittenes rechtes Knie, Zielscheibe ungestümer Schlangenangriffe.

Die Kobra (Naja naja), aus dem flachen Körbchen entlassen, dem grellen Sonnenschein nicht besonders zugetan, starrt aufgerichtet zuerst auf das vibrierende Knie, weiß nicht, wohin sich wenden, bemerkt die Flöte, folgt deren Bewegungen, schwingt sich im Rhythmus der Töne.

Auch hier wieder der Eindruck, als lausche sie den Tönen und tanze.

Doch nicht diese fesseln der Kobra Aufmerksamkeit, sondern das Holzstück Flöte und der es bewegende Mensch. Mit deren Bewegungen, auf die Töne abgestimmt, geht sie mit, um besser zu sehen, sie im Auge zu behalten, um beißen zu können, bietet sich eine Gelegenheit.

Doch warum stößt sie nicht in die Flöte? Nichts ist ihr leichter abzugewöhnen als das. In Holz zu beißen schmerzt. Hat die Schlange es oft genug getan, läßt sie es bleiben.

Wir schieben ein Stofftier zur Kobra, um sie abzulenken und auf uns aufmerksam zu machen. Es gelingt nicht. Ihr Augenmerk gilt nur der Flöte. Solange sich diese und ihr Spieler bewegen, ist sie »optisch« ganz in Anspruch genommen.

Die Kobra ist ganz auf ihren Gesichtsinn eingestellt, ein reines »Augentier«!

Nach einiger Zeit des Zuschauens, schon manche Münze hat ihren Eigentümer gewechselt, übernehme ich Flöte und Schlange. Die Kobra verhält sich mir gegenüber nicht anders als bei dem Beschwörer. Keine Angst, es ist kein Heldenstück, ich bleibe außer Bißreiche. Und warum sollte ein Europäer nicht können, was ein Ceylonese vormacht?

Zum Abschied gibt es eine Galavorstellung. Der Gaukler hebt die Schlange in der Mitte ihres Leibes in die Luft, balanciert etwas mit ihr, ehe sie willig in ihrem Körbchen verschwindet. Sie fühlt sich offensichtlich von der Unterlage Erdboden gelöst, verunsichert und will nicht beißen, sondern Schutz suchen.

Bei der Frage, ob die Kobra noch ihre Giftzähne habe, gab sich ihr Herr und Meister beleidigt, in seiner Berufsehre gekränkt. Ich hätte sie fassen und ihr Maul gewaltsam untersuchen können. Doch das Bild des toten Ceylonesen am Fluß vor Augen, fehlte mir der Mut. Ja, so war es, ich gebe es zu.

Die Schlangenfarm in Bangkok

Im Schatten vergoldeter Pagoden, malachitfarbener Tempeldächer und uralter Tropenbäume breitet sich Bangkoks Schlangenfarm »Queen Saovabha Memorial Institute« aus.

Hier hält man Schlangen ihres Giftes wegen. Man benötigt es zur Serumgewinnung. Da liegen sie faul auf der Wiese, lauern zwischen Schilf oder sonstigen Verstecken auf Beute, schlafen unter großen Halbkugeln mit Ein- und Ausgängen oder gleiten ins Wasser.

Man muß die Tiere in diesem Freigehege fangen. Ein Mann im weißen Kittel faßt eine Königskobra am Körperende. Erbost bäumt sie sich in Drohstellung zu ihm und bemerkt gar nicht die Hand eines anderen, die sich ihrem Halse langsam von hinten nähert und fest und sicher ihren Kopf packt. Für die Schlange ist es zu spät, sich zu wehren, sie beißt in den Rand einer ihr vorgehaltenen Petrischale (eine Art flacher Glasschale). Mit Daumen und Mittelfinger werden ihre Giftdrüsen leicht massiert. Sie wird »gemolken« und gibt etwa die Hälfte ihres Giftes ab, macht, wenn auch unfreiwillig, gut, was künftig Kobras Menschen antun werden.

Wiederum konnte ich mich überzeugen, wie sehr Kobras Augentiere sind. Ungläubig hatte ich gelächelt, als mir ein gläubiger Hindu vor einigen Jahren erzählte, in seiner Heimat bei Madras erscheine Gott Schiwa in Gestalt einer Kobra auf einem Termitenhügel. Fromm und demütig beteten ihn Frauen an und tupften Kum-Kum-Rot auf des Gottes Stirn.

Ich habe dem frommen Mann nachträglich Abbitte zu leisten: Es muß durchaus keine Ausgeburt religiöser Phantasie, es kann tatsächlich so sein. Frauen lenken, außerhalb der Bißweite bleibend, mit ihrem Beten die Kobra ab, die nur Augenmerk für sie hat und gar nicht wahrnimmt, wie andere sie von rückwärts berühren.

Doch warum läßt sich die Kobra berühren? Von Schlangenbeschwörern, sie verehrenden Frauen und von einem tanzenden Hindumädchen? Andere Giftnattern würden blitzschnell, wohl wenig schmerzhaft, in der Wirkung jedoch grauenvoll zubeißen.

Die Antwort gibt mir ein anderer Erdteil: Afrika.

Gaukler in Marrakesch

In kaum einer anderen Stadt Marokkos als in der Medina von Marrakesch, sieht man ein so buntes, wogendes orientalisches Treiben.

Dem Labyrinth der Souks, der Gassen, Gänge, Tore, dem malerischen Bild lauter Geschäftigkeit entronnen, kommt man nach Süden zu auf den »Place Djemaa El Fna«, den Platz der »Versammlung abgeschlagener Köpfe«, nämlich derer der Feinde, die Kalifen hier zur Schau gestellt haben.

Heutzutage finden Tanzgruppen aus dem tiefen Süden, die ekstatische Musik und Tänze der Derwische, Märchenerzähler, Wahrsager, Lärmmacher jeder Art, Gaukler und Beschwörer ein begeistertes Publikum. Es ist das »Freilichttheater« der Berberstämme vom Atlas und aus der Sahara, voll des faszinierenden Zaubers für Fremde, wie ich einer bin.

Schlangenbeschwörer führen ihre Kobras vor, fordern Unmengen von Centimes und Dirhammünzen, mit denen man sich vorher reichlich eindecken muß.

Die »Haje«, die Uräusschlange (Naja haje), ägyptische Schwester der indischen Brillenkobra, hat auf ihrem Nacken keine Zeichnung, ist aber sonst ganz Kobra, ganz Augentier. Trommeln beanspruchen ihre volle Aufmerksamkeit, lenken sie von allem anderen ab, lassen sie alles andere vergessen. Zwei Beschwörer schlagen Rhythmen auf ein mit Haut bespanntes Tongefäß

– Rhythmen der Wüstensöhne zwischen Goulimine und Tan Tan. Sie ergreifen ihre Kobras am Hals, heben sie hoch, zeigen sie stolz: Seht, uns tun sie nichts!
Es bestätigt sich: Kobras sind anderen als Augenreizen gegenüber unempfindlich, unempfindlich insbesondere gegen Berührungen.
Eine Kobra beißt in kein Stück Holz und erst recht in kein Tongefäß, wenn sie weiß, wie weh das tut.
Aber warum verschont sie die Hand schräg über ihrem Kopf? Die Berber zeigen es immer wieder, und auch meine Hand bleibt ohne Bißwunden.
Die Kobra würde gern beißen, gereizt, wie sie ist, aber sie kann nicht. In Drohstellung voll aufgerichtet, vermag sie ihren restlichen Körper nicht vom Boden zu lösen. Sie kann auch nicht springen und daher auch nicht nach oben stoßen und nach vorn nur so weit, wie es ihrer Aufbäumung entspricht. Das ist das ganze Geheimnis, da läßt es sich leicht Ruhe bewahren.
Es ist Abend geworden, und ich gehe spazieren, noch die Rhythmen im Ohr, benommen vom Bild des Aufundabwogens der Menschen, der Trommeln, der Kobraköpfe. Es ist ein ganz anderes Marrakesch, das Marrakesch der Nacht, der Tausenden von Lichtern, wie aus einem Märchen aus Tausendundeiner Nacht.
Die Kobras vom Place Djemaa El Fna werden sich nun in ihren Kisten und Kästen ausruhen nach stundenlanger Anstrengung. Wie wird ihnen, den ausgesprochenen Augentieren, zumute sein nach all den vielen Eindrücken, Bewegungen, denen sie folgten, all dem menschlichen Tun, das sie nicht verstanden?

Des Rätsels Lösung

Sie sind, und weitere Beobachtungen erweisen es, übermüdet, ihr Nervensystem ist überreizt, so sehr von Eindrücken überflutet, daß sie nicht mehr den Willen aufbringen zuzubeißen. Sie sind abgestumpft, eingeschüchtert. Auf Berührung reagieren sie nicht, lenkt man sie optisch ab. So ist das.
Darum der Tanz des Hindumädchens im indoburmesischen Grenzgebiet, der Kuß von schräg oben; die Kobra war reizüberflutet, zu sehr als Augentier in Anspruch genommen; nach oben zu beißen vermag sie nicht. Es bedarf also keines Schlangenzaubers, keiner magischen Kräfte und erst recht keiner Mystik, nur der Kenntnis vom Verhalten der Kobra, ihrer Schlangenpsychologie. Hindumädchen und Schlangenbeschwörer sind darin Meister.
In *Bruntons* Buch »Geheimnisvolles Ägypten«, das auf 346 Seiten ernst genommen sein möchte, tritt Scheich Moussa ägyptischen Kobras wundertätig entgegen. Er ist Mitglied eines geheimen Derwischordens und magischer Kräfte mächtig, die er sogar noch auf den Verfasser des genannten Buches überträgt. Beide, Moussa und der Schriftsteller, dürfen alles mit Kobras machen, sie anfassen und sogar quälen – sie beißen sie nicht. Und dies trotz der »furchtbaren Brillenzeichnung an der Vorderseite der geblähten Haube«. Bei der Beschwörung muß Salomo herhalten, »der die Herrschaft über alle Reptilien hat«, und selbst Allah bleibt nicht verschont.

Nur eines wird übersehen: Die ägyptische Kobra hat gar keine Brillenzeichnung, ihr Nacken ist bar jeder Ornamentik.
Etwas mehr Zoologie und weniger mystische Kräfte, dann könnte es glaubhaft klingen!

Mit nervenloser Ruhe

Berlin ist eine Reise wert! Auch zu Schlangen. Diesmal nicht in den Zoo, sondern zu einem alten Bekannten.
Seine Kobras seien zahm, hätten sich an ihn gewöhnt, würden ihn kennen, ja sogar anerkennen. Unter Schlangenliebhabern sind dies besonders strittige Fragen, und man durfte gespannt sein.
Seine Terrarien für Giftschlangen sind übersichtlich eingerichtet, nicht auf Schau, sondern mit bestmöglicher Sicherheit, nicht für die Schlangen, die schützen sich selbst, aber für die Menschen. So haben sie alle Schlupfkästchen, die von außen zu betätigen sind. Liegen die Schlangen drin, werden sie geschlossen, und der Pfleger kann unbehelligt im Terrarium hantieren. Für Angeber ist bei diesem Hobby kein Platz. Sie leben zu gefährlich, und ihre Aussichten, an einer landläufigen Krankheit zu sterben, sind bescheiden.
Dies ist nicht auf meinen Bekannten gemünzt, er ist ein Könner hohen Grades, und bei ihm erlebe ich etwas, das manchen Schlangenbeschwörer vor Neid erblassen ließe.
Jede seiner Schlangen hat einen Namen. Und Kobi, ein Kobramännchen der hinterindischen Rasse »Naja naja kaouthia«, wegen des einzigen Kreises auf dem Nackenschild auch »Monokelschlange« genannt, ist Vorstellungen dieser Art offensichtlich gewohnt.
Es kommt aus dem Terrarium, plattet den Nacken, zeigt den Monokel, richtet sich zur Drohstellung auf, harrt der kommenden Dinge und starrt gebannt auf die linke Hand, die mein Bekannter schräg von oben heranführt und deren Finger er bewegt.
Die Kobra beachtet gar nicht, wie sich die rechte Hand von vorn ihrem schwanenförmigen Hals nähert, langsam, ganz langsam, ihn berührt, vorsichtig drückt, stärker, ihn zurückbiegt, immer weiter, bis nahe zum Teller der Körperschlingen und den Druck verstärkt. Jetzt kippt die Schlange seitlich um, zum Beißen kam sie nicht.

Zahme Kobras?

Gewiß, eine Kobra aus freier Wildbahn würde sich ganz anders benehmen, nicht das Bild ruhigen Abwartens bieten, sondern ungestüm den Menschen angehen. So habe ich sie in Indien, in Thailand, auf Ceylon und in Afrika erlebt.
Kobras können sich an Terrarien und Menschen gewöhnen. Auch Indo und Indira, meine beiden Kobras, wurden bei mir heimisch. Wer täglich mit Kobras zu tun hat, sie pflegt, füttert, glaubt sie zu verstehen, nimmt an, sie seien zahm. Das sind sie auch, aber nur bis zu dem einer Giftschlange eigenen Grad. Schon manche »gezähmte« Kobra biß ihren Pfleger nach Jahren des Vertrautseins.
Wie andere Tiere in Gefangenschaft legen auch Kobras einen Teil ihrer

Wildheit ab und passen sich geänderten Verhältnissen an, aber nie vollständig. Die Grundstrukturen angeborener Verhaltensweisen bleiben bestehen. Aus einer Giftschlange wird auch bei noch soviel Liebe und Mühen keine ungefährliche Hausgenossin, die den Menschen stets respektiert.
Sie ist eben kein so braves Tier wie bei *Brunton:* »Die Kobra hörte zu zischen auf und legte ganz sanft ihren Kopf in die flache, umgekehrte Hand des Zauberers. Dort ruhte sie, wie ein Kind seinen müden Kopf in den Schoß der Mutter legt, matt und still.« Das hat vielleicht etwas mit Lyrik, aber gewiß nicht viel mit der Wahrheit zu tun, und das Kunststück meines Bekannten mit Kobi wenig mit Zahmheit, dafür um so mehr mit bewußt oder unbewußt angewandter Tierpsychologie.

Das Geheimnis der Schlangenbeschwörer

Schon damals in Marrakesch, auf dem Dachgarten des »Café de Paris« am Place Djemaa El Fna, ließ es mir keine Ruhe: Haben die Kobras ihre Giftzähne noch?
Mit einem befreundeten Marokkaner aus Inezgane, einem Ort östlich von Agadir, trank ich Cola, er als Mohammedaner ohne, ich mit Schuß. Er versicherte mir, es gebe keinen Schlangenbeschwörer, der das Risiko eines Bisses auf sich nähme. Man breche sämtlichen Tieren die Giftzähne aus. Früher, da könne dies anders gewesen sein, aber heutzutage ... Gewiß, das sei für die Schlangen barbarisch, aber die gingen sowieso zugrunde, wenn nicht an Mundfäule, so an Entkräftung, denn zu fressen bekämen sie nichts. Es sei bequemer, sich eine neue zu fangen.
Der Blick über die Dächer, Kuppeln und Zinnen der Medina Marrakesch bis zu den blauen Atlasbergen war zu schön, als daß wir weiter diskutiert hätten.
Auch das Urteil eines Inders über seine landsmännischen »Kobramänner« hatte nicht viel anders gelautet.
Dagegen *Mell,* der auf einem Bahnhof in der Nähe von Canton einen Chinesen fragte, was er im Sack habe. Der griff ohne besondere Sorgfalt hinein und zog vier stattliche Kobras hervor, faßte eine am Kopf, öffnete ihr das Maul und »feilte mit dem Rest eines Taschenmessers in der Gegend der Fänge herum«, glaubte er doch, eine Kobra ohne Giftzähne besser verkaufen zu können.
Aber das war vor über einem halben Jahrhundert.

Der Fänger Udo

In Marokko erlebte ich im Adminwald südlich des Sousflusses einen Kobrafang, der bei mir alle Zweifel zerstreute. Das Wort »Wald« klingt etwas zu anspruchsvoll, er gleicht nicht den mitteleuropäischen Wäldern, wie wir sie kennen und lieben.
Es ist ein Wald der Heiterkeit unter afrikanischer Sonne: Kobraland! Silbrige Arganienbäume, wie der Drachenbaum Überbleibsel aus dem Tertiär, geben ein lichtes Bild, grazile Tamarisken variieren es, und dunkle Wacholder kontrastieren mit gelberblühten Ginstern.
Hier traf ich auf den Fänger »Udo«, ein für diese Gegend ungebräuchlicher

Name. Udo behauptete, vom südlich des Sous ansässigen Berberstamm der Chtouka zu sein. Doch sei's drum. Vielleicht stammte er aus der Gegend um Fes und wollte so seine Arbeit in fremdem Gebiet legitimieren.
Unter dem Wurzelstock eines mir unbekannten Dornbusches stöberte er eine Kobra auf. Sie ging in Droh- und er in Fangstellung. Er hielt ihr einen am Ende mit Stoff umwickelten Stock hin; biß sie hinein, riß er ihn ruckartig zurück. Das wiederholte sich mehrere Male. Ich befürchtete, die Schlange könne sich im Stoff verbeißen und auf uns zugeschleudert werden, was gerade nicht zu meinen sehnlichsten Wünschen gehörte.
Auf diese Weise geht der Fänger sicher, daß die Kobra nicht nur ihr Gift verbraucht, sondern auch ihre Giftzähne einbüßt. Sie werden ihr, im Stoff verhakt, herausgerissen.
Dann drückte Udo die Schlange mit dem Stock auf den Boden, behinderte derart die sich verzweifelt Wehrende, und ergriff ihren Kopf. Die Gefangene wanderte in eine Kiste. So einfach ist das – wenn man es kann wie Udo, der Kobrafänger.

Am Rande der Sahara

Erstaunt war ich, als mich kaum ein halbes Jahr darauf mein marokkanischer Freund anrief: Er habe sich wohl geirrt, in Goulimine sei ein Beschwörer am Kobrabiß gestorben, und am Flusse Tensift, ganz in der Nähe von Marrakesch, hielten araberisierte Berber vom Stamme der »Haouz« – ich vermag dieses Wort nur phonetisch wiederzugeben – »Haje« mit intakten Zähnen.
Also wieder auf nach Marokko, ins Hotel »Ali Baba« in Agadir, der südlichen Stadt an der Atlantikküste. Im März 1960 durch ein Erdbeben völlig zerstört, ist sie heute modern wiedererstanden und läßt einen die Annehmlichkeiten der Zivilisation mit Abenteuern in Atlas und Sahara verbinden.
Eines Samstags fahren wir auf guter Straße, mit breiten ausgebauten Banketten zum Ausweichen und Überholen, nach Süden, zuerst durch das Gebiet der Ilallen, von achtzehn seßhaften Berberstämmen mit je einem Vorratsspeicher, dem Agadir, der wegen möglicher Übergriffe der Nomaden bewacht wird. So sagt man wenigstens.
Schwarzweiß gescheckte Ziegen einer klein bleibenden Rasse klettern auf Arganienbäume und lassen sich die olivenähnlichen Früchte schmecken. Schafe, dicker und schwerfälliger, blöken und sehen verlangend von unten zu. Aus den Kernen der Früchte pressen Bauern ein ihnen schmackhaftes Öl, angeblich auch aus denen, die vorher durch den Magen einer Ziege gingen.
Nach Tisnit in den Ausläufern des Antiatlas deuten hochsukkulente, kaktusähnliche Wolfsmilchgewächse (Euphorbia echinus) und wegen der eßbaren Früchte kultivierte Kaktusfeigen (Opuntien) auf Trockenheit und die Nähe der Wüste. Sie beginnt schon vor Goulimine, wo eine in der Sonne flimmernde Gebirgskette zurückweicht, zuerst Steppe, dann Sand- und Geröllwüste. Sie ist nicht eintönig, sie lebt: im Blau ferner Berge, dem Violett der Bodenwellungen, dem Gelb des Sandes mit dem Schmutziggrün angedeute-

ter Vegetation, grauem Gestein und braunem Geröll, grell beschienen von gleißender Sonne.
Woher die Nomaden in den schwarzen Zelten Wasser nehmen, weiß niemand.
Goulimine ist von alters her Ausgangspunkt der Karawanen zur Hölle der Salzlager von Taoudeni, die mitten in der Sahara auf halbem Weg nach Timbuktu liegen, dieser Stadt geprägt vom Islam, dem Hauch der Wüste und dem nahen Niger.
Am Rand der Ansiedlung stoßen wir auf ein ärmliches Gehöft. Doch von der alten, verschleierten Frau erhalten wir keine Auskunft, sie schickt uns zum Kamelmarkt.
Der samstägliche Kamelsouk ist bei den Nomaden der Wüste, vor allem den Stämmen der Tuareg, weithin bekannt. »Blaue Menschen« in indigoblauen Gewändern, die auf die Haut abfärben und sie in bläulichem Schimmer tönen, sehen wir keine. Vielleicht hat die Farbenchemie auch in der Wüste Einzug gehalten. Lastkraftwagen verdrängen Kamele und Dromedare. Sie, die Transportmittel der alten Zeit, werden schon in denen der neuen Zeit, den Autos, befördert. Die Romantik der Wüste geht dahin.

Die Puffotter

Hassan, der totgesagte Schlangenbeschwörer, führt äußerst lebendig gestikulierend eine Puffotter (Bitis arietans) vor. Er wird sie hier im nördlichsten Bereich ihres Vorkommens selbst gefangen haben. Ihr hellgrau-bräunliches »Teppichmuster« kennzeichnet sie als Tier der Wüste.
Es ist eine plumpe, apathische Schlange breiten gedrungenen Körpers mit kurzem Schwanz. Ein mächtiger dreieckiger Kopf und senkrechte Pupillen lassen nichts Gutes ahnen, wie sie so mürrisch-abweisend und unbeteiligt in der von leichten Sandschleiern verhangenen Sonne liegt, im Bewußtsein ihrer todbringenden Waffe gleichgültig verharrt.
Und in der Tat, der Puffotter Gift ist ein furchtbares Hämotoxin, es wirkt ähnlich wie das Gift der Kettenviper.
Eine gebissene Ratte stirbt in wenigen Sekunden, ein Mensch langsamer, aber weit qualvoller als bei dem Neurotoxin der Kobra, unter zunehmenden Schmerzen, Angstgefühlen, Ohnmachtsanfällen, bis der Tod ihn erlöst. Nur bei einer baldigen Seruminjektion hat er eine Chance, mit dem Leben davonzukommen. Und selbst dann machen schwere Nekrosen oft Hautverpflanzungen oder sogar Amputationen erforderlich. Sind sein Herz und sein Kreislauf nicht in Ordnung, kann er, wie der leitende Zoologe des Tiergartens von Salt Lake City im Staate Ohio, trotz Serumbehandlung an Herzversagen sterben.
In Südafrika verursachen Puffottern die meisten Todesfälle.
Dennoch hört man auch von »zahmen« Tieren.

Der Widerspenstigen Zähmung

Wykes beschreibt, wie Ionides, von dem schon die Rede war, eine Puffotter, genannt »Popkiss«, zähmte.
Anfangs gab sich der Wildfang höchst ungnädig, »pufft« beim Anblick der

Menschen, hatte Verstimmungs- oder Erregungszustände und schlug heftig gegen das Gitter seines Käfigs. Erst nach drei Tagen war Popkiss' Aktivität erschöpft, doch eine »berechnende Böswilligkeit« in ihren Augen blieb. Öffnete Ionides die Käfigtür und streichelte sie mit einem Stock, antwortete ein müdes erschöpftes Puffen.

Auch das verlor sich nach wochenlangem Üben. Schließlich zeigte sie keine Äußerungen von Reizbarkeit, und der Schlangendompteur hatte den Mut, sie mit der Hand zu berühren.

Doch es ging nicht alles nach Wunsch.

Die Tür des Bungalows stand offen, und der kühle afrikanische Morgenwind hatte Popkiss träge und verträglich gemacht. Sie ließ sich, so wie vorher mit dem Stock, nun mit einem Finger streicheln und nahm keine Notiz, weder von Mensch noch Hand. Ionides kraulte sie näher am Kopf. Da schlug ein Windstoß die Tür zu, und Popkiss stieß zutiefst erschrocken einen ihrer beiden Giftzähne in seinen rechten kleinen Finger.

Der wurde blau und schwoll schnell an. Dem Arm erging es ebenso, und beträchtliche Schmerzen und Schwierigkeiten beim Bewegen stellten sich ein. Doch alles das behob sich mit dem zweiten Tag ganz von selbst, ohne jegliche Behandlung, denn Ionides verließ sich »auf den gewissen Grad von Immunität«, den er durch einen früheren überlebten Puffotternbiß erreicht zu haben glaubte.

Damit wird diese Zähmungsgeschichte unglaubwürdig; denn die Konzentration der durch einen Biß im Menschenkörper eigengebildeten Antitoxine hält nicht lange vor, wie bereits dargelegt wurde.

Der Schlangenbändiger Hassan

Die Puffotter des Schlangenbeschwörers Hassan auf dem Kamelsouk ist gewiß nicht zahm.

Sie liegt träge herum oder bewegt sich auf ihren Bauchschildern langsam nach vorn, gar nicht wie eine Schlange, vielmehr wie eine überdimensionale Raupe. Als Hassan auf sie zutritt, bläst sie ihren Körper auf und »pufft«: Es ist ein laut zischendes Fauchen, sie preßt Luft durch die Nasenlöcher, wie mit einem Blasebalg, ein metallisch-schrilles Geräusch, das man nie vergißt.

Doch Hassan beeindruckt das nicht. Geübt ergreift er die Schlange, legt sie sich um seinen Hals, nimmt ihren Kopf und hält ihn vor seinen. Die gespaltene Zunge tastet nach seinem Mund. Ein Spiel mit dem Tod?

Hediger, Direktor des Zürcher Zoos, will einen marokkanischen Schlangenbändiger gesehen haben, der sich von den Giftzähnen einer lebenden Puffotter die Stirn zerkratzen ließ, bis Gift und Blut rannen. Es geschah ihm nicht das geringste.

Ohne Blut – denkbar. Indische Fakire tanzen ja auch auf Scherben, ohne sich zu schneiden. Mit Blut? Dafür hätte ich keine Erklärung.

Ich schlage vor: Ein solcher marokkanischer Fakir soll es mit einer von mir gelieferten Puffotter (oder Kobra) wiederholen. Bisher fand ich für einen derartigen Test noch keinen. Sollte es jedoch einen geben und der ohne

Auf der vorhergehenden Seite:
Kobras sind königliche Schlangen. Ihren Vorderkörper richten sie in gestenloser Kühle bis zu einem Drittel ihrer Länge zum zustoßenden Bisse auf. Die Brillenschlange (Naja naja) ist den Indern Inbegriff der Schlange und frommen Hindus das heilige Tier des Gottes Schiwa.
Photo: Prof. Dr. K. Zimniok

Rechts:
Die Kobras spreizen dank verlängerter Halswirbel ihren Nacken zur flachen Scheibe, zum Hut. »Indira« imponiert mit ihrer schönen Brillenzeichnung.
Photo: Prof. Dr. K. Zimniok

Unten:
Mit eineinhalb Metern Länge die kleinste und zugleich schönste und giftigste aller afrikanischen Kobras ist die Kapkobra (Naja nivea).
Photo: Reptilienhaus Uhldingen

Oben:
Die bekannteste afrikanische Kobra ist die Uräusschlange (Naja haje), auch ägyptische Kobra genannt. Dieses geschichtsträchtige Tier war den alten Ägyptern heilig und den Pharaonen Symbol der Herrscherwürde. Bereits Plinius berichtet über sie.
Photo: Reptilienhaus Uhldingen

Oben links:
Kobras sind begehrte Tiere der Schlangenbeschwörer und Gaukler in Südasien und Nordafrika. Der Berber Hassan führt die »Schlange der Kleopatra« vor (Uräusschlange — Naja haje).
Photo: O. Zimmermann

Oben:
Die Stelzwurzeln der Mangroven greifen unentwirrbar in den Morast der Schlangeninsel Kiliwepwu.
Photo: Prof. Dr. K. Zimniok

Rechts:
unsere erste Grüne Mamba (Dendroaspis polylepsis).
Photo: Prof. Dr. K. Zimniok

Unten:
Ein gefährliches, atemberaubendes Abenteuer bedeutet es, eine Grüne Mamba mit einer Bindfadenschlinge am Stock hoch oben im Baum zu fangen. *Photo: Prof. Dr. K. Zimniok*

Rechte Seite unten links:
Die langen Giftzähne der gefangenen Puffotter (Bitis arientans) werden untersucht. *Photo: Prof. Dr. K. Zimniok*

Rechte Seite unten rechts:
Bimbos geübte Hände »melken« eine Speikobra.
Photo: Prof. Dr. K. Zimniok

In der Sahara fingen wir diesen wunderschönen, gutmütigen Berberskink (Eumeces algeriensis). Er versuchte nicht einmal zu beißen. *Photo: Prof. Dr. K. Zimniok*

Über einen halben Meter lang sind diese zwei australischen Blauzungenskinke (Tiliqua scincoides), liebenswürdige Tiere, die ihr Futter aus der Hand ihres Pflegers holen. *Photo: Prof. Dr. K. Zimniok*

Ein Felsenpython (Python sebae) versuchte sein Heil in der Flucht. Es nutzte ihm nichts: Wir fingen ihn. *Photo: Prof. Dr. K. Zimniok*

Schon nach kurzer Zeit war das anfangs bissige Tier gezähmt und ließ sich anfassen — hier vom Verfasser. *Photo: A. Kubetz*

Unten:
Eine Sandrennatter (Psamnophis sibilans) flüchtet. Als Trugnatter (Opistoglyphe) mit Giftzähnen weit hinten im Oberkiefer wird sie Menschen kaum gefährlich.
Photo: Prof. Dr. K. Zimniok

Eine Handvoll harmloser Grünnattern (Chlorophis). »Grasschlangen« nennen sie die Ostafrikaner. *Photo: Prof. Dr. K. Zimniok*

Schlangen verfügen über eine große Muskelkraft. Eine Grüne Mamba schnürt den Arm ab, während ihr Maul untersucht wird. *Photo: Prof. Dr. K. Zimniok*

Seeschlangen (Hydrophiidae) sind keine Fabelwesen, doch sehr selten und scheu. Es glückte, eine zweieinhalb Meter lange nahe der Fidschiinseln vom Boot aus zu photographieren. *Photo: O. Zimmermann*

Eine Eierschlange (Dasypeltris scabra) kriecht auf der Suche nach einem Vogelnest mit Eiern senkrecht an einem Baumstamm hinauf. *Photo: Prof. Dr. K. Zimniok*

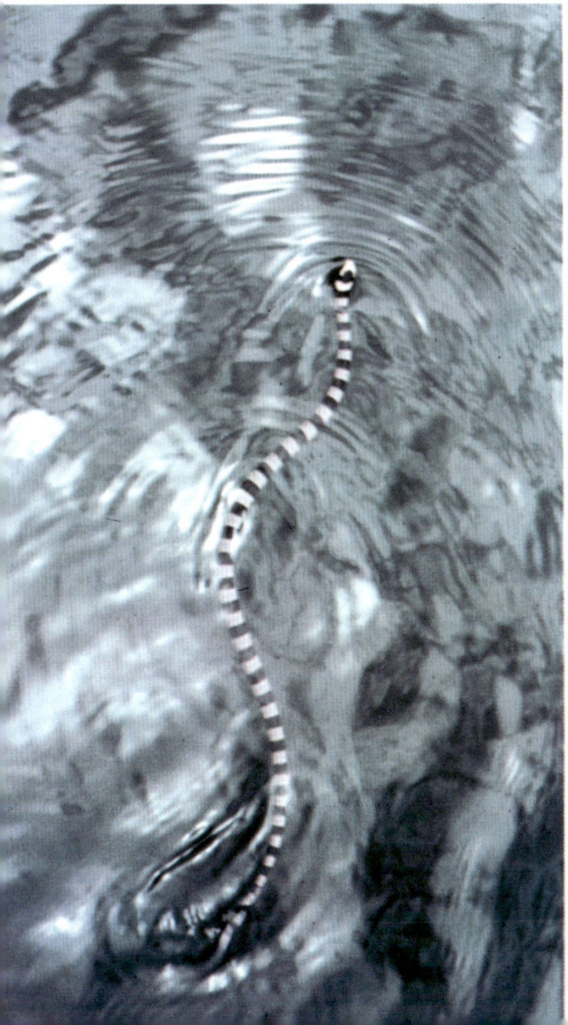

Links:
Terrarienanlagen — wie hier eine des Verfassers — lassen sich harmonisch zu einem viel bewunderten Blickpunkt ins Wohnzimmer einfügen. Oben spaziert ein Königspython über eine Wurzel.
Photo: Prof. Dr. K. Zimniok

Rechts:
Die Schlange des Gottes der Heilkunde und der Ärzte, die Äskulapnatter (Elaphe longissima), wird im Terrarium bald zu einer liebenswürdigen, zutraulichen Hausgenossin.
Photo: Prof. Dr. K. Zimniok

Komplikationen weiterleben – dann nehme ich mit dem Ausdruck größten Bedauerns meine Zweifel zurück.
Hassan hat die Puffotter abgelegt. Jetzt ist sie gereizt. Aus ihrer Lethargie erwacht, hat sie den Hals mit Kopf zur S-Form gebogen. Ein maliziös-niederträchtiges Tier.
Wie eine losgelassene gespannte Feder schnellt der plumpe Körper auf Hassan, so unerwartet behend, daß man keinen Biß ausmachen kann. Sie hätte ihre zwei langen Giftzähne nadelspitz durch Hassans dürftiges Schuhwerk geschlagen – hätte man sie ihr belassen. Er blinzelt uns zu, und die anderen feiern ihn als ihren schlangenfesten Gaukler, der er ja auch ist.
Dann kommt er zu uns, begrüßt uns und sieht uns traurig an: Eine seiner Vorführkobras, ihrer Giftzähne beraubt, habe seinen Sohn gebissen, der daran qualvoll starb. Niemand könne sich dies erklären. Allah hat es gegeben, Allah hat es genommen, Allah ist groß!
Auch seinen Vater habe eine »Haje« getötet. Als sie beim Fang ruckartig am Schwanz aus ihrem Versteck gezogen und herumgewirbelt wurde, verfingen sich Mensch und Schlange in einem Gestrüpp. Allah hat es so gewollt. Erst sein Vater, jetzt sein Sohn!
In zerlumpter Kleidung steht er wie verlassen mit wässrig-trüben Augen vor uns, farblos grau und wie die Wüste ein »lautloser Schrei des Nichts«.
Schicksal einer Gauklerfamilie am Rande der Wüste, die ihre Menschen nicht nährt, sie jedoch tötet, auf vielerlei Art.
Wie erklärt sich der Tod des Jungen?

Der unprogrammierte Tod

Die Giftzähne einer Schlange nutzen sich gleich Instrumenten schnell ab und werden verschluckt, oft zusammen mit einem Beutetier. Ersatzzähne, schon unter der Schleimhaut des Oberkiefers vorgebildet, treten an ihre Stelle. Das wiederholt sich alle paar Wochen. Jeder Schlangenbeschwörer weiß das. Immer wieder werden der Schlange die Zähne ausgebrochen, bis sie an Mundfäule, Verdauungsstörungen oder Entkräftung elend zugrunde geht. Das ist der Dank für ihre Arbeit!
Die Natur jedoch hält sich an kein Schema, und Ersatzzähne können, aus welchen Gründen auch immer, schneller nachwachsen, bei Kobras schon vor Ablauf von zwei Wochen. Dann genügt ein Ritzen der Haut, schon ist es geschehen.
Es sind Fälle bekannt, die man die Rache der Kobra nennt. Da steht so ein schön präpariertes Tier, als »Jagdtrophäe« bestaunt, jahrelang herum, dann verletzt sich jemand ganz unmerklich an einem Zahn, ganz unmerklich – und stirbt, erkennt der Arzt die Ursache der Vergiftung nicht rechtzeitig. Primäreffekte an der Stelle des kleinen Ritzes können ganz fehlen. Gift, kristallin in der Zahnkanüle eingetrocknet, vermag unter Luftabschluß über fünfzehn Jahre wirksam zu bleiben.

Im Lande der »Haouz«

Am Montag zu früher Stunde führt uns, meinen marokkanischen Freund und mich, der Weg durch den Hohen Atlas gen Marrakesch. Wir haben die neu erbaute, kürzere Straße genommen, erreichen nach kurzer Rast im Gebirgsdorf Imine-Tanoute die Ebene und biegen bei Chichaoua nach Osten auf die vielbefahrene Verkehrsader Essaouira–Marrakesch ein. Chichaoua ist durch seine Teppiche bekannt. Ihre Grundfarbe reicht von Rosa bis zum kräftigen Rot. Die Muster, zumeist unsymmetrisch eingestreut, zeigen in Weiß, Gelb, weniger in Blau, stilisierte Skorpione und Schlangen. Wir sind auf der richtigen Fährte.

Als grüne Oasen steigen Dörfer aus der ausgedorrten, zerfurchten und zerborstenen Ebene. Schlanke Minarette erheben sich aus glasigem Sonnendunst, und im Norden unterbricht jäh und ohne Übergang ein Berg, langgestreckt wie ein Kamelsattel, die Eintönigkeit. Der Horizont schwimmt weich im Glast, und ab und zu spiegelt er ferne Wasser und verwischte Konturen – trügerische Bilder.

Nach Mzoudia überqueren wir etwas, was einmal ein Fluß gewesen sein dürfte: einen breiten Graben voll riesiger Schollen. Hinter ein paar Anwesen verlassen wir in Richtung Norden die Straße.

Fahren und Orientieren werden zunehmend schwieriger, aber irgendwann und irgendwo müßten wir zu einem Fluß, so vorhanden, und drei Gehöften kommen.

Es wird immer heißer. Man kann die Luft sehen, wie sie in durchsichtigen Schwaden über das ausgedörrte Land schwirrt. Unsere Lippen trocknen ein.

Nach langem Suchen stoßen wir auf die drei in sich verschachtelten Würfelhäuser aus ungebrannten Lehmziegeln, braunerdig wie der ausgetrocknete Boden ringsumher. Von einem Fluß, es müßte der Tensift sein, keine Spur.

Wir klopfen an ein großes Holztor und warten lange, ehe ein Berber öffnet. Es fällt meinem Begleiter nicht leicht, ihn von unseren ehrbaren und friedlichen Absichten zu überzeugen.

Endlich führte man uns in einen Innenhof: Hühner, zwei Ziegen, kleine Kinder zwischen Kisten, Tongefäßen, ein Tisch und Teppichrollen, zwei Kübel rotblühender Geranien als Schmuck.

Ein großes Palaver setzt ein, von dem ich, wohl zu meinem Glück, kein Wort verstehe.

Das Stabwunder

Zwei ausgewachsene Kobras werden aus einer schmutzigen Kiste entlassen und gleiten auf einen ausgelegten Teppich, der Art wie vorher beschrieben, auf stilisierte Muster ihrer selbst.

Immer wieder beteuert man uns, es seien intakte Tiere mit Giftzähnen. Aber nach so vielen orientalischen Märchenerzählern, wie sie Marokko bietet, will ich ganz sichergehen. Kann man es mir verdenken?

Die Sonne steht hoch, und mein Gehirn trocknet langsam ein. Ehe ich ganz apathisch werde, wie die beiden Kobras, raffe ich mich auf, deute auf ein Huhn in meiner Reichweite und frage, da mir gerade dieser Brocken Urlaubsmarokkanisch einfällt: »Schhal kajessua had esch-schi?«

Man stutzt und nennt für das Huhn einen niedrigen Preis (im Vergleich zum

Urlaubsparadies Agadir). Ich ergreife es, das gackert und flattert, und werfe es, ehe mich jemand hindern kann, zu den Kobras. Eine von ihnen, zuerst etwas irritiert, stößt zweimal in das Federkleid.
Das Huhn flüchtet, wenig später würgt es, bricht, taumelt, wird eingefangen und seines Kopfes entledigt.
Dieses Opfer hat den Beweis erbracht: Die Kobra ist nicht präpariert!
Ich zahle weit mehr als verlangt, ein Fehler, wie sich herausstellt: Wir werden zum Essen eingeladen.
Es gibt überzuckerten Pfefferminztee, Lieblingsgetränk aller Marokkaner gleich welcher Volkszugehörigkeit und Hautfarbe, und nach über einer Stunde Kouskous, zumeist aus Hirsebrei, mit den Fingern zu essen, und – Huhn! Ein schrecklicher Gedanke kommt mir. Wie verhält sich Kobragift beim Kochen? Bei welchen Hitzegraden werden Peptide von 60 bis 70 Aminosäureresten, dreifach gewunden wie eine Schlange, zerstört? Manche Schlangengifte sind bis zu 120 Grad und noch mehr hitzebeständig. Und Kobragift?
Doch was nutzt es, um das Essen komme ich nicht herum, will ich nicht unsere Gastgeber verärgern und die Schlangenvorstellung gefährden. Und zudem: Wird das Gift nicht restlos zerstört, wirkt es nur in einer Blutbahn schädlich, nicht im Magen. Magengeschwüre habe ich keine. Gott sei Dank!
Nach dem Essen ist es soweit. Wieder arbeiten zwei der Berber Hand in Hand, ermüden zuerst die Kobras mit dem Auf und Ab geschlagener Trommeln, deren Rhythmen Erinnerungen wecken. Werden wir diesmal mehr zu sehen bekommen?
Eine Viertelstunde geht dahin, bis sich einer der Akteure einer Kobra von hinten nähert, ihren Hals ergreift, wie spielerisch mehrmals ihre geschmeidige Haut streicht und auf eine bestimmte Stelle des Nackens drückt, schnell, für uns beinahe unmerklich: Die Schlange streckt sich, wird in seiner Hand zum Stock, gerade, fest und steif. Das dauert Minuten, Sekunden? Wie viele? Wir haben sie nicht gezählt.
Er wirft den Stock von sich, und er wird zur Schlange, die sich bewegt, sich erneut zur Drohstellung aufrichtet.
Hätte man es nicht selbst erlebt, man möchte es nicht wahrhaben.
Der Druck auf eine Stelle ihres Nackens versetzt die Kobra in eine Art Starrkrampf, in eine kataleptische Starre, wie ich sie auch beim Fang der scheuen Atlasagamen (Agama bibronii) erlebte. Sie stieben erst im letzten Augenblick davon, packt man eine, kann sie erstarren. Geheimnisvolle Reptilienwelt!
So wurde vor unseren Augen nach dreitausend Jahren in einem Berbergehöft nahe Marrakesch unter der gleißenden Sonne Marokkos nachvollzogen, wovon die Bibel (Exodus 7,10) kündet:
»Aaron warf seinen Stab vor den Pharao und seine Diener, und er ward zur Schlange.« Auch Schlangen, von Gott verfluchte Tiere, erweisen es:
Die Bibel hat hier also recht.

Sechstes Kapitel

Schlangenjagd

Um Schlangen zu fangen, muß man sich in ihren Verhaltensweisen auskennen – und es bedarf einiger Übung. Dann ist es kaum gefährlich oder gar abenteuerlich, vielmehr eine Beschäftigung wie andere auch.
Doch nicht immer: Steht man das erste Mal einer berüchtigten Schlange gegenüber, die wild um ihre Freiheit kämpft, haben sich Dschungel, Wüste oder Felsenlabyrinth gegen einen verschworen oder tritt etwas Unvorhergesehenes ein, wird der Schlangenfang zum prickelnden Erlebnis, ja zum Abenteuer in einer sonst wenig abenteuerlichen Welt. Man fühlt sich zurückversetzt in eine längst versunkene Zeit, in der Mensch und Tier Auge in Auge ihre Kräfte maßen.
Und ist der Fang geglückt, gilt es, die Schlange durch Zoll- und Sicherheitskontrollen heil ins heimatliche Terrarium zu bringen, allen widrigen Paragraphen zum Trotz.
Von alldem soll hier die Rede sein.

Gefürchtete Mamba

Nebst der Königskobra sind Mambas die gefürchtetsten und gefährlichsten Giftschlangen unserer Erde: die Schwarze Mamba (Dendroaspis polylepis), über drei Meter lang, und die kleinere Grüne Mamba (Dendroaspis viridis). Beide und ihre nahen Verwandten leben in Afrika südlich der Sahara. Nur einige Schlangen Australiens sind noch verhaßter und gefährlicher.
Im Terrarium, hinter Glas, ist nicht viel von der Wildheit der Mambas zu merken, allenfalls, wenn sie auf eine Maus oder Ratte stoßen, so blitzschnell, daß ein Biß nicht auszumachen ist. Das gebissene Tier fällt in sich zusammen und ist in Sekunden tot.
Es sind schöne, schlanke Schlangen von geschmeidiger Eleganz und Lässigkeit. Sie sehen nahezu vertrauenswürdig aus, soweit sich dies von Giftschlangen sagen läßt.
Wer ihr in freier Wildbahn begegnet, bescheinigt der Mamba das Gegenteil: »Sie droht nicht erst, sondern schießt sofort auf den Feind los wie ein flie-

gender Pfeil« *(Klingelhöffer)*. »Eine Grüne Mamba in ihrer Vollkraft schießt wie ein Speer langgestreckt durch die Luft und hat zumeist schon gebissen, bevor man sie überhaupt noch bemerkt hat« *(Renker)*.

»Muritiwalesu«, Schatten des Todes, ist sie Einheimischen. Ihr Gift vermag einen Menschen innerhalb einer Viertelstunde zu töten.

Ob einheimisch, ob Europäer – was in Afrika über Mambas erzählt wird, läßt das Blut in den Adern gerinnen.

Dem Tod entronnen

Jack Seale, Südafrikas unerschrockener Schlangenfänger, war dabei, in seinem Schlangenpark »Hartebeestportdam« bei Johannesburg eine seiner Schwarzen Mambas zu messen. Da geschah es: Die vier Meter lange Mamba entwand sich seinen Händen, schnellte mit der Wucht eines Geschosses zu Boden, dann aufwärts durch Seales rechtes Hosenbein, bohrte ihre zwei nadelspitzen Dolchzähne in sein Fleisch und injizierte ihr tödliches Gift.

»Noch vier Minuten bis zum Tod«, lautete die Überschrift in der Zeitung. »Ich war nur so weit entfernt vom Tode wie die Bewegung eines Augenlides«, urteilte Seale selbst. Um zu überleben, handelte er blitzschnell. Er spürte schon, wie das starke Nervengift ihn zu lähmen begann, und spritzte sich selbst eine Überdosis Serum. Auf der Fahrt ins Krankenhaus nach Pretoria bekam er dann nochmals eine Serumspritze. Ehe er das Bewußtsein vollends verlor, bat er, ihn an eine eiserne Lunge anzuschließen. Das rettete ihm das Leben.

Das Gift lähmt die Atemmuskulatur, der Mensch erstickt. Seale war eine ganze Woche vollständig gelähmt, wenn auch bei Bewußtsein. Erst am siebten Tag vermochte er eine Zehe zu bewegen, und tags darauf einen Finger. Er gehört zu den wenigen Menschen, die einen vollen Biß einer Schwarzen Mamba überlebt haben.

Andere wurden trotz hautnaher Begegnung nicht gebissen. Mambas sind unberechenbare Tiere. Zornig blähen sie ihren Hals auf und heben ihren Vorderkörper bis zur Hälfte ihrer Länge schräg nach vorn, zum Angriff bereit.

Fitz Simons, Direktor des Schlangenparks in Port Elizabeth in Südafrika, ging mit seinem Freund auf die Jagd. Dieser trug reichlich bemessene Kordhosen mit Hosenträgern. Treiber und Hunde durchkämmten ein Gebüsch. Weder eine Antilope noch eine Gazelle stürzten heraus, sondern eine Schwarze Mamba. Sie sah die dunkelgähnende Öffnung des Hosenbeins als vermeintliches Versteck an, schnellte hinein, am Bein hoch, am Hosenbund hinaus und über die Schulter fort. Der derart Betroffene war zu »Gefrierfleisch« erstarrt. Das und die Hosenträger anstelle eines Gürtels retteten ihm das Leben.

»Ein bleifarbener Streif huschte wie ein Schatten vorüber, glitt links um einen Steinblock herum, unter meinem Ellenbogen hinweg, hinter meinem Rücken weiter – fort. Die männermordende Mamba war mir erschienen.« Gebissen hatte sie nicht, sonst hätte *Fitz Simons* sein Erlebnis nicht berichten können.

Killerin Mamba

Andere hatten weniger Glück.
Ein Farmerssohn lief auf einem Pfad, der rechts und links von hohem Gras gesäumt war. Eine Mamba sonnte sich. Anstatt sich zu verkriechen, richtete sich das Reptil auf und stürzte sich mit solcher Wucht gegen ihn, daß er zu Boden fiel und zwanzig Minuten nach dem Biß starb.
Eine andere Mamba glitt von einem Ast auf ein kleines Schulmädchen herab, das im Schatten eines Baumes las, und biß es in den Nacken. Ein weiteres Mädchen verspürte auf einem Spaziergang einen Stich im Spann und sah gerade noch den Schatten einer enteilenden Schlange. Ihr wurde schwindlig, das Bein unempfindlich. Sie starb, ehe der Arzt kam. Er hätte ihr auch nicht helfen können.
Ein junger Farmer war auf Antilopenjagd. Die Treiber kämmten einen bewaldeten Abhang durch. Da schoß eine Mamba aus dem Gebüsch. Dem Mann blieb keine Zeit zum Anlegen und Schießen. Was er noch sah, »war ein schwärzliches Durcheinander von Ringen, dann spürte er den Schmerz eines Bisses in seinem erhobenen, bis zum Ellbogen nackten Arm« *(Fitz Simons).* Bald trat Lähmung ein und dann der Tod.
Ähnlich erging es einem schwarzen Treiber, der eine Mamba aufgescheucht hatte. »Sie bäumte sich auf, stieß haßerfüllt zu und biß ihn ins Gesicht, daß er meterweit den Hang hinuntertaumelte.« Der Gebissene jagte mit verzweifelt heiserem Geschrei zum nahen Fluß, um zu trinken. Fünf Minuten danach fand man ihn dort: tot.
Schwarzen Mambas sagt man unglaubliche Dinge nach. Eine soll innerhalb dreier Tage elf Menschen getötet haben. Eine andere hatte offensichtlich etwas gegen Ziegen und rottete die Herde eines ganzen Dorfes aus.
Fama oder Wahrheit?

Auf nach Afrika

Ich wünschte mir, Mambas nicht nur in Terrarien hinter schützendem Glas zu erleben, sondern in freier Wildbahn, dort, wo sie »unverfälscht« sind, und vor allem wollte ich selbst welche fangen.
Auf nach Afrika, also. Aber wohin?
Auch in Afrika hängt nicht an jedem Baum eine Mamba, verschläft nicht in jedem Felsenloch ein Felsenpython den Tag, sonnt sich nicht auf jedem Negerpfad eine Puffotter oder lauert eine Kobra. Ganz im Gegenteil: Der Mensch muß den Schlangen nachgehen, sie suchen, sie aufstöbern, ein Gespür für sie haben. Das Laub der grünen Bäume tarnt die Grüne Mamba, dürres Gras und vertrocknetes Gesträuch die Schwarze Mamba. Pythons leben zumeist in unzugänglichen Höhlen, und Schlangen der Wüste graben sich in Sand.
Uthmöller wollte hundert Grüne Mambas aus Ostafrika mitbringen. Mit hundert Negern, so schreibt er, kämmte er bekannte Mambagebiete fünf Monate lang Tag für Tag durch. Seine Ausbeute waren ganze vier Mambas.
Begeistert las ich bei *Mark Easterbrook,* warum er sich gerade in Malindi am Indischen Ozean als Schlangenfänger niederließ: Bei seinen Safaris der Kü-

ste entlang fing er im Jahre 1970 in zwei Monaten 1100 Grüne Mambas. War das kein Grund, dorthin zu fliegen, an diese mit Schlangen (vom Standpunkt eines Schlangenfängers) so gesegnete Küste?
Die Luft, die einem nach vielen Flugstunden entgegenschlägt, sagt manches über das Land. In Dakar im westafrikanischen Senegal ist sie schwül – feuchtwarm, von prickelnder Exotik. In Agadir in Marokko ist sie trotz der Nähe des Atlantiks von heißer Trockenheit und läßt die Sahara erahnen. In Bangkok empfängt einen die feuchtheiße Tropenluft wie ein Keulenschlag und nimmt einem die Luft zum Atmen. In Colombo auf Ceylon ist sie heiß und mit dumpfigen Gerüchen von Hafen und Meer geschwängert. Die Luft von Rio de Janeiro verströmt Licht und Zauber Südamerikas und perlt in Tropfen an der Gangway.
Landet ein Jet gegen Mitternacht in Mombasa, empfängt einen die heiße Luft Ostafrikas. Scheinwerfer durchstrahlen das Dunkel, und in ihrem grellen Licht stehen Kenianer mit Maschinenpistolen.
Mombasa, »Insel der Kriege«, sah in bunter Folge griechische, arabische, indische sogar chinesische, portugiesische, dann wieder arabische und letztlich englische Schiffe, ehe es »frei« wurde.
Über drei Stunden braucht der Kleinbus des Hotels bis zum nördlicher gelegenen Malindi. Es geht über altertümliche Eisenbrücken obskurer Konstruktion, durch eine von Fruchtbarkeit gesegnete Landschaft der Ananas- und Sisalplantagen, unter Kokospalmen hinweg und vorbei an den mächtigen Baumriesen der Baobabs, der Affenbrotbäume, die im Dunkel der afrikanischen Nacht mehr zu erahnen als zu sehen sind.
Die Engländer sind nicht mehr und die Kenianer in den Jahren ihrer »Uhuru«, ihrer Freiheit, noch nicht dazu gekommen, eine Brücke über die etwa in der Mitte zwischen Mombasa und Malindi weit ins Landesinnere greifende Kilifi Creek (Bucht) zu bauen. Eine Fähre verbindet die Ufer, und eine Schlangenfarm lädt zur Besichtigung ihres giftigen und ungiftigen Getiers ein: wir sind richtig.

Schlangen im Hotel

Den Schlangenfänger *Mark Easterbrook* lernen wir am nächsten Abend im Hotel kennen, wo er wöchentlich einmal Schlangen vorführt. Sandrennattern (Psammophis) und andere, die nicht gleich beißen, werden von Tisch zu Tisch getragen und sind ein willkommener Nervenkitzel »übersättigter« Touristen. Als Glanzpunkt seiner Vorstellung »melkt« er eine Grüne Mamba. Mit drei Fangstöcken wird sie festgehalten, ehe er ihren Kopf packt, sie ihr Maul öffnet und ihre zwei Giftzähne im Oberkiefer durch eine Membran schlägt, die über ein Glas gespannt ist. Ein leichtes Massieren der Giftdrüsen, und das Gift tröpfelt ins Glas. Man benötigt es zur Serumgewinnung, und die einträglichste Einnahmequelle eines Schlangenfängers ist nicht der Verkauf von Schlangen, sondern des Giftes.
Die metallenen Fangstöcke sind einfach konstruiert. Ein Hebel am oberen Teil betätigt durch einen Draht, der außen oder innen im hohlen Rohr läuft,

die Greifzange am unteren Ende. Je länger das Rohr, um so weiter hält man sich die Schlange vom Leibe.

Sich solcher Fangstöcke zu bedienen liegt mehr Europäern. Schon vor über dreißig Jahren hat der Engländer Ionides so seine Schlangen gefangen. Die Methode hat allerdings zwei Nachteile: Mit dem hebelartigen Handgriff läßt sich der Druck der Greifzange, die den Schlangenkörper umfaßt, nur annähernd bemessen. Drückt man zu wenig, kann sich die Schlange befreien und, je nach Temperament, mehr oder minder stürmisch angreifen. Bei zuviel Druck bleibt die Schlange nicht unversehrt, und am empfindlichen Nacken verletzt, stirbt sie nach Tagen oder auch erst nach Wochen. Im Geäst eines Baumes bleibt ein derartiger Fangstock oft hängen oder verfängt sich.

Die Afrikaner fangen daher Bodenschlangen mit Gabelstöcken und Baumschlangen mit einer Schlinge an einem Stock.

Mit Bimbo auf Schlangenfang

Der nächste Tag sieht uns mit Bimbo, dem Schlangenfänger vom Stamme der Giriama, und seinen Gehilfen auf Schlangenfang.

Der Landrover bringt uns durch kultiviertes Land und Dörfer der Giriama, einem freundlich aufgeschlossenen Menschenschlag, mehr der Fröhlichkeit zugeneigt und nicht von dem emsigen Streben einflußreicherer Kikuyu, die überwiegend im Hochland um Nairobi ansässig sind und sich als »Staatsvolk« fühlen. Sie waren es nämlich, die in den frühen fünfziger Jahren den blutigen und grausamen Mau-Mau-Aufstand gegen die Briten und widerspenstige eigene Leute führten, ihrer und der anderen Stämme »Uhuru« entgegen. In farbenfrohen Kikois, den Wickelröcken, winken Giriamafrauen. »Jambo« grüßen Kinder und bekommen Bonbons zugeworfen. Ein trautes, friedliches Bild.

Die Insel der Schlangen

Unser Ziel ist Kiliwepwu, die Insel der Schlangen im Midi Creek, einer wie eine Faust ins Landesinnere greifenden Meeresbucht des Indischen Ozeans.

Wir steigen in ein Boot um, das uns über die leicht bewegte Wasserfläche trägt. Flamingos und Pelikane lassen sich durch uns nicht stören. Ein Fischadler stößt aus blauem Himmel in das Wasser. Auch wir fangen mit Schleppangeln einige breitrückige Koli Koli und hechtähnliche Barakudas. Sie werden – über offenem Feuer gegrillt – unser Mittagessen sein.

Undurchdringlich grün zieht das Ufer vorüber, in immer neuer Szenerie. Nur einem einzigen Menschen begegnen wir, einem Eingeborenen, der einsam und verloren in einem Kahn eine Angel hält.

Die letzten dreißig Meter zum Mangrovendschungel Kiliwepwus waten wir durchs Wasser, halten unsere Ausrüstung über den Kopf, zwängen uns durch die Stelzwurzeln der Mangrovenbäume, die wie dicke Stricke und unentwirrbar ins Wasser greifen, stampfen schwer atmend und schweißüberströmt Schritt für Schritt durch zähen Morast, versacken oft brusttief, bis eine Wasserrinne ins Innere des Urwalds führt.

Ihr folgen wir. Ein Schwarm Fische, ähnlich den Segelflossern des Amazonas, jagt vor uns her. Es wird enger, dunkler. Wir winden uns wieder durch

lianengleiches Wurzelwerk und stoßen auf eine Lichtung aus weichem Schlick, der grell beschienen in der Sonne dampft. Bis zur Hüfte sinken wir ein, jeder Schritt vorwärts kostet Kraft, Schweiß verklebt die Augen.
Ein Geruch von Verwesendem liegt in der Luft, doch um uns ist Leben. Die Mangrovenbäume gebären »lebende« Keimlinge, noch an der Mutterpflanze entwickeln sie sich aus den Früchten. Abfallend spießen sie sich wie Pfeile senkrecht in den Schlick, verankern sich binnen weniger Stunden, ehe die Flut kommt, und treiben alsbald erste saftig-grüne Blätter. Bunte Winkerkrabben huschen davon. Schlammspringer glotzen uns an mit Augen wie Aussichtskuppeln auf dem Kopf. Mit einem Ruck ihrer armartigen Brustflossen schnellen sie meterweit davon. Es sind Fische, die vor Jahrmillionen den erfolgreichen Versuch unternahmen, dem Wasser zu entsteigen.
Der Schlick wird weniger tief, das Grün um uns lichter. Festes Land schimmert zwischen Stämmen und Wurzeln. Strahlen der Äquatorsonne fluten streifig durch die Baumkronen, in denen Affen kreischend flüchten.

Die Speikobra

Bimbo bleibt stehen: »Nyoka!« »Snake!« Eine Schlange liege auf einer freien Fläche hinter dem Uferbewuchs. Ich kann nichts sehen. Die Schwarzen scheinen Schlangen zu riechen.
In einem großen Bogen tasten wir uns an Land. Und tatsächlich: Eine schwärzliche Schlange, eine Speikobra (Naja nigricollis) sonnt sich. Schritt für Schritt, jede Bodenerschütterung vermeidend, nähern wir uns. Die Kobra versucht zu fliehen, gerade zwei Aufnahmen kann ich schießen.
Da, plötzlich und unerwartet, stürzt sie sich auf meinen Freund seitlich von mir. Er springt geistesgegenwärtig zurück. Die Kobra stößt nach, streift sein rechtes Bein und schleudert wütend eine volle Ladung ihres Giftes nach ihm. Giftflecken zeichnen sich auf sein schweißnasses Hemd, Gift tropft vom rechten Brillenglas.
Mit einem Stock zertrümmert Bimbo das Rückgrat der Schlange. Schade, ich hätte sie gern lebend gehabt, aber es ging nicht anders.
Wir untersuchen peinlich genau das Bein meines Freundes. Kein Einbiß, kein Kratzer eines Giftzahnes. Glück gehabt! Es ist höchst fraglich, ob das Serum noch wirksam ist, das wir mitführen, wird es doch immer wieder der tropischen Hitze ausgesetzt. Ohne eine Seruminjektion gäbe es hier im Urwald Kiliwepwus, weit entfernt von menschlicher Zivilisation, kaum Rettung. Die Geistesgegenwart Bimbos und meines Freundes haben Schlimmes verhütet. Beim Schlangenfang kann von schnellen Reaktionen das Leben abhängen.

Bei den Giriama

Wir streifen weiter umher. Von Grün überwuchert, von Ranken überzogen, vom Urwald verschluckt finden wir Reste eines Gemäuers, das vermutlich vor Hunderten von Jahren Araber erbaut haben. Felsenpythons, vielleicht auch Puffottern, könnte es hier geben. Wir suchen alles ab. Nichts.
Wo der Urwald in Busch übergeht, kräuselt sich Rauch und entdecken wir drei der rechteckigen Giriamahütten.

Hier in der Einsamkeit der Wildnis wird jeder freudig begrüßt. Ob wir Wasser trinken möchten, kostbarstes Gut, das die Frauen von einem drei Stunden entfernten Wasserloch holen? Wir hätten es nötig, die Hitze hat uns ausgedörrt. Doch es gärt leicht in der Tonne, riecht, und seine schmutzig-graue Färbung rät zur Vorsicht. Sogar Bimbo und seine Helfer widerstehen der Versuchung. Palmwein und selbstgebrautes Bier, »Pompe«, abzulehnen, zu dessen Geschmack Fermente menschlichen Speichels nicht unerheblich beitragen, fällt uns leichter.

Dem älteren Mann gehören vier Frauen, von jung bis alt. Kinder bestaunen uns neugierig und bekommen Bonbons.

Der Mann und drei der Frauen tanzen für uns, gebückt immer im Kreis herum zu den monotonen Takten, die ein Jüngling auf verschieden langen Hölzern schlägt. Ein trauriger Anblick, wie sich diese Menschen für ein paar Schillinge abmühen. Eine der tanzenden Frauen trägt ein Baby auf dem Rücken. Die vierte Frau stampft Mais, so, wie es ihre Vorfahren vor Hunderten von Jahren schon taten.

An einem Stecken rösten über Glut kleine Tiere, Ratten, die man hier den Schlangen streitig macht und ißt, weil man anderes nicht hat. Sie werden in kleinen Reusen aus Ruten gefangen. Kaum zwanzig Meilen Luftlinie entfernt servieren junge Ober vom selben Stamme der Giriama den Gästen in den Hotels an der Küste vier Gänge und sorgt ein kaltes Büfett für noch mehr Abwechslung.

Wir durchqueren wieder den Urwald und grillen auf einer sandigen Lichtung am Ufer unsere Fische; nach den Anstrengungen schmecken sie köstlicher als aus der besten Hotelküche.

Nachher erfrischt ein Bad im Meerwasser. Nilkrokodile gehen nicht in Salzwasser und Seeschlangen bleiben draußen im Meer jenseits der Korallenriffe. Auch die Haifische halten es so.

Dann verschluckt uns wieder der Wald. Getrennt arbeiten wir uns durch. Jeder hält nach Schlangen Ausschau. Und nach einiger Zeit heißt es wieder: »Nyoka, Nyoka.«

Die erste Grüne Mamba

Da ist sie, die ersehnte, unsere erste Grüne Mamba! Wie zum Fangen serviert, liegt sie auf niedrigem Geäst mit den Blättern einer Akazie. Smaragdgrün kontrastiert ihr Körper mit dem Blau des Himmels. Sonnenstrahlen treffen auf ihre seidenschimmernde Haut. Ein wunderschönes Tier!

Wir drei Europäer ziehen unsere Schuhe aus und lassen sie liegen, die Afrikaner gehen stets barfuß, weil sie keine haben. Wir schleichen uns näher, Bimbo voran. Nichts darf knacken, kein Zweig sich bewegen. Schatten werfen wir keinen, die Sonne steht senkrecht über uns.

Bimbo ist beinahe unter der Mamba. Zentimeter um Zentimeter nähert er die Schlinge aus Bindfaden am Stockende ihrem Kopf. Er steht ganz still, nur seine rechte Hand bewegt langsam, unmerklich den Stock. Davon hängt alles ab.

Bemerkt uns die Mamba, wie wird sie sich verhalten? Flüchten oder auf einen von uns als grüner »Schatten des Todes« niederschnellen, bevor man Atem holen konnte?
Sekunde um Sekunde vergeht. Man wagt kaum zu atmen. Die Schlinge ist über dem Kopf der Schlange. Die Mamba verharrt, jetzt stößt sie vor. Ein Ruck mit dem Stock, die Schlinge zieht fest, etwa einen Viertelmeter hinter dem Kopf. Die Schlange wehrt sich, peitscht wild umher und legt Körperschlingen um Bimbos rechten Arm. Ihr Kampf ist aussichtslos, sie ist gefangen.
Geübte Hände ergreifen sie, lösen sie aus der Schlinge, öffnen gewaltsam ihr Maul und untersuchen ihre Giftzähne, ehe sie in das Leinensäckchen kommt. Bimbo wird sie einer Schlangenfarm verkaufen, wo sie fernerhin ihr Leben fristen und ständig gemolken werden wird, so, wie Mark Easterbrook es im Hotel vorgeführt hat. Zusätze machen das Gift zum Transport in ein Institut zur Serumgewinnung haltbar. So tragen gefangene Mambas, wenn auch höchst unfreiwillig, dazu bei, gebissene Menschen vor dem Tode zu retten.

Eine Puffotter

Wir suchen weiter. Der Urwald lichtete sich. Am späten Nachmittag begegnen wir einer ausgewachsenen Puffotter (Bitis arietans), die träge vor sich hindöst. Es ist ein plumpes Tier, doch sich seiner Kraft bewußt.
Vorsicht ist geboten! Wie eine losgelassene, gespannte Feder schnellt sie auf einen Gegner und jagt ihre langen spitzen Giftzähne gleich Injektionsnadeln ins Fleisch. Ihr Otterngift (ein Hämotoxin) ist äußerst wirksam.
Die ostafrikanische Puffotter prunkt anders als ihre wüstengraue Schwester aus der Sahara mit einer lebhaften Teppichzeichnung und ist so vorzüglich dem Spiel des Lichtes unter Bäumen, dem Hell und Dunkel des Bodens, angepaßt.
Mit zwei Gabelstöcken pressen die Afrikaner die Schlange behutsam an den Boden. Sie »pufft« wütend ihr laut zischendes Fauchen, als ob Luft aus dem Loch eines Autoschlauches entweicht, nur metallischer, wie wenn flüssiges Blei auf Wasser trifft. Bimbo ergreift sie, untersucht ihre Giftzähne und melkt ihr zur Vorsicht das Gift weg, ehe er sie in ein Säckchen gibt.
Es ist unser letzter Fang für heute, wir müssen zurück zu Boot und Wasser, ehe hier, knapp unterhalb des Äquators, die Nacht nach nur kurzer Dämmerung jäh einbricht. Im Urwald oder Busch zu übernachten ist wenig ratsam.
Das Meer wieder vor Augen, verdrängt frische Salzluft den Modergeruch des Mangrovensumpfes aus unseren Lungen. Morgen werden wir wiederkommen auf die »Insel der Schlangen« und wiederum unser Glück versuchen. Vielleicht fangen wir sogar eine der seltenen, kostbaren Gabunvipern (Bitis gabonica).

Die Gabunviper

Es ist eine nahe Verwandte der Puffotter, doch weit größer und mächtiger, dick wie der Unterschenkel eines Mannes und um vieles schöner. Kaum eine andere Schlange, am ehesten noch die Nashornviper (Bitis nasicornis),

kommt ihr an Schönheit gleich. Der farbenfroheste Perserteppich verblaßt neben ihr.
Auf sattem Purpur ordnen sich vollendet geometrische Muster in Gelb, Hellbraun und Blau, und hellumrandete Sanduhrfiguren fügen sich harmonisch ein.
Es ist eine Viper ausgeglichenen Temperamentes. Träge eingerollt liegt sie zwischen Laub oder im Grün der Farne. Vor dem Menschen flieht sie nicht, sie greift ihn aber auch nicht an. Tritt jedoch jemand auf sie, dann allerdings hebt sie den Vorderkörper und haut mit aller Wucht ihre zwei bis vier Zentimeter langen Giftzähne tief ins Fleisch.
Das Gift der Gabunviper wirkt hämotoxisch (als Blutgift) und gleichzeitig auch neurotoxisch (als Nervengift). Eine seltene Ausnahme bei Vipern. Es ist, als ob eine Puffotter und eine Kobra gleichzeitig beißen würden.
Die Aussicht, mit dem Leben davonzukommen, ist nicht besonders groß, im Busch, Dschungel oder Urwald gleich Null.
Trotzdem wird die Gabunviper immer wieder gefangen und wegen ihrer bestechenden Schönheit in den Terrarien der Liebhaber gern gehalten.
Ditmars beschreibt, welch unheimliche Wirkung das Gift dieser Schlange entfaltet, selbst wenn nur ein Giftzahn den Zeigefinger eines Menschen leicht streift. So geschehen dem Kurator Perkins im Reptilienhaus des Zoologischen Gartens von St. Louis, Missouri. Die Wunde wurde sofort eingeschnitten und ausgesaugt, sofort wurde Serum injiziert. Trotzdem verlor Perkins nach einer Stunde das Bewußtsein. Kalter Schweiß, blutiger Urin und Erstikkungsanfälle folgten. Der Arm schwoll stark an, der Finger färbte sich schwarz, die Hand dunkelblau. Nur durch erneute Serumgaben, Blutübertragungen, Injektionen von Herzmitteln und Einschnitte in den Arm konnte Perkins gerettet werden. Erst nach Wochen war er fähig aufzustehen.

Eine Eierschlange

Wir fanden am nächsten Tag keine Gabunviper, dafür eine Eierschlange (Dasypeltis scabra), die auf der Suche nach einem Vogelnest züngelnd durchs Gebüsch kroch. Sie ist ungiftig, und ihre wenigen winzigen Zähnchen richten auch sonst keinen Schaden an. Als »Nahrungsspezialistin« für Eier ragen verlängerte Wirbelfortsätze gleich einer scharfkantigen Säge in die Speiseröhre. Sie ritzen das Ei auf, der Inhalt fließt in den Magen, die Schalen werden ausgewürgt.
Der Geruchssinn der Eierschlange ist stark ausgeprägt. Mit ihm findet sie ihre Nahrung und vermag ein stark angebrütetes Ei zu erkennen. In Gefangenschaft geht sie eigenartigerweise auch an Einachbildungen, haben diese Nestgeruch angenommen. Das wird ihr zum Verhängnis, denn ihre scharfe Schlundsäge versagt.
Sonst bewältigt sie Hühnereier, fünfmal so dick wie ihr Kopf, und dehnt dabei ihre Haut wie ein Luftballon.
Die gefangene Eierschlange ist für mich bestimmt, und in meiner Obhut wird es ihr erspart bleiben, sich an einem Porzellanei zu vergreifen.

Die Graue Baumnatter

Auch eine Graue Baumnatter (Thelotornis kirtlandii) entdeckte einer der Afrikaner. Graubraun meliert, schlank wie der Zweig des Dornbusches, auf dem sie lag, paßt sie sich ihrer Umgebung vollendet an. Ich hätte sie wahrscheinlich gar nicht gesehen.

Sie bietet ein Bild vollkommener Harmlosigkeit. Doch das täuscht. An einer Flucht gehindert, züngelte nervös ihre leuchtend zinnoberrote Spaltzunge mit den beiden schwarzen Spitzen, blähte sie ihren Hals sackartig zu einem länglichen Ball, das vordere Drittel ihres Körpers steil erhoben, den verlängerten Kopf waagrecht zum Biß vorgestreckt.

Es ist eine Trugnatter. Doch den Afrikaner stört das wenig, er faßt sie und steckt sie in ein Säckchen.

In den heißen Augusttagen des Jahres 1975 fütterte Professor *Robert Mertens,* einer der hervorragendsten Herpetologen, den Deutschland je hatte, und ein begeisterter Terrarianer dazu, seine »zahme« Graue Baumnatter. Sie biß ihn in den Daumen. Ein Serum gegen das Gift dieser Schlange wird nicht hergestellt, es ist ja »nur« eine Trugnatter.

Alle ärztliche Kunst versagte. Nach fast drei Wochen des Hoffens und Bangens zwischen Leben und Tod starb er.

Das Gift der Boomslang

Seinem Freund, dem amerikanischen Schlangenforscher *Karl Patterson Schmidt,* war acht Jahre zuvor ebenfalls der Biß einer Trugnatter, der »Boomslang« der Afrikaner, zum Verhängnis geworden.

Schon zu Beginn unseres Jahrhunderts hat *Fitz Simons* im Museum und Schlangenpark von Port Elizabeth das Gift dieser schön grün-gelben und anderer baumbewohnender Trugnattern erforscht. Sein junger kräftiger Assistent war, von einer Boomslang gebissen, nur unter größten Anstrengungen zu retten gewesen. Das hatte ihn stutzig gemacht. Er injizierte Hühnern unterschiedliche Giftmengen und kam zu einem überraschenden Ergebnis: Der Toxingehalt des Giftes der Boomslang entspricht in etwa dem der gleichen Menge Kobragiftes.

Die Trugnattern

Auch die Nachtbaumnattern (Boiga) Südostasiens, wie die dunkelblauschwarz mit leuchtendgelben Binden bestechend schöne Mangrovennachtbaumnatter (Boiga dendrophila), die »Ulaburong« der Malaien, halten ein starkes Gift bereit, das schon Menschen tötete.

Trotz allem sieht man Trugnattern immer noch als harmlos an, bezeichnet sie in der Literatur als »schwach giftig«, was durchaus nicht alle sind, oder als »bedingt giftig«, was schon eher zutrifft, und stellt mit Ausnahme der Boomslang kein Serum her. In den Listen der Händler stehen sie dann zumeist unter den ungiftigen Schlangen.

Was sind Trugnattern (Opistoglyphen – Familie Colubridae, Unterfamilie Boiginae)?

Sie alle haben im hinteren Bereich des Oberkiefers gefurchte Zähne, die mit Giftdrüsen in Verbindung stehen. In den Furchen dieser Zähne fließt Gift, je nach Art von schwach bis hoch wirksam. Beim Menschen kommt es nur dann zum Giftbiß, wenn ihn die Giftzähne der hinteren Mundhöhle erreichen. Die Furchenzähne der Grauen Baumnatter wie der Boomslang stehen weiter vorn, beinahe unter den Augen, und so ist die Gefahr eines Giftbisses um einiges größer.

Erstaunlich, wie weit Trugnattern ihr Maul aufreißen können. Als ich eine Grüne Nachtbaumnatter (Boiga cynea) einfing, richtete sie sich mit dem Oberkörper auf, ging auf mich los und riß ihr Maul erschreckend weit auf. Sie wäre imstande gewesen, einen Finger zu umspannen, zu beißen und kauend ihr Gift einzumassieren – hätte ich sie das gelassen.

Die glattzähnigen Nattern

Die Trugnattern sieht man als Weiterentwicklung der glattzähnigen Nattern (Aglyphen – Familie Colubridae) an. Zu ihnen gehören die weitaus meisten Schlangen, wie unsere Ringelnatter, die Äskulapnatter oder die Königsschlangen Nordamerikas. Sie haben weder giftübertragende Zähne noch einen giftleitenden Kanal. Drüsenabschnitte im Oberkiefer können bei manchen Arten allerdings Gift erzeugen, doch es kommt zu keinem Giftbiß. Bereits im Jahre 1894 gelang der Versuch, mit dem Sekret der Drüse einer Ringelnatter ein Meerschweinchen zu töten.

Die Vorderfurchenzähner

Die Vorderfurchenzähner (Proteroglyphen – Familie Elapidae) haben ihren Giftapparat – Giftdrüse, giftleitender Kanal und giftübertragender Zahn – entscheidend verbessert. Ihre zwei starren gefurchten Giftzähne stehen nicht wie bei den Trugnattern hinten, sondern vorn im Oberkiefer, jederzeit bereit und in der Lage, verderbenbringendes Gift in das Opfer zu pressen. Kobras, Mambas, aber auch die Seeschlangen (Familie Hydrophiidae) gehören hierher.

Die röhrenzähnigen Giftschlangen

Am vollkommensten ausgebildet ist der Giftapparat bei den röhrenzähnigen Giftschlangen (Solenoglyphen – Familien Viperidae und Crotalidae), wie den Ottern (Vipern) und den Grubenottern, bei unserer Kreuzotter ebenso wie bei der Puffotter, der Gabunviper und den Klapperschlangen.

Ihre zwei Giftzähne vorn im Oberkiefer sind hohl, das Gift fließt innen und wird geradezu in das Opfer injiziert, und das mit der beachtlichen Geschwindigkeit von drei Metern in der Sekunde. Als höchstentwickelte Schlangen klappen sie ihre Giftzähne, die sonst in einer Gaumenfalte des Oberkiefers liegen, beim Biß blitzschnell auf.

Der Fang der Grünen Mamba

Als Bimbo eines Tages nicht zum Treffpunkt kam, fuhren wir zu ihm, zuerst nordwärts auf der Straße nach Lamu, überquerten den Sabaki River auf der einzigen Brücke überhaupt und bogen dann nach Osten in den Busch ab. Nach einigem Suchen wies uns ein Schild »Snake catcher« den Weg zu seinem Haus, einem rechteckigen Bau mit Wänden aus Flechtwerk und Lehm und einem Dach aus Bambusblättern.

Wir wurden freundlich aufgenommen. Gebrauchte Schuhe für ihn, ausrangierte Shorts, kurzärmelige Hemden und anderes für uns fast Wertloses erfreuten ihn und seine Frau in höchstem Maße.

Bimbo hatte keine Zeit und riet uns, am Ufer des Sabaki allein nach Grünen Mambas zu suchen.

So fuhren wir zum Sabaki zurück, ließen den Wagen unter der Brücke stehen und arbeiteten uns im Urwald am rechten Ufer flußaufwärts.
Zum Meer zu hocken große weiße Wasservögel auf knorrigen Ästen, die Wellen und Wind losschlugen. Rechts von uns strömt und gurgelt in Strudeln der Fluß. Vor uns, hinter uns, über uns üppig wucherndes Grün, ein Eldorado für Mambas. Dornige Büsche zerkratzen uns, Moraste zwingen zu Umwegen, umgestürzte Bäume sind zu überklettern. Nilwarane retten sich in kopfloser Flucht ins Wasser. Nach über einer Stunde des Suchens noch keine einzige Mamba. Entweder hat sich Bimbo geirrt und es gibt hier gar keine, oder wir sehen die Schlangen nicht. Letzteres ist am wahrscheinlichsten.
Nach einer weiteren Viertelstunde entdecken wir in der Mitte eines Baumes, der schräg am Ufer seine Äste über den Fluß breitet, ein Stück grüner Liane – und einen Schlangenkopf: eine Mamba von ebensolchem Grün wie die Blätter rings um sie. Einer von uns drei muß sie im Auge behalten. Wir schneiden einen meterlangen Stock und befestigen am Ende eine Schlinge aus Bindfaden. Warum nicht aus Nylon? Sie könnte zu sehr ins Fleisch der Schlange einschneiden, vielleicht auch nicht rauh genug sein.
Die Schlange hat ihren Platz etwa drei Meter hoch im Baum nicht verlassen. In der rechten Hand den Stock, steige ich hinauf, die Schuhe lasse ich unten. Alle guten Ermahnungen Bimbos, des »Snake catcher«, klingen mir im Ohr. Der große Augenblick ist gekommen, das Ziel der Reise zur gelobten Schlangenküste Kenias liegt (im wahrsten Sinn des Wortes) vor mir: Einmal im Leben eine Mamba selbst fangen!
Ich bin zwei Meter hoch. Gezweig und Blätterwerk des Baumes sind dicht, langsam, ganz langsam zur Seite zu drücken, noch langsamer, die Mamba darf keine Erschütterung, keine Bewegung spüren. Wie ein grüner Blitz könnte sie auf und davon – oder gar auf mich schießen, fühlt sie sich bedroht. So sagt man, so steht es geschrieben.
Ist sie wirklich so unberechenbar und angriffslustig? Bald werde ich es wissen.
Ist es dann nicht zu spät? Unser Serum liegt im Auto, eine Wegstunde durch den Urwald! Sofort die Wunde ausschneiden und aussaugen. Doch was nützt das schon. In Minuten oder gar Sekunden lähmt das starke Nervengift die Reaktionen des Körpers. Ist überhaupt vernünftig, was ich tue? Noch könnte ich zurück. Warum kam ich dann überhaupt hierher.
Ich schiebe mich weiter nach oben, erreiche die Höhe der Mamba, bin noch knapp zwei Meter von ihr entfernt. Der Ast muß halten!
Licht und Schatten geistern durch das Grün, tanzen über den borkigen Stamm, über mich – und, sehe ich recht, über eine Liane fünf Fuß schräg über mir: eine zweite, größere Mamba liegt dort.
Mit zweien dieser unberechenbaren Viecher habe ich es zu tun, zwei muß ich im Auge behalten.

Noch eineinhalb Meter bis zum Kopf meiner Mamba. Ein Sonnenstrahl trifft den Schlangenleib, der smaragdgrün erglänzt und kupfern irisiert.
Die Luft dampft, meine Brille beschlägt. Festen Halt fassen, sie mit der linken Hand entfernen, mit der rechten den Stock halten! Salziger Schweiß brennt in den Augen. Nicht wischen, keine Bewegung!
Zentimeter um Zentimeter schiebe ich mich vorwärts. Die Schlinge liegt auf Höhe des Schlangenkopfes. Ich sehe nichts mehr. Blätter sind vor meinen Augen.
Bewegt sich die große Mamba schräg über mir? Nein! Noch dreißig Zentimeter mit der Schlinge bis zum Kopf der Mamba. Durchmesser der Schlinge sechs Zentimeter, der des Schlangenkopfes etwas über einen.
Die schwarzen Schlangenaugen starren mich unverwandt an. Oder bilde ich es mir nur ein? Warum tut die Mamba nichts? Ahnt sie die Gefahr, wartet sie ab, will sie mich überlisten nach Art wilder Tiere?
Wie sagte Bimbo am Morgen: Wird die Mamba nicht erschreckt, bleibt sie liegen. Gebe Gott, daß es stimmt.
Die Schlinge ist zwanzig Zentimeter vor dem Schlangenkopf. Sie verfängt sich in den Stielen zweier Blätter. Was, wenn sie sich zuzieht, offen muß ich sie über den Kopf der Mamba streifen. Ganz langsam, noch behutsamer. Nur nicht die Nerven verlieren. Die Schlinge ist wieder frei.
Weiter! Zentimeter um Zentimeter voran.
Wenn ich die Schlinge ruckartig zuziehe, was wird die große Mamba tun? Flüchten oder sich auf mich stürzen? Zwischen zwei Atemzügen wäre ich gebissen.
Nicht grübeln. Weiter! Kalter Schweiß tropft von der Stirn.
Da! Der Schlangenkopf ist in der Mitte der Schlinge. Meine Hand zittert, die Schlinge berührt die Mamba. Sie zuckt zusammen, fährt auf. Ein Ruck mit dem Stock. Die Schlinge zieht fest, hält, zwanzig Zentimeter hinter dem Kopf. Gerade richtig. Gefangen!
Der Schlangenkörper peitscht umher, schlägt Blätter los, sie gaukeln nach unten, aufs Wasser, tanzen im Kreis, verschwinden im Wirbel. Der Schwanz der Mamba windet sich um einen Ast, klammert sich fest.
Es durchzuckt mich. Was macht die große Mamba? Nicht zu sehen. Doch! Sie ist zwei Meter nach oben und einen Meter zurück gerutscht. Na also. Welch eigensinniges »Viehzeug« sind doch Schlangen.
Was nun kommt, ist gewohnt, wer mit Schlangen umgeht. Der Schlangenkopf in der Schlinge darf mir nicht zu nahe sein. Mit der linken Hand löse ich die Windungen der Mamba vom Ast, fasse ihren Schwanz und halte ihn mit der rechten am Stock fest. Angenehm kühl fühlt sich die Schlangenhaut an. Welche Kraft ein solches Tier hat.
Ziemlich schnell bin ich unten und werde stürmisch begrüßt. Ein Blick auf die Uhr: Eine halbe Stunde ist vergangen. Mir war es wie ein langer Tag.
Es ist Mittag. Die Schlange am Stock wird photographiert. Ihr Maul steht of-

fen, die Schlinge behindert sie beim Luftholen. Armes Tier. Aus mit deiner Freiheit!
In Deutschland wird sie ihr ferneres Leben fristen, bestaunt von vielen – so wir sie gut durch die Sicherheitskontrolle bringen. Sie tut mir leid, wie sie so nach Luft schnappt. Wir lösen sie aus der Schlinge und geben sie in ein Leinensäckchen.
Die zweite Mamba habe ich auch noch vom Baum geholt. Es war leichter als das erste Mal. Auch sie hielt still, bis die Schlinge über ihrem Kopf war. Nichts von alledem, was über die Angriffslust einer Mamba gesagt und geschrieben wird! Sonst wäre dieses Buch nicht geschrieben worden.
Wohin mit den zwei Schlangen? Sie mit ins Hotel zu nehmen, schied aus. Die Schlangenfurcht des schwarzen Personals ist grenzenlos. Eines Abends suchte ein fingerspannenlanger schlanker Skink auf dem glatten Steinboden der Rezeption das Freie. Ich half ihm dabei. Alles schrie durcheinander: »Snake, snake!« Auch als ich auf die kurzen Beine des Skinks deutete, blieben sie dabei: eine Schlange! Sie werde mich beißen, sie müsse mich schon gebissen haben! Ich setzte den Skink ins Grüne und ging auf mein Zimmer. Seitdem galt ich im Hotel als »schlangenfest«.
Unsere gefangenen zwei Schlangen würden bei Bimbo am besten aufgehoben sein, und meine zwei Freunde machten sich auf den Weg, in zwei Stunden würden wir uns unter der Brücke wieder treffen.

Schreck in der Mittagsstunde

Meine Nerven waren arg strapaziert, und ich wollte mich unter dem Baum etwas ausruhen. Eine bleierne Dösigkeit lag in der Luft und griff auch nach mir. Ich schlief sofort ein.
Es war kein Traum, der mich weckte. Etwas plumpste auf meinen Bauch und rührte sich da. Eine Mamba, durchfährt es mich. Ich mußte eine dritte übersehen haben. Keine Bewegung! Erstarren! Dann beißt sie nicht zu. Auf meinem Bauch bewegt es sich. Keine Wimper darf zittern, kein Muskel zukken. Wie lange hält ein Mensch das aus? Mich fröstelt, und das bei 40 Grad im Schatten.
Minute um Minute tropft dahin. Oder sind es nur Sekunden?
Da, ein Zucken auf meinem Bauch, das Tier ist weg. Ich warte noch etwas, dann hebe ich langsam den Kopf. Keine Schlange zu sehen. Eine Siedleragame sitzt am Baumstamm und sieht mich verdutzt an. Mein Bauch hatte ihr als Lande- und Absprungplatz gedient.
Ich breche in Gelächter aus, das niemand hört. Nun reicht es mir: Ich arbeite mich zur Brücke zurück. Die Hitze ist unerträglich. Auf verstreute Felsbrokken prallt die Sonne und schliert die Luft.

Zu Besuch bei Bimbo

Abends sind wir bei Bimbo. Er bewahrt die kleinere Mamba bis zum Abflug bei sich auf und erhält dafür die große Mamba, die er an einen Händler verkaufen will.
Zu acht sitzen wir um ein Feuer, an dem Hammelfleisch grillt, das Beste vom Besten, das Giriama Gästen bieten können. Drei der Gehilfen kennen wir

schon. Den Sudanneger noch nicht. Er spricht wie Bimbo Englisch mit eingestreuten Brocken Suaheli.

Bimbos Frau bedient uns. Sie trägt meine am Morgen mitgebrachten Schuhe. Viel zu groß für sie, schlurft sie in ihnen herum, stolz darauf, die einzige im ganzen Dorf zu sein, die Schuhe ihr eigen nennt.

Die Sonne sinkt schnell, wird zu einem Feuerball, der den Busch zu verbrennen droht, mit vibrierender Glut Gestrüpp, Dornbüsche und die bizarren Gestalten der Euphorbien umfließt und sie verfärbt, bis die violetten Schatten länger und eins werden mit dem blauen Licht des Tropenhimmels.

Wir kommen ins Erzählen.

Meine Angst, als die Siedleragame auf meinem Bauch saß, findet man ungemein erheiternd und lacht auf meine Kosten, wie überhaupt Afrikaner keine Gelegenheit zum Lachen auslassen.

Eine Hausschlange

Langsam beruhigen sie sich wieder, und Bimbo bemerkt, er hätte sich nicht anders verhalten. Ihm sei es übrigens einmal ähnlich ergangen, und er deutet auf einen Verschlag einige Meter neben dem Haus, seine »Toilette«.

Eines Nachts, als er einem natürlichen Bedürfnis folgte, habe er das kriechend-ziehende Geräusch einer Schlange gehört. Auch er erstarrte, und sein einziger Gedanke war ebenfalls: nur keine Bewegung. Eine Spaltzunge tastete an seinem nackten Fuß, kühle Schlangenhaut schob sich darauf, darüber weg, langsam, unendlich langsam, nie endenwollend. So manches ging ihm durch den Kopf.

Dann endlich hatte die Schlange das Hindernis Fuß überwunden. Mit einem Satz stürzte er davon, weckte das Haus auf, und mit Licht ging es an die Suche. Da hing sie oben, eine rotbraune Hausschlange (Boaedon fuliginosus), ein ungiftiges, nützliches Tier, das in der Nähe menschlicher Behausungen Ratten und Mäusen nachstellt.

Auch über ihn habe man damals herzhaft gelacht. Doch hätte es nicht eine Kobra oder Mamba sein können?

Ein Buschbrand

Der Sudanneger, ein ausgebildeter Kraftfahrer, erzählt aus seiner Heimat am Nelefluß im Norden Zaires.

Als Junge habe er einmal einen Buschbrand erlebt und sich mit seinem Vater auf ein felsiges Plateau retten können, das dem Feuer keine Nahrung bot. In panischer Angst seien die Tiere der Savanne – gepeitscht vom Feuer – aus den Rauchschwaden aufgetaucht: Zebras, Antilopen, Löwen, ein Leopard und zuletzt Schlangen jeder Art: Sandnattern, Kobras, Mambas und Puffottern. Aber keines der Tiere habe von einem anderen Notiz genommen, auch von den Menschen nicht, angesichts der Urgewalt Feuer waren alle Feindschaften und Gegensätze ausgelöscht.

Negermordende Mamba

Wir fragen ihn nach Mambas in Zaire und erfahren von einer Tragödie in seinem Heimatdorf, als er noch ein Kind war.

Es wurde ein Fest gefeiert, und die Erwachsenen tanzten, sangen und tranken bis Mitternacht. Dann wurde es still, und er schlief ein.

Ein grauslicher Schrei weckte ihn. Aus der Hütte ihm gegenüber torkelte ein Mann, fiel hin, zuckte und schrie furchtbar. Von Geistern besessen, flüsterten seine Eltern. Niemand wagte sich aus seiner Hütte, zumal aus der gegenüber wilde Geräusche drangen. Nach einiger Zeit war alles wieder still. Ein kleines Kind weinte.

Im Morgengrauen sah man, daß der Mann tot war, und schickte nach dem Medizinmann, damit er die bösen Geister beschwöre. Der Mann und die zwei Frauen in der Hütte waren ebenfalls tot und lagen verzerrt auf dem Boden, nur das kleine Kind schlief. In der Ecke entdeckte der Medizinmann eine Grüne Mamba, die zusammengerollt dort lag. Man mußte sie liegen lassen, um die bösen Geister nicht noch mehr zu erzürnen. Jedermann mied fortan diese Hütte.

Die Mamba war aus dem Baum durch das Abzugsloch für den Rauch in die Hütte gefallen und hatte in dem Durcheinander der Betrunkenen und Erschreckten immer wieder zugebissen, nur das kleine Kind blieb verschont.

Und noch eines Erlebnisses erinnert sich der Sudanese.

Die Schlange im Klassenzimmer

Seine Eltern schickten ihn in eine Schule mit einer belgischen Lehrerin, bei der er auch etwas Französisch lernte.

Eines Tages lag plötzlich, niemand wußte, wie, eine graue Schlange vor der Wandtafel. Alles flüchtete schreiend aus dem Zimmer, die Lehrerin hinterher. Es war eine ungefährliche »Sandschlange« (Psammophis), die erschlagen wurde. Doch der Medizinmann, Haß gegen die Weißen im Herzen, ging umher und redete den Eltern ein, es sei ein Kobraweibchen gewesen und das Kobramännchen werde ins Klassenzimmer kommen und sich furchtbar rächen. Die meisten Eltern glaubten ihm und schickten ihre Kinder nicht mehr in die Schule. Die Lehrerin war machtlos. Das ging zur Freude der Jugend eine ganze Weile so.

Dann war wieder eine graue Schlange im Klassenzimmer, gerade als die Lehrerin arbeitete. Sie schrie furchtbar, und Männer erschlugen das Tier, offenbar das Männchen der Kobra, wie der Medizinmann es verheißen.

Die Gefahr war vorüber, die Kinder mußten wieder zur Schule.

Die Lehrerin hatte über den Medizinmann obsiegt. Man erfuhr es später: Sie hatte einen Schlangenfänger beauftragt, eine Sandschlange zu fangen und ins Klassenzimmer zu werfen.

Die Rache des Mambamännchens

Mir fällt eine Begebenheit mit einem echten Mambamännchen ein, die *Fitz Simons* aus Südafrika berichtet hat.

Auf dem Rückweg zu seiner Farm trafen ein junger Farmer und sein Freund auf eine Schwarze Mamba und erlegten sie mit einer Schrotladung. In einer Schlinge zogen sie das tote Tier hinter sich zur Farm.

Immer zu Scherzen aufgelegt, stieg der Farmer durch das offene Schlafzimmerfenster und legte die tote Mamba so auf den Boden, als ob sie lebe.

Nach einiger Zeit bat er seine Frau, ihm etwas aus dem Schlafzimmer zu holen. Beide Männer freuten sich, ihren Hilferuf zu hören und sie aus dem

Schlafzimmer stürzen zu sehen. Aber nichts dergleichen geschah. Sie warteten vergebens. Es blieb totenstill.
Sie wurden unruhig und gingen nachsehen. Die Tür ließ sich nur schwer öffnen, denn hinter ihr lag die Frau mit dem Gesicht zum Boden – und mitten im Zimmer stand aufgerichtet eine höchst lebendige Mamba. Der Hausherr erstarrte. Sein Freund holte die Schrotflinte und schoß die Mamba tot.
Es war Paarungszeit. Der Farmer und sein Freund hatten ein Mambaweibchen erlegt. Das Männchen folgte der Witterung seines über den Boden geschleiften Weibchens bis ins Schlafzimmer. Es stürzte sich auf die junge Frau, die ohnmächtig hinschlug, ehe sie die Tür zu öffnen vermochte.
So fanden sie die Männer, dreimal von der Mamba gebissen: tot!
Es herrscht Schweigen. Das Feuer ist niedergebrannt. Aus den zwei Fenstern des Hauses fällt gelbes Licht auf die dickfleischigen Blätter einer Aloe und mischt sich mit dem Blutrot der Blüten am langen aufrechten Stengel. Eine traurige, ja ängstliche Stimmung ist aufgekommen, als ob man eine Mamba erwarte. Vorahnung von Unheil? Selbst der Hund schleicht umher wie einer, dem das Leben keinen Spaß mehr macht.
Also gebe ich lieber eine heitere Geschichte zum Besten, die mir der englische Verwalter einer abgelegenen Lodge (Unterkunft) erzählte.

Eine aufdringliche Amerikanerin

Eines Abends kam eine kleine Reisegesellschaft zur Lodge, mit ihr auch eine Amerikanerin vom Typ »Witwe«, die das Geld ihres an Arbeitsüberlastung verstorbenen Mannes auf Reisen ausgibt. Der Verwalter zeigte jedem seiner Gäste die Unterkunft, kleine einzelnstehende Gebäude.
Zwischen der Amerikanerin und ihm entspann sich folgendes Gespräch:
»Es ist schwül, muß ich die Tür schließen?« fragt die Amerikanerin.
»Das bleibt sich gleich«, antwortet der Verwalter mit einem Blick auf die wabenartigen Öffnungen, die das Fenster ersetzen. »Sie brauchen sich durchaus nicht zu beunruhigen, Madam!«
»Einbrecher?«
»Nein, die wagen sich nicht hierher. Es sind nur Ratten.«
»Ratten?« ruft die Amerikanerin entsetzt.
»Haben Sie vor diesen Tierchen Angst? Das ist nicht schlimm, unsere Kobras kommen und beißen die Ratten tot. Schlangen beißen nur nach dem, was sich bewegt. Sie müssen nur unbeweglich liegenbleiben. Deshalb gibt es bei uns auch keine Einbrecher.«
»Und die Kobras?« stöhnt die Amerikanerin.
»Wenn Sie sich vor ihnen fürchten, rufen Sie nur laut. Schlangen können nicht hören. Dann lasse ich die Mungos frei, die fressen die Kobras.«
Weitere Fragen zu stellen, unterließ die Amerikanerin.
Alles lacht. Wir verabschieden uns und fahren durch den Busch, an die Küste ins Hotel. In Kurven beleuchten die Scheinwerfer das dornige Gestrüpp, Euphorbien, niedrige Palmen und Gestein, und zaubern eine Welt groteskbizarrer Schatten, für die im gleißenden Licht des Tages kein Raum ist.

Rare Schwarze Mamba

Vornehmlich wegen Mambas war ich nach Ostafrika gekommen. Mit Grünen Mambas hatte ich, so dünkte mir, genug der Bekanntschaft gehabt, die der Schwarzen Mamba war mir vorenthalten worden.

Am Marafluß nördlich der Serengeti glaubte ich mich schon am Ziel. Einer der Afrikaner kam zu mir ins Zelt, gestikulierte und rief: »Mamba, mamba!« Ich folgte ihm, immer den Fluß entlang. Nach etwa einer halben Stunde deutete er auf zwei Baumstämme am Rand einer Sandbank, die sich als Krokodile ins Wasser bewegten. Stolz grinste er übers ganze Gesicht, mir das gezeigt zu haben.

Als höflicher Mensch verbarg ich meine Enttäuschung und entlohnte ihn. Der Fehler lag bei mir. »Mamba« heißt auf Suaheli das Krokodil. In meinem Eifer hatte ich daran nicht gedacht.

Nur einmal war ich einer Schwarzen Mamba nahe.

Bimbo deutete etwa zwanzig Meter vor uns auf einen der Termitenhügel, die die Eintönigkeit der Trockensavanne unterbrechen. Doch ehe ich die Mamba überhaupt richtig sah, schnellte sie weg, ein langer schwarzer Streif durch trockengelb knisterndes Gras.

So mußte ich ohne die nähere Bekanntschaft mit einer Schwarzen Mamba von Afrika Abschied nehmen, von seinen freundlichen Menschen und seinen Tieren, die mir begegnet, den Elefanten- und Antilopenherden, den Büffeln und Nashörnern, den Krokodilen und den Schlangen: den übellaunigen Puffottern, elegant-geschmeidigen Grünen Mambas, nervös-erregten Kobras und bißgewaltigen Pythons.

Allen Kontrollen zum Trotz

Die kleinere Grüne Mamba kam heil nach Deutschland und erfreut die Besucher einer Reptilienschau in einer Großstadt. Der Freund, der noch eine Woche länger blieb, brachte sie im Handgepäck mit. Und außerdem: zwei Nilkrokodile von dreiviertel Meter Länge (sie starben bei uns); zwei Felsenpythons, je einen Meter lang; sieben Sandrennattern verschiedener Länge; viele Geckos; zwei Buschbabys (Halbaffen), eines starb, eines lebt bei einem Freund und hört auf den Namen »Bimbo«, und schließlich eine Anzahl Wasserschildkröten (Halswender).

Wie er durch die Sicherheitskontrollen kam?

Es war nicht einfach, aber mit Phantasie und Erfindungsgabe geht manches, jedenfalls mehr, als sich Kontrolleure träumen lassen. Und einiges davon, was schon verjährt, soll später verraten werden.

Ich hatte übrigens nicht ganz soviel Glück wie mein Freund. Bei mir fand ein Kenianer, der mich abtastete, die Haut eines Felsenpythons.

Als ich den etwa einen Meter langen Python fing, setzte er sich heftig zur Wehr und biß wild um sich. Der mich begleitende Afrikaner meinte, mir helfen zu müssen, und gab dem Python einen harten Schlag über den Kopf, ehe ich es verhindern konnte. So verlor der Python sein junges Leben und überließ mir seine Haut als Andenken.

Der Kontrolleur belehrte mich streng, das mitzunehmen sei nicht erlaubt.

Wieso? konterte ich, das sei doch die Haut einer Puffotter (die in der Tat eine etwas ähnliche Zeichnung aufweist). Er kenne sich mit den Schlangen seiner Heimat besser aus als ich, behauptete er mit patriotischem Stolz, was ich allerdings bezweifelte, ihm aber nicht sagte. Wir einigten uns nach einigem Hin und Her unter dem schadenfrohen Grinsen der Touristen, die die Kontrolle passiert hatten: Für zehn Keniaschillinge (etwa 3 Mark) bekam ich die Erlaubnis, die Haut auszuführen.
Welch ein versöhnliches Land, das man nur ungern verläßt!

Der Biß der Mamba

Eine traurige, erschütternde Nachricht brachte mein Freund eine Woche später mit. Er erfuhr sie beim Abholen der kleineren Grünen Mamba kurz vor dem Abflug.
Bimbo hatte die große Grüne Mamba aus unserem Leinensäckchen in einem trommelähnlichen Behälter untergebracht, dazu das Fell der Trommel eingeschlitzt und die Mamba aus dem Säckchen hinein entleert. Zum Versand an einen Händler in Nairobi verfuhr er umgekehrt. Die Schlange war schon im Säckchen, da biß sie durch den Stoff in seinen rechten Handteller.
Es ist ziemlich selten, daß eine Schlange durchbeißt, aber es kommt vor, und wir hatten mit ihm darüber noch gesprochen.
Er wollte zu keinem der Medizinmänner im Busch, deren angebliche Zauberkünste jetzt mehr Touristen beeindrucken als Einheimische. In Busch und Savanne gibt es keine Ärzte, allenfalls eine primitive Krankenstation mit so etwas wie einem Sanitäter. So wünschte er sich nach Malindi ins Krankenhaus.
Er schnitt den Handballen auf und ließ ihn ausbluten. Doch das Gift war tückischer. Seine Sprache wurde schwer, er bekam schlecht Luft, erbrach sich, Lähmungserscheinungen setzten ein. Niemand konnte helfen. Noch vor Ablauf einer Stunde war er tot. Ironie des Schicksals, wenn ein »snake catcher«, ungezählte Fänge heil überstanden, so endet. Als wenn ein erprobter Seemann, der alle Weltmeere befahren und allen Stürmen getrotzt, daheim an Land hinfällt und mit dem Kopf nach unten in einer Wasserpfütze ertrinkt.
Unvergessen bleiben Bimbos Lachen, seine Hilfsbereitschaft und sein Können. Unvergessen bleibt mir aber auch die unheilschwangere Stimmung am Abend nach unseren Erzählungen über Mambas, gleich einer Vorahnung aus dem Dunkel Afrikas.

Schlangentänzerinnen

Keine Schlangenausstellung kommt ohne Riesenschlangen aus, und weder eine Tingeltangelbude noch ein seriöser Zirkus verzichten gern auf die Darbietungen einer Schlangentänzerin, um die sich Boas oder Pythons winden.
Es kitzelt die Nerven der Zuschauer und sieht so gruselig aus, ist es aber nicht. Nur selten wird eine der lächelnden Schönen gebissen, und noch seltener macht eine Schlange von ihren enormen Körperkräften Gebrauch. Nur ein Fall ist mir bekannt, wo eine Riesenschlange einer Tänzerin zwei Rippen

brach. Schlangentänzerinnen verstehen es, Ruhe und Gelassenheit zu bewahren, und führen nur Bewegungen aus, die die Tiere gewohnt sind.
Riesenschlangen sind ungiftig. Viele lassen sich leicht zähmen. Doch soviel der Mühe machen sich manche der »todesmutigen« Tänzerinnen gar nicht, sie kühlen ihre Vorführschlangen einfach ab, die dann, derart apathisch gemacht, alles mit sich geschehen lassen. Den an tropische Temperaturen gewöhnten Boas oder Pythons bekommt das weniger gut, und die meisten der Gequälten und Geschundenen verabschieden sich nach einiger Zeit für immer. Die Tänzerin schafft neue an. Das kostet Geld, das offensichtlich leicht verdient wird, und das, wie so oft, zum Verderben der Tiere.

Gefährliche Riesenschlangen?

Angaben über Größe und Gefährlichkeit von Riesenschlangen sind zumeist übertrieben. Auch gibt es eine ganze Anzahl von Riesenschlangen, die keine »Riesen« sind und deren Länge zwischen einem und zwei Metern beträgt.
Nur von der Anakonda (Eunectes murinus) Südamerikas, dem Tigerpython (Python molurus) und dem Netzpython (Python reticulatus) Südostasiens sind Längen bis neun Meter verbürgt. Der Felsenpython (Python sebae) Afrikas erreicht knapp sieben Meter, und die bekannteste aller Riesenschlangen, die Abgottschlange (Boa constrictor) bringt es auf höchstens viereinhalb Meter.
Die Riesenschlangen (Familie Boidae) sind die urtümlichsten aller Schlangen. Ihre Beute umschlingen sie blitzschnell und erwürgen sie mit den Windungen ihres Leibes. Es sind Würgeschlangen.
Ihr Gewicht ist beeindruckend. Eine Anakonda bringt es auf vier Zentner und ein sechs Meter langer Tigerpython auf knapp die Hälfte.
Das Gebiß der großen Riesenschlange ist gewaltig, und der Rachen eines Netzpythons ist bestückt mit etwa hundert scharfen Zähnen, die, nach hinten gerichtet, nicht loslassen, was sie gepackt.
Ihr Schlangenkörper erweist sich als ein reines Muskelpaket mit ebensolcher Kraft, wie sie einem Tiger, Löwen oder Leoparden eigen ist. Im Magen eines sechs Meter langen Felsenpythons fand sich ein Leopard, wohl eine seltene Ausnahme, denn nur mittelgroße Tiere, wie kleine Antilopen, Rehe und Schweine, und vor allem Kleingetier stehen auf dem Speisezettel.
Der Mensch jedoch nicht. Die meisten Schilderungen von unerbittlichen Kämpfen zwischen Mensch und Riesenschlange sind reine Erfindung und Abbildungen gestellt, auf denen eine riesige Boa oder ein erschreckend großer Python, auf einem Urwaldast lauernd, einen Menschen anfällt.
Nur ganz vereinzelt sind Menschen das Opfer einer Riesenschlange geworden.
Große Raubtiere stehen zumeist im Ruf, Menschenfresser zu sein, und Legenden verklären sie: Noch heute raunt es unter Südamerikas Indianern, Anakondas verwandelten sich nachts in ein Boot mit weißen Segeln. Und die Tamura glauben gar, sie stammten alle von einer Anakonda ab.

Noch heutzutage sollen im Orinokodelta große Anakondas Indianer anfallen und verschlingen *(Grzimek)*. Aus dem vorigen Jahrhundert hat solches Alexander von Humboldt berichtet, während der berühmte Weltreisende Prinz von Wied dies nicht bestätigen konnte. Durch den Naturforscher Bates wissen wir von einem zehnjährigen Jungen, der beinahe gefressen worden wäre, hätte der herbeigeeilte Vater nicht die Kinnladen der Anakonda aufgebrochen und so den Jungen befreit.

Im Jahre 1921 fraß auf der Insel Alebabu ein Netzpython einen Malaienjungen, und 1926 zertrümmerte einer den Schädel eines holzsammelnden Mannes und wollte ihn mit dem Schwanz in den Wald ziehen, ließ aber los, als man ihn verfolgte.

Im Bauch eines sechs Meter langen Pythons im Inneren der indonesischen Insel Celebes fand man vor kurzem einen Mann, dem der Brustkorb eingedrückt war.

Viel mehr ist über Untaten von Riesenschlangen nicht bekannt.

Vielleicht war es in weit früheren Zeiten anders, als die Riesenschlangen noch häufig und die Waffen gegen sie primitiv waren. Die Yagua-Indios im Urwald um Leticia, wo Kolumbien an den Amazonas grenzt, Peru und Brasilien nahe sind und der Schmuggel mit Jaguarfellen, Edelsteinen und Anakondahäuten blüht, kennen sieben Plagen, die zürnende Götter ihnen schickten. An vierter Stelle, noch vor den Kaimanen, findet sich die Anakonda und lebt in der Erinnerung der Indios als gefürchtetes Tier weiter, obwohl sie gleich den Indios längst unter Naturschutz steht.

Riesenschlangen in Gefangenschaft

Natürlich wird sich eine so große und starke Schlange wie eine Anakonda oder ein Python gegen einen Menschen wehren, der sie angreift, und bereits ein vier Meter langes Tier ist auch für einen kräftigen Mann ein gefährlicher Gegner. In Gefangenschaft großgezogene Riesenschlangen hören manchmal auf, den Menschen zu respektieren, doch viele bleiben ihr ganzes Leben anhänglich. Riesenschlangen sind Individualisten.

Carl Hagenbeck und *Zdenek Vogel* schildern, welcher Anstrengungen es bedarf, einen aufgebrachten Netzpython zu überwältigen. Einer brach seinem Wärter mehrere Rippen. Schuld war jeweils die Unkenntnis der Verhaltensstruktur eines Pythons.

Riesenschlangen gehören von jeher zu den Lieblingen der Terrarianer. Bei ihnen bringen Boas ihre lebenden Jungen zur Welt, sie sind ovovivipar. Pythons legen Eier (bis zu hundert Stück) und brüten sie binnen achtzig Tagen aus.

Die Schlangenmutter ringelt sich mit dem Kopf nach oben um ihr Gelege. Die Temperatur zwischen den Windungen der Schlange ist um etwa sieben Grad höher als die Außentemperatur. Nach Messungen im Washingtoner Zoo vermag ein Pythonweibchen seine Körpertemperatur um drei bis vier Grad zu steigern, ein einmaliges Phänomen bei Reptilien, die man bis vor kurzem noch als »kaltblütig« (statt wechselwarm) ansah.

Viele Riesenschlangen prangen in schönen Farben und Mustern. Des Felsenpythons Schönheit besang schon Vergil in seinem letzten Werk, der Äneis:

»Da kroch, aus der untersten Tiefe gewunden,
Eine gewaltige Schlange mit sieben sich rollenden Ringen,
Schmiegte sich sanft um das Grab und glitt empor zum Altare,
Bläulich am Rücken gestreift, und flammender Goldglanz
Brannte rings auf den Schuppen, wie bunt in den Wolken der Bogen,
Gegen die Sonne gekehrt, mit tausend Farben sich spiegelt.«

Pythonfang in der Antike

Der griechische Historiker Diodorus Siculus schildert uns den Fang eines Felsenpythons für den altägyptischen König Ptolemaios II. (285 bis 247 vor Christus):

Jäger hatten die ungeheure, dreißig Ellen lange Schlange am Ufer eines Flusses gesehen, wie sie Beute schlug. Mit Stricken und Ketten hofften sie, sich des trägen Tieres zu bemächtigen, und gingen dreist auf es los. Näher gekommen, sahen sie der gewaltigen Schlange feuriges Auge, die hin und her schwingende Zunge, den schuppenbedeckten Leib und die riesigen Zähne im schrecklichen Rachen, und es bemächtigte sich ihrer Furcht und Entsetzen. Dennoch wagten sie es, allmählich und schrittweise näher zu rücken und dem Ungetüm eine Schlinge um den Schwanz zu werfen. Das jedoch drehte sich unter gräulichem Zischen um, packte den vordersten und verschlang ihn und erwürgte den nächsten, während sich die anderen in überstürzter Flucht retteten.

Doch die Jäger wollten auf die Belohnung des Königs nicht verzichten und versuchten mit List, was mit Gewalt ihnen mißlang. Sie warteten, bis die Schlange ihr Schlupfloch beutesuchend verlassen hatte, verrammelten es mit großen Steinen, hoben davor ein großes Loch aus und gaben eine Reuse weit größer als die Schlange hinein. Als das Untier zurückkam, hocherhobenen Hauptes die Menschen auf ihren Pferden noch überragend, wurde es von allen Seiten beschossen, Reiter sprengten hin und her, Hunde bellten, Trompeten schmetterten. Da erschrak die Schlange, eilte zu ihrem Schlupfloch, fand es verschlossen und floh in die Reuse. Die ward geschlossen, ehe die Schlange es sich versah, zusammen wurden sie in die Höhe gehievt. Die Gefangene tobte entsetzlich, fauchte und zerbiß Teile ihres Behälters. Doch es half ihr nichts.

Sie wurde nach Alexandria gebracht, durch Fasten ermattet und mit der Zeit wunderbar zahm. Voller Stolz führte sie König Ptolemaios allen Besuchern als seines Reiches größte Merkwürdigkeit vor.

Drei Felsenpythons konnten wir während des Aufenthaltes in Ostafrika fangen. Von dem kleinsten war bereits die Rede.

Den zweiten entdeckten wir in der Geisterstadt Gedi mitten im Urwald fünfundsechzig Meilen nördlich von Mombasa.

Im späten dreizehnten Jahrhundert haben Araber die Stadt erbaut und sie im frühen siebzehnten aus unbekannten Gründen aufgegeben, sie wieder dem Dschungel, den Affen, laut schreienden Tropenvögeln, kreischenden Papageien und den Schlangen überlassen.

Kein portugiesischer oder zeitgenössischer arabischer Schriftsteller erwähnt diese Stadt. Und geheimnisumwittert ist sie auch heute noch, wo in zehnjähriger Arbeit ein kleiner Teil dem Urwald entrissen und freigelegt werden konnte. Doch rings umher und um die anderen Ruinen schließt sich unheimlich der Dschungel, kreischen wie eh und je Affen und Papageien und lauern Schlangen auf Beute.

Einen langen Nachmittag waren wir umhergestreift, hatten Paviane und bunte Papageien beobachtet, von Schlangen jedoch nichts gesehen.

Gegen Abend, im Dämmerlicht unter einem Affenbrotbaum, bewegte sich etwas: Ein etwa zwei Meter langer Felsenpython, auf Beutefang von uns überrascht, suchte sein Heil in der Flucht. Elegant geschmeidig, für uns jedoch nicht zu schnell, glitt er durch Farne und Wurzelwerk und über die Reste alter Gebäude. Wir verstellten ihm den Weg zu seinem mutmaßlichen Unterschlupf, einem halbverschütteten Keller, drängten ihn auf eine freiere Fläche und kreisten ihn ein.

Er hielt inne, hob den Kopf, legte seinen Hals in S-Form und züngelte uns entgegen, sein Schwanz krümmte sich vor Erregung. Das war unser Augenblick. Den Jutesack mit der Öffnung nach vorn, stürzte ich mich auf seinen Kopf. Die Schlange schlug zu, genau in den Sack, zog Hals und Kopf zurück, aber schon war der Sack über ihren Kopf gestülpt.

Meine Freunde sprangen herbei, griffen das Schlangenknäuel und brachten es gewaltsam in den Sack.

Der Python war gefangen. Sein Zischen ging unter in den abendlichen Lauten des Tropenwaldes.

Wir brachten ihn auf eine Schlangenfarm. Er vergaß überraschend schnell, was wir ihm angetan, und wurde ganz zahm.

Die Teufelsküche

Der Fang des dritten Felsenpythons verlief aufregender, aber längst nicht mit dem Aufwand wie die Jagd des Schlangenungetüms für König Ptolemaios. Unser Python war kein solches Untier, wenn auch von der beachtlichen Länge von fünf Metern und einem Leibesumfang von der Dicke des Oberschenkels eines Kindes.

Eines Morgens kam ein Negerjunge mit einer Nachricht aus dem Dorf Marafa zu uns ins Hotel: Eine »kubwa nyoka« (große Schlange) hause in einer Felsenhöhle.

Wir nahmen den größten Sack, der vorhanden war, und den Jungen dazu mit in den Landrover, fuhren nach Marafa, etwa dreißig Meilen nordwestlich von Malindi und nochmals eine halbe Meile nach Nordosten, wobei uns der Junge den Weg wies.

Ein herrlicher Ausblick und eine phantastische Felsenszenerie begeistern

uns. Man blickt weit über sanft-grüne Hügelketten, denen etwas von der Harmonie der Toskana eigen, ein blauvioletter Streifen am Horizont läßt die Savanne erahnen.
Vor unseren Füßen jedoch fällt es an die zweihundert Meter steil ab, und ein Talkessel mit senkrechten Wänden, zerklüftet und gerippt, öffnet sich. Kegel und Stalaktiten streben in den Himmel, nicht von oben, sondern aus der Erde wachsend. Unten in der Tiefe schlängelt sich ein in der Sonne weißstrahlendes Band aus Sand, Reste eines Flusses, an dessen undeutlichen Ufern verdorrte Sträucher mit wenig Grün stehen. Die grell beschienenen hellrötlichen Wände zeigen zuoberst ein tiefes Rot, senkrechte gelbe Streifen verraten anderes Gestein.
Der Marafafluß hat sich hier im Pliozän (jüngstes Tertiär) in Sandstein eingegraben, Tropengüsse und Erosion taten ein übriges.
Es ist eine Miniaturausgabe des Grand Canyon in Arizona, »Hell's kitchen«, Teufelsküche genannt – und eine solche sollte sie für uns auch werden.
Wir folgen dem Negerjungen auf einem steilen, verschlungenen Pfad hinunter in diese Welt der Felsen. Kein Luftzug. Felswände, die immer enger zusammenrücken, deren abstrahlende Wärme die Hitze und Schwüle ins Unermeßliche steigern.
Vom Marafa nichts weiter zu sehen als glühendheißer Sand, der uns den weiteren Weg hinein in dieses Labyrinth freigibt, hin zu unserem Ziel, einer schmalen Rinne, die zwanzig Meter schräg nach oben ansteigt und in einer schwarzen Öffnung endet.
Wir klettern hintereinander nach oben. Der Negerjunge deutet in das gähnende Dunkel der Höhle. Wir sehen nichts, unsere Augen sind an die gleißende Helligkeit gewöhnt.

Ein wehrhafter Felsenpython

Der Felsenpython, der dort den Tag verdöst, hört uns nicht. Doch er registriert die Schwingungen des Bodens, auf dem er liegt, und signalisiert sie seinem wenig differenzierten Gehirn: Gefahr! Er hebt den Kopf waagerecht nach vorn, legt den Hals zur S-Form, wie es Millionen und aber Millionen Jahre instinktiver Abwehr den Riesenschlangen eingegeben haben. Seine gespaltene Zunge spielt hin und her. Ihre Spitzen nehmen Geruchspartikelchen auf, führen sie den Grübchen im Gaumen zu (Jacobsonsches Organ), und diese machen sie dem Gehirn bewußt: kein Beutetier! Ein Feind!
Schemenhaft sieht der Python eine große Gestalt, viel zu groß als Beutetier. Sie kommt näher und näher. Blitzschnell schlägt er aus seiner Höhle mit geöffnetem Maul zu, zwei Meter nach vorn, achtzig scharfe Zähne zerreißen Fleisch.
Der Negerjunge schreit auf. Sein linker Oberarm blutet stark. Wir müssen hinunter, um richtig stehen zu können, knoten Taschentücher zusammen und binden den Arm ab. Einer von uns begleitet ihn zum Wagen, wo wir Verbandszeug haben, desinfiziert seine Wunde und bringt ihn nach Marafa zurück.

Reichlich entschädigt, strahlt er trotz seiner Schmerzen über das ganze Gesicht, für ihn ist es ein kleines Vermögen.
Wie kommen wir an den Python heran? Bei großen Riesenschlangen rechnet man je Meter Schlangenkörper einen Mann. Wir sind zu dritt. Doch das ist einerlei: Der Python ist unser, er ist in seiner Höhle im Nachteil, kein Weg führt an uns vorbei. Er muß sich dem Kampf stellen.
Doch bis zur Nacht, wo sich die Schlange vielleicht bequemt, die Höhle zu verlassen, wollen wir nicht warten. Näher als drei Meter können wir nicht an sie heran, denn bis zu zwei Drittel seiner Körperlänge kann ein Python vorschnellen und beißen.
Wir tragen dorniges Geäst herbei, richten es in gebührender Entfernung zur Höhle zu einem Haufen und legen saftige Stücke einer Euphorbie (übrigens der seltenen Euphorbia grandicornis) oben auf zur Rauchentwicklung. Es brennt lichterloh, und nur eine klägliche Rauchfahne kräuselt sich, nach welchen physikalischen Gesetzen auch immer, senkrecht in die Höhe. Es ist nichts damit, den Python auszuräuchern.

Kampf mit dem Python

So suchen wir einen der wenigen Bäume, die hier trotz allem noch wachsen, schneiden einen vier Meter langen Stecken und spitzen ihn vorn an.
Mit ihm stochere ich in die Höhle und reize den Python. Er bewegt sich, stößt in den Stecken, einmal, zweimal und noch einmal! Holz splittert ab. In Holz zu beißen ist für einen Python gewiß nicht angenehm. Er unterläßt es.
Immer stärker bedränge ich den Schlangenkörper. Er bewegt sich, das Knäuel entwirrt sich, der Python schießt heraus, mit dem Kopf an uns vorbei. Mein Freund hinter mir wirft sich zur Seite auf den geschmeidigen Schlangenkörper, bremst jäh die Flucht. Der Python verliert dadurch in der abschüssigen Rinne das Gleichgewicht, überschlägt sich, rutscht in die Tiefe. Wir hinterher.
Unten ist es ein Gemenge von Mensch und Schlange. Wo ist der Kopf des Pythons? Da! Einer meiner Freunde hat ihn mit beiden Händen fest im Griff. Schreit! Der andere faßt nach dem Schlangenkörper. So auch ich. Wo ist der Sack?
Der Schwanz des Pythons wickelt sich um mein linkes Bein, seine Schlingen ziehen fest, greifen über das Knie. Ich spüre die gewaltige Muskelkraft. Mein Bein ist wie in einem Schraubstock eingespannt, noch fester preßt das Tier, unerträglich fest!
Meine Freunde haben den Kopf des Pythons im Sack. Das ist das wichtigste. Gut so! Sein bißgewaltiges Maul ist ausgeschaltet, und er kann nichts mehr sehen. Vor Freude vergesse ich für einen Augenblick meine Schmerzen.
Dann steche ich mit der Spitze meines Taschenmessers in die gespannte Schlangenhaut, einmal, mehrmals. Sie reißt nicht auf. Der Schlangenkörper zuckt zusammen, die Umklammerung löst sich. Die Gefahr ist vorüber.
Vereint bringen wir das widerstrebende Tier in den Sack und schnüren ihn zu. Etwa dreiviertel Zentner Schlange tragen wir, zerren wir, schleifen wir

durch den Sand, stemmen wir hoch, lösen uns in Schweiß auf. Der Python ist gefangen. Nur das zählt.
Oben angekommen, sinken wir vollständig erschöpft in den Schatten eines Baumes. Der Schlangenpark wird sich freuen. So große Pythons sind auch hier selten.

Seeschlangen

Man kann nicht immer Glück haben. Mit Seeschlangen hatte ich keins. Gemeint sind nicht die Ungeheuer riesigen Ausmaßes, die Fabelwesen, an denen sich des Menschen Phantasie entzündet. Sie alle sollen ihr Leben in der Einbildung der Menschen ruhig weiterführen, wir halten uns an die Seeschlangen der Zoologen.
Von ihnen wird keine über dreieinhalb Meter lang, die meisten bleiben weit darunter.
Seeschlangen sind Giftnattern (Proteroglyphen – Familie Hydrophiidae), die wie die ausgestorbenen Fisch- und Schwanenhalsechsen und die Meeresschildkröten in früheren Erdepochen ins Meer zurückgingen. Sie paßten sich dem Leben im Wasser an: Den Schwanz seitlich riemenförmig zusammengedrückt, schlängeln sie sich schwimmend durch südliche Meere. Im Atlantik gibt es sie nicht.
Gegen das Salzwasser verschließen sie ihre Nasenlöcher an der Oberseite der Schnauze mit häutigen Klappen. Ihr Zahnfleisch durchblutet besonders kräftig und wirkt nach Art der Kiemen. Das Blut nimmt hier den im Wasser gelösten Sauerstoff auf und gibt das im Körper gebildete Kohlendioxyd ab. So vermögen Seeschlangen lange zu tauchen, doch immer wieder müssen sie an die Wasseroberfläche zurück, um Luft zu holen.
Viele der Seeschlangen gebären lebende Junge, sie sind ovovivipar, was sie vom Land unabhängig machte und die Meere erobern ließ.
Als elegante und gewandte Schwimmer fangen sie ohne Mühe Fische, ihre Nahrung. Ein Biß, der Fisch wird gelähmt, und es ist um ihn geschehen. Das Gift wirkt schnell, damit er nicht entkommen kann. Es ist bei vielen Seeschlangen etwa so stark wie Kobragift und dient auch zur Verteidigung besonders gegen Raubfische.
Ein Kampf Haifisch gegen Seeschlange wäre spannend, aber darüber ist bislang nichts bekannt. Vermutlich reicht das Gift auch dafür aus, und der Hai stirbt, selbst wenn er die Schlange zerfetzt.

Erste Bekanntschaft mit einer Seeschlange

Meine erste Bekanntschaft mit einer Seeschlange verdanke ich nicht dem Meer, sondern einem japanischen Gastronom in Osaka. Dorthin war ich von Tokio mit 210 Stundenkilometern im Tokaido-Expreß zu einer Zeit gelangt, als man bei uns noch meinte, ein Zug übernehme sich, führe er eine längere Strecke über 100 Kilometer in der Stunde.
In einem Lokal am Meer bestellte ich ein lecker aussehendes Gericht: auf Bambusstäbchen aufgespießte Aalstückchen, mit Sojasoße und Reis serviert. Sie schmeckten gut, aber nicht nach Aal und waren längst nicht so fett.
Als ich abends im Hotel den Dolmetscher traf – ich selbst kannte kaum zehn

Wörter Japanisch –, erfuhr ich, was ich gegessen: eine japanische Delikatesse, eine Seeschlange.

Diese fünf Fuß langen Seeschlangen (Laticauda semifasciata) werden in den Gewässern der Philippinen gefangen und lebend in Säcken nach Japan verfrachtet, um dort gebraten, gegrillt oder geröstet auf den Tisch zu kommen.

Zu Hunderttausenden eilen die Weibchen zu den Korallenbänken – etwa in die Meeresgrotten der kleinen Insel Gato nördlich der Insel Cebu –, um ihre Eier abzulegen, und werden dabei zu Zehntausenden gefangen. Es scheinen recht beißfaule Tiere zu sein, denn von gebissenen Fischern hört man wenig.

Auf der Suche nach der Plättchenschlange

An Kenias Küsten suchte ich nach der Plättchenschlange (Pelamis platurus), einem Tier schöner Färbung. Das leuchtende Gelb des Bauches ist an den Seiten scharf vom Schwarz des Rückens abgesetzt. Ich sah welche in einem Seewasseraquarium in Kalifornien. So groß ist das Verbreitungsgebiet dieser lebendgebärenden Schlange, daß sie sich, die vorzüglich auf hoher See leben kann, in den Weiten südlicher Ozeane verliert.

Der Küste Kenias am Indischen Ozean sind zumeist Korallenriffe vorgelagert. Im offenen Meer soll es die schönen Seeschlangen geben.

Schnorchelnd erlebte ich das Barakudariff und die Korallenriffe von Watamu, sah die farbenprächtige Unterwasserwelt, sog den fremdartigen Zauber der Korallengärten in mich ein, lernte Baum-, Pilz-, Hirm- und Feuerkorallen voneinander zu unterscheiden, erfreute mich an den munteren, grellbunten Korallenfischen und traf am Rande der Riffe auch auf die Hochseefische Koli Koli und den Königsdorsch, doch auf keine einzige Seeschlange.

Sie treiben, Kopf und Schwanz ein wenig nach unten, auf der Meeresoberfläche, wie zu lesen steht. Doch wahrscheinlich tauchen sie bei der geringsten Störung, bei der kleinsten Annäherung in die Tiefe, wo sie bis zu einer Stunde ausharren können.

Auch in den Netzen der Fischer fand sich keine einzige Seeschlange. So tröstete ich mich mit *Uthmöller,* der an ostafrikanischer Küste elf Jahre nach der Plättchenschlange suchte und keine einzige fand.

Die Hornviper

Einige tausend Kilometer nordwestlich sieht mich die afrikanische Sonne am nördlichen Rande der Sahara auf der Suche nach der berühmt-berüchtigten Hornviper (Cerastes cerastes auch Aspis cerastes), der schuppenrasselnden und seitenwindenden Bewohnerin der Wüste. Sie gleicht der Farbe der Wüste, in der sie lebt, nur ihren Rücken zieren rötliche Flecken.

Ihr gedrungener Körperbau, kurzer Schwanz und Dreieckskopf weisen sie als Viper aus.

Schon die »Heilige Schrift« Altägyptens kannte sie unter dem Namen »Fi«, der gleichbedeutend mit dem F-Laut ist. Herodot, ältester griechischer Historiker, wußte von ihren »zwei Hörnern«, den spitzen Schuppendornen über den Augen, und sprach sie heilig. Den Menschen werde sie nicht gefährlich.

Darin irrt er sich gründlich. Ihre bis zu einen Zentimeter langen Giftzähne injizieren ein höchst wirksames Gift. Eingegraben bis über den Kopf im Saharasand, wird sie leicht übersehen, und schnell ist gebissen, wer barfuß geht. In Oasen sind immer wieder Opfer, zumeist Kinder, zu beklagen.

Das muß vor vierhundert Jahren, als der alte *Gesner* sein Schlangenbuch schrieb, noch um einiges schlimmer gewesen sein: »Es ist die Sag, diese gehörnte und Schlangen vergiffter Art seyen vor Zeiten viel in Egypten gefunden worden, die ein gut Theil Land darinnen eingenommen, und dasselb verherget und einöd gemacht, daß es niemand mehr bewohnen können.«

Mohamed und ich haben in Goulimine, der letzten Stadt vor dem Nichts der Wüste Marokkos, übernachtet und fahren frühmorgens nach Süden in Richtung Tan Tan.

Die Sonne steigt als gelbe Scheibe auf, vergoldet Steine und Geröll und verjagt mit gleißendem Licht die letzten violetten Schatten aus den Tälern. Die Steinwüste wird langsam zur Sandwüste. Die Piste gleicht mit den kleinwelligen Sandverwehungen einem Waschbrett und schüttelt den Landrover und uns durch. Nur bei einer Geschwindigkeit von genau achtzig Kilometern in der Stunde fliegen die Räder über die Vertiefungen, ohne den Bodenkontakt zu verlieren.

Es wird hügeliger. Wir steigen aus, stampfen durch Sand, umgehen Steinblöcke und suchen, bis Mohamed gebietet stehenzubleiben.

Vor uns im feinen Sand zeichnen sich zwischen Steinen gerundete Eindrücke ab, die einen frisch, die anderen kaum noch erkennbar: Hornvipern, die sich eingruben. Eingegraben bietet ihnen der Saharasand Schutz vor sengendheißer Sonne und des Nachts Wärme, wenn in der Wüste die Temperaturen sinken. Tau bildet sich, und nur als Wassertropfen nehmen diese Wüstenbewohner Flüssigkeit zu sich.

Man muß es einmal im Terrarium gesehen haben, wie sich eine Wüstenschlange eingräbt, ihre sägeartigen Flankenschuppen schüttelt und sich in Sand rüttelt und in ihm langsam versinkt, zuerst mit dem Schwanz, zuletzt mit dem Kopf. Dabei rollt sich die Schlange zusammen, und das ergibt die charakteristische Zeichnung, die sie verrät.

Mohamed sticht mit einem Stecken in den Sand. Ein lautes zischendes Rascheln antwortet. Die Viper reibt die Sägeschuppen ihrer Flanken, um uns abzuschrecken. Es nützt ihr nichts. Halb im, halb über dem Sand versucht sie zu fliehen. Ein Griff! Mohamed hat sie am Schwanz, hebt sie hoch, läßt sie auspendeln und steckt sie ins Leinensäckchen. Diese plumpen Vipern können sich nicht bis zur Hand heraufstrecken. Dennoch, so möchte ich sie nicht fangen, ein Gabelstock oder eine Schlinge wären mir lieber.

Noch zwei Hornvipern fängt Mohamed, zwei entkommen ihm.

Das »Seitenwinden«

Mit großer, diesen Schlangen nie zugetrauter Geschwindigkeit schießen sie über den flirrenden Sand. Ihre Art der Fortbewegung gleicht nicht der anderer Schlangen, die sich in horizontalen Wellenbewegungen »schlängeln«

oder, wie manche Klapperschlangen, die es nicht eilig haben, auf ihren Bauchschienen gleich einer Raupe kriechen oder ähnlich einem Regenwurm, wie es unsere Kreuzotter kann. Die »fliegenden« Schlangen, überschlanke Eidechsenfresser des indopazifischen Raumes, fliegen nicht eigentlich, sie halten und gewinnen keine Höhe, sie gleiten auch nicht, sie springen einfach steilschräg aus der Baumkrone nach unten, fünfzehn und sogar zwanzig Meter tief.

Die Hornvipern, auch die Südafrikanischen (Bitis cornuta), die Büschelbrauenviper (Bitis caudalis), aber auch einige Wüstenschlangen Amerikas, wie die »Seitenwindende Klapperschlange« (Crotalus cerastes) haben völlig unabhängig voneinander eine ganz besondere Art der Fortbewegung entwickelt: das »Seitenwinden«.

Die losen Sandkörnchen der Wüste bieten Schlangen, haben sie es eilig, nicht genügend Halt. Mit schlängelnden Wellenbewegungen kämen sie nicht voran, sondern würden nur hin und her pendeln. Daher werfen sie einen Teil ihres Körpers seitwärts nach vorn und ziehen dann den anderen Teil nach, wie wenn eine Spirale seitwärts rollt.

Der schuppige Schlangenleib schleudert so schnell hin und her, daß das Auge den Bewegungen nicht folgen, die einzelnen Phasen nicht erfassen kann. Im Sand sind sie wiedergegeben: hintereinander gereihte S-Figuren, denen der Zusammenhang fehlt. Die Spurlücken erweisen es, nie liegt der gesamte Schlangenkörper auf, nur an zwei bestimmten Punkten berührt er den brennendheißen Sand. Die Schlange verteilt geschickt ihr Körpergewicht und verhindert ein seitliches Abgleiten.

Etwas später lächelt uns noch einmal Fortuna. Wir treffen auf die wohl schönste Echse Marokkos, ja ganz Nordafrikas.

Berberskinke

An einem leichten Hang wachsen Dornbüsche, und im Sand ihrer Wurzeln haben sich Skinke aus der Familie der Glattechsen (Scincidae) eingegraben.

Mohamed schlägt die Dornbüsche weg, und wir fangen zwei der wunderhübschen Berberskinke (Eumeces algeriensis), die mit schlängelnden Bewegungen ihres glatten Körpers im Sand zu entkommen suchen. Etwa zwei Fingerspannen sind sie lang, plumper im Körperbau als Eidechsen, mit kleineren, schwächeren Beinen und großem und breitem Kopf. Auf dem braunen Rücken leuchten glänzend orangerote Flecken als Querbinden.

Im Terrarium werden diese Skinke erstaunlich schnell zahm und nehmen ihr Futter aus der Hand des Pflegers, der die drolligen anhänglichen Tiere bald nicht mehr missen möchte. Haben sie einen Käfer, Hüpferling, ein Stückchen Banane oder Herzfleisch verspeist, lecken sie sich mit rosaroter Zunge putzig das Maul. Und welche Freude, tummeln sich plötzlich kleine Skinke, von der Mutter lebend geboren, zwischen den alten.

Der Apothekerskink

Zu besonderem Ruhm, sogar biblischem, hat es ein anderer Skink gebracht, der der Familie seinen Namen gab: der Apothekerskink (Scincus scincus). Es ist der »Chaumel« des Buches Leviticus (3. Buch Moses) des Alten Testaments, der »Sararut« der Araber und der »Poisson de sable«, der Sandfisch der Franzosen.

Und ein solcher ist er in der Tat. Er lebt in den Sanddünen Nordafrikas, benützt seine keilförmige Schnauze mit der waagrechten Schneide als Schaufel und bewegt sich durch den Sand wie ein Fisch im Wasser.

Er hat etwas von einem Porzellantier, so glänzt seine leuchtend gelbrote Oberseite mit breiten dunklen Querbinden und sein reinweißer Bauch.

Schon die alten Ägypter hielten diesen Skink für heilkräftig, balsamierten ihn ein und gaben ihn zu den Mumien ihrer Toten. Und den Lebenden war er erst recht von hohem Nutzen. Von Afrika bis nach Venedig und Byzanz wurde er gehandelt, und er befreite die Menschen angeblich von vielerlei Krankheiten.

Die Apotheker des Mittelalters (daher der Name »Apothekerskink«) pulverisierten ihn oder verbrannten ihn zu Asche und verkauften die Pülverchen gewinnbringend gegen mancherlei Beschwerden: gegen »kalte Gebrechen der Nerven«, bei Nierenschmerzen und als Narkotikum für Operationen. Sein Kot diente als Salbe der Schönheit des Antlitzes. Doch seine hervorragendste Verwendung fand dieses wahrlich vielseitige Tier in Liebestränken.

Lassen wir wieder den alten *Gesner* zu Wort kommen:

»Das Fleisch dieser Tiere, es sey frisch oder gedörrt, soll eine sonderbare Kraft haben, das männliche Glied aufzurichten und zur Unkeuschheit zu reitzen.«

Manche der Muselmanen mögen das auch heute noch glauben, trocknen den Skink und nehmen ihn vermischt mit Datteln auf ihre Wüstenreisen mit. Arabischen Ärzten gilt er als Mittel gegen Elephantiasis.

Blauzungenskinke

Größer, aber nicht minder liebenswürdig, sind die Blauzungenskinke (Gattung Tiliqua) des australischen Raumes, der Traum vieler Terrarianer. Meine Blauzungenskinke (Tiliqua scincoides) kennen mich, kratzen an den Scheiben und erbitten Ausgang. Es sind wahre Allesfresser: Regenwürmer, Schnecken, Hackfleisch, Eigelb, Obst und Süßigkeiten. Einer hat sich Pudding mit Kondensmilch als Lieblingsspeise gewählt.

Ein Sandsturm

Zurück zu den Skinken der Sahara. Gern hätte ich noch mehr von ihnen gehabt.

Doch manches läßt sich nicht wiederholen, zumindest dann nicht, ist die Zeit des Aufenthalts begrenzt.

Wieder bin ich mit Mohamed in der Wüste. Die Sonne steht am Himmel, aber sie hat all ihren strahlenden Glanz eingebüßt. Die Farben der Wüste sind stumpf, Grau in Grau. Die Luft ist bleiern.

Mohamed kennt das: Ein Sandsturm naht. Wir halten an.

Keine Wolke bedeckt den Himmel, doch er verdunkelt sich. Ein schwarzer Vorhang schiebt sich auf uns zu. Der Wind frischt auf. Ein scharfes Zischen erfüllt die Luft. Sand peitscht gegen uns, Sand durchdringt alles.

Ein ohrenbetäubendes Getöse ist ringsumher. Die Sonne ist nicht mehr da.

Die Scheinwerfer tasten vergeblich ins Dunkel. Es wird nicht lange dauern, meint Mohamed. Das sind bei ihm zwei bis drei Stunden.
Dann ist es vorbei. Der Wind läßt nach, feiner Sand liegt in der Luft, man kann wieder atmen. Hinter Sandschleiern steht bleiern-farblos der Sonnenball. Nichts ist geblieben von dem grellen Licht der flimmernden Wüste.
Es war der erste und einzige Sandsturm, den ich je erlebte. Er hatte alle Hoffnung zunichte gemacht, nochmals der Skinke und Schlangen der Sahara habhaft zu werden. Wir waren froh, noch vor Einbruch der Nacht Goulimine zu erreichen.

Die leidigen Kontrollen

Schlangen zu fangen ist die eine Seite, sie ausbruchssicher zu verstecken und durch alle Sicherheitskontrollen heil nach Hause bringen die andere, zumeist noch schwierigere.
Bei meinen Vorträgen an einer Universität in São Paulo lernte ich Professor *Bücherl* vom dortigen Schlangeninstitut Butantan kennen. Er nahm sich meiner liebenswürdig an.
Damals arbeitete er gerade über die Gifte afrikanischer Ameisen, aber es fehlte ihm an Literatur. So kamen wir überein: Er läßt mir in den Weiten Brasiliens bestimmte Schlangen fangen, und ich besorge ihm aus den großen Bibliotheken Deutschlands Literatur. Doch wie wollte ich die Schlangen durch alle Kontrollen ins Flugzeug bringen? Ich beruhigte ihn, darin hätte ich Erfahrung und Übung.
Bücherl hielt sein Versprechen. Als ich nach Reisen quer durch Brasilien nach São Paulo zurückkam, hatte er sechs Schlangen für mich. Mit meinen selbstgefangenen waren es elf.
Ich opferte zwei meiner weißen Hemden, ließ Säckchen daraus nähen, zerknitterte sie genauso wie die schmutzigen Hemden und füllte vier Säckchen mit je zwei Schlangen und drei mit je einer. Alles zusammen gab ich in den unteren Teil meiner großen Reisetasche, gut vermischt mit Schmutzwäsche.
Als Zubringer zum »International Airport« dient ein kleiner Flughafen. Dort hatten sich meine brasilianischen Freunde eingefunden, um mich zu verabschieden, vor allem aber, um mich davon abzubringen, Schlangen mitzunehmen. Ich könne die Schlangen nicht durch die Kontrollen schleusen. Die brasilianische Polizei sei die beste der Welt. Woher wollten sie das mangels Vergleichsmöglichkeit wissen?
Man malte mir aus, welche Folgen und Verwicklungen es nach sich zöge, würden meine Schlangen entdeckt, was für sie offensichtlich schon feststand. Ein Flugzeugführer könnte sich durch eine Viper in seinem Nacken ebenso bedroht fühlen wie durch eine Pistole. Doch eine solche Zweckentfremdung meiner Schlangen lag mir fern. Ich wollte sie unbedingt mitnehmen. Für diesen Fall hatte man vorgesorgt. Hohe Polizeioffiziere der Stadt in Zivil standen bereit, mich, nachdem ich gefaßt war, von der Flughafenpolizei auszulösen, damit mir nichts passiere. Das würde mir sicher eine Lehre sein.

Die Kontrollen waren tatsächlich streng und genau. Zuerst durchsuchte der Polizist den oberen Teil meiner Reisegepäcktasche. Ich ließ ihn ruhig wühlen, je mehr, um so besser, Toilettenbeutel öffnen und was ihm sonst noch beliebte zu tun.

Den Reißverschluß des unteren Teiles öffnete ich bereitwilligst selbst und zeigte auf die zusammengeknüllte Schmutzwäsche an weißen Hemden.

Jetzt nahte der entscheidende Augenblick! Ehe er dazu kam, griff ich hinein und durchwühlte und wendete die Wäsche, zeigte ihm, daß weder Pistolen noch Bomben versteckt waren. Die Schlangensäckchen blieben für ihn unsichtbar, sie wurden mit umgewälzt und waren stets von einem Stück Hemd verdeckt.

Der Kontrolleur lächelte über meine Zuvorkommenheit, und beide waren wir es zufrieden. Ich winkte, meine brasilianischen Freunde sahen mir nach, ungläubig erstaunt, mit einem Anflug beleidigten Stolzes: Ein Deutscher hatte ihre für unfehlbar gehaltene Kontrolle unterlaufen.

Verwandlungen einer Schlange: der Krait

In Hongkong wohnte ich im sechsten Stock des »Hilton«. Schwarz über die Grenze zu kommen wäre schon damals möglich, aber höchst leichtsinnig gewesen. So bediente ich mich chinesischer Schlangenfänger, die ihr »Material« aus Rotchina holten.

Als erstes lieferten sie zwei ausgewachsene Gelbe Bungars, die man auch »Kraits« (Bungarus fasciatus) nennt. Ihr starkes Nervengift vermag einen Menschen binnen einer halben Stunde zu töten.

Zdenek Vogel hat einen überlebten Biß geschildert. Sein Krait erwischte ihn am rechten Daumen, zu seinem Glück jedoch nur mit einem Giftzahn. Gleichgewichtsstörungen, Ohnmachtsanfälle und Atemnot wechselten sich ab, doch er blieb am Leben.

Der Krait gilt als magere, aber schöne Schlange. Mit dem Lackschwarz des Körpers kontrastieren gelbe Bänder. »Gamm gök tai«, Goldfußgürtel, sagen die Chinesen zu ihm und verwenden ihn auch heute noch getrocknet oder in Spiritus eingelegt zu Heilzwecken.

Er ist ein Schlangenfresser, der des Nachts bißgewaltige Rattenschlangen und sogar Kobras überwältigt und frißt. Doch das erste Licht des Tages verwandelt ihn in ein Schlangenknäuel, der Kopf steckt geborgen in den Körperschlingen. Kinder spielen mit ihm, er zischt nicht einmal.

»Man kann ihn tags schlagen, quälen, stechen, köpfen, auf den Boden fest- und wieder losnageln, er bleibt Phlegmatiker bis zum Selbstmord, und es ist meines Wissens eine Leistung, die noch niemandem gelungen ist, einen geschlechtsreifen Bungarus tagsüber zum Beißen zu bringen«, schreibt *Mell.*

Dessen Schlangenfänger nahmen junge Kraits in den Mund und ließen knapp fingerlang den Kopf wie eine schwarzweiß geringelte Zigarre heraushängen, wenn sie jemanden erschrecken wollten.

Das Weibchen eines Kraits verteidigt nachts ihre Eier gegen jeden Angreifer, am Tage jedoch kann man sie ihr wegnehmen, sie reagiert nicht – ich habe das aber selbst noch nicht ausprobiert und empfehle das auch anderen nicht. Woher rührt der Sinneswandel dieser nachts so gefährlich-reißenden Giftschlange? Obgleich Kraits runde und keine schlitzförmigen Pupillen haben, sind es reine Nachttiere. Sie unterliegen der Lichtstarre (Heliokatalepsie), sie erstarren, sobald es hell wird.

Einen weiteren Fall von Lichtstarre beschreibt *Mell* bei der Großkopfschildkröte (Platysternon megacephalum). Nimmt man sie aus dem Wasser, sperrt sie zum Beißen drohend ihr Maul auf. Doch plötzlich erstarrt sie. Gibt man die »wütende Leiche« ins Wasser zurück, schwimmt sie sofort weg.

Die größere Lichtfülle der Luft im Vergleich zum Wasser genügt, um die Lichtstarre auszulösen.

Drei chinesische Kobras (Naja naja atra), zwei große und eine kleine, erwarb ich in einem »Snake Shop«, allerdings nicht zum Verzehr wie die Chinesen.

Zu diesen Giftschlangen gesellten sich bald zwei ungiftige Kletternattern (Elaphe radiata), die leicht zu reizen sind. Sie dehnen ihren Hals in der Senkrechten und beißen ungeniert zu.

Eine Neuentdeckung?

Zwei farbenprächtige, bisher nie gesehene Nattern (Gattung Elaphe) brachte mir ein Fänger aus der Umgebung von Canton mit. Den grauen Körper zieren, harmonisch verteilt, längliche blutrote Flecken, weißumrandet wie die Schuppen. Auf dem Kopf prangt ein Fleck von ebensolchem Rot.

Die Neuankömmlinge sahen der Moellendorffischen Kletternatter (Elaphe moellendorffii) noch am ähnlichsten. Doch deren Körperflecken sind anderer Form, bräunlich und schwarz umrandet, und der Kopf ist gleichmäßig rot ohne einen Flecken, und seine Schilder sind anders angeordnet.

Es konnte eine Lokalform oder eine Varietät der »Moellendorffischen« sein, aber auch eine der wissenschaftlichen Welt bisher unbekannte Art. Dann hätte ich sie entdeckt, würde sie beschreiben und ihr einen Namen geben, Wunschtraum, ja Sternstunde eines jeden Reptilienliebhabers.

Ich mußte diese beiden Schlangen, die der Zufall mir in die Hand gespielt, unbedingt um jeden Preis nach Deutschland durchbringen und sie im Frankfurter Senckenberg-Museum mit der dort in Spiritus aufbewahrten »Moellendorffischen« vergleichen und genau bestimmen lassen.

Bereits im Jahre 1886 hat Boettger im »Zoologischen Anzeiger« unter »Diagnoses Reptilium Novorum« die »Moellendorffische« in lateinischer Sprache beschrieben, wenn auch noch mit dem Namen »Cynophis moellendorffii«. Boulenger beschrieb im Jahre 1894 eine Form als »Coluber moellendorffii« und Stejneger 1907 eine als »Elaphe moellendorffii«. Und wie würde die Beschreibung meiner zwei Schlangen lauten?

Es sollte anders kommen.

Schlangen reißen aus

Ungiftigen Schlangen pflege ich auf meinen Reisen ab und zu Ausgang zu geben und sie zu einem nächtlichen Bad im Badezimmer einzuladen. Frühmorgens fange ich sie wieder ein.

Auch im »Hilton« in Hongkong hielt ich es mit meinen vier ungiftigen Schlangen so. Doch am Morgen war nur noch eine der farbenprächtigen Nattern vorhanden, die zwei gestreiften Kletternattern fehlten beide. Sie hatten meine Großzügigkeit offensichtlich mißverstanden.
Des Rätsels Lösung: Zwischen dem Spannteppich und dem Badezimmer war ein Spalt, den ich übersehen hatte. Und eine noch so kleine Öffnung genügt einer Schlange, um zu entkommen.
Eine der gestreiften Kletternattern (Elaphe radiata) fand ich unter meinem Bett. Mit aufgesperrtem Maul ging sie wütend auf mich los, als ich sie einfing.
Die beiden anderen Schlangen waren durch den Spalt zwischen Zimmertür und Gang, durch den der Boy die Morgenzeitung schiebt, entwichen. Schleifspuren auf dem Spannteppich des Ganges, nur für ein geübtes Auge erkennbar, bestätigten es. Ich beseitigte diese verräterischen Spuren und suchte nach den Schlangen, fand jedoch keine. Sie mußten durch den besagten Spalt für die Morgenzeitung in ein anderes Zimmer gekrochen sein. Das konnte heiter werden.
Und das wurde es!
Eine Stunde später. Im Zimmer gegenüber hörte ich hysterisches Geschrei. Eine Amerikanerin im Nachthemd riß ihre Tür auf und schrie: »Snake, snake!«, als hätte sie das erste Mal in ihrem Leben eine Schlange gesehen.
Alles lief zusammen. Mitten im Zimmer stand meine farbenprächtige Natter, selbst verschreckt von dem, was um sie vorging.
Konnte ich mich als Eigentümer zu erkennen geben? Nein! Das hätte eine Lawine von Folgen ausgelöst. Ein grobschlächtiger Chinese kam und erschlug meine Schlange, die Zierde der Wissenschaft werden sollte, und nahm sie mit. Wer wird das arme Tier verspeist haben?
Die gestreifte Kletternatter blieb verschwunden. So hatte ich nur noch zwei ungiftige Schlangen.
Nach einer halben Stunde kam Personal ins Zimmer, um die Bettwäsche zu wechseln. Es war ein Vorwand, nach weiteren Schlangen suchen zu können. Meine waren in meinem Gepäck sicher verwahrt. So verließ ich mein Zimmer, nicht ohne mich vorher über das ungewöhnliche Tun zu ungewöhnlicher Zeit zu mokieren.

Eine Kobra fehlt

Die Flughafenkontrollen waren damals in Hongkong nicht mehr als eine Formsache, und ich brachte mein Handgepäck mit den mir verbliebenen Schlangen an Bord der Boeing 707 und stellte es zu meinen Füßen.
Nach etwa einer Stunde Flug sah ich vorsichtig nach meinen Giftschlangen, als mein Sitznachbar aufstand. Wer beschreibt mein Erstaunen – mein Entsetzen: Nur noch zwei chinesische Kobras waren im Beutel, die kleine fehlte. Nochmals sah ich nach, nochmals kontrollierte ich mein Handgepäck. Die kleine chinesische Kobra blieb verschwunden.
Mich überlief es abwechselnd siedendheiß und kalt. Nicht auszudenken, eine

Kobra frei im Flugzeug! Entkommen auf eine mir unvorstellbare Weise, trotz größter Achtsamkeit. Jemand gebissen, würde sterben, ehe der nächste Flugplatz erreicht war. Unvorstellbar! Sollte ich es dem Flugpersonal melden? Auch nicht möglich. Ich hätte eine Panik ausgelöst.

Ich ging umher, spähte da- und dorthin, erregte Aufsehen. Keine Spur von einer Kobra.

Gewissensbisse peinigten mich! Vorwürfe! Unverständlich, wie die Kobra entkommen konnte. Mir, der sich rühmt, so vorsichtig zu sein.

Da saß ich, schreckte ab und zu auf, glaubte einen Entsetzensschrei zu hören. Der Flug verlief ohne jeglichen Zwischenfall. Ich schrieb einen Zettel: »Vorsicht! Eine kleine Kobra muß im Flugzeug sein!« und legte ihn beim Verlassen so hin, daß er später gefunden werden mußte.

Daheim sichtete ich meinen mitgebrachten Bestand an Schlangen. Eine Kobra war tot, dick und aufgequollen lag sie im Beutel. Ich schnitt sie auf, um die Todesursache festzustellen. Was hatte sie im Magen: die kleine Kobra! Es ist durchaus nicht selten, daß eine große Kobra eine kleine frißt. Doch an diese Möglichkeit hatte ich in meiner Aufregung nicht gedacht. »Verengung des Bewußtseins« nennen die Psychologen das. Alle Angst war umsonst gewesen.

Das Ende eines Traumes

Nicht ohne Gewissensbisse und schweren Herzens tötete ich die mir verbliebene farbenprächtige Natter, gab sie in Spiritus und schickte sie an das Senckenberg-Museum.

Ich wartete und wartete, ich wartete umsonst. Mehrere Anrufe führten zu nichts. Die Sendung war nicht angekommen oder irgendwie verlorengegangen.

Aus war es mit der Anwartschaft auf den Ruhm einer Neuentdeckung! Umsonst hatte ich die schöne Schlange getötet, die, von so weit mitgebracht, mir ans Herz gewachsen war. Und ein schlechter Trost deuchte es mich, daß im Dienste der Wissenschaft oft Hunderte von Reptilien sterben müssen. Ist der Mensch berechtigt, letztlich zum Ruhme seiner selbst Leben zu vernichten?

Eine Kobra fraß eine andere und ging daran zugrunde. Glück im Unglück, die gefressene war mir nicht entkommen.

Meine farbenprächtige Natter ging verloren. Eine einmalige Gelegenheit war vertan.

Glück und Mißgeschick lagen so nahe beisammen. Sie hatten sich gegeneinander aufgewogen.

Was wollte ich mehr?

Siebtes Kapitel

Mit Reptilien unter einem Dach: Wunderwelt aus Glas und Licht

Die gerichtskundige Boa

Anfang unseres Jahrhunderts hielt ein New Yorker eine sanfte Boa constrictor (Abgottschlange). Er fütterte sie mit lebenden Kaninchen. Als »Schlange mit Selbstachtung« fraß sie keine toten. Dies mißfiel einem Tierschützer, und er zeigte den Boabesitzer an – wegen Tierquälerei.

Der New Yorker Richter hatte zu entscheiden: Kaninchen oder Schlange. Sie töte »humaner« als manche Menschen, umringele das Kaninchen blitzschnell, presse den Brustkorb wie in einem Schraubstock und lösche das Leben binnen weniger Sekunden aus, brachte der Schlangenliebhaber vor. Ob Seine Ehren nicht auch schon Kaninchenfleisch gegessen habe?

Es half ihm alles nichts, er wurde verurteilt und legte Berufung ein.

Die Richter des Obersten Gerichtshofes des Staates New York sahen sich die Boa erst einmal an – aus respektvoller Entfernung, versteht sich – und hörten Sachverständige, was sollten sie sonst weiter tun? Die gelehrten Zoologen wußten auch keine Abhilfe: Die Natur habe es eben so eingerichtet. So wurde der Schlangenhalter schließlich freigesprochen.

Zu seinem und der Boa Glück. Diese wäre sonst langsam verhungert und er erst recht zu bestrafen gewesen: wegen Tierquälerei. Auch eine Schlange ist schließlich ein Tier ...

Derart wurden die Schlangen gerichtskundig und, um in der Sprache der Juristen zu bleiben, erhielten ein höchstrichterlich verbrieftes Recht auf Leben, wenigstens die unter menschlicher Obhut lebenden.

Von Terrarianern und ihrem Hobby

Schon viel früher, etwa zur Zeit um Christi Geburt, hielt Claudius Nero Tiberius, römischer Kaiser, vielerlei Schlangen. Und Äskulapnattern (Elaphe longissima) gehörten zum Marschgepäck römischer Legionäre und sollen derart auch nach Germaniens jetzigem Schlangenbad gekommen sein, was jedoch wenig glaubhaft erscheint. Die Nattern, die dort noch leben, tun dies wohl weniger der römischen Geschichte als vielmehr dem Klima zuliebe.

Das Wort »Terrarium« leitet sich aus dem lateinischen »terra«, die Erde, her. Doch die Römer waren keine Terrarianer. Darunter verstehen wir vielmehr Menschen, die Reptilien in Terrarien mit viel Verständnis und innerem Beteiligtsein hegen und pflegen und sie sich nicht als Renommierobjekte halten, wie Kaiser Tiberius, oder als lebende Amulette betrachten, wie die Legionäre.

In Europa und wohl auch in der übrigen Welt hielt als erster Johann von Fischer, Baron und Direktor des »Laboratoire d'Erpetologie« zu Montpellier Schlangen und »Miniatur-Saurier« in Terrarien »mit künstlich hergestellter Umgebung«. Bereits 1884 veröffentlichte er sein Buch »Das Terrarium« und ließ weitere Schriften über Schlangen folgen.

Seitdem haben sich immer mehr Menschen der Wunderwelt Terrarium und seiner geheimnisvollen und zauberhaften Bewohner als Hobby oder auch aus Berufung verschrieben, und immer mehr erfreuen sich eines Stückchens Natur, und sei es auch noch so klein, in ihren Wohnungen in verödenden Städten. Und längst nicht mehr begegnet dies mitleidigem Lächeln angeblich so vernünftiger Zeitgenossen. Niemand gilt länger als weltfremder Träumer, dem Friede und Schönheit eines Terrariums, einer Welt aus Glas und Licht, etwas bedeuten. Es ist, wie auch seine Insassen, salon- oder besser wohnzimmerfähig geworden.

Anders als die Fische unserer Aquarien, lassen sich Reptilien anfassen, sind es nicht gerade ansehnliche Krokodile oder bösartige Giftschlangen, herausnehmen und manche sogar frei in der Wohnung halten. Sie bieten ein Bild weit größerer Vielgestaltigkeit, wie das Terrarium die Möglichkeit zu viel Schönem.

Sieht man von Angebern und reinen Ästheten ab, sind sich Terrarianer der Verantwortung ihren Pfleglingen gegenüber eines echten Anliegens bewußt. Sie nehmen es gelassen hin, verschönt ein Heimchen, das sich nicht rechtzeitig fressen ließ, mit seinem Gezirpe die Stille der Nacht. Oder Geckos huschen an Zimmerwänden, als seien sie noch in den Hütten Südasiens, wo sie Glück bringen, Ungeziefer vertilgen und Insektizide ersparen.

Damit sind wir bei den ganz passionierten Liebhabern. Sie sind Individualisten, besessen, es den Schlangen, Echsen und Schildkröten recht zu machen, eben jeder auf seine Weise, nach seinen eigenen Erfahrungen. Treffen gar zwei Schlangenfans zusammen, gibt es bald drei Meinungen, wie bei den Juristen. Doch dies nützt dem bescheidenen Terrarianer und dem, der es werden möchte, wenig. Und noch weniger dem, der nur wissen will, was es auf sich hat mit Mitmenschen, die Schlangen und anderen Reptilien zugetan sind. Sie werden meine Erfahrungen begrüßen, zumal sie den Vorzug haben, wahr und Satz für Satz erlebt worden zu sein.

Damit möchte ich keineswegs vorzügliche Fachbücher über Terrarien entbehrlich machen, ganz im Gegenteil (sie sind unter »Literatur« zu finden), doch gehen sie verständlicherweise in ihren Ansichten oft weit auseinander. So, wie Pflanzen und Tiere ganz anders unter der strahlenden Sonne Italiens gedeihen als unter dem nebligen Grau Englands, bedeutet es einen Unterschied, ob die kalten Strahlen einer Leuchtstofflampe oder die wärmenden einer Glühlampe Terrarium und Reptilien in Licht tauchen. Ändert sich ein Faktor des Biotops Terrarium, so kann einiges anders aussehen, manches falsch sein, was vordem richtig war. Und nur so möchte ich meine Erfahrungen und Ratschläge verstanden wissen.

Lebensraum Terrarium

Ein Terrarium ist der Lebensraum für Amphibien und Reptilien. Von Nachzuchten abgesehen, wird in ihm das Wildtier zum »Haustier«. Aus seinem natürlichen Biotop, seinem Lebensraum, kommt es in einen künstlichen und muß sich diesem anpassen, will es überleben.

Auch in der Natur bleibt ihm derartiges nicht erspart. Hier können sich Umweltbedingungen ändern: Das Nahrungsangebot kann abnehmen, oder es wird trockener oder feuchter, Hitze oder Kälte brechen herein und stellen an die Anpassungsfähigkeit eines jeden Tieres hohe Anforderungen. Diese ist bei den einzelnen Reptilienarten recht unterschiedlich ausgeprägt. Tiere aus Gebieten naturgemäßer Temperaturschwankungen krasser Gegensätze zwischen Tag und Nacht vertragen auch im Terrarium einen Wechsel von warm und kalt weit besser als die aus den tropischen Regenwäldern äquatorialer Zonen gleichbleibender Temperaturen. In sonnendurchglühten Wüsten graben sich Echsen und Schlangen tags tief in den Sand, um Temperaturen von sechzig Grad zu überstehen, und nachts nur wenig, zum Schutz vor Kälte.

Trotz seiner Anpassungsfähigkeit wird sich ein Reptil im Terrarium nur dann auf Dauer gut halten, wenn wir seinen Umweltansprüchen an Wärme, Licht, Sonne, Luft, Boden und Bewuchs, Feuchtigkeit und Wasser entsprechen. Sonst siecht es dahin und stirbt, wenn auch nicht so plötzlich wie etwa einer unserer gefiederten Hausgenossen. Es ist also wichtig zu wissen, wie sein Biotop beschaffen ist, woher es kommt, ob aus den Höhen felsiger Gebirge oder von Küsten des Meeres.

Die Klimazonen

Die klimatischen Verhältnisse unserer gemäßigten Zonen kennen wir aus eigener Erfahrung, die der Subtropen zumeist auch noch, oder wissen um die regenarmen, dürren Sommer und milden, feuchten Winter des Mittelmeerraumes.

Doch wer hat sich schon aufgehalten in den äquatorialen Zonen regendampfender Wälder des Amazonas, des Kongos oder Indonesiens und Neuguineas bei gleichbleibend hoher Temperatur und extremer Luftfeuchtigkeit? Oder nördlich und südlich davon im Bereich tropischer Monsune, wo Passate und äquatoriale Luftströmungen zu Jahreszeiten führen, wo Regenmonate gleichmäßiger Temperaturen trockene Perioden ablösen und wo Savannenlandschaften und ausgedehnte Grasflächen lockeren Baumbewuchses mit Regenwäldern wechseln? Wer weiß schon, wie sehr Höhenlagen in den warmen Gebieten unserer Erde das Klima bestimmen? Von den Galeriewäldern an den Wassern Indiens, den lichten Baumbeständen der »caatingas« Südamerikas oder den baumlos trockenen Steppen Indiens und Afrikas?

In der sogenannten tropischen Zone Neuseelands, Zentralaustraliens, Madagaskars, Südafrikas und Südamerikas, Afghanistans, Arabiens, Nordafrikas, Mittelamerikas und Niederkaliforniens trifft man auf extreme Trockenheit und an den Ostküsten je nach Höhenlage auf starke Niederschläge und es gibt Wüsten wie die Sahara Nordafrikas, die Namib Südafrikas und die Atacama Chiles, aber auch tropische Wälder neben Savannen und Steppen.

Nach diesen seinen Heimatbedingungen möchte ein Reptil auch im Terrarium leben. Wen wundert es da, wenn sich Terrarianer in Klimakunde oft besser zurechtfinden als ihre Geographielehrer einstiger Schulzeiten?

Arten des Terrariums

Die Lebensweise eines Reptils und nicht zuletzt seine klimatischen Anforderungen bestimmen das Terrarium.

Um den Tieren ihre »Eigenwelt« zu geben, bedient man sich unterschiedlicher Arten von Terrarien: ungeheizte – entweder trocken oder feucht – für Tiere unseres Klimagebietes und der gemäßigten Zonen Nordamerikas. Hier ist die Auswahl an Tieren nicht groß. Schon die heimische Mauereidechse (Lacerta muralis) und gar die Äskulapnatter (Elaphe longissima) und Smaragdeidechse (Lacerta viridis) mögen es im Sommer etwas wärmer. Überhaupt scheinen Reptilien in Gefangenschaft mehr Wärme zu benötigen als in Freiheit.

Sieht man von der Ringelnatter (Natrix natrix), der Blindschleiche (Anguis fragilis) und vielleicht noch der Würfelnatter (Natrix tesselata) ab, sind einheimische Reptilien keine besonders »haltbaren« Pfleglinge. Sie wünschen einen vielfach problematischen Winterschlaf, und man tut besser, sie im Herbst wieder in die Freiheit zu entlassen, wo sie für sich selbst sorgen können.

So überraschend es klingen mag: Ebenso wie manche Fische unserer Heimat im Aquarium schlechter als die meisten der Tropen gedeihen, ist es auch mit einheimischen Reptilien. Saumfinger (Anolis) von der Farbenpracht des tropischen Amerikas freunden sich viel leichter als etwa einheimische Zauneidechsen mit einem Terrarium an, ja vermehren sich dort sogar über Generationen.

So greift man gern zum schwach, mittel oder stark geheizten Terrarium und variiert es von ganz trocken bis stark feucht, je nach der Herkunft der Insassen. Hier lassen sich auch durch Abstellen der Heizung, etwa des Nachts, heimatliche Temperaturschwankungen nachahmen. In solchen Terrarien lebt die Mehrzahl unserer Pfleglinge.

Für Reptilien, die besonders an Wasser gebunden sind, wie Wasserschildkröten und Wasserschlangen, wird ein Aquaterrarium bevorzugt. Viel Wasser mit einem trockenen Landteil kennzeichnet es.

Schlangen, die sich nur im Wasser aufhalten, benötigen keinen Landteil und nehmen mit einem Aquarium vorlieb: am besten mit Abfluß am Boden.

Krokodile wird man schon wegen ihrer Größe in Sonderbehältern unterzubringen wissen.

Aus welchem Material ein Terrarium bestehen soll, ob aus Holz, Metall, Glas oder Kunststoff, dem Werkstoff der Zukunft in der Terraristik, richtet sich nach seiner Verwendungsart. Je feuchter ein Terrarium, um so unempfindlicher gegen Nässe müssen die Materialien sein. Für ein Aquaterrarium ist Holz wenig geeignet.

Tropische Zierfische sieht man nur in Aquarien, Reptilien lassen sich auch in anderen Behältern als Terrarien unterbringen.

Äskulapnattern mit Freiheitsdrang

Aus Platzmangel gab ich vier gerade erst erworbene Äskulapnattern (Elaphe longissima) und eine Vierstreifennatter (Elaphe quatuorlineata) in ein ausgedientes Gestellaquarium. Oben hatte ich statt der Aquariumabdeckscheibe zur Hälfte ein Aluminiumgewebe und zur anderen eine abnehmbare, schwere Glasplatte angebracht.

Die Nattern inspizierten morgens und abends ihr Domizil, tagsüber lagen sie zumeist unter gewölbter Korkeiche. Das ging so an die drei Wochen.

Eines Morgens fehlten zwei der Äskulapnattern. Der Wintergarten mit den Terrarien ist von den übrigen Räumen durch eine Glaswand abgetrennt. Die Schlangen konnten also nicht weit sein. Doch wie waren sie entkommen? Nirgends eine Öffnung, nur die Glasscheibe schien ein wenig verschoben. Am Abend fand ich eine Ausbrecherin, sie badete sich im Zimmerspringbrunnen, und tags darauf schlängelte sich die andere zwischen hängenden Orchideen.

Nach zwei Tagen hatten sich alle vier Äskulapnattern Ausgang bewilligt, nur die Vierstreifennatter lag vereinsamt unter dem Rindenstück. Ich gönne meinen Schlangen durchaus etwas Freiheit, aber eine derartige Eigenmächtigkeit ging mir entschieden zu weit. Diesmal dauerte es zwei Tage, um wenigstens dreier der Nattern wieder habhaft zu werden. Eine blieb verschwunden.

Die Glasplatte beschwerte ich mit einem Stein von etwa drei Kilo Gewicht und glaubte, alles Erforderliche getan zu haben. Irrtum! Am anderen Morgen waren die drei Äskulapnattern wieder entwichen.

Ich begann mir Gedanken zu machen und fragte Schlangenfreunde, ja ich rief sogar einen Spezialisten für Äskulapnattern in einem Bergdorf der Alpen an. Niemand wußte Rat. Jemand tröstete mich: Ihm seien wochenlang Chrysopeleas, tropische Goldbaumschlangen mit Gleitflugkünsten, entkommen, nie habe er erfahren, wie.

Sollte es mir ebenso ergehen?

Als der Abend kam, nahm ich mir ein Buch, versteckte mich im Wintergarten und wartete und wartete. Die Äskulapnattern krochen herum, das war ihr gutes Recht, und züngelten immer öfter nach dem Luftzug zwischen Terrarienrand und Deckscheibe. Das war verdächtig. Schließlich stießen zwei mit der Schnauze gegen den haarfeinen Spalt, stemmten ihre Körper gegen den Boden, spannten ihn mit sehniger Kraft, und langsam, Millimeter um Millimeter, hob sich die Scheibe mitsamt Stein und quetschten sich Köpfe und geschmeidige Schlangenkörper hindurch. Die dritte schloß sich an.

Ich nahm alle drei in Empfang. Sie zischten, und eine wollte sogar beißen. Sie kamen in ein Terrarium mit Schiebescheiben und Glasschloß. Damit war ihrem Freiheitsdrang ein Ende gesetzt.
Von dem ihren Verhältnissen nach großen Intelligenzgrad der Äskulapnattern hatte ich mich schon einige Male überzeugen können, eine solche Kraft hatte ihnen niemand zugetraut.
Die vierte Äskulapnatter würde schon wieder auftauchen – so dachte ich. Das tat sie auch, aber zu durchaus unpassender Zeit, an einem ihr nicht geziemenden Ort.
Als ich von einem Ausflug nach Hause kam, empfing mich meine Familie mit Vorwürfen: Im Treppenhaus sei eine Schlange ganz plötzlich und ohne Vorwarnung meiner Tochter auf den Kopf gefallen. Grünlich sei sie und mindestens zwei Meter lang. Gebissen habe sie zum Glück nicht, sei wahrscheinlich genauso erschrocken gewesen wie meine Tochter.
Meine Äskulapnatter! Farb- und Längenangaben bei solchen Verwicklungen mit Schlangen sind nie wörtlich zu nehmen.
Nur langsam vermochte ich meine Familie zu beruhigen: Diese Natter sei so harmlos, geradezu liebenswürdig, die alten Römer hätten sie schon auf Reisen mitgenommen.

Wärme, Licht und Luft

Diese Zeiten seien längst vorbei, und ich müsse die Schlange sofort dingfest machen. Dagegen ließ sich kaum etwas einwenden, und ich begann zu suchen. Sie hatte es sich auf dem Schrank meines Arbeitszimmers gemütlich gemacht, oberhalb des Ausströmungsgitters der Warmluft, also an der wärmsten Stelle.
Dies zeigt, wie sich ein Reptil die ihm zusagenden Umweltbedingungen wählt, sofern es ihm möglich ist.
Im Terrarium muß man sie ihm bieten, insbesondere Wärme, Licht und Luft. Ohne einen geheizten Bodenteil kommt man kaum aus. Ein Heizkabel läßt sich leicht verlegen und wird dankbar begrüßt von Bodenschlangen und Echsen auf Sand und Fels.
Leuchtstofflampen mögen den Pflanzen gut bekommen und den Tieren erforderliche Lichtreize vermitteln, den natürlichen Gegebenheiten entsprechen sie aber wenig. Die Reptilien sind es gewohnt, Wärme von der Sonne, von oben, zu erhalten. Licht und Wärme zugleich spendet die Glühbirne, ganz gleich ob in einer Terrasol- oder Scheinwerferlampe oder einem sonstigen Strahler. Für die Reptilien bedeutet es Ersatzsonne; kombiniert mit Leuchtstofflampen, wird das Terrarium für uns auch zu einer ästhetischen Freude.
Doch Glas reflektiert und absorbiert die ultravioletten Strahlen des Sonnenlichts. Terrarianer bestrahlen daher ihre Tiere zusätzlich mit UV-Lampen. Schon bei der Dosierung gehen die Ansichten hierüber weit auseinander. Für Echsen sei jenes Quantum an ultraviolettem Licht gut, das menschliche Haut gerade leicht röte. Aber reagiert nicht jede Haut anders auf Sonne?

Reptilien des dämmrigen Urwalds, der Nacht und alle, die in ihrer Heimat Sonne wenig schätzen, benötigen kein ultraviolettes Licht. Die anderen habe ich früher regelmäßig bestrahlt, jetzt beschränke ich mich auf Jungtiere und ausgesprochene Sonnenanbeter, dreimal wöchentlich für je drei Minuten.
Allen Empfehlungen in Terrarienbüchern zum Trotz: Ich kann, was die Gesundheit meiner Tiere anbelangt, dabei keinen Unterschied feststellen.
Bei Jungtieren mag das anders sein. Ultraviolettes Licht wird insbesondere zur Umwandlung des Provitamins in Vitamin D benötigt, und dieses Vitamin wiederum braucht der Körper neben Phosphor zum Aufbau der Knochen. Daher mische ich dem Futter manchmal ein Kalkpräparat mit Vitamin D in ganz geringen Mengen bei. Es ist Vorsicht geboten. Ebenso wie Vitamin A wirkt Vitamin D bei Überdosierung schädlich, sein Komplexteil D 3 löst dann Calcium aus den Knochen.
Warum das Terrarium nicht einfach in die Sonne stellen?
Bei kleineren wird das möglich sein, und Gazeteile in Wänden oder Deckel sorgen für ungefiltertes Sonnenlicht. Doch es droht die Gefahr einer Überhitzung. Die Vorzugstemperatur eines Reptils, die es sich mit Vorliebe auswählt, liegt oft nur wenig unter der Todestemperatur. Bei Smaragdeidechsen beträgt sie 41,25 Grad, aber schon ein paar Grad mehr töten. Das Wärmezentrum im Gehirn versagt, der Kohlensäuregehalt des Blutes erhöht sich, und es ist aus, ehe man es sich versieht.
Ich hatte ein Terrarium mit prächtig grünen Smaragdeidechsen in den Garten gestellt, die Sonne hing hinter Wolkenschleiern und bot mäßige UV-Bestrahlung. Im Haus bei der Arbeit entging mir, wie der Wind die Wolkenschleier vertrieb und die Sonne vom blauen Himmel strahlte. Als ich nach knapp einer halben Stunde zum Terrarium sah, lagen alle Eidechsen bis auf zwei tot: Das Terrarium war ihnen zum »besonnten Sarg« – und mir zur Lehre geworden.
Der Fähigkeit der Reptilien zur Wärmeregulierung sind eben Grenzen gesetzt. Selbst Wüstenschlangen überleben kaum Körpertemperaturen über 45 Grad, nur die gehörnte Klapperschlange (Crotalus cerastes) kalifornischer Wüsten soll mehr vertragen.
Je sonnenhungriger ein Reptil ist, um so schwieriger ist es, ihm gerecht zu werden, und es gehört zumeist nicht zu unseren Dauergästen. Die dornigen Gürtelschweife (Cordylus) der Felsenhänge und steinig trockenen Gegenden Südafrikas machen davon eine Ausnahme. Mit Eidechsen, die sich in der Natur stundenlang sonnen und zudem noch ihren Rücken abflachen, um ja genügend Wärme einzufangen, kann ich trotz UV-Bestrahlung keine besonders guten Erfahrungen vorweisen, um so bessere jedoch mit dämmerungs- und nachtaktiven Schlangen und Echsen.
Nicht zu vergessen ist die Luftzirkulation im Terrarium, besonders auch in Bodennähe, wo sich oft stickstoffhaltige Gase, schwerer als Luft, sammeln. Zumeist mag eine einfache Querbelüftung genügen, will man nicht in größe-

ren Terrarien einen in der Aquaristik gebräuchlichen Durchlüftungsapparat mit einem Ausströmer im Wasser verwenden.

Terrariumtechnik

Überhaupt sind der technischen Perfektion in der Terraristik kaum Grenzen gesetzt. Thermostaten regulieren die Wärme, Schaltuhren übernehmen das Ein- und Ausschalten elektrischer Geräte und der Beleuchtungskörper, Hygrostate setzen Luftbefeuchter in Gang, sobald der gewünschte Prozentsatz an Luftfeuchtigkeit unterschritten wird. Unterschiede an Wärme, Licht und Luftfeuchtigkeit zu bestimmten Zeiten im vorgegebenen Rhythmus lassen sich über ein Schrittschaltwerk für Steuerschaltungen mit Vielfachfunktion, kombiniert mit einer Schaltuhr, erreichen.

Die Technik bleibt Hilfsmittel, vermag aber nicht zu ersetzen: das ständige Beobachten, die Liebe zum Tier und das Erfühlen seiner Bedürfnisse, also alles das, was den Terrarianer ausmacht.

Ausstattung und Gestaltung eines Terrariums

Ebenso wie den Zierfischliebhabern die Frage nach Gesellschafts-, Landschafts- oder Biotopaquarium beinahe Weltanschauung ist, so Terrarianern die nach Ausstattung und Gestaltung ihrer Terrarien.

Das fängt schon beim Bodengrund an. Für ein Wüstenterrarium wird man nicht gerade Humuserde, vielmehr Sand nehmen, und Geröll oder Steine passen in kein Tropenterrarium, schon der Pflanzen wegen nicht, die nahrhafte, lockere Erde mit Torfmull oder Moos vermischt brauchen. Oder man beläßt sie lieber in Töpfen, um sie hin und wieder auswechseln oder »in Sommerfrische« geben zu können.

Sand als Bodengrund verunreinigt und ist öfter auszuwechseln. Bei zu grobem Sand oder gar Kies können sich Schlangen das Maul verletzen, stoßen sie nach Beutetieren. Das verursacht leicht Mundfäule.

Ich versuchte es mit gesiebten Sägespänen, und jetzt verwende ich zumeist grobfaserigen Torfmull. Ihn halte ich für einen idealen Bodengrund: Er saugt Schadstoffe auf und läßt sich leicht auswechseln, er bindet Wasser und gibt es unter Einfluß der Bodenheizung zugunsten einer kontinuierlichen Luftfeuchtigkeit wieder ab. Er reagiert sauer, ohne zu versauern, wie Erde. Verschlucken ihn Reptilien zusammen mit Beutetieren, so ist das unschädlich. Nur klitschnaß sollte er nicht werden, wo ihn keine Bodenheizung trocknet, denn dann verbreitet er Kälte.

Selbst Schlangen, die sich in ihrer Heimat in Sand eingraben, freunden sich mit Torfmull schnell an, ja, meine bunten Sandboas (Eryx conicus) bevorzugen ihn sogar. Ich gab in ein Terrarium zur Hälfte Sand und zur anderen Torfmull. Zwei der Boas fühlten sich vom Torfmull angezogen, nur die dritte schien noch dunkle Erinnerungen an die heimatlichen Hochebenen der Sandwüsten Belutschistans zu haben.

Pflanzen im Terrarium

Wie steht es mit der Bepflanzung des Terrariums?

Hier konkurrieren zwei Auffassungen: Die eine schwört auf eine hygienische, möglichst sterile Einrichtung ohne Pflanzen, wie sie sich bei der Haltung unserer Stubenvögel durchsetzen konnte, die andere auf einen nachgebildeten Naturausschnitt, wofür sich schon Johann von Fischer, Lachmann, Krefft und andere Altmeister der Terraristik leidenschaftlich einsetzten.

Ein schönes Terrarium ist auf mehrere Weisen zu erreichen. Ein neutraler Bodengrund mit ein paar Platten, der Hintergrund einfarbig oder aus Rohr, Kork, Rinde oder Stein, ein gut angepaßtes Wasserbecken, ein knorrig-bizarrer Ast, indirekt beleuchtet – das alles bewohnt von Reptilien bewundernswerter Schönheit, besonderer Eigenart oder fesselnden Verhaltens –, kann genauso oder noch schöner sein als ein Tropenterrarium mit dem chaotischen Gemisch verschiedenster Pflanzen, die so dicht wuchern, daß man die Reptilien und besonders die Tarnkünstler kaum noch sieht.

Ziel soll gewiß das ästhetische Terrarium bleiben, das sich in unsere Wohnungen einfügt, aber über dem »Schmuckstück Terrarium« ist niemals das Tier zu vergessen, das es bewohnt. Es ist seine Heimstatt, und es muß sich wohlfühlen.

So lieben verschiedene Leguane, Agamen, Geckos, Chamäleons und tropische Baumschlangen, die dem Urwalddasein angepaßt sind, ein bepflanztes Terrarium, ja, auf die Dauer sind sie häufig nur in einem Tropenterrarium zu halten. Holen wir solche Spezialisten der Tropenwälder zu uns, bleibt uns sowieso keine Wahl. Andererseits sehe ich keinen Sinn darin, einem Terrarium mit Boas, Pythons oder Großwaranen Pflanzen beizugeben, die von ihnen binnen kurzem aufgearbeitet sind.

Ein bepflanztes Terrarium kann streng geographisch oder nur am Biotop orientiert sein. Viel Arbeit macht es stets.

Etwas von einer Steinwand, halb zerfallen, bizarre Wurzeln oder etwas morsches Holz, Trockenfarne, ein paar Buschen Lavendel oder Cistrosen, und schon haben wir uns mit etwas Phantasie ein kleines Stückchen Italien geschaffen.

Ein tropisches Regenwaldterrarium sieht anders aus: Zu Monstera, Philodendron, Scindapsus, Bromeliaceen, anderen Epiphyten und Urwaldorchideen gesellen sich Schlangen oder Echsen aus tropischen Wäldern Südamerikas ebenso wie aus denen auf Sumatra oder Borneo. Ein solches Terrarium stellt es auf den Biotop, die Umweltbedingungen, ab, die diesen Lebensraum prägen und die sich in äquatorialen und monsunen Zonen tropischer Regenwälder in ihren ökologischen Gegebenheiten ziemlich gleichen. Urwaldorchideen und Epiphyten erweisen es.

Wer auf tier- und pflanzengeographische Echtheit Wert legt, sollte eines nicht übersehen: Das Tier bedarf für sein Wohlbefinden keiner Pflanzen und keiner Äste seines Heimatlandes. Es ist einem Saumfinger (Anolis) des Amazonas sicher gleich, ob er auf einer Pflanze amerikanischer oder asiatischer Herkunft Fliegen jagt, und einem grünen Baumpython gewiß einerlei, ob der Ast, an dem er hängt, zu einem afrikanischen oder europäischen Baum gehört.

Eine naturgemäße Haltung der Reptilien ist nicht auf die Materialien des

Heimatlandes angewiesen. Sie müssen nicht »echt«, für die Tiere jedoch gleichwertig sein. Auch die Pflanzen brauchen nicht biotopgerecht zu sein.
Einen natürlichen und tier- und pflanzengeographisch getreuen Ausschnitt nachzubilden ist mehr ein ästhetisches Anliegen. Es setzt neben anderem botanische Kenntnisse voraus.
In einem Aquarium mag es manchen bei der begrenzten Auswahl an Pflanzen noch stören, schwimmen südostasiatische Makropoden zwischen nordamerikanischen Sagittarien oder segeln Scalare, ehemals im Amazonas heimisch, gravitätisch über Cryptocorynen aus Ceylon. Aber wer weiß noch, daß die Usambaraveilchen aus Ostafrika, die Dieffenbachia aus Brasilien, die Königsbegonie aus Indien und Geweihfarnarten (Platycerium) aus den feuchtwarmen Regenwäldern aller Kontinente zu uns kamen? Kaum einer fühlt sich noch ästhetisch verunsichert, wechselt ein afrikanisches Chamäleon seine Farben auf einer buntscheckigen Rexbegonie aus Assam vor dem Hintergrund einer knallroten glänzenden Blüte des Anthuriums, das erstmals Scherzer in Costa Rica fand.
Abgesehen von Reptilien, die auf ganz bestimmte Biotope spezialisiert sind, habe ich mit einfach eingerichteten Terrarien ohne Pflanzenbewuchs, allenfalls mit ein paar Topfpflanzen, gute Erfahrungen gemacht. In ihnen gedeihen Schlangen, Echsen und Schildkröten bestens.

Grundbedürfnisse der Reptilien

Natürlich sind ihre Grundbedürfnisse zu befriedigen. Das ist zumeist nicht so schwer.
Was wollen die meisten Schlangen? Als wechselwarme Tiere sich im Terrarium ein kälteres oder wärmeres, ein trockenes oder feuchtes Plätzchen aussuchen, sich hin und wieder genüßlich in den Strahlen einer Terrariumlampe wärmen, wenn dies schon nicht die Sonne besorgen kann. Viele von ihnen baden leidenschaftlich gern, selbst von Natur wasserscheue, wie Wüstenschlangen zur Häutungszeit. Und mögen sich Schlangen noch so gut an Menschen gewöhnt haben, als scheue Tiere verstecken sie sich lieber, und sei es auch nur unter einem großen Rindenstück. Ihr Terrarium muß nicht einmal überdimensional groß sein, solange es nur genügend Bewegungsraum bietet.
Bei Echsen kann das anders sein. Manche wollen mit kräftigem Sprung einen Hüpferling erhaschen oder als Männchen ein Revier beherrschen. Solch ein »Häuptling« duldet in seinem Revier allenfalls schwächere Geschlechtsgenossen, benehmen sich diese nur respektvoll genug. In einem zu kleinen Terrarium können sich paarungsunwillige Weibchen dem Liebesbedürfnis des Männchens schwer entziehen, Rangordnungen kommen ins Wanken, kurz, die soziale Ordnung unter den Echsen ist gefährdet, und manche verlieren ihre Instinktsicherheit: Wüstentiere fliehen ins Wasser und ertrinken, Echsen des Waldesdunkels lassen sich plötzlich in den Strahlen der Lampe schmoren, bis auch sie sterben.
Manche Terrarianer greifen zu Spiegeln, um die Aggressionen etwa eines

Chamäleons im Kampf mit sich selbst abzureagieren, aber lange läßt sich auch ein Reptil nicht täuschen. Durch Färbung und Benehmen, weniger im Gesichtsausdruck, offenbaren Echsen dem Kundigen ihre Gemütsverfassung, ob sie sich wohl fühlen oder nicht, ob ihnen Mitinsassen behagen oder mißfallen. Da legen sich manche in Demutsgeste flach auf den Boden und schließen die Augen, Eidechsen bewegen schnell ihre Vorderbeine, sie »treteln« voll Ehrerbietung und Unterwürfigkeit, die Steppenagame (Agama sanguinolenta) färbt ihr Braungrau vor Wohlbehagen in Grün, Weinrot oder Ultramarinblau, Siedleragamen (Agama agama) des tropischen Afrikas werben im Hochzeitskleid um Weibchen, männliche Echsen spreizen imponierend ihren Rückenkamm oder ihre Kehle, wie manche Saumfinger (Anolis), andere nicken.

Da sitzt so ein Flugdrachen, ein »Draco«, auf dem obersten Ast eines Tropenterrariums, wähnt sich noch hoch im Geäst eines Baumes einer Sundainsel, hält den Strahler für die Tropensonne, nickt mit dem Kopf und zeigt an: Hier bin ich, das ist mein Revier! Doch der Rivale entfernt sich nicht. Wohin sollte er auch in einem zu kleinem Terrarium? Der »Draco« reißt sein Maul weit auf: Es nützt nichts! Da greift er an.

In der freien Natur verlaufen solche Kämpfe zumeist ganz harmlos, im Terrarium oft nicht. Und selbst wenn sie gut ausgehen, kann ein Schock die Tiere kümmern und sterben lassen. Echsen sind oftmals, anders als die seelisch robusteren Schlangen, Gemütstiere, zart besaitet. Einem Dauerschock kommt es gleich, setzt man zusammen, was nicht zueinander paßt. Was sich in der Natur mehr im Verhältnis Feind–Opfer begegnet, wird sich im Terrarium nicht gerade lieben.

Alles dies gilt es zu beachten.

Eine Terrariumanlage

Die Mehrzahl meiner Terrarien steht in einem Wintergarten mit Oberlicht. Hier gedeihen tropische Pflanzen, blühen Orchideen und Bromeliaceen, zwitschern munter Wellensittiche und sorgt ein kleiner Springbrunnen für Luftfeuchtigkeit. Der von den Pflanzen unter Einfluß des Lichts erzeugte Sauerstoff kommt den Tieren zugute, wie den Pflanzen das von den Reptilien ausgeatmete Kohlendioxyd. Der Wintergarten hat ein günstiges »Großklima« und vielleicht sogar so etwas wie ein biologisches Gleichgewicht.

Bodenheizungen, Strahler, geheizte Wasserbecken verschieden hohen Verdunstungsgrades in höher oder niedriger, sonniger oder dunkler aufgestellten Terrarien variieren die Faktoren Wärme, Licht und Luftfeuchtigkeit je nach den speziellen Ansprüchen der jeweiligen Insassen.

Waran im Wintergarten

Früher diente der Wintergarten auch noch als »Freilandterrarium« für Warane, die stolzesten, intelligentesten, aber auch mächtigsten aller heute lebenden Echsen. Nicht immer war das erfreulich.

Die zwei Pazifikwarane (Varanus indicus) benahmen sich recht ungestüm, allerdings in völlig verschiedener Weise. Der kleinere, ein ausgesprochener Kletterkünstler, entdeckte seine besondere Vorliebe für hängende Orchideen und Epiphyten, nicht gerade zu deren Vorteil. Der andere erprobte seine Kraft, und dies oft mit Erfolg, an den Steinaufbauten der Kakteenlandschaft.

Von den Dumérilschen Waranen (Varanus dumerilii) spezialisierte sich einer auf den Bau unterirdischer Gänge im Pflanzenbeet. Ein anderer übersah geflissentlich das Wasserbecken und badete mit ausgeprägtem Zeitsinn destruktiv immer dann im Springbrunnen, wenn die Schaltuhr die Wasserfontäne sprudeln lassen sollte. Wieder ein anderer fand es im Sessel am gemütlichsten, ein vergleichsweise harmloses Vergnügen. Den vierten schließlich zogen Beleuchtungskörper magisch an: stundenlang lag er flach ausgestreckt auf Leuchtstofflampen, ließ sich wärmen und verfolgte mit klugen Augen aus luftiger Warte alles Geschehen. Gab es zu fressen, sprang er in einem Satz herunter, erschreckte damit Mensch und Tier und stiftete Verwirrung.

Die Dumérilschen Warane blieben auch in der Freiheit des Wintergartens zahm, ließen sich nach wie vor anfassen und füttern, was mich immer wieder mit ihnen versöhnte.

Nicht so meine beiden Gelbwarane (Varanus flavescens), die sich bullig aufblähten, den plumpen Körper hochstemmten, fauchten und keinen Schritt wichen, näherte man sich ihnen. Tapfere kleine Kerle!

Auch die Pazifikwarane benahmen sich bald so, als seien sie wieder in der Freiheit ihres Mangrovenurwalds auf Celebes.

Als ich einen kleineren, nur einen Fuß großen Dumérilwaran erhielt und in den Wintergarten setzte, wurde der größere vollends zum Wildtier. Anfangs deutete nichts darauf hin, er beachtete den Neuankömmling überhaupt nicht. Doch am nächsten Morgen schleuderte er ihn, am Kopf gepackt, hin und her, beutelte ihn so, als sei er eine Ratte, wurde um so wilder, je mehr Blut spritzte. Fressen konnte er ihn nicht, er war für ihn viel zu groß. Warum aber tötete er? Warane verteidigen auch keine Reviere. Was war es dann? Urinstinkt zu töten? Jedenfalls war das der berühmte Tropfen, der das Faß zum Überlaufen bringt. Alle Warane kamen wieder in Terrarien.

Die Schlangenstube

Dafür machte ich den Wintergarten zur Schlangenstube. Schlangen sind ruhige Tiere!

Das waren sie auch. Ihre Wühlarbeiten hielten sich in Grenzen, und auch an hängenden Pflanzen wurde wenig Schaden angerichtet. Doch ich sah von ihnen nicht mehr viel. Ihre Findigkeit, Verstecke und Lieblingsplätzchen auszumachen, übertraf die meine bei weitem.

Aber nicht nur das.

Eines Morgens brannten die Leuchtstofflampen im Wintergarten noch. Offensichtlich hatte ich vergessen, sie abends auszuschalten, wie das halt so manchmal passiert. Doch ein paar Nächte später war der Raum wieder hell beleuchtet. Diesmal schied ein Irrtum aus, jemand mußte den Schalter umgekippt haben.

Der Verdacht fiel auf Familienmitglieder, die ihn indessen entrüstet zurück-

wiesen: seitdem die Schlangen frei seien, beträten sie den Wintergarten nicht mehr. Das leuchtete ein. Ich schloß ab und nahm den Schlüssel an mich.
Es dauerte beinahe eine Woche, bis der Wintergarten eines Morgens wieder in Licht getaucht war. Ein gespenstischer Anblick. Der Schalter war auf »an« gekippt. Ich nahm ihn auseinander. Er war in Ordnung.
Meine Familie verlangte Aufklärung, schließlich hatte ich ja auch sie verdächtigt.
Ich legte vom Schalter ein Kabel ins Schlafzimmer, nahm einen Trafo und schloß ein Läutwerk an. Es würde klingeln, schaltete jemand das Licht an.
Die erste Nacht schlief ich unruhig, doch es läutete nicht. Auch die folgenden Nächte störte nichts meinen Schlaf. Nach einer Woche begann ich zu frohlocken: Meine Idee mit dem Läutwerk hatte dem Spuk ein Ende gesetzt.
Doch nach drei weiteren Tagen trat es morgens um zwei Uhr in Aktion, und ich raste hellwach in den Wintergarten: Das Licht brannte, doch war niemand zu sehen. Nur eine große Regenbogenboa (Epicrates cenchria) schleifte ihren dicken Körper, halb hängend, halb kriechend, über die Wand von Bambusstab zu Bambusstab.
Ich knipste das Licht aus. Im Schein der Taschenlampe drückte ich den Schlangenkörper gegen den Schalter: Er kippte, das Licht ging an. Die Boa war des Rätsels Lösung.

Nur untereinander verträgliche Schlangen hatte ich in die Freiheit des Wintergartens entlassen – so meinte ich.
Gerade noch rechtzeitig kam ich hinzu, als eine schwarze Königsschlange (Lampropeltis getulus niger), kaum einen halben Meter lang, einer doppelt so großen Fischersnatter (Natrix piscator) mit zwei Körperschlingen die Luft abschnürte. Gewiß, Königsschlangen fressen andere Schlangen. »king snakes« nennt sie der Amerikaner, da sie im Schlangenreich wie Könige herrschen. Doch größere als sie selbst vermögen auch sie nicht zu verspeisen.

Futtertier Maus

Am schlimmsten benahmen sich nicht einmal die Schlangen: Es waren die eingesetzten Futtermäuse.
Die Schlangen fingen nicht alle, sei es aus mangelnder Jagdlust oder weil sie zu wählerisch waren und die eine keine weiße, die andere keine gescheckte Maus wollte. Mäuse erwiesen sich auch als noch größere Versteckkünstler denn Schlangen. So blieben Mäuse, ihrerseits größere Mineure als Schlangen, übrig. Sie fraßen den Pflanzen die Wurzeln und sogar die Blätter ab, häuften sie in unterirdischen Gängen und begannen, sich lustig zu vermehren, als sei der Wintergarten nur für sie da. Mit Mäusefallen war nichts auszurichten, da die herumstreifenden Schlangen mit ihnen eher in Kollision kamen als eine Maus.
Da mir nicht der Sinn nach einer Mäusezucht stand, gab ich meinen Traum vom Paradies der Schlangen im Wintergarten auf.
Seitdem sehe ich beinahe gern zu, wie die Schlangen im Terrarium die

Mäuse erbeuten und verschlingen, ein Gefühl, das in meinem Fall wohl verständlich, aber gewiß nicht allen Menschen eigen ist.

Eines Abends hatte ich acht Mäuse zu den hungrigen Königspythons (Python regius) gegeben und mußte dann ans Telefon. Nach mehr als einer Viertelstunde war von den Mäusen nichts mehr zu sehen. Verwunderlich! Noch nie hatten die Pythons in so kurzer Zeit so viele Mäuse verschlungen. Und immer noch durchstöberten sie hungrig das Terrarium. Kenne sich einer mit Schlangen aus!

Anderentags fand ich im Transportkäfig genau acht Mäuse zuviel.

Meine Tochter hatte sie während meines Telefonats mit der Pinzette aus dem Terrarium herausgefangen und zurückgegeben, ihr Mitleid mit den kleinen putzigen Mäuschen war stärker als ihre Furcht vor Pythons gewesen. Was sollte ich dazu sagen?

Grausamkeiten im Tierreich

So unverständlich war das Tun meiner Tochter nicht. Mäuse huschen voller Unrast durch das Terrarium, erklettern Äste, verhalten, schnuppern – possierlich anzusehende leichtfüßige Wesen. Da sitzt eine Weißschwarze nicht weit von einem Python, ihr Fell glänzt glatt, sie putzt sich zierlich, bedächtig, läßt sich Zeit. Die Schlange schiebt sich Stück um Stück näher, züngelt: Maus! Diese sitzt still, schnuppert neugierig, harrt der Dinge.

Es ist keineswegs Furcht oder ein fremder Wille, der eine Maus vor Schlangenaugen so verharren läßt. Keine Schlange vermag zu hypnotisieren. Die Maus kennt die Gefahr nicht, da sie ihr bisher in der wohlbehüteten Kinderstube noch nicht begegnet ist, und wäre sie es, würde sie aller Wahrscheinlichkeit nach nicht mehr leben.

Der Python stößt blitzschnell zu, schlägt die Zähne ins Fell der Maus, wirbelt sie durch die Luft, umringelt sie ebenso schnell, preßt sie mit zwei Körperschlingen. Die kleinen Beinchen strampeln, die Augen quellen aus dem spitzen Mäusekopf, der Brustkorb knackt zusammen, noch ein paar Zuckungen – aus.

Erst nach geraumer Zeit lockert die Schlange ihre Schlingen, tastet nach dem Kopf der Maus, öffnet weit ihren Rachen, schiebt ihre beweglichen Kiefer über die Beute und verschlingt sie kauend-quetschend, unzerstückelt mit dem Haarstrich des Felles. Ein für meine Tochter schwer erträglicher Anblick, doch ein ganz natürlicher Vorgang.

Manche Ordnungsbehörden untersagen es, bei Schlangenausstellungen das Verfüttern von Mäusen zu zeigen. Zuschauer könnten Anstoß nehmen. Und was macht das Kätzchen, seidigen Felles mit blauer Schleife, der Liebling aller, mit Mäusen? Ist es halbwegs satt, spielt es mit der Maus, läßt sie entwischen, fängt sie wieder, und erst nach einiger Zeit frißt es das zitternde, zermürbte, halbtote graue Etwas. Sehen wir ihm »Grausamkeiten« im Tierreich eher nach, weil es uns (oder doch der Mehrzahl von uns) sympathischer ist als eine »böse« Schlange?

An größere Schlangen werden auch Ratten verfüttert. Sie sind als Futtertiere wie Mäuse in Zoogeschäften oder unmittelbar beim Züchter erhältlich. Nur unterschätze man nicht die Gefräßigkeit einer Ratte, gleich ob sie ein weißes oder graues Fell trägt. Werden Ratten nicht sogleich von Schlangen erlegt, kann es sie ihrerseits auf zartes Schlangenfleisch gelüsten.
Bei mir fraß eine Ratte einer Boa constrictor, eine Maus einer schwächlichen Sandboa, Löcher in den Rücken, die allerdings binnen kurzem vernarbten. Ähnlich wie Kobras scheinen Riesenschlangen an manchen Teilen ihres Körpers kaum Schmerzen zu empfinden.
Bei *Stemmler-Morath* knabberte eine Maus sogar drei ausgewachsene Vipern an. Drei Schlangenkadaver, von einer dicken, vollgefressenen Maus geziert, blieben übrig. Woraus man ersieht: Die Begriffe Verfolger und Opfer sind relativ und können sich ins Gegenteil verkehren.

Tierquälerei durch Gefangenschaft?

Leiden unsere Tiere unter der Gefangenschaft? Ist sie Tierquälerei?
Im Sinne des Tierschutzgesetzes dann nicht, wenn die Reptilien »artgemäß« ernährt und gepflegt sowie »verhaltensgerecht« untergebracht werden. Davon war bereits die Rede.
Dennoch sind manchen Tier- und Umweltschützern Terrarien wie überhaupt gefangengehaltene Tiere ein Dorn im Auge. Warum denken sie nicht an Hühnerfarmen? Abertausende von Hühnern, ohne Federn und wie gerupft, in kleine Drahtboxen eingepfercht, können gerade noch den Kopf zum Fressen und unter Musikberieselung den Sterz zum Eierlegen bewegen. Wie ist es da um die »artgemäße« Pflege und »verhaltensgerechte« Unterbringung bestellt? In einer Tierschutzzeitschrift las ich von dem Anliegen, Hennen 390 bis 450 Quadratzentimeter Bodenfläche zuzugestehen. Welche Freude für die Hühner!
Wäre es nicht ein Anliegen des Tierschutzes, hungernde Nomaden mit Nahrung zu versorgen, damit sie in den Weiten der Sahara keine schützenswerten Dornschwänze (Uromastix acanthinurus) an abendlichen Feuern rösten müssen, oder auch die Bewohner der Amazonaswälder, damit sie des Fleisches der Großtejus und aussterbenden Riesenschlangen entbehren können? Und wie steht es mit der Schildkrötensuppe, Handtaschen aus Kroko-, Schuhen und anderen Verlockungen der Mode aus Schlangenleder? Man schätzt einen jährlichen Umsatz von zwölf Millionen Schlangenhäuten, zumeist von Riesenschlangen. Zusammengenäht würden sie fast den Äquator umspannen. Dabei nimmt sich eine Schlangenhaut bei einem lebenden Tier allemal besser aus als in noch so schöner Damenhand, zu einer Handtasche verarbeitet.
Werner und *Stemmler-Morath* erzählen von Jägern, die Riesenschlangen nicht schießen, um nicht die Haut zu durchlöchern, sie vielmehr lebend fangen, den Kopf an einen Baum nageln und dann das noch lebende Tier häuten, »während sich der blutige Rumpf der geschändeten Kreatur zu Tode zappelt.«

Sollte man nicht daran denken, wenn man Sachen aus Schlangenleder kauft, und macht das nicht nachdenklich gegenüber gewissenlosen Fängern und gewinnsüchtigen Händlern? Nur wenn keine Nachfrage mehr besteht, wird das Töten aufhören.

Geht der Ausverkauf der Natur auch in den entlegensten Gegenden unserer Erde so weiter, wird es verstärkter Anstrengungen bedürfen, immer mehr Reptilien in Gefangenschaft zu vermehren, so, wie Krokodile schon in Farmen gezüchtet werden.

Ein französischer Film, im deutschen Fernsehen gezeigt, wollte beweisen, wie Löwen und andere Tiere selbst in großen Freigehegen leiden müßten, wie miesgrämig und verdrossen sie in Gefangenschaft und wie stolz und unbekümmert sie in Freiheit seien. Auch in der Serengeti und anderen Tierschutzparks Ostafrikas sieht man unmutige, von ihrem Rudel abgesonderte, abgemagerte Löwen, gar nicht in das Bild vom König der Steppe passend, und in manchen Safariparks, wie dem bei Lazise am Gardasee, fuhr ich an wohlgenährten sich sonnenden Rudeln mit vielen Löwenkindern vorbei. Und vermehren sich nicht Großtiere und sogar Gorillas und Orang-Utans bei uns, als seien sie in ihrer Heimat, ebenso wie Reptilien verschiedenster Herkunft?

Auch die These, ein Tier in Freiheit ziehe den Kampf ums Dasein einem längeren und bequemeren Leben in Gefangenschaft vor, erscheint fragwürdig. Ist die Freiheit für die Tiere wirklich so golden? Und übertragen wir nicht Gefühle und Wertungen aus unserer Menschenwelt ins Reich der Natur. Warum sollten wir etwa einen Berberskink (Eumeces algeriensis) bemitleiden, der sich »nur« in den geheizten Sand unseres Terrariums und nicht in den Wüstensand der Sahara eingraben kann? Was fehlt ihm bei uns?

Und woher wollen bestimmte Naturschützer wissen, ob sich nicht ein Tier, könnte es einsichtig wählen, für die Gefangenschaft mit ständiger Nahrung, Hege und Pflege entschließen würde, ob nicht ein alter ausgestoßener Löwe der Serengeti einen geruhsamen Lebensabend im Zoo einem Ende im Magen der Hyänen vorzöge? Jedenfalls dürfen wir keine menschlichen Ideale, wie das der Freiheit, ins Tierreich übertragen. »Freiheit liebt das Tier der Wüste«, sagt Schiller, »Lebensraum« wäre jedoch richtiger. Ihn benötigt es, um Beute zu machen. Wird sie ihm frei Gehege oder Terrarium geliefert, sieht doch manches anders aus.

Von meinen Papageien vermag ich es genau zu sagen: Sie unternehmen gern einmal einen Ausflug in den Garten, kehren aber ebenso gern wieder in die Sicherheit ihrer Behausung zu Menschen und Futter zurück. Und von manchem anderen Vogel und sogar von Echsen und Schildkröten hört man ähnliches.

Wie Reptilien zahm werden

Von Schlangen wird man derartiges schwerlich erwarten können. Doch ein gut Teil von ihnen läßt sich wie andere Reptilien im Terrarium zähmen.

Von Tierverhaltensforschern stammt der Rat, einen ungehorsamen jungen

Hund zu schütteln oder gar zu beißen, wie es eine Wölfin mit ihren Jungen mache. Doch so weit will ich gar nicht gehen. Schlangen- und andere Reptilienmütter pflegen sich solcher Mittel nicht zu bedienen, und wer beißt schon gern eine Schlange, ist er doch froh, nicht von ihr gebissen zu werden.

Bei Reptilien ist die Ausgangssituation anders.

In Freiheit bewältigen die meisten von ihnen ihre Umwelt weniger mit Hilfe des Zentralnervensystems als vielmehr auf Grund angeborener Verhaltensweisen, »Erbkoordinationen«, wie sie Lorenz nennt. Sind diese hochspezialisiert, in vielen Einzelheiten festgelegt, so lernt das Tier nicht viel hinzu. Man darf also nicht von jeder Reptilienart ein gleich gutes Lernvermögen und eine gleich schnelle Anpassung an neue Verhältnisse erwarten.

Je spezialisierter ein Reptil, um so weniger anpassungsfähig ist es. Das sind »Problemreptilien«, wie der Aquarianer Problemfische kennt. Erfolge sind nur möglich, werden die ganz speziellen Anforderungen erfüllt.

Eine verwöhnte Echse des tropischen Regenwaldes lebt im Terrarium eben nur zwischen Blattgrün bei hoher Luftfeuchtigkeit weiter. Und eine Eierschlange (Dasypeltis) läßt sich nicht zum Fressen von Mäusen verleiten.

Je allgemeiner die Lebensbedingungen eines Reptils, um so leichter ist gewöhnlich seine Pflege.

Wird ein Wildtier zum Terrarientier, stellt dies an seine Anpassungs- und Lernfähigkeit besonders hohe Ansprüche. War sein Verhalten in der Natur weitgehend situationsbedingt, ist das im Terrarium nicht viel anders. Auch hier reagiert es vornehmlich auf Reize, oft von physiologischer Art: Es frißt, flüchtet, verteidigt sich, pflanzt sich fort. Es muß sich jedoch umorientieren. Statt um sein Dasein zu kämpfen, hat es sich auf den Menschen, den Pfleger, als neuen Umweltfaktor einzustellen und sich damit abzufinden.

Dies läßt sich nicht im Sinne eines komplizierten Denkvorganges verstehen, etwa: Der Mensch gibt mir zu fressen, er meint es gut mit mir, folglich vertraue ich ihm und schließe mich ihm an.

Man hat es vielmehr und vornehmlich mit den Trieben und Instinkten eines Reptils zu tun.

Es sieht anfangs im Menschen einen Feind und reagiert mit Flucht. Auch das ist im »erblichen Reisegepäck« eines jeden Tieres vorgegeben. Nur in ganz abgelegenen Gegenden, wie etwa auf der jugoslawischen Insel Krk, sonnen sich Eidechsen bei der ersten Begegnung mit einem Menschen zu seinen Füßen. Chamäleons sind von Natur aus träge und behäbig, sie behalten einen im Auge und lassen uns ganz nahe herankommen, ehe sie zu fliehen versuchen. Bei einigen anderen hingegen, wie etwa den Hardunen (Agama stellio) nordafrikanischer Sand- und Felseinöden, bleibt der Fluchttrieb auch nach langer Gefangenschaft vorherrschend und läßt sie weiterhin zu kopfloser Flucht neigen.

Bei der Eingewöhnung sollte man behutsam vorgehen und der Verhaltensstruktur eines Reptils entgegenkommen, ihm also Verstecke anbieten, etwa

einer Echse aus Gebieten üppiger Vegetation einen belaubten Ast ins Terrarium stellen.
Mit der Zeit, bei den einen schneller, bei den anderen langsamer, gewöhnen sich die Fänge ein, gewöhnen sich an Mensch und Terrarium, passen sich an und verlieren ihre Scheu. Es ist dies nicht viel anders als bei Löwen und anderen Großkatzen, bei denen der Dompteur anfangs die Fluchtdistanz einhalten und sie später Schritt für Schritt abbauen muß. Die Peitsche können wir bei Reptilien allerdings nicht brauchen.
Der Hungertrieb erleichtert uns vieles. Um die normalen physiologischen Vorgänge anzuregen, sind etwas höhere Temperaturen besser als zu niedrige. Lockt der Trieb zur Nahrungsaufnahme ein Reptil aus seinem Versteck, ist es gut zu wissen, wann es in der Natur fraß, ob tagsüber, ob in der Dämmerung oder nachts, und diese Futterzeiten einzuhalten.
Mag sich anfangs, ist ein Reptil satt, wieder der Fluchttrieb regen und sind bei manchen angeborene Verhaltensweisen nicht zu überspielen, viele Reptilien werden dennoch zahm: So ein Waran, der sofort zur Scheibe kommt und um Futter und Ausgang bettelt, die Strumpfbandnatter (Thamnophis), die sich Fischstücke aus den Fingern holt; schwarze Erd- und glänzend schimmernde Indigonattern (Elaphe obsoleta obsoleta und Drymarchon corais couperi), die tote Mäuse aus der Hand des Pflegers nehmen und nicht wie in der Freiheit Amerikas beim Anblick eines Menschen entsetzt davonschießen; oder die leuchtend grünen Taggeckos Madagaskars (Phelsuma madagascariensis), die bald nur noch von Menschenhand gefüttert werden wollen und sich danach mit rosafarbener Zunge das Maul lecken.
Kaum akzeptieren werden vergleichende Verhaltensforscher meinen Hinweis auf das Neugierverhalten mancher Reptilien, schreibt doch Lorenz ganz allgemein: »Das Neugierverhalten aller Tiere ist nur an eine kurze Entwicklungsphase in der Jugend des Tieres gebunden.«
Bei mir kommen auch ausgewachsene Strumpfbandnattern, Erdnattern, Taggeckos und Saumfinger, von Blauzungenskinken, Waranen und Schildkröten ganz zu schweigen, neugierig herbei, sobald sich etwas rührt. Und gerade diese Neugierde läßt sie schnell zahm werden, ganz gleich wie alt sie sind.
Reptilien, die erst einmal zahm sind, bleiben es, wenigstens dann, wenn man sich weiter mit ihnen abgibt und sie im Terrarium läßt. Wird eine Wasserschildkröte, die täglich bettelnd herbeigeschwommen ist und ihren Bissen bekam, in den Teich eines Freilandterrariums entlassen, genügt ein Tag, um sie wieder in ein scheues Wildtier zu verwandeln, das flüchtet und sich versteckt, sobald sich jemand nähert.

Freund »Bulli«

Rätsel gab mir ein Kapwaran (Varanus exanthematicus albigularis) auf.
Ein Freund hatte ihn mir aus Südwestafrika mitgebracht, und ich benötigte viel Geduld, um ihm das Ungestüme seines Wesens, das er mit Steppenwaranen zu teilen scheint, abzugewöhnen: Sah er mich, stürmte er bullig nach

Freßbarem zur Scheibe und unterschied vor lauter Gier durchaus nicht zwischen Futter und Hand. Ich ließ sein starkes Gebiß hinreichend oft mit dem Porzellan eines Tellers Bekanntschaft machen, und er lernte, seine Freßgier auf Freßbares zu bezähmen. Zahm geworden, erhielt er den Namen »Bulli«, ließ sich an seinem kurzen Hals gern kraulen, war auch sonst zugänglich und gewann meine Zuneigung.

Nach fünfwöchiger Abwesenheit begrüßte ich meine Tiere und auch Bulli. Er raste auf mich zu – aus Freude übers Wiedersehen, meinte ich – und biß herzhaft in meinen Zeigefinger, schüttelte ihn, ließ sogleich wieder los. Der Finger blutete stark. Doch nicht nur die Wunde, noch mehr schmerzte der »Vertrauensbruch«. Vielleicht hatte er hungern müssen? Er bekam von mir ausgiebig zu fressen.

Warane sind intelligente Tiere mit gutem Gedächtnis, und so schnell konnte ein Kapwaran nicht alles verlernt haben. Er benahm sich überhaupt so eigenartig; und sah er nicht anders aus?

Es war gar nicht Bulli. Meine Familie hatte ihn durch einen gleich großen ersetzt, ich würde es schon nicht merken, und daß Bulli zahm war, wußten sie nicht.

Freund Bulli war eines Tages bei der Fütterung mit einem Sprung aus dem Terrarium und mit langen Sätzen aus dem Wintergarten entwichen. In der Wohnung traf er auf unseren Cockerspaniel, blähte sich hochbeinig auf und hieb nach Waranenart mit dem Schwanz in Richtung seines vermeintlichen Feindes, ganz so, als sei er wieder in der Steppe Südwestafrikas. Unser Hund ist gewiß nicht der tapferste und erst recht nicht Neuem gegenüber. Sei es, weil er mit dem Rücken zur Wand stand oder sich, derart angegriffen, auf seine Einstufung als Jagdhund besann, er bellte wütend und fletschte die Zähne. Ein Schwanzhieb des Warans traf ihn auf die Schnauze, ließ ihn vor Schmerz aufjaulen und zubeißen. Er zerfetzte Bulli, ehe ihn jemand zurückreißen konnte.

Den neuen Kapwaran zu zähmen, war mir die Lust vergangen.

Tierschutzgesetze

Wie kommt der Terrarianer zu seinen Tieren?

Am freudigsten wird er eigene Nachzucht begrüßen, ist sie doch ein Zeichen guter Pflege und strapaziert nicht den Geldbeutel. Nur Reptilien, die sich in Gefangenschaft wohl fühlen, vermehren sich.

Schlangen und Echsen in der Natur selbst zu fangen, ist nicht jedem gegeben. Ebensowenig, sie aus fernen Ländern durch Sicherheitskontrollen mitzubringen, sorgsam verborgen vor den argwöhnischen Augen des Flugpersonals und ängstlicher Mitreisender.

So bleibt als Regelfall der Gang zum Händler oder die Bestellung bei einem Großhändler.

Sonst ist der Weg zum Reptil, wie könnte es auch anders sein, mit Gesetzen und Verordnungen nicht gerade geebnet.

Das älteste uns bekannte Tierschutzgesetz hat vor fast viertausend Jahren der sechste König der ersten Dynastie Babylons erlassen. Es ist Bestandteil der ältesten uns überlieferten Gesetzessammlung, des »Codex Hammurabi«. Eingemeißelt in Platten aus grünlichem Diorit, wird es im Louvre zu Paris aufbewahrt. Es verbietet »Tiere über Gebühr arbeiten zu lassen«. Nun, in eine solche Gefahr geraten wir bei Reptilien schwerlich.

Schon ein paar Jahrhunderte vor Christi Geburt gaben die »Ädilischen Edikte« Tieren im Römischen Reich denselben Rechtsstatus wie den Sklaven und Kindern. Mag dieser auch noch »rückschrittlich« gewesen sein, Tiere waren Menschen gleichgestellt.

Demgegenüber mögen die Tierschutzgesetze des unsrigen fortschrittgläubigen Zeitalters manchem geradezu als antiquiert erscheinen.

Landesrechtlich sind bei uns das Fangen und das Töten der einheimischen Reptilien verboten, also der Sumpfschildkröte (Emys orbicularis), aller Eidechsen und aller Schlangen, in Bayern mit Ausnahme der Kreuzotter.

Doch sie schützt das Bundestierschutzgesetz auch in Bayerns Wäldern, Mooren und Fluren. Niemand darf, unter Androhung von Freiheits- oder Geldstrafe, ein Wirbeltier »ohne vernünftigen Grund« erheblich quälen oder gar totschlagen. Das Wirbeltier Kreuzotter muß einen Menschen nach den Grundsätzen einer neueren Entscheidung des Bayerischen Obersten Landesgerichts (4 St 151/73) schon arg bedrohen, ehe man es töten darf. Aber wann tut eine Kreuzotter so etwas, ist sie doch ihrerseits froh, wird sie in Ruhe gelassen.

Reptilien, die unmittelbar oder durch »Handel« oder »Inverkehrbringen« von Ausrottung bedroht sind, schützt das Washingtoner Artenschutzabkommen, dem die Bundesrepublik Deutschland – etwa im Gegensatz zu Österreich – als eifrigster Musterschüler der Nationen umgehend beigetreten ist. 1975 hat sie das Artenschutzgesetz erlassen.

Die auf der Erde bedrohten Reptilienarten sind in einem Anhang aufgezählt und nach der Dringlichkeit ihres Schutzes geordnet. Zollbeamte wurden in Sonderlehrgängen geschult, hoffentlich mit Erfolg. Sie sollen schließlich recht diffizile herpetologische Unterscheidungen treffen, die selbst Leuten vom Fach nicht immer leichtfallen: so unter den drei Formen der indischen Dachschildkröte genau die »Kachuga tecta tecta« erkennen oder unter der Vielzahl äußerst variabler, stets etwas anders gefärbter Strumpfbandnattern des Raumes von Kolumbien bis Kalifornien exakt die »Thamnophis elegans hammondi«. Denn nur diese Unterarten sind geschützt.

Ein Händler und Reptilienliebhaber erzählte mir, Tiersendungen aus Amerika seien erst beim Zoll stehengeblieben und dann zurückgeschickt worden, weil ihnen keine Genehmigung beilag. Als sie wieder beim Absender in Amerika eintrafen, waren die meisten Tiere tot. So werden manche Reptilien zu »zollverwalteten« Tieren.

Schon angesichts des schwungvollen, oft skrupellosen Handels mit Reptilienhäuten ist das Washingtoner Abkommen zu begrüßen. Doch sieht man

die Tierlisten der Importeure und die Bestände der Händler durch, scheint es die Reichhaltigkeit des Reptilienangebotes eher zu steigern – ganz abgesehen von den gestiegenen Preisen. Der Liebhaber sieht es mit einem weinenden Auge (wegen der höheren Preise) und einem lachenden (er bekommt viel mehr Tiere als früher), und wer wollte ihm dies letztlich verdenken, zumindest bei den Reptilien, die er selbst vermehren und wo er zur Arterhaltung oft mehr beitragen kann als die feindliche Umwelt des Heimatlandes.
Früher fingen Eingeborene im Amazonasgebiet Anakondas und andere Riesenschlangen für den Händler zum Export. Für den Erlös erwarben sie Lebensmittel. Jetzt, da der Handel unterbunden wird, töten sie die Schlangen und essen sie auf, womit den Eingeborenen, aber wenig den Schlangen geholfen ist. Gesetz und Praxis gehen wie so oft auseinander.

Reptilienhandel

Der Gang zum Reptiliengeschäft hat etwas Prickelndes. Ist etwas Neues eingetroffen? Wie geht es dem Waran, den man nicht selbst erwerben konnte? Kam er in gute Hände?
Man sieht Gleichgesinnte, Freunde und Bekannte, tauscht Neuigkeiten und Erfahrungen aus: Wissen Sie, ob Ceylon bei Reptilien schärfer kontrolliert? Was halten Sie von der Abhandlung soundso in der *Salamandra*? Diese Fachzeitschrift, gelesen in der ganzen Welt, gibt die »Deutsche Gesellschaft für Herpetologie und Terrarienkunde e.V.« heraus. Ihr gehören die meisten Reptilienliebhaber an.
Kauft man Zierfische, achtet man auf ihre Farben und wie sie schwimmen. Keine Flosse darf klemmen. Vögeln befühlt man das Brustbein, pustet hinten Federn auseinander, die beim After dürfen nicht »kleben«. Und bei Reptilien? Sie sollen nicht abgemagert und frei von äußerlich erkennbaren Parasiten, Milben, Zecken und Schäden sein. Je temperamentvoller sie sind, flüchten, sich wehren, je mehr eine Schlange züngelt, um so besser. Ruhiger und gesittet können sie im eigenen Terrarium werden.
Bereits eingewöhnte Tiere sind besonders begehrt. Der Vermerk »von Privat« ist oft nicht wörtlich zu nehmen, besonders nicht bei nach dem Washingtoner Abkommen geschützten Reptilien. Soll sich der Händler selbst eines Gesetzesverstoßes bezichtigen?
Doch oftmals ist der Händler selbst Liebhaber und berät gern. Ob er dabei immer objektiv sein kann, geht es um Geld und Geschäft, ist höchst fraglich. Man zieht beim Kauf gern einen erfahrenen Liebhaber bei.

Giftschlangen per Post

»Wilde Tiere per Post! Für 100 Mark kam der Tod ins Haus!« war dick gedruckt in einer Sonntagszeitung zu lesen. Die Redaktion hatte vorher bei zwölf Versandhäusern angerufen. Das Ergebnis war nur für den Nichteingeweihten verblüffend: Jeder, auch ein Kind, kann sich Giftschlangen schicken lassen, per Post oder per Bahn, lediglich der Aufschrift »Lebende Tiere« bedarf es. Voreinsendung von Geld oder per »Nachnahme« erwünscht!
Das Halten von Giftschlangen ist vom zuständigen Ordnungsamt zu geneh-

migen. Ob aber eine Genehmigung vorliegt, ob der Besteller überhaupt die notwendige Erfahrung im Umgang mit Kobras, Klapperschlangen, Mambas und anderen Giftschlangen und geeignete Terrarien hat, das kümmert den Versender nicht.

Wird so ein Päckchen lädiert oder aus einem anderen Grunde geöffnet, räkelt sich vor den erstaunten Augen eines Post- oder Bahnbeamten eine giftige Schlange aus dem dunklen Verlies eines Stoffbeutels und züngelt verheißungsvoll in die Freiheit. Oder flinke Echsen begrüßen mit gekonnten Sprüngen das Licht des Tages oder der Lampen und entwickeln recht eigenartige Vorstellungen von Amtsstuben und Akten. Zu Akten werden auch Bisse von Giftschlangen und vermögen Generationen von Rechtsanwälten zu beschäftigen, so kompliziert kann sich die Straf-, Zivil- und Verwaltungsrechtslage ausnehmen. Einerseits gibt es zu viele Vorschriften und andererseits zu wenige.

Doch bietet diese »Liberalisierung« auch Vorteile, für den Liebhaber – und natürlich erst recht für den Händler.

In einer Zeit ständiger Preissteigerungen sind Reptilien für viele erschwinglicher geworden. Für eine Abgottschlange (Boa constrictor) mußte ein Facharbeiter 1934 über sechs Tage arbeiten. Heute genügen zumeist eineinhalb Tage. Damals, vor 45 Jahren, kostete eine Boa, 70 Zentimeter lang, 35.— RM, heute etwa 140.— DM, das ist nicht einmal das Fünffache. Schlangen sind »in«.

Schlangen sind heute »in«!

Nach dem Zweiten Weltkrieg, als ich mein Hobby wieder aufnahm, waren sie dies durchaus nicht, und welch argwöhnisch-scheelen Blicken begegneten damals Schlangenliebhaber!

Ein gleichgesinnter väterlicher Freund stand mir zur Seite. Mit Verachtung tranken wir seinen schwarz gebrannten Alkohol oder was er dafür hielt, besser in seiner altertümlichen Lötlampe denn zum Trinken geeignet, und teilten Leid und Freud eines Terrarianers.

Ihm verdanke ich auch, neben mancher Natter, zu Zeiten, als diese noch nicht »gesellschaftsfähig« waren, einen Wahlspruch. Er hatte ihn, was ich aber damals noch nicht wußte, von Weltzel, und dieser wiederum von Hroswit von Gandersheim:

»Memet ipsam tamen juvat quod feci«
Und wenn es niemandem gefallen sollte.

Achtes Kapitel

Mit Schlangen auf du und du

Die Schlange in der Kulturgeschichte

Eines Sonntagmorgens traf ich einen alten Bekannten, einen Lehrer für Deutsch und Erdkunde. Er kam vom Gottesdienst, ich vom Frühschoppen. Nach den üblichen Fragen über Wohlergehen und Familie stellte er die erwarteten: Haben Sie Ihre Schlangen noch? Halten Sie Giftschlangen? Sind Sie schon gebissen worden? Das war teils zu bejahen, teils zu verneinen.
Wohlbekannte Äußerungen folgten: Wie man sich nur mit so unsympathischen Tieren abgeben könne, verrufen und gefährlich wie keine anderen, Tiere des Bösen! »I feel creepy«, sagte er (ab und zu scheint er auch Englisch zu geben), darauf anspielend, daß für den Engländer »kriechend« gleichbedeutend mit gruselig ist.
Ich erwartete, er würde auch die Bibel bemühen, etwa mit »Feindschaft will ich stiften zwischen dir und der Frau, zwischen deinem Samen und ihrem Samen, er wird dir den Kopf zertreten, und du wirst nach seiner Ferse schnappen«.
Aber er unterließ es, Religion war offensichtlich nicht sein Unterrichtsfach. Was hätte ich ihm antworten können: Der Menschheit Verhältnis zu den Schlangen sei von jeher zwiespältig gewesen. Von den einen verleumdet, von anderen heiliggesprochen, Sinnbild der Weisheit und ärztlicher Kunst und ebenso des Zornes und der Sünde, von Tücke und Verrat, umwittert vom mystischen Dunkel uralter Sagen und Religionen, ihr Bild getrübt vom Aberglauben so vieler Völker zum Guten und zum Schlechten, Gott und Glücksbringerin den einen, Botin der Finsternis und Gestalt Beelzebubs anderen.
Und in Wirklichkeit seien Schlangen Geschöpfe Gottes wie alle anderen Tiere auch. »Ich befinde mich in guter Gesellschaft«, sagte ich nur. Schon im Altertum habe man Schlangen in Schlangenfarmen gehalten, wie etwa in Pella in Makedonien, was der vielgereiste griechische Schriftsteller Lukianos versichert. Die Schlange sei das Tier Shakespeares und, um ein Kreuz geringelt, des Humanisten Melanchton Wappentier gewesen. Für Herder habe sie,

zu einem Kreis geschlossen, Symbol von Licht, Liebe und Leben bedeutet, wie sein Schlangenring mit eben diesen Worten und auch sein Grabstein in Weimar bekundeten. Dieses Symboles hätten sich Freimaurer wie fromme Herrenhuter gleichermaßen bedient. Und habe nicht Goethe gedeutet, die zum Kreis geschlossene Schlange sei das Gleichnis einer glücklichen Zeitlichkeit, nicht mehr könne sich der Mensch wünschen, »als das Ende an den Anfang anschließen zu dürfen«. Das Schild mittelalterlicher Apotheken zeige sogar zwei in sich verschlungene Vipern.
Diese Ausführungen beeindruckten meinen Bekannten wenig, und ich versuchte es, geschult an *Weltzel,* mit Schriftstellern und Poeten, die sich mit Schlangen »abgaben«:
Flaubert in »Lehrjahre des Herzens«, Jean Paul im »Siebenkäs«, Hermann Hesse in »Morgenlandfahrt«, Paul Ernst in »Der schmale Weg zum Glück«, Knut Hamsun im »Letzten Kapitel«, Paludan in »Vögel ums Feuer«, E. T. A. Hoffmann in »Der goldene Topf«, Hermann Löns in »Dahinten in der Heide«, Hans Carossa in »Eine Kindheit« und »Verwandlungen einer Jugend« und nicht zuletzt Max Dauthendey in seinen »Raubmenschen«.
Ich erinnerte an die Jungen auf Schlangenfang in Cesare Paveses »Der Name«, an Waldemar Bonsels' »Indienfahrt« und André Gides »Afrikanische Reise«, an Gottfried Benns Schlangengedicht und an das von Eugen Roth »An eine tote Schlange«, an Bernard Shaw, der die Bühne um Schlangen bereicherte, und an Casanova, der trotz seiner Liebesabenteuer Zeit fand, so liebenswürdig über Schlangen zu schreiben. Ich gedachte der Vision Baudelaires von der tanzenden Schlange mit Augen aus Juwelen. Kiplings Dschungelbücher ließ ich wohlweislich weg, Schlangen schneiden bei ihm nicht besonders gut ab. Und auch Freud mit seiner Psychoanalyse wagte ich nicht in den Mund zu nehmen, leuchtet mir doch selbst nicht ein, was Schlangen mit Sexualität zu tun haben, außer, daß sich Eva von einer verführen ließ und sich ohne Feigenblatt nachher vor Adam schämte.
Das sei alles sehr ungeordnet, erwiderte mein Bekannter, eine Bemerkung, die stimmte und ihm als Lehrer für Deutsch wohl auch zustand.
Als er etwas von Geschmacksverirrungen vorbrachte, wobei offenblieb, ob er sie auf die Dichter oder mich bezog, fielen mir zwei römische Schriftsteller ein: Aelius Lampridius, der dem Kaiser Heliogabal die Angewohnheit zuschreibt, er habe viele Schlangen sammeln und bei öffentlichen Spielen unter das Volk schütten lassen, um sich an dem Entsetzen geängstigter, gebissener oder im Gedränge umkommender Menschen zu erfreuen. Diese Art von »panem et circenses« behielt ich lieber für mich. Auf Suetonius hingegen konnte ich mich berufen, bekundet er doch höchst glaubwürdig, Kaiser Tiberius habe eine seiner vielen Schlangen besonders geliebt und diese eine hätte ihr Futter nur aus seiner kaiserlichen Hand genommen.
Das machte mich bei dem Lehrer für Deutsch und Erdkunde keineswegs glaubwürdiger. Mir blieb nichts weiter übrig, als ihn zu mir einzuladen, um

ihm das zu zeigen, was er, sogar dem Bericht eines römischen Schriftstellers mißtrauend, bei Kaiser Tiberius nicht wahrhaben wollte.
Sollte er doch selbst den »Gifthauch der Schlangen« spüren, wie er sich auszudrücken beliebte. Und mit eigenen Augen ihre »diabolische Pracht« des Bösen sehen, aus der gleichsam »urzeugend« wieder und wieder Böses entstehe.

Zahme Wasserschlangen

Ich sitze mit dem Bekannten vor dem Terrarium mit Wasserschlangen, einem abwechslungsreichen Bild voll Leben. Die Terrasollampe brennt und schickt Strahlen des Lichts und der Wärme auf schuppige Schlangenleiber, macht sie lebendig wie die Sonne.
Eine Ringelnatter (Natrix natrix) reißt ihr Maul auf und zeigt einen weißlichen Schlund. Graziös gleitet eine Würfelnatter (Natrix tesselata) ins Wasser, zerteilt es lautlos mit großen Windungen. Die Strumpfbandnattern (Thamnophis) Nordamerikas schätzen Wärme besonders und sonnen sich nahe der Lampe im Geäst. Eine heimische, graublaue Ringelnatter lauert auf einem Ast über dem Wasser, ob sich unter ihr etwas bewege, ihre Zunge spielt.
Behutsam, um das Leben und Treiben nicht zu stören, gebe ich einen Futterfisch ins Wasser, einen kleinen Weißling. Er schwimmt umher und in die Nähe der Ringelnatter, die ihn erspäht. Von oben stößt sie jäh ins Wasser, schlägt bei weit aufgerissenem Maul ihre Kiefer in den Fischrücken und hält mit scharfen Zähnen unerbittlich den Zappelnden. Sie verliert das Gleichgewicht, taucht ins Wasser, läßt die Beute nicht los, ein paar mühelose Windungen, und sie schiebt sich, den Fisch quer im Maul, an Land, drückt ihn gegen ein Moospolster, ermattet ihn und verschlingt ihn kopfvoran, ehe andere Nattern ihr ihn streitig machen können. Deren Freßlust ist erwacht, sie haben Witterung von Fisch.
Nun wird es Zeit für mich. Meine Frau hat eine Forelle, tiefgekühlt bei uns immer vorrätig, zu kleinen Streifen geschnitten. Einen nehme ich, öffne die Glasschiebetüren des Terrariums und halte ihn zwischen Daumen und Zeigefinger hinein.
Mein Bekannter hat bisher interessiert zugesehen, tritt unwillkürlich einen Schritt zurück. Wie ein Pfeil schießt eine gertenschlanke Strumpfbandnatter aus dem Geäst, züngelt mit zweigeteilter roter Zunge nach Finger und Fisch, richtet ihren Oberkörper grazil gebogen auf und nimmt sich gierig, aber vorsichtig das Stückchen und zieht so lange, bis ich loslasse. Andere Strumpfbandnattern kommen und betteln um Fisch, den sie sich ebenso aus der Hand holen, und schließlich, abwägender und nicht so unbekümmert stürmisch, lassen sich auch Ringel- und Würfelnattern füttern.
Mein Besucher sieht es erstaunt und verblüfft: Nicht einmal sein Kanari sei so zahm.
Noch ist Fischfleisch zu vergeben. Immer wieder kommt eine Schlange zur Hand, holt sich etwas und schleppt es fort, um ungestört von anderen zu fressen.

Vipernnatter und Kreuzotter

Eine Vipernnatter (Natrix maura) nähert sich. Gedrungenen Körperbaus, den Kopf deutlich vom Hals abgesetzt und eine schwärzliche Zickzacklinie auf dem Rücken, sieht sie einer Kreuzotter nicht unähnlich. Und mein Bekannter hält sie dafür und will mich zurückreißen. Zu spät! Die Schlange hat das Fischstückchen genommen, ohne meine Finger zu berühren, und verschwindet mampfend.

Sein Irrtum ist verzeihlich. Er ist keinem Geringeren als Duméril unterlaufen, dem großen Schlangenforscher des 19. Jahrhunderts und Verfasser eines bedeutenden Schlangenbuches. Einer der liebenswürdigsten Warane trägt seinen Namen. Nur, sein Irrtum war folgenreicher: Er fand eine Kreuzotter, meinte, eine Vipernnatter vor sich zu haben, hob sie auf, wurde gebissen und schwebte mehrere Tage in Lebensgefahr. Selbst sein geübtes Forscherauge ließ sich täuschen.

Wir treten zum Terrarium mit Kreuzottern (Vipera berus) und sehen: Ihr Kopf ist etwas eckiger und kantiger und oberseits mit fünf größeren und vielen kleinen Schildern bedeckt. Bei der ungiftigen Vipernnatter sind es neun größere, kleinere fehlen. Ihre Augen haben runde Pupillen, die der Kreuzotter stehen senkrecht. Die Giftschlange wirkt noch gedrungener, ihr Schwanz ist kürzer und das Zickzackband deutlich ausgeprägt. Das muß aber nicht sein, es gibt auch zeichnungslose, rostfarbene, rotbraune, braunschwarze und sogar tiefschwarze Mutationen, vom Volksmund »Höllenottern« genannt.

Warum sie Kreuzotter heiße, will mein Bekannter wissen, denn ihrer Zickzackzeichnung fehlt die Ähnlichkeit mit einem Kreuz.

Leichter läßt sich das Wort »Otter« erklären, eine ostmitteldeutsche Form für Natter, sprachverwandt dem englischen »adder« und dem Wort »Atter«, das man noch in Bayern hört.

Und warum »Kreuz«? Vielleicht weil die Zickzacklinie über den Rücken, über das Kreuz läuft. Doch die Bezeichnung »Kreuzotter« ist sehr alt. Im Mittelalter machten fromme Leute, die ihre Bibel noch kannten, »drei Kreuze«, sobald sie eine Otter sahen, um den »Bösen« abzuwehren. Wahrscheinlich daher der Name.

Schlangen zum Verlieben

So fand mein Besucher wenigstens etwas von seiner ursprünglichen Meinung über Schlangen bestätigt. Als Ausgleich gab ich ihm ein paar Zeilen von Hans Carossa, den er sehr schätzt (aus »Verwandlungen einer Jugend«), zu lesen:

Eine schwarze, blau schimmernde Natter mit gelbgeflecktem Köpfchen verließ eben die Schwelle und schlängelte sich ohne Eile im Garten davon.

»Fürchte dich nicht! Freue dich!« rief das junge lichthaarige Weib. »Glück bedeutet es, daß du ihr begegnet bist. Sie hat in der Küche die Milch aus ihrem Holznapf getrunken und schleicht nun ihrer Wege. Morgen zur nämlichen Stunde kommt sie wieder.«

»Läßt man sie ruhig aus und ein gehen? Schlägt niemand sie tot?«

»Solange sie uns heimsucht, geht alles gut in Stadel und Stall. Wenn sie aus-

Ausgesprochene Charaktertiere sind die nordamerikanischen Königsschlangen (Lampropeltis), die selbst Klapperschlangen angreifen und fressen. Die meisten werden in Menschenhand bald zahm. Die Floridakettennatter (Lampropeltis getulus floridiana) bleibt jedoch aggressiv und zeigt in Angriffstellung ihre schönen Bauchschilder.
Photo: Prof. Dr. K. Zimniok

Auf der vorhergehenden Seite:
An Schönheit nimmt es kaum eine andere Schlange mit dem Grünen Baumpython (Chondropython viridis) auf. Er frißt eine Ratte, die er vorher in der Körperschlinge binnen weniger Sekunden erwürgt hat.
Photo: A. Kubetz

Der Grüne Baumpython liegt tagelang über einem Urwaldast und wartet auf Beute.
Photo: A. Kubetz

Eine Ratte verschwindet in dem zähnestarrenden Gebiß eines Weißlippenpythons (Liasis fuscus albertisii).
Photo: A. Kubetz

Die herrliche Spitzkopfnatter (Elaphe oxycephala) Südostasiens gewöhnt sich bei uns nur schwer ein. Das hier gezeigte Tier kam ganz jung ins Terrarium und ist im Laufe der Jahre auf eineinhalb Meter Länge herangewachsen.
Photo: Prof. Dr. K. Zimniok

Der Königspython (Python regius) aus dem tropischen Westafrika wird kaum länger als eineinhalb Meter und ist ein allseits beliebter und begehrter Pflegling.
Photo: Prof. Dr. K. Zimniok

In der »Schlangengrube« schlängeln sich nordamerikanische Strumpfbandnattern (Thamnophis) und Vipernattern aus Spanien (Natrix maura) einträchtig durcheinander.
Photo: Prof. Dr. K. Zimniok

Erst vor wenigen Stunden im Terrarium geboren, freuen sich die Babys der Siegelringnatter (Natrix sipedon) ihres Lebens und beglücken ihren Pfleger.
Photo: A. Kubetz

Manche Schlangen holen sich ihr Futter (Fischfleisch, Mäuse, Ratten oder tote Küken) aus der Hand des Menschen. Hier ist erstmals festgehalten, wie zutraulich Strumpfbandnattern (Thamnophis sirtalis) bei einfühlender Pflege werden.
Photo: Prof. Dr. K. Zimniok

Die Afrikaner halten die harmlose Hausschlange (Boaedon lineatus) wegen ihrer langen Zähne für giftig. Ungeniert versucht eine, durch den Handschuh zu beißen, was ihr indessen nicht gelingt.
Photo: Prof. Dr. K. Zimniok

Zu den rätselhaftesten Naturerscheinungen des Mimikry gehören die Schlangen mit einem prachtvollen Korallenkleid. Die schwach oder gar nicht giftigen unechten Korallenschlangen sollen die stark giftigen echten (Micrurus fulvius) »nachgeahmt« haben. *Photo: Reptilienhaus Uhldingen*

Der schwachgiftigen (opistoglyphen) nicht minder prachtvoll gefärbten unechten Korallenschlange (Erythrolamprus aesculapii) fehlt dieses Unterscheidungsmerkmal. *Photo: Reptilienhaus Uhldingen*

Ungefährlich ist diese unechte Korallenschlange (Lystrophis dorbignyi), die sich durch eine besondere Nasenform zum Graben in Erde kennzeichnet.
Photo: E. Köster

Zum Verwechseln ähnlich sieht diese unechte völlig ungiftige Korallenschlange (Lampropeltis doliata triangulum) aus. Sie ist ein Schmuckstück im Terrarium und leicht zu halten.
Photo: A. Kubetz

Wasserschlange
sind
graziös-elegante
Schwimmer.
Diese harmlose
Vipernnatter
(Natrix maura)
wurde beim
Fischfang
überrascht und
sieht erstaunt au
ehe sie unter
Wasser flüchtet.
*Photo: Prof. Dr.
Zimniok*

Der brasilianisch
Hühnerfresser
(Spilotes bullatus
bläst in Erregung
oder vor einem
Angriff, wie hier
auf den
Photographen,
seinen Hals
senkrecht auf.
*Photo: Prof. Dr.
Zimniok*

bleibt, fürchten wir böse Zeit. Aber sie ist klug und kennt aller Schlüpfe. Wenn sie sich verfolgt glaubt, lischt sie hin wie ein Flämmchen im Gras, und in der Donau schwimmt sie wie ein Fisch.«

Nachdenklich und beeindruckt vom Gesehenen und Gelesenen verabschiedete sich der Lehrer für Deutsch und Erdkunde, versprach wiederzukommen und fügte hinzu: »Aber mich in Schlangen verlieben, das könnte ich nicht!«

Doch, man kann! Und solche Schlangen zum Verlieben möchte ich vorstellen, auch für die, die noch nicht mit Schlangen auf du und du sind.

Vielleicht findet ein Leser die eine oder andere interessant, vielleicht sogar sympathisch und ertappt sich sogar bei dem Gedanken, ob sie als Hausgenossin auch für ihn etwas sei.

Lassen wir es darauf ankommen! Es bieten sich mehrere Möglichkeiten, erste Erfahrungen zu sammeln: mit Wasserschlangen, mit Riesenschlangen oder Kletter- und Bodennattern Europas und Nordamerikas.

Die Ringelnatter

Die meisten Schlangenfreunde begannen mit einer Ringelnatter (Natrix natrix), der vertrauten Schlange unserer Heimat, die in vielen Rassen und Färbungen in ganz Europa, Nordafrika und Westasien zu Hause ist: in Rußland, östlich des Dnjepr bis zum Kaspischen Meer, eine Form mit orange bis roten Mondflecken hinter dem Kopf (Natrix natrix scutata) und von den Gestaden dieses Meeres bis zu den südlichen Balkanländern die Streifenringelnatter (Natrix natrix persaa). Die Ringelnatter Siziliens (Natrix natrix sicula) entbehrt gelber Mondflecken und erfreut sich dafür einer leuchtend gelbroten Schnauzenspitze. Die spanische Vertreterin (Natrix natrix astreptophora) fühlt sich auch im heißen Nordwesten Afrikas wohl und die Barrenringelnatter (Natrix natrix helvetica), von der noch die Rede sein wird, nicht nur in der Schweiz, sondern auch in Großbritannien, vom Rhein bis zu den Pyrenäen, in den Alpenländern und von Norditalien bis Istrien. Die Insel Elba steht mit einer eigenen Form nicht zurück, die in ihrer Rückenzeichnung der giftigen Aspisviper (Vipera aspis aspis) gleicht, mit der sie auch die Vorliebe für Kastanienwälder teilt. Die kleinste, kaum zwei Fuß lange, mit großen schwarzen Flecken auf silbergrauem Grund besonders hübsche (Natrix natrix schweizeri), bewohnt die Kykladen der südlichen Ägäis.

Natter der Sagen und Märchen

Die Ringelnatter ist die Schlange alter Sagen und Wundermären und mit ihren gelben Halbmonden am Hinterkopf das Schlänglein mit der goldenen Krone, eine Glücksbringerin.

Wem käme nicht Ludwig Bechsteins Märchen vom Natternkrönlein in den Sinn, begegnet ihm eine Ringelnatter:

Eine treue Magd ernährt eine gegen den Willen des hartherzigen Bauern mit kuhwarmer Milch und wird dafür mit einem stattlichen Gemahl belohnt. Die Natter wohnt fortan im Kuhstall des jungvermählten Paares, trinkt ihre Milch und bringt Glück und Frieden in Hof und Haus. Mit dem geizigen Bauern jedoch, der dem »Teufelswurm« Natter nicht einmal Milch gönnte, geht es ständig bergab.

Im Natternkrönlein prangt ein Edelstein. Schwer zu erringen, verheißt er seinem Besitzer Gesundheit, Reichtum und ständiges Glück. Siedelstein wird er genannt, siedelt sich doch bei ihm alles Glück dieser Erde an. Er ist der Sigestein der germanischen Mythe, zauberkräftig und siegverleihend, vererblich und übertragbar.

Ringelnattern in der Natur

Begegnet man Ringelnattern in der Natur, etwa im Schilf am Rande eines Teiches, bewundert man die Eleganz, mit der sie sich schlängeln und schwimmen, hocherhobenen Kopfes das Wasser zerteilen, mit weit ausladenden Windungen es nur leicht wellen. An Land gleiten sie durch Wurzelgeflecht, zwischen Schilfstengeln und über Moos und schmiegen sich dem Boden an. Ab und zu verhält eine, wittert mit gespaltener Zunge, hebt das perlgraue Köpfchen mit den Halbmondflecken und späht.

Wäre der Frosch sitzen geblieben – die starren Augen der Natter mit begrenztem Gesichtsfeld hätten ihn nicht ausgemacht. Sein Quaken kann sie nicht hören, aber Bewegungen nimmt sie gut wahr. Doch der Frosch ist kein Schlangenkenner, springt ins Wasser, und die Natter schießt hinter ihm her, packt und zerrt ihn, er kann zappeln und schreien, soviel er will, sie läßt nicht mehr los und würgt ihn, ihre Lieblingsspeise, in sich hinein.

Gegenüber dem, was Menschen Fröschen antun, sie sammeln, um sie den Feinschmeckern zuliebe ihrer Schenkel zu entledigen, nehmen sich die lukullischen Genüsse der Schlange recht bescheiden aus. An die drei Millionen Inder leben vom Froschfang. Im Jahre 1977 exportierte allein Indien für vierzig Millionen Mark Froschschenkel nach Europa und Amerika.

Fängt man eine Ringelnatter, züngelt und zischt sie, plattet den Oberkörper ab, windet sich in der Hand, aber nur ganz selten beißt eine. Man muß sie weit von sich halten, sie entleert aus der Analdrüse ein widerlich riechendes Sekret. Das ist ihre Verteidigung.

Doch im Terrarium läßt sie auch dieses bald sein, beschäftigt man sich mit ihr, und wird ein gutmütiges Haustier, das Futter aus der Hand des Menschen nimmt.

An eine tote Schlange

Wie bedauerlich: Immer noch werden Ringelnattern und andere Schlangen von unwissenden Menschen erschlagen. Eugen Roth dichtet in »Mond und Tage«:

»Da liegst Du nun, den schlanken Leib zerbrochen,
Der leicht und wiegend aus dem Busch gekrochen,
Seltsam Geschöpf Du, lautlos und allein.
Aus Dir heraus, in Dich hineingeringelt,
Glittest Du hin, und um das Haupt Dir züngelt,
Geheimnis uralt nach Moos und Stein.«

Schlangen, die sich totstellen

Noch ein anderes Geheimnis umgibt die Ringelnatter:
Es war in einer Großstadt des Rheinlandes. Ich hatte dort dienstlich zu tun

und wohnte für ein paar Tage bei einem befreundeten Schlangenliebhaber in einem der Villenvororte.
Eines Abends kommen wir aus der Stadt zurück und sehen, ein paar Häuser von seinem entfernt, eine Menschenansammlung. Im Vorgarten, nur getrennt durch einen Jägerzaun, erregt eine zusammengeringelte Schlange Aufmerksamkeit. Zwei weißliche Mondflecken am Hinterkopf und schwarze barrenähnliche Flecken längs der Rumpfseiten weisen sie als eine Barrenringelnatter (Natrix natrix helvetica) aus. Auch wenn sie noch im Rheinland heimisch ist, wie kam sie in die menschliche Ansiedlung?
Mein Freund ist blaß geworden und nickt mir zu: Es ist eine, die ihm entkommen ist. Da heißt es, sich still zu verhalten. Wer beunruhigt als Schlangenhalter seine Nachbarn mehr, als sie selbst sich schon beunruhigt fühlen? Später erzählte er mir vom Defekt im Drahtgeflecht des Freilandterrariums in seinem Garten, den eine Katze verursacht hatte. Nachbarrechtliche Bestimmungen und fremdes Eigentum mißachtend, wie man es von Katzen gewohnt ist, entließ sie, wenn auch ungewollt, die meisten seiner Ringel-, Würfel- und Vipernnattern in die Freiheit vorörtlicher Villengärten. Seitdem lebt er in ständiger Angst vor Komplikationen solcher Art.
Ein Funkstreifenwagen hält. Ein Nachbar hat bei der Polizei angerufen. Polizisten bahnen sich einen Weg, betrachten das »Corpus delicti« und rätseln mit Umstehenden, wie gefährlich das Reptil sei und was man mit ihm machen solle. Man erwartet nahezu, sie zögen ihre Dienstpistolen und entsicherten sie vorsichtshalber. Die Feuerwehr muß her, sie ist zuständig!
Es dauert einige Zeit, bis die Feuerwehr kommt und die Diskussion von neuem beginnt. Die Schlange erzwingt eine Entscheidung, sie schaut, soviel Menschen nicht gewohnt, erhobenen Kopfes umher. Ein beherzter Feuerwehrmann mit dicken Handschuhen steigt über den niedrigen Zaun und nähert sich der Schlange, die zu flüchten versucht. Er hebt sie auf, sie zischt und überschüttet ihn mit ihrem übelriechendem Sekret – und eine so große Ringelnatter hat einiges davon auf Vorrat. Man merkt es an seinem Fluchen und dem Gestank nach Knoblauch und Mäusemist, den er verbreitet. Die Schlange soll zur »Identifizierung« in den Zoologischen Garten. Recht so, warum soll es Reptilien besser ergehen als Menschen.
Doch lohnt es sich überhaupt noch? Drückte der Feuerwehrmann sie gefühllos mit seinem ledernen Handschuh tot? Die Schlange hat sich zu einem Knäuel zusammengerollt, mit dem Kopf nach innen. Er tastet es ab, und ein Zittern durchläuft das Geringel, es fällt auseinander, der Schlangenkörper erschlafft, man sieht, wie lang er ist, wie Kopf und Schwanz je nach einer Seite lappig herunterhängen, das Maul geöffnet, die Zunge herausgestreckt.
Was soll's mit diesem toten Tier. Der Feuerwehrmann wirft es in den Garten zurück. Jemand aus der Menge sagt etwas über Tierquälerei, was andere erstaunt: Es ist doch eine Schlange!
Man zerstreut sich. Die Feuerwehr fährt ab. Der Eigentümer des Gartens

will das tote Tier in die Mülltonne werfen, doch er findet es zu seinem Erstaunen nicht mehr vor. Eigenartig! Man wird es im Protokoll vermerken müssen. Die Ringelnatter ist wieder ganz schön lebendig geworden und hat sich aus dem Staub gemacht. Wir wünschen ihr viel Glück! Möge sie bald einen kleinen Teich oder, wenn sie einen Swimming-pool für einen solchen hält, einen verständnisvollen Menschen finden, der sie bei sich aufnimmt oder in die Freiheit der Rheinniederungen bringt.

Schmunzelnd gehen wir davon. Für uns ist dieses Sich-tot-Stellen, »Mimese« nennen es die Wissenschaftler, nichts Neues. Als eine Schutzeinrichtung der Natur sichert es der Schlange Überlebenschancen. Sie ist durchaus nicht betäubt, sondern flüchtet binnen weniger Augenblicke, sobald sie sich außer Gefahr weiß, selbst wenn sie vorher lange Zeit totgespielt hat.

Selbst die Ringhalskobra verläßt sich, wie schon erwähnt, manchmal nicht auf ihr höchstwirksames Gift und ihre Fähigkeit, es in anderer Leute Augen zu sprühen, sie versucht es mit Mimese, und das zumeist mit Erfolg.

Doch alle übertrifft die nordamerikanische Hakennatter (Heterodon). Unvergeßlich bleibt mir eine Begegnung während meines ersten Amerikaaufenthalts im Jahre 1950.

Im Flußtal des Delaware, westlich von New York, wo die Bundesstaaten New Jersey und Pennsylvania aneinandergrenzen, fanden wir eine Hakennatter (Heterodon platyrhinos), die sich vor einem großen geschieferten Stein sonnte. Fast drei Fuß lang lag sie mit schweinsrüsselartig aufgebogener Schnauze vor uns, die »hog nosed snake«.

Eine »blow snake«, rief mein amerikanischer Begleiter, und bald zeigte sich, wie recht er hatte. Sie konnte nicht flüchten, also machte sie sich kampfbereit, plattete den Kopf, blähte ihren Hals gleich einer Kobra zur doppelten Breite auf, stieß laut wie ein Blasebalg Luft aus und schnellte mehrmals auf uns zu, biß jedoch nicht. Zwischen ihren gedehnten Schuppen leuchtete es grün, und mit dem Braun ihrer Grundfärbung sah sie wie gesprenkelt aus.

Sie gebärdete sich ganz wie eine bösartige Giftschlange. Doch wir ließen uns nicht täuschen. Krampfartige Zuckungen durchliefen plötzlich ihren Körper, der sich drehte und wendete, bis der Rücken auf der Erde und der gelbliche Bauch mit leichtem rötlichen Schimmer oben war. Wie ein erschlafftes Fragezeichen lag sie vor uns. Sie spielte tot.

Ich hob sie auf und legte sie mit dem Bauch auf die Erde in die einer Schlange gemäße Lage. Flugs drehte sie sich wieder auf den Rücken, als müsse sie ihren vorgetäuschten Tod beweisen.

Wir entfernten uns ein Stück. Die »Schauspielerin« hob zuerst ihren Kopf, prüfend, ob die Gefahr vorbei war, erwachte dann vollends zu Leben, kippte sich auf den Bauch und schlängelte sich davon. Wir holten sie schnell ein, und das Spiel begann von neuem.

So stimmt also abermals, was in der Bibel (Genesis 3, 1) steht: »Die Schlange aber war listiger als alle anderen Tiere des Feldes.«

Doch dies hat mit Intelligenz nichts zu tun. Es ist eine angeborene Verhaltensweise, eine Schutzeinrichtung ihres »erblichen Reisegepäcks«, wenn sie als letzten Ausweg in eine Art Starrkrampf fällt und ihren Tod vortäuscht. Zahme Ringelnattern sind im Terrarium gleichermaßen liebenswerte Pfleglinge wie dankbare Beobachtungsobjekte.

Die Häutung

Etwa alle zwei Monate wird das Schlangenauge trübe, dann bläulich-blind. Das Schlangenkleid verliert seinen Glanz. Die Schlange liegt unlustig herum, frißt nicht mehr, und selbst wasserscheue Tiere suchen das Wasser auf: Die Zeit der Häutung ist gekommen.

Bei Säugetieren und dem Menschen erneuert sich die Haut laufend, reiben sich ständig Partikelchen der abgestorbenen Hornschicht ab und wachsen tiefer gelegene Zellen nach. Schlangen und auch Echsen kennen keine derartige ständige Erneuerung. Sie streifen in nach Familie und Art verschieden langen Zeiträumen periodisch die Oberschicht ihrer Haut ab, sie häuten sich. Es ist keine Krankheit, aber man sieht es den Schlangen an, wie sehr sie der hormonell gesteuerte Vorgang belastet. Hellt sich das Auge wieder etwas auf, kriecht die Schlange unruhig umher, reibt den Kopf an Ästen, zwängt sich durch Astgabeln oder Baumwurzeln, zwischen Pflanzenstengel oder Steine, und schließlich ist ihr großer Augenblick gekommen: sie streift und stülpt sich aus ihrer alten Haut. Übrig bleibt das »Natternhemd«, eine halbdurchsichtige Hautschicht, ihr vollendetes Ebenbild.

Am Natternhemd erkennt man die Schlange als »Schuppentier«, die Anordnung und Form ihrer Schuppen, Schienen und Schilder, ihre beiden uhrglasartigen Augenkapseln, man vermag mit oder ohne Lupe zu zählen und zu sehen wie ein Herpetologe, wo ein lebendes Tier nicht stillhält, und kann sich überzeugen: Schlangenhaut ist keineswegs feucht, schleimig oder glitschig, wie viele meinen, und das selbst bei Wasserschlangen nicht, dafür jedoch gespickt mit Sinnesorganen, mit Tastflecken auf den Kopfschildern, bei Bodenwühlern auch am Schwanzende.

Nach der Häutung fühlt sich die Schlange wie neugeboren. Ihre Farben sind schöner denn je, ihre Haut glänzt und schillert. Hungrig durchstreift sie das Terrarium und frißt begierig, um Versäumtes nachzuholen.

Der Mensch freut sich mit ihr, als wäre sie ihm und sich selbst neu geschenkt.

Vom Liebesleben der Schlangen

Ringelnattern lieben sich nicht so stürmisch wie viele andere Geschöpfe dieser Erde. Selten begehren zwei Männchen ein und dasselbe Weibchen, und nach ritualisierten Kämpfen untereinander, wie den Ottern und Klapperschlangen, steht ihnen nicht der Sinn.

Schlangen halten auch nicht viel von monogamer Ehe. Ausgerechnet Kreuzottern machen hierin eine Ausnahme: In einem Freilandterrarium vermählten sich über viele Jahre hinweg immer wieder dieselben Partner, und Weibchen, man staune, verstießen ihren Ehemann, war er einer anderen zu nahe getreten. So ist in der Fachliteratur zu lesen.

Keine meiner Ringelnattern war je so wählerisch. Begegnen sich zwei verschiedenen Geschlechts, aus dem Winterschlaf erwacht und liebesbedürftig, und »gefallen« einander, beginnt ihr Liebesspiel: Die Schlangenleiber winden und pressen sich aneinander, der Schwanz des Männchens ringelt sich oft um den des Weibchens, bis Hinterteil auf Hinterteil, Kloake auf Kloake liegt und sie sich vereinen. Ihre Körper beben, und ein rhythmisches Zucken durchläuft sie, oft für längere Zeit, ehe sie sich trennen und einander wieder fremd sind. Das Begattungsorgan des Schlangenmännchens in der Schwanzwurzel unmittelbar hinter dem Kloakenspalt ist paarig ausgebildet, aber nur der Hemipenis wird in die weibliche Geschlechtsöffnung eingeführt, der dem Weibchen zunächst liegt. Der Hemipenis hat an seiner Innenseite eine Rinne für den Samenfluß. Bei seiner Erektion stülpt er sich aus wie der Finger eines Handschuhes, das Innere kommt nach außen, der Samen fließt und befruchtet die weiblichen Eier. Das braucht nicht unmittelbar beim Liebesakt zu geschehen. Sperma kann sich für einige Zeit im Körper des Weibchens lebensfähig erhalten. In meinem Terrarium legte ein Weibchen einer Barrenringelnatter, das über eineinhalb Jahre ohne Männchen war, befruchtete Eier. Nach Literaturangaben wartete eine Indigonatter (Drymarchon corais couperi) damit viereinhalb Jahre, und den Rekord hält mit sechs Jahren eine Katzenaugennatter (Leptodeira annulata). Ob dabei Sperma oder befruchtete Eier so lange im Schlangenkörper überdauerten, wage ich nicht zu beurteilen. Auch die Herpetologen sind sich darin nicht einig.

Schlangenkörper sind glatt, und Glieder, mit denen sich die meisten anderen Tiere aneinander festhalten, fehlen. Deshalb verankert sich der Hemipenis des Schlangenmännchens im weiblichen Geschlechtsteil, bei den einen durch Falten oder spitze Vorwölbungen, bei anderen mittels Dornen oder sogar Stacheln. Diese unterschiedliche Ausbildung des Hemipenis ermöglicht Aussagen über Verwandtschaftsgrade der Schlangen. Die Natur hat den weiblichen Geschlechtsteil einer Art zumeist so genau dem Hemipenis des Männchens derselben Art angepaßt, so daß nur sie geschlechtlich miteinander verkehren können, was Bastardisierungen ausschließt und die Arten rein erhält.

Stört man Schlangenpärchen bei Hochzeitsfreuden, können sie sich wegen der Verklammerung ihrer Geschlechtsteile nicht ohne weiteres voneinander trennen und streben als Knäuel in verschiedene Richtungen, meist zieht das stärkere Weibchen das Männchen mit sich fort. Man meint, eine Schlange mit zwei Köpfen vor sich zu haben, und nicht nur Schlangenbabys, sondern auch Schlangenmärchen nehmen so ihren Anfang.

Echte doppelköpfige Schlangen können nicht in der Natur, wohl aber im Terrarium bestehen. Ein Kopf versucht dem anderen Nahrung zu entreißen, obgleich doch alles in ein und denselben Magen kommt.

Vom Ei zur jungen Schlange

Zumeist im Juli legt das Ringelnatterweibchen seine weißen, pergamentschalig-weichen Eier, zehn bis fünfundzwanzig an der Zahl, manchmal auch

mehr. Es sucht sich dafür einen feuchtwarmen Ort in faulendem Laub, in einem Komposthaufen, in Vermoderndem oder auch einfach im Moos, schiebt hin und wieder ein paar Hälmchen oder Moospflänzchen über das Gelege und verläßt sich darauf, daß Feuchte und Wärme ein Weiteres tun.
Im Terrarium sollte man ihren Optimismus besser nicht teilen, hier hat die Schlangenmutter keine so große Auswahl an geeigneten Plätzen, ihre Eier unterzubringen. Man hilft lieber etwas nach.
Es muß nicht gleich ein hochtechnisierter Brutapparat mit Thermostat und Hygrostat sein, auch ein poröser Blumentopf leistet gute Dienste. Ihn fülle man zu zwei Drittel mit feuchtem Torf, lege darauf die Eier, die sich auch dann nicht berühren dürfen, wenn sie sich durch Wasseraufnahme vergrößern. Die Eier bedecke man mit einer ebenso feuchten Torfschicht, spanne einen Perlonstrumpf über den Blumentopf und stelle das Ganze in ein Terrarium mit gleichmäßiger Wärme bei etwa 25 Grad oder etwas mehr. Für gleichmäßige Feuchtigkeit in diesem »natürlichen Brutapparat« sorgen Wassertropfen, die man durch das Strumpfgewebe träufelt.
Und eines Tages, etwa nach zwei Monaten oder etwas länger, wird die kleine Mühe belohnt: Spannenlange Schlänglein schneiden sich mit ihrem Eizahn ans Licht der Welt, stecken ihre Köpfchen neugierig heraus, verharren derart stundenlang erschöpft von der anstrengenden ersten Arbeit ihres jungen Lebens, raffen sich dann plötzlich auf und gleiten aus dem Ei, zerreißen die Nabelschnur und wuseln im Blumentopf und nicht, dem Perlonstrumpf sei es gedankt, im Terrarium, wo sie jede noch so kleine Öffnung, einen noch so winzigen Spalt finden und entkommen.
So beginnt die Aufzucht am besten in einem Plastikterrarium, damit die kleinen Schlänglein dereinst wieder zu Müttern und Vätern werden.
In der Natur sind sich die Jungen selbst überlassen, zehren von ihrem Nahrungsvorrat, nehmen irgendwo, und sei es im Tau des Morgens, ein erstes Bad, häuten sich und gehen als Miniaturschlangen auf Jagd. Finden sie nichts, was tut's, sie überwintern dem Frühling entgegen, der ihnen zum Beispiel neue Kaulquappen bringt.

Trinken Schlangen Milch?

In Freiheit finden trächtige Ringelnattern oft Gefallen an feuchtwarmen Kompost- und Strohhaufen und den Kuhställen der Bauern. Zertrampelt eine Kuh oder erschlägt ein Landwirt eine werdende Mutter, quillt aus ihrem Leib ein milchiger Saft, der Inhalt der weichschaligen Eier. Und welcher Ökonom ließe es sich ausreden, daß die Schlange nicht aus dem Euter einer Kuh getrunken habe? »Cravorciza«, Kuhmelkerin, wird in einigen Gegenden Dalmatiens die Vierstreifennatter genannt. Und der Nordamerikaner bezeichnet eine ganze Gattung buntgefärbter Nattern (Lampropeltis doliata u. a.) als »milk snakes«. Er wird von Brasilianern übertroffen, die den prächtigen Hühnerfresser (Spilotes pullatus) verdächtigen, schlafende Frauen zu besuchen, um an ihren Brüsten zu saugen.
Sie alle befinden sich in guter Gesellschaft mit keinem Geringeren als dem

römischen Schriftsteller Plinius, der einer Schlange den Namen »boa« gab, da sie sich von »bos«, Milch, ernähre.
Dabei mag keine Schlange Milch, und viele verdursten lieber, als daß sie Milch trinken. Doch nichts hat so viel Überzeugungskraft und dauert durch die Jahrhunderte – wie Aberglauben.

Überwinterung In Gefangenschaft müssen Ringelnattern und andere Schlangen gemäßigter Klimate nicht unbedingt in einem luftdurchlässigen Kistchen mit Moos im kalten Keller überwintern. Das kann Ausfälle geben. Nach meiner Erfahrung genügt ein Ruhestadium im Terrarium bei herabgesetzten Temperaturen: der Stoffwechsel ist reduziert, die Tiere sind träge, fressen weniger und ruhen sich aus. Manche Pfleger unterlassen selbst dies ohne erkennbaren Schaden für ihre Pfleglinge.
Wer züchten will, dem sei der naturgemäße Winterschlaf empfohlen. Erwachen die Schlangen im Frühjahr, müssen sie vor der Nahrungsaufnahme als erstes ein lauwarmes Bad nehmen. Nur durch Wasseraufnahme werden die Schleimhäute des Verdauungstraktes wieder funktionstüchtig. Sonst fault die Nahrung im Darm, und die Schlange stirbt eines kläglichen Todes, nachdem wir sie durch den Winter gebracht glaubten.
In der Natur suchen sich die Ringelnattern selbst ihr Winterquartier, Komposthaufen, aber auch alte Baumstubben, wo sie, in Mulm eingegraben, vor Feinden sicher und vor Kälte geschützt sind. Und da es in weitem Umkreis zumeist nicht viele solcher idealer Überwinterungsplätze gibt, finden sich oft viele Nattern ein, nicht der Geselligkeit wegen – Schlangen sind ungesellige Geschöpfe –, sondern weil sie ihr sicherer Instinkt dahin treibt.
Aus ihrem Verhalten läßt sich auf einen strengen oder milden Winter schließen, ebenso wie die instinktsicheren und erschütterungsempfindlichen Schlangen als erste ein erdbebengefährdetes Gebiet verlassen und sich so als bessere Seismographen erweisen als die ein Beben nachträglich registrierenden Institute.
In Nordamerika sind es Strumpfbandnattern (Thamnophis), aber auch Klapperschlangen, die oft zu Hunderten ein Winterquartier beziehen. Finden Menschen solche Schlangenansammlungen, sprechen sie von »Schlangennestern«. Und bleiben die Schlangen im Frühjahr noch etwas beisammen und benützen die günstige Gelegenheit, sich zu paaren, sind es »Schlangenbälle«, zu denen Nattern von weit her eilen.
Von der Phantasie beflügelt, entstehen so des Volkes Märchen.
Vielleicht auch das vom »Schlangenei« wundertätiger Heilkraft (das Isolde dem todkranken Tristan gab, auf daß der Zauber wirke). Von neunzehn Schlangen war es auf wundersame Weise gezeugt worden. Ineinander verknotet und verknäuelt lagen sie im schwarzen Sumpf von Estrangolia, als des greisen Magiers Merlin Zauber das Knäuel zuckender, geifernder, zischender Schlangenleiber traf, kurz bevor er starb: Unter schrecklichen Zukkungen, wüsten Verrenkungen und Gegeifer gebar es das Schlangenei.

Die Würfelnatter

Die Würfelnatter (Natrix tesselata) sieht der Ringelnatter ähnlich, ist jedoch schlanker, und mit langem, schmalem Kopf und höher liegenden Nasenlöchern und Augen ist sie dem Wasser noch mehr zugetan. In Deutschland lebt sie nur noch stellenweise an der Mosel und an der Nahe, am Rhein von Koblenz bis Bingen, an der Mündung der Lahn und an der Elbe bei Meißen.

Schon Brehm bescheinigt ihr eine »so ausgeprägte Neugier, daß sie trotz ihrer außerordentlichen Gewandtheit leicht gefangen werden kann«. Im Terrarium wird sie sehr zahm und kommt züngelnd auf die Hand gekrochen.

Warum Schlangen züngeln

Was hat es auf sich mit dem Züngeln der Schlange?

Ihre gespaltene Zunge ist gewiß kein Giftstachel, wie manche annehmen, und sie wollen damit keinem Menschen etwas Böses.

Vor 2300 Jahren hatte Aristoteles darüber eine besondere Meinung: Ihre Zunge sei zweigeteilt, »damit die leckerhafte Schlange die Freuden des Schmauses doppelt genieße«, und zumal bei Wein »kenne sie weder Maß noch Ziel«. Dies enthält nur ein Körnchen Wahrheit. Erst um die dreißiger Jahre unseres Jahrhunderts kamen ein englischer Forscher (Noble) und deutsche Wissenschaftler hinter das Geheimnis der Schlangenzunge.

Meine zahmen Würfelnattern sollen bestätigen, was sie fanden.

Ihre Nasenlöcher habe ich mit Oropax verklebt und so funktionsunfähig gemacht. Eine der beiden Schlangen steht vor der Häutung, ihre Augen sind trübblau, und sie kann nichts sehen.

Ich lege zwei Stückchen Fischfleisch ins Terrarium. Beide Nattern züngeln, werden unruhig und haben nach kurzer Zeit das Fischfleisch gefunden. Nur die eine frißt, nicht die sich häutende. So präpariere ich eine dritte Würfelnatter und verklebe ihr auch die Augen. Sie findet ein Fischstückchen und frißt es, obgleich sie weder etwas riecht noch sieht. Es kann also weder die Nase noch das Auge sein, das sie zum Futter führt.

Auf ein Stück Fisch, das ich außen an die Scheibe halte, reagiert nur die Sehende, kommt herbei, züngelt, wendet sich jedoch sofort wieder ab. Als nächstes werfe ich Streifen von Herzfleisch zu den Nattern, sie kümmern sich nicht darum. Wassernattern mögen kein Fleisch von Säugetieren. Das Herzfleisch über Fisch gestrichen, damit es Fischgeruch annimmt, sofort züngeln zwei Würfelnattern heran und fressen.

Es ist der Fischgeruch, den die Schlangen mit flackernd gespaltener Zunge aufnehmen und der sie leitet.

Ein letzter Versuch bestätigt es: Ich werfe das restliche Fischfleisch ins Wasser des Terrariums. Mit Ausnahme der unlustigen, da sich häutenden Natter, stürzen sich alle anderen hinein, fahren wild und ziellos umher, verfehlen manchmal ein Stückchen um weniger als einen Zentimeter und erst, wenn sie direkt darauf stoßen, schnappen sie zu. Das ganze Wasser hat Fischgeruch angenommen, und mit Züngeln können sie ein einzelnes Stückchen Fisch nicht mehr finden.

Das alles deckt sich mit vielfachen Beobachtungen:
Ringelnattern jagen im völlig abgedunkelten Terrarium allein mit ihrem Geruchssinn die ihnen zusagende Beute. Die selbst für einen Lurchenkenner »nicht ganz leichte Unterscheidung des Grasfrosches vom Springfrosch gelingt ihnen immer mit unfehlbarer Sicherheit«, wußte schon Brehm. Sogar erblindete Wasserschlangen fangen sich im Terrarium, stets züngelnd, ihre Beutetiere, wenn auch etwas langsamer als sehende. Liebesbedürftige Schlangenmännchen erkennen ein Weibchen auch mit zugeklebten Augen und Nasenlöchern, versagen jedoch, fehlt ihnen die Zungenspitze. Dann nehmen sie auch keine Nahrung mehr auf und gehen ein, wie eine meiner Vipernnattern, die sich züngelnd an einer Glühlampe verbrannte.
Wie arbeitet dieses so wichtige Sinnesorgan Zunge? Schlangen besitzen im Gaumendach zwei Grübchen, mit Sinneszellen versehene kleine Hohlräume, die von der Mundhöhle her zugänglich sind. Das weiß man schon lange und spricht vom Jacobsonschen Organ, das auch bei anderen Reptilien und sogar manchem Säuger mehr oder minder gut ausgebildet ist.
Das Zusammenspiel zwischen Schlangenzunge und Jacobsonschem Organ zeigt ein Versuch: Züngelt die Schlange gegen eine Rußplatte, finden sich in den beiden Grübchen Rußpartikelchen. Ebenso werden Geruchsstoffe von der Schlange und auch anderen Reptilien mit der Zunge aufgenommen und dem Jacobsonschen Organ zugeführt, dessen Sinneszellen sie »riechen« und dem Gehirn »melden«.
Somit wird deutlich, weshalb Schlangen und andere Reptilien züngeln: Ihre Zunge vermittelt ihnen die Eindrücke der Außenwelt. Ein weiter Weg war es von Aristoteles' »Leckerhaftigkeit« der Schlangen, dem Aberglauben des Mittelalters bis zur wertfreien naturwissenschaftlichen Erkenntnis unserer Zeit.

Eine »falsche« Kreuzotter

Begehrenswerte Pfleglinge sind Vipernnattern (Natrix maura). Mit Menschen noch nicht vertraut, rollen sich die meisten zu einem Teller zusammen, flachen den Oberkörper ab, kehlen den Bauch ein, ziehen den Kopf zum flachen Dreieck, zischen bösartig und schnellen vor. Keine Angst! Sie beißen nicht zu und sind völlig harmlos. Trägt man schon eine Zickzackzeichnung auf dem Rücken, warum soll man sich nicht wie eine Viper gebärden, auch wenn man keine ist? Vielleicht läßt sich doch jemand täuschen!
Einer Vipernnatter, die meinem Freund in der besagten Großstadt des Rheinlandes aus dem Freilandterrarium entkommen war, gelang das vollendet.
Ein dreijähriges Kind einer Nachbarfamilie hatte sie gefunden. Kinder dieses Alters fürchten sich nicht vor Schlangen und spielen mit ihnen. Die Mutter kam hinzu, wurde bleich, begann zu schimpfen und zu gestikulieren und irritierte die Vipernnatter so, daß diese ihrerseits die beschriebene aggressive Haltung einnahm. »Eine Kreuzotter!« schrie die Mutter schockiert, »sie hat

mein Kind gebissen!« Das kleine Mädchen, sich keiner Verfehlung bewußt, fing nun seinerseits zu weinen an. Das wiederum bestärkte die Mutter in ihrer irrtümlichen Annahme, und sie telefonierte nach der Funkstreife. Der Beamte, vielleicht eingedenk des unnützen Aufwandes in derselben Straße vor ein paar Tagen wegen einer toten und dann nicht mehr auffindbaren Schlange, erkundigte sich ob die »Kreuzotter« noch da sei. Als die Mutter das verneinte, empfahl er, das Kind ins Krankenhaus zu bringen.

Das geschah auch. Der für Toxikologie zuständige Arzt bemühte sich vergebens zu erfahren, wo die Kreuzotter das Kind gebissen hätte. Die Mutter wußte es nicht, das Kind erst recht nicht und weinte. Der Arzt, bisher noch nie mit einem Kreuzotternbiß konfrontiert, folgerte nicht zu Unrecht, es müsse eine Einbißstelle zu sehen sein, fand aber keine.

Das Mädchen war nun völlig verstört, der Arzt unsicher. Er konsultierte ein Fachbuch (in einem Nebenraum natürlich) und zog einen Kollegen hinzu. Sollte er für alle Fälle eine Calciuminjektion machen? Nirgendwo am Körper zeigte sich eine Schwellung oder Verfärbung. Inzwischen hatte ein Bote eine Ampulle »Schlangengift-Serum – Behringwerke – vom Pferd, Europa« aus einem anderen Krankenhaus gebracht. In der Gebrauchsanleitung las der Arzt von einer relativ großen Serumdosis bei Kindern und Tieren und von der Möglichkeit einer Überempfindlichkeit gegen Pferdeserum. So wartete er ab und prüfte laufend Puls und Blutdruck, deren Werte normal blieben. Die kleine Patientin klagte über keinerlei Beschwerden. Man beobachtete noch an die zwei Stunden und schickte dann Mutter und Kind um eine Erfahrung reicher nach Hause.

Die Mutter verstand die Welt, die Ärzte und schließlich sich selbst nicht mehr: Eine Kreuzotter beißt ihr Kind, die Ärzte finden und tun nichts, nicht einmal eine Spritze war es ihnen wert, und dennoch wird das Kind gesund!

Das alles sprach sich schnell herum. Am Abend, als mein Freund von der Arbeit kam, sah er Familienväter die Gärten absuchen, wie sonst Kinder nach Ostereiern, tat desgleichen, dachte sich das Seine – und schwieg.

Die Fischernatter

Aus Südostasien kommt eine Verwandte unserer Wassernattern in unsere Terrarien, die schön schwarz gefleckte Fischersnatter (Natrix piscator), die »Diwad« oder »Paniwala« der Inder.

Eingedenk ihrer warmen Heimat, braucht sie ein gut geheiztes Terrarium und ist an keinem Winterschlaf interessiert. Elegant fängt sie im Wasser Fische und Frösche und nach längerer Gefangenschaft an Land auch Mäuse, die sie gar nicht nach Wasserschlangenart umringelt, auf diese Weise tötet und dann verspeist.

Die Fischersnatter verhält sich anfangs ähnlich der Vipernnatter, plattet Hals und Vorderkörper und zischt. Doch sie blufft nicht, sie beißt. Das ist schmerzhaft, aber ganz ungefährlich, sie besitzt keine Giftzähne und zählt zu den glattzähnigen Schlangen (Aglyphen). Gleichwohl wird ihr eine Giftwirkung auf gebissene, aber nicht gefressene Frösche nachgesagt. Dann müßten

Absonderungen von gifterzeugenden Drüsenabschnitten im Oberkiefer vorhanden sein. Bei meinen Fischersnattern konnte ich niemals eine Giftwirkung auf Beutetiere beobachten.
In Gefangenschaft wird diese Natter langsam gesitteter und weiß bald zu unterscheiden, ob man es bös oder gut meint, ganz so wie in ihrer Heimat, wovon *Mell* berichtet:
Im Westen von Canton, wo man Fischzucht treibe und sie als angebliche Fischräuberin verfolge, flüchte sie sofort beim Anblick eines Menschen; in den Reisfeldern im Osten von Canton, wo sich niemand um sie kümmere, könne man ihr bis auf eine Fingerspanne nahe kommen, sie sogar mit einem Stock berühren, sie kröche allenfalls ein paar Zentimeter weiter.
Das war nach dem Ersten Weltkrieg, und ob dies allgemein gültig ist, vermag ich nicht zu beurteilen, da ich weder dort noch anderswo Reis pflanzte. Aber im Terrarium fand ich die für eine Natter immerhin erstaunliche Fähigkeit bestätigt, Erfahrungen zu speichern und auszuwerten.
Mit dieser gelehrigen Schlange hatte ich in ihren Heimatgebieten keine besonderen eigenen Erlebnisse, und erst recht habe ich, anders als *Mell,* keinen (jetzt rot-)chinesischen Gastgeber aufzuweisen und gebe deshalb seine Schilderung (zitiert nach *Gerlach*) wieder:
»Man ist von einem chinesischen Freunde in dessen Fa yün eingeladen und sitzt genießend vorm Gartenteiche, da steht plötzlich wie durch Zauberei ein blankes, schlankes Köpfchen anderthalb Meter vor uns unbewegt über dem Wasser und schielt zu uns empor. Man blinzelt einmal, kneift die Augen ein: Hat's eine Krone? Dann weiß man, was man zu tun hat, schielt nach dem bekannten mutgeschwellten Rechte des Stärkeren um sich, natürlich nach einem Knüppel, dreht auf der Suche nach ihm ein wenig den Kopf – hüit ist der schlanke, kleine Spuk verschwunden, und eine trübe Wolke schwebt durchs Wasser, wo er gestanden. Man springt auf, sticht mit dem erlangten Symbol seines Mannesmuts im Wasser herum und fühlt sich seinem Gastgeber gegenüber teils gehoben durch den bewiesenen Mut zum Wollen, teils halb unbefriedigt über dessen nicht gelungene Auswirkung im Mord an der von Eva her Gefürchteten und Gehaßten.«
Rührt sich da nicht halb unterbewußt Ehrfurcht vor einem Geheimnis, fragt *Mell* weiter. Und als er das steil hochgereckte Tier im spannhohen Wasser des Reisfeldes wieder entdeckt, fährt er fort:
»Jetzt wirft sich der zurückzuckende Schlangenleib auf den muddligen Grund und schurrt über ihn hin, daß Schlammwolken nach allen Seiten um ihn aufdampfen und ihn zwischen sich zerfließen lassen! Und man setzt sich im Tempel dreihundert Meter weiter in Meditation über diesen zukunftsreichen Tintenfisch, der sich mit fremder Leute Tinte Unsichtbarkeit schafft. Ein Frosch klagt in den Uferstauden. Man sticht mit dem Stocke hin. Da schnellt etwas hinaus, peitscht in graziösen Windungen das Wasser und schwimmt hochgereckten Kopfes, den klagenden Frosch fest zwischen den

Kiefern, zum entgegengesetzten Gewässerrande. Hat man zwanzigmal den Ton gehört und zwanzigmal das Bild gesehen, so spart man sich weiterhin den Weg und nickt nur: der Fischer auf der Froschjagd!«

Strumpfbandnattern

Noch manch andere Wasserschlangen leben in Asien, aber die liebenswürdigsten, neugierigsten und zutraulichsten in Nordamerika: die »garter snakes«, die Strumpfbandnattern (Thamnophis), wie auch wir sie nennen.
Es ist ein buntes Völkchen, bunt im wahrsten Sinn des Wortes: Ein bis drei Längsstreifen leuchten auf dunklem oder geflecktem Körper samtenen Glanzes. In anmutiger Eleganz, mit roter Zunge züngelnd, übertreffen sie manche Baumschlange an Schönheit. Manche Herpetologen und viele Liebhaber sind diesen lebenssprühenden Schlangen besonders zugetan und kennen sich in den vielen Arten und Formen unterschiedlichster Zeichnung und Färbung besonders gut aus.

Lebendgebärende Reptilien

Und noch etwas hebt sie hervor: Wie manch andere nordamerikanische Wassernatter auch, bringen sie lebende Junge zur Welt, sie sind, wie schon erwähnt »ovovivipar«, lebendgebärend, etwas, was viele nur Säugetieren und allenfalls Fischen vorbehalten wissen möchten.
Das Wort »Viper« leitet sich davon ab, sind doch die meisten Vipern und auch unsere Kreuzotter »ovovivipar«.
Schildkröten und Krokodile legen stets Eier. Manche Schlangen- und Echsenarten jedoch überlassen keine Eier einem ungewissen Schicksal wechselnder Umwelteinflüsse oder Eierdieben, sie gebären ihre Jungen. Und es sind dies zumeist Reptilien extremer Klimate, etwa unwirtlich-kalter mit zu wenig Sonnenwärme für Eier.
Ja, einige Reptilien gleicher Art legen in einer Gegend ihres Vorkommens Eier, in einer anderen hingegen bringen sie ihre Jungen lebend zur Welt, ein erstaunliches, einzigartiges Phänomen. Dies ist nur möglich, weil ihr Organismus weniger spezialisiert als bei Säugetier und Mensch ist, bei denen die Plazenta, der Mutterkuchen, dem werdenden Kind Nahrungsstoffe und Sauerstoff zu- und seine Ausscheidungsstoffe abführt.
Der Embryo lebendgebärender Reptilien hingegen ernährt sich vom Eidotter, aber in verschiedenem Maße.
Bei der Waldeidechse (Lacerta vivipara) ist die Eischale zu einer dünnen, weichen Haut zurückgebildet und ermöglicht einen Austausch von Wasser und Gasen mit dem Mutterkörper. Aber schon bei einigen unserer Strumpfbandnattern, und wahrscheinlich auch der Kreuzotter, fehlt die Eischale ganz. Hier zeigt sich eine innige Verbindung mit mütterlichen Geweben und Blutgefäßen und ein intensiver Austausch von Wasser, Sauerstoff und Nährstoffen einerseits und embryonalen Ausscheidungen andererseits. Es sind Plazentafunktionen erkennbar, und dies noch mehr bei der höchstentwickelten Stufe wie der Erzschleiche (Chalcides chalcides) und einigen australischen Skinken, bei denen eine weitergehende Blutzuführung eine herabgesetzte Versorgung mit Eidotter ausgleicht.

Wie vielfältig und geheimnisvoll ist doch der Bauplan der Reptilien! Welche entwicklungsgeschichtlichen Einblicke bieten sich an, ging doch die Entwicklung zum Säugetier und Menschen über Reptilien, dem Wasser in Urzeit entstiegen!
Große Freude herrscht, tummeln sich plötzlich im Terrarium neben der Mutter an die vierzig kleine Schlänglein, unbemerkt über Nacht geboren. Die Mutter ebenso froh wie hungrig nach dem freudigen Ereignis, mampft aus einer Schüssel Regenwürmer in sich hinein, kreuz und quer wie Spaghetti hängen sie ihr aus dem Maul. Für die reizenden Schlangenbabys gibt es, sobald sie ihren eigenen Nahrungsvorrat aufgezehrt haben, geschabtes Fischfleisch.

Mit einer Schlange in der Hand durch New York

Strumpfbandnattern pflegen nicht zu beißen. Ausnahmen bestätigen auch hier die Regel.
Als ich im Frühjahr 1950 in New York war, beschränkten sich meine damaligen Kenntnisse amerikanischer Schlangen mehr oder minder auf Buchwissen, nämlich aus »Snakes of the world« von *Ditmars*, dem Kurator der Reptilien vom »New York Zoological Park« in der Bronx. Ein amerikanischer Herpetologe müsse über die Schlangen seines eigenen Landes am besten Bescheid wissen, nahm ich an und hatte das Buch erworben.
Ein Zoogeschäft ganz oben in Manhattan, Broadway 176. Straße, wenn ich mich noch recht entsinne, hatte mir telefonisch eine »water snake« angeboten. Darunter versteht ein herpetologisch gebildeter Amerikaner, wie mich das vorgenannte Buch belehrte, sieben verschiedene Schlangenarten. Und ein Zoohändler? Man mußte sich überraschen lassen.
Eines Nachmittages nahm ich von Grand Central Station bis Times Square den »Shuttle«, der unterirdisch hin und her pendelt, dann die Subway »Uptown«, wie der New Yorker sagt, zuerst den nur etwa jede fünfte Station haltenden »express« und dann den »local«.
Im Laden erwartete mich eine drei bis vier Fuß lange Schlange, auf dem Oberkörper und an den Seiten schwarz gepunktet, auf dem Rücken flossen die Punkte beinahe zu einem undeutlichen Band zusammen. Auf sie traf keine der Beschreibungen für »water snakes« zu. Es war keine der Art »Common« (Natrix sipedon), keine »Brown« (Natrix taxispilota), auch keine »Diamond-back« (Natrix rhombifera) oder »Green« (Natrix cyclopium) und erst recht keine »Red-bellied« (Natrix sipedon erythrogaster), ihr Bauch war weißlich und nicht rot. Und die »Indian« (Acrochordus javanicus) und die »Japanese« Wasserschlange (Natrix tigrina) schieden schon aus Gründen der räumlichen Entfernung aus.
Der Verkäufer sah mein Zögern – welcher Schlangenliebhaber kauft schon gern eine »namenlose« Schlange – und betonte eifrig, sie sei garantiert »harmless«, ungiftig. Doch woher wollte er das wissen. Seine Kenntnisse schienen noch dürftiger als die meinen zu sein.

Ich kaufte die »water snake«. Der Verkäufer steckte sie in eine braune Tüte, und auf mein Bitten hin stülpte er eine weitere darüber. Er hatte den Freiheitsdrang des Tieres bei weitem unterschätzt. Nach wenigen Minuten des Transportes sah ein Schlangenkopf heraus, und als ich ihn zurückstupste, versuchte er zu beißen. Das Tütenpapier zerriß, ich lief zum Laden zurück, doch er hatte schon geschlossen.

So stand ich mit einer sich kräftig wehrenden Schlange auf dem Broadway, der hier jeglichen Glanzes und aller Pracht entbehrt. Es würde einen Menschenauflauf geben und die Polizei sich einschalten und ich nicht einmal einen Namen für das Schlangentier wissen. Ein Taxi nehmen? Wer fährt schon einen Menschen mit einer mühsam zu bändigenden Schlange?

Was blieb mir anderes übrig: Mit der rechten Hand hielt ich die »water snake« hinter dem Kopf und mit der linken am Schwanz, und so marschierte ich los.

War es überhaupt eine Wasserschlange, und hält ein amerikanischer Zoohändler nicht auch eine Wassermokassinotter für eine, nur weil sie im Wasser lebt? Ditmars' Klage über die Verwechslungen mit dieser giftigen Schlange, bei denen Amerikaner schon Leben oder Gesundheit eingebüßt haben, kam mir in Erinnerung. Doch meine Schlange blitzte mich aus runden und nicht senkrechten Pupillen starr an, und ihr Maul, das sie immer wieder aufriß, war kein »cottonmouth«, kein Baumwollmaul. Auch sonst sah sie gar nicht wie eine Wassermokassinotter aus. Konnte es nicht eine andere Giftschlange sein? Was wußte ich schon? Ein Einheitsmerkmal für »giftig« gibt es nicht, an ihren Zähnen erkennt man sie. Doch hier auf dem Broadway war keine Zeit zu anatomischen Untersuchungen. Die rote Zunge deutete auf eine »garter snake«, eine Strumpfbandnatter, der die Längsstreifen fehlten.

Ich war erleichtert, wenn auch ein klein wenig enttäuscht: Keiner der Vorbeieilenden nahm von der Schlange Notiz, als sei sie ein alltäglicher Anblick auf dem New Yorker Broadway.

Schwierig wurde es, als ich einen Dime (für eine Zehncentmünze konnte man damals die U-Bahn nach Belieben benützen) suchte, um das Drehkreuz der Subway Richtung Lower Manhattan zu betätigen. Und da geschah es auch: Die Schlange, der ihr zuteil gewordenen Behandlung langsam überdrüssig und immer wütender, bekam ihren Kopf plötzlich frei, meinen rechten Zeigefinger in ihr Maul und biß ungeniert zu. Sechs Blutstropfen, drei jeweils hintereinander in zwei parallelen Reihen, traten aus der Haut. Ungewollt hatte mir die Schlange die Stellung ihrer Zähne verraten. Es war das Bißdiagramm einer glattzähnigen, ungiftigen Natter. Passanten eilten an mir vorbei. Nur ein alter Neger fragte teilnahmsvoll: »What's going on? What can I do for you?« Als ich mich in bester Laune bedankte und seine Hilfe ablehnte, schüttelte er verwundert seinen Kopf: Wie kann man sich freuen, von einer Schlange gebissen zu werden?

Selbst in der gedrängt vollen U-Bahn beachtete mich niemand, keiner wollte etwas wissen, man rückte nicht einmal von mir und meiner Schlange ab. Als ich in der Rezeption des Hotels meinen Zimmerschlüssel erbat, hielt man einen Gast mit wütender Schlange in der Hand offenbar für nichts Außergewöhnliches und lächelte nur nachsichtig: Ausländer! What a guy!
Man sage nichts Schlechtes über New York und seine Bewohner, die toleranteste Stadt, die ich kenne, wenigstens Schlangen und Ausländern gegenüber! Wieviel an behördlichen Fragen und Bemerkungen, wie »Transportgefährdung«, wenn nicht noch Schlimmeres, hätten Schlange und ich in einer deutschen Großstadt über uns ergehen lassen müssen! Und was hätte man gar zu einem Ausländer mit einer bissigen Schlange in der Hand gesagt?
Es war übrigens eine aus der Familie der Strumpfbandnattern (Thamnophis), doch welcher Art, weiß ich heute noch nicht und werde es auch nie erfahren: Sie starb auf dem Schiff während der Überfahrt, und Alkohol, in den ich sie hätte legen können, war bei dem Wellengang anderen Zwecken dienlicher.

Amerikanische Wassernattern

Im Terrarium gut haltbar sind die amerikanischen Verwandten der Ringelnatter, wie die Siegelringnatter (Natrix sipedon sipedon), die sich dem Menschen hocherhobenen Kopfes zum Kampf stellt, sieht sie keine Fluchtmöglichkeit. Oder die bebänderte Wassernatter (Natrix sipedon fasciata), die zumeist bissig bleibt. Die Königinnennatter (Natrix septemvittata) hingegen, die leuchtendgelbe Streifen auf dunkelbraunem Körper zieren, wird in Menschenhand bald friedfertig.

In schönsten Farben prangt Südamerikas Buntnatter (Leimadophis poecilogyrus), leider hält sie es bei uns nicht allzulange aus, so als könne sie ihre tropische Heimat nicht vergessen.

Boa und Python

Es müssen durchaus nicht Wassernattern sein. Manch einer verliebt sich in eine Riesenschlange, etwa in einen Königspython oder in die Abgottschlange, die Boa constrictor.

Sie brauchen ein geheiztes Terrarium mit Wasserbecken. Tagsüber liegen sie träge an einem dunkleren Platz, auf oder unter einem Ast, nachts befleißigen sie sich der Jagd, den Kopf vorgeschoben oder aufgelegt, oder durchstreifen hungrig das Terrarium nach Mäusen oder Ratten. Dann sieht man, wie groß und kräftig sie sind.

Die Abgottschlange

Der Königspython ist Afrikaner, die Abgottschlange kommt aus Mittel- und Südamerika.

Der römische Feldherr Regulus habe im Krieg gegen die Karthager am nordafrikanischen Fluß Bagrada eine »Boaschlange« beschossen, um sie zu überwältigen, so lang sei sie gewesen, schreibt Plinius in seiner Naturkunde (Naturalis Historia). Und zur Zeit Kaiser Claudius' hätte auf den Vatikanhügeln zu Rom eine besonders dicke und große ein Kind erwürgt und gefressen.

Das können nur altweltliche Riesenschlangen gewesen sein, ebenso wie die

Schlange, die Laokoon bedrängte und die Vergil besang und die wir jetzt Python nennen. Amerika mit seinen Riesenschlangen, den Boas, wurde erst viel später entdeckt. Ja, selbst der Name »Boa« (von lateinisch »bos«, die Milch) ist falsch.

Es ist also eine Geschichte der Irrtümer. Doch was besagen Namen! Pythons und Boas trennt nicht nur der Ozean, sondern unter anderem eine zoologische Sonderheit: Pythons legen Eier, Boas hingegen bringen, sehr zum Wohlgefallen der Terrarianer, lebende Junge zur Welt.

Auch der Name »Abgottschlange« für die Boa constrictor beruht, wen wundert das noch, auf einem Irrtum.

Wie Moses den Kindern Israels auf des Herrn Gebot (Numeri 21, 8 und 9) eine eherne Schlange als Götzen fertigte, auf daß ihr Anblick heile, erhoben Negerpriester an Afrikas Guineaküste lebende Felsenpythons (Python sebae) zum »Abgott«, wunderkräftig und verehrungswürdig, ließen ihn von den Stammesangehörigen anbeten und vermählten ihm in heiliger Zeremonie die schönsten Negermädchen. Diese durften sich auch anderweitig verheiraten, nur mußten sie über das Gesehene schweigen, sonst holte sie der »Abgott«, in Wirklichkeit der Negerpriester, und tötete sie. Die als Sklaven nach Mittel- und Südamerika verschleppten Neger fanden dort keine Felsenpythons vor, dafür aber eine andere Riesenschlange, die Boa constrictor. Ihr erwiesen sie, wie vorher die Ureinwohner Mexikos, ihre Verehrung, sie wurde ihr »Abgott« und kam als »Abgottschlange« nach Europa.

Unserem Pflegling nimmt dies nichts von seiner Schönheit: Er ist hellbraun, mit dunklen Flecken und eingestreuten hellen Farbklecksen kontrastreich gezeichnet und einem Greifschwanz von kräftigem Rot, Schwarz und Weiß. Die Haut schimmert matt, nach der Häutung in metallenem Glanz.

Die Boa constrictor ist ruhigen Wesens und ein geduldiger Pflegling. Nur wird sie mit der Zeit groß und immer größer und mit zunehmendem Alter oft launenhafter und unberechenbar. Doch viele sind auch mit zwei Meter Länge noch genau so anhänglich und liebenswürdig wie in ihrer Jugendzeit, wie man es von Individualisten nicht anders erwartet.

Der Königspython

Höchstens eineinhalb Meter mißt der Königspython. Ein großes Muster in tiefem Schwarzbraun auf bronzener Haut seidenen Glanzes verleiht ihm Schönheit und macht ihn begehrt. Ballschlange wird er auch genannt, da er sich wie ein Ball zusammenrolle und alles mit sich geschehen lasse.

Bis vor einem reichlichen Jahrzehnt benahmen sich auch meine Tiere so. Doch die meisten der Neuimporte strafen Lügen, was Gutes über ihre Friedfertigkeit geschrieben steht: Sie legen Hals mit Kopf zur S-Form und reißen blutende Wunden, etwa in eine Hand, die ihnen zu nahe kommt. Man benötigt im Umgang mit ihnen Lederhandschuhe.

Woher dieser Sinneswandel der so beliebten Königspythons?

Es sind Kinder feuchtheißer tropischer Urwälder Westafrikas, nördlich und südlich des Äquators, eines Gebietes, halb so groß wie Europa. Wie es in

Europa Gegenden gibt, in denen Ringelnattern ganz gegen ihre sonstigen Gewohnheiten beim Fang beißen, könnten die neuen Importe aus Gebieten Afrikas kommen, wo sich Königspythons ebenso verhalten. Das wäre eine Erklärung.

Zu Abgottschlange und Königspython passen andere Riesenschlangen, wie etwa die bunte, schlanke Haitiboa (Epicrates striatus). Doch die meisten werden zu groß oder sind zu bissig. Und der wunderschön grüne Hundskopfschlinger (Corallus caninus) erfreut nicht lange, zieht er doch zumeist den Tod einem Leben im Terrarium vor.

Die Äskulapnatter

Es gibt noch einen dritten Weg: Mäusefressende Nattern Europas und Nordamerikas lassen sich gut und lange in einem schwach geheizten Terrarium pflegen, besonders wenn man schon einige Erfahrung im Umgang mit Schlangen hat.

Zu den liebenswürdigsten, hat sie sich eingewöhnt und akzeptiert den Menschen, zählt die Äskulapnatter (Elaphe longissima). Sie wird bald zutraulich. Das hat ihr bereits im Jahre 1639 der Bologneser Zoologe Aldrovandi in seinem Werk »Draconum et Serpentum Historia« nachgerühmt.

Gern kommt sie aus dem Terrarium und kriecht an einem herum und auch unter die Kleidung, schätzt sie doch die Wärme der menschlichen Haut besonders, und zischt ein wenig, zieht man sic von dort weg. Menschen sind auch nicht gut gelaunt, müssen sie ein Lieblingsplätzchen verlassen.

Früher war die Äskulapnatter in einigen klimatisch begünstigten Gegenden Deutschlands häufig. In Schlangenbad im Taunus verhalf sie ärmeren Leuten zu Verdienst: sie zähmten sie, führten sie vor, und gelegentlich kaufte sogar ein Kurgast eine für zu Hause.

Die Schlange, die die Pest bezwang

Der Name dieser Natter geht auf den Gott der Heilkunde Äskulap (Asklepios) zurück, und noch heute ist sie, um den »Äskulapstab« gewunden, das Symbol der Ärzte. Bei der heutigen Schlangenfurcht mag das nur den erstaunen, der nicht ermißt, welch göttlicher Ehren sich diese Schlange erfreute. Davon berichtet der römische Schriftsteller Valerius Maximus:

Als die Pest die Stadt Rom drei Jahre lang heimsuchte, befragten gelehrte Priester die Sibyllinischen Bücher und erfuhren, nur der Gott Asklepios könne helfen. Auf die Gnade der Götter vertrauend, schickten die verzweifelten Römer per Schiff eine Abordnung zum Heiligtum des Asklepios in Epidauros, der alten Seestadt im Nordosten des Peleponnes. Dort wurde sie freundlich aufgenommen und trug dem Gott ihr Anliegen vor.

Ein paar Tage später kroch eine sanfte Schlange mit »heiterer Lebendigkeit« durch die Straßen der Stadt. Vom Volk andächtig verehrt, begab sie sich schließlich auf das Schiff der Römer und versetzte deren Mannschaft in Angst und Schrecken. Doch sie war friedvoll, und in der Kajüte des Gesandten Olgunius ringelte sie sich behaglich zusammen und schlief ein. Nun sah es jeder: Wie Priester es verheißen, war Gott Asklepios zu ihnen gekommen. So segelten die Römer mit ihm frohen Mutes zurück nach Italien und legten zuerst in Antium an, dem jetzigen Anzio südlich von Rom, wo 2 237 Jahre später, im Januar des Jahres 1944, die alliierten Truppen landen sollten. Hier verließ die Schlange das erste Mal das Schiff und begab sich für drei Tage in den dortigen Äskulaptempel. Als die Römer schließlich in der Tibermündung ankerten, schwamm die Äskulapnatter auf eine der Inseln, um dort fortan zu wohnen. Die Pest erlosch. Rom ward so durch göttliche Fügung im Jahre 293 v. Chr. gerettet. Kurz darauf wurde der Retterin – oder sollte alles nur Zufall gewesen sein? – auf ihrer Insel ein Tempel erbaut, und ihr Bildnis ist noch heute in einem Kloster des heiligen Bartholomäus zu sehen, wo eine griechisch-römische Gottheit gar nicht hingehört.

Wie der Schriftsteller Lukianos (um 150 n. Chr.) weiß, zog auch der Grieche Alexandros, ein antiker Vorläufer unserer zeitgenössischen Schlangengaukler Indiens und Arabiens, aus dem Glauben an die Schlange Nutzen. Er kaufte sich im Schlangenpark bei Pella in Makedonien eine Äskulapnatter, gab sie als eine Wiedergeburt des Gottes Asklepios aus, bekam reichen Zulauf und heilte viele Kranke, falls und weil sie an den Schlangenzauber glaubten.

Im 19. Jahrhundert beeilte sich der Gelehrte Boettger nachzuweisen, daß Äskulapnattern in Epidauros gar nicht vorkamen. Sein Wort gegen das von Valerius Maximus! Selbst wenn zuträfe, was er schreibt: Eine Schlange hat Rom gerettet, wenn nicht die Äskulapnatter, dann vielleicht die nicht minder sympathische Vierstreifennatter.

Die Vierstreifennatter

Als Europas größte und eindrucksvollste Schlange gilt die Vierstreifennatter (Elaphe quatuorlineata), die »Riesenschlange« des alten Kontinents, ein Wunschtraum vieler Schlangenfreunde. Gemessen und geradezu bedächtig in ihren Bewegungen, macht sie von Anfang an einen zahmen Eindruck. Und beißt sie anfangs doch einmal zu, tut sie auch dies mit Bedacht und gravitätischer Ruhe.

Schnell gewöhnt sie sich an den Menschen, und niemand braucht sich vor der hellbraunen Natter mit den vier dunklen Längsstreifen zu fürchten, auch wenn sie armdick und an die zweieinhalb Meter lang ist.

Stemmler-Morath berichtet von brutpflegenden Schlangenmüttern, die sich turbanartig über ihren zehn bis zwölf Eiern zusammenringelten. Bei mir ließ sich keine der Vierstreifennattern herbei, auch nur Eier zu legen.

Dafür fressen sie als Zugabe zu Mäusen um so lieber Eier von Hühnern, doch nicht nach Art afrikanischer oder indischer Eierschlangen, die sich ausschließlich von Eiern ernähren und sie im Schlund aufschlitzen, sie gehen ganz anders vor.

Von eierfressenden Schlangen wußte schon Plinius und bewunderte sie in der Kunst, »sich von Eiern zu mästen und Eier zu umschlingen«. Bevor ihm der Vesuv beim Ausbruch im Jahre 79 n. Chr. in Pompeji die Feder aus der Hand nahm, hatte er Zeit und Gelegenheit genug, in Unteritalien zu erleben, wie eine Vierstreifennatter in einen Hühnerstall eindringt und ein Nest plündert, Ei für Ei im Maul wegträgt und genußvoll abseits verzehrt. Sie stellt dabei jedes Ei senkrecht auf, mit der Spitze nach oben, umringelt es sodann, schiebt es in ihr Maul, hebt den Kopf, läßt es nach unten gleiten und windet den Hals, bis das Ei zerbricht. Vorher wird jedes Ei bezüngelt, und eine Vierstreifennatter läßt sich keineswegs täuschen wie ein dummes Huhn, das auch künstliche Eier bebrütet.

Die Leopardnatter

Hoch oben im Geäst des Terrariums verknotet, ruht Europas schönste Schlange, die Leopardnatter (Elaphe situla). Mit ihren mahagonibraunen bis blutroten, schwarz gesäumten Querflecken nimmt sie sich wunderschön aus. Gerade ihre Schönheit wurde ihr zum Verhängnis: In ihrer südlichen Heimat von Unteritalien über den Balkan bis nach Kleinasien ist sie nicht mehr häufig anzutreffen. Ihr wird nachgesagt, sie sei ein heikler Pflegling, der manchmal für Monate keine Maus anrühre. Bei mir lieferte eine den Nachweis, wie lange eine Natter, wenn auch unfreiwillig, zu fasten vermag.

Nach dem Jahresputz meiner Terrarien im Wohnzimmer vermißte ich eine Leopardnatter und suchte und suchte, fand sie aber nicht. Unseren Cockerspaniel besaßen wir damals noch nicht. Er ist Meister im Aufspüren von Reptilien, die er, und mögen sie noch so versteckt sein, »verbellt«, bis Herrchen eingreift.

Meiner Familie verschwieg ich wohlweislich den Verlust, wer teilt schon gern sein Wohnzimmer mit einer Schlange, mag sie noch so schön sein. Nach einiger Zeit nahm ich an, die Sonne hätte es der Leopardnatter mehr angetan als meine wohltemperierten Terrarienleuchten modernster Bauart und schrieb sie ab, wünschte ihr alles Gute in der wiedergewonnenen Freiheit und meinen Nachbarn und mir, daß sie möglichst weit gekommen sei. Dann vergaß ich sie.

Ein halbes Jahr später saß ich in einer »bedeutenden« Besprechung, wofür sie zumindest mein damaliger Chef hielt, denn er selbst führte den Vorsitz. Um so ärgerlicher, daß meine Sekretärin, lichtvolle Ausführungen unterbrechend, mir den Wunsch meiner Frau übermittelte, sofort nach Hause zu eilen. Als ob man so einfach frei über seine Zeit verfügen könnte, und ich lehnte unwillig ab.

Nach zehn Minuten wiederholte sich die Störung, was nahezu einem Sakrileg gleichkam. Ich müsse sofort kommen, meine Familie wünsche es, eine ziegelrot gefleckte und ganz und gar giftig aussehende Schlange züngele aus dem Bücherschrank. Das war nun allerdings etwas anderes.

Ich ging zum Vorsitzenden und flüsterte ihm, den Fortgang der so wichtigen Besprechung möglichst wenig beeinträchtigend, den ungewöhnlichen Sachverhalt zu. Sei es, seine Aufmerksamkeit war zu sehr vom Besprechungsthema in Anspruch genommen, sei es, er bekam die Tragweite meiner Beteuerungen (für mich) nicht mit, oder, was ich als wahrscheinlicher annehme, er hielt seine Besprechung für wichtiger als eine aus dem Bücherschrank züngelnde Schlange, er wollte mich nicht gehen lassen.

Doch niemand ist angesichts eines das Wohnzimmer inspizierenden und meine Familie ängstigenden Reptils unentbehrlich. So entfernte ich mich, vernichtend mißbilligenden Blicken ausgesetzt, und fuhr nach Hause.
Meine schon längst in Freiheit gewähnte Leopardnatter hatte sich bereits bis zu einer Blumenschale vorgearbeitet und räkelte sich im lange entbehrten Sonnenlicht. Ein halbes Jahr hatte sie unbemerkt und ohne Futter im Bücherschrank gelebt.

Die schwarze Erdnatter und die Indigonatter

Gern gesellt man zu unseren europäischen nordamerikanische Nattern, da ihre klimatischen Bedürfnisse in etwa gleich sind.
Am Norris Dam, einer der vielen Talsperren nahe Oak Ridge, der Atombombenstadt im Staate Tennessee, sah ich sie das erste Mal: Eine über fünf Fuß lange schwarze Schlange stob über hellen Sand davon. Ein herrlicher Anblick! Es war eine schwarze Erdnatter (Elaphe obsoleta obsoleta), die »pilot blacksnake« der Amerikaner, so genannt, weil sie angeblich andere Schlangen warnt, was ihr natürlich nie in den Sinn kommt.
Im Terrarium wurde sie ganz zahm, fraß wie die Vierstreifennatter auch Hühnereier, kam neugierig an die Scheiben und nahm auch tote Mäuse aus der Hand.
Noch stattlicher und schöner, noch begehrenswerter, doch seltener ist die Indigonatter (Drymarchon corais couperi), glänzend blauschwarz und prächtig schillernd längs der Unterseite.

Die Kükennatter

Nahe verwandt der Erdnatter, verhält sich die Kükennatter (Elaphe obsoleta quadrivittata) ähnlich wie sie. Der wissenschaftliche Name weist ihre vier bräunlichen Streifen auf gelbem Körper aus. Sie klettert gern und bringt Farbe ins Geäst. Diese »chicken snake« frißt bei mir neben Mäusen, eingedenk ihres Namens, auch tote Küken; lebende bekommt sie nicht.

Die Kornnatter

Kleiner und besonders schön mit ihren karminroten, schwarzgerandeten Flecken über den ganzen Rücken, bietet sich die Kornnatter (Elaphe guttata) dar. In ihrer amerikanischen Heimat lebt sie tags zumeist in Kornfeldern und geht erst in der Dämmerung auf Mäusefang. Zahm, wie sie wird, nimmt sie tote Mäuse aus der Hand. Kletternd zeigt sie ihren schwarzweiß gemusterten Bauch.

Die Bullenkettennatter

Noch mehr als die Kornnatter verfolgt die »bull snake«, die Bullenkettennatter (Pituophis catenifer), Nagetiere in deren dunkle Gänge. Sie erfreut sich einer lebhaften Färbung von viereckigen rötlichbraunen bis schwarzen Flecken auf dem Rücken und Tupfen an den Seiten. Indem sie Luft gegen einen Fortsatz im Kehlkopf preßt, erzeugt sie ein lautes metallisches Zischen, wie wenn Wasser auf flüssiges Blei fällt und zerstäubt. Es braucht niemanden zu erschrecken, sie ist friedliebend.

Die Tannennatter

Nur mit Vorbehalt läßt sich das von der nahe verwandten Tannennatter (Pituophis melanoleucus) sagen, die der vorhergehenden sehr ähnlich sieht. *Klingelhöffer* bezeichnet sie als einen »unliebenswürdigen« Pflegling, der oft für längere Zeit die Nahrungsaufnahme verweigere. Bei mir fraß sie, wenn schon nichts anderes, dann ihre geliebten Hühnereier.

Ihren Namen verdankt sie einer unrichtigen Übersetzung, worauf auch *Nietzke* hinweist. Amerikanischen Autoren zufolge, die es ja wissen müssen, lebt sie in »pine barrens«, »pine woods« oder »pine forests«, also in lichten, trockenen Kiefernbeständen. Wer sie wie ein Tier des düsteren, feuchteren Tannenwaldes hält, braucht sich nicht zu wundern, wenn sie »unliebenswürdig« wird, schlecht frißt und stirbt.

Die Kettennatter als Königsschlange

Schönheit, Eleganz und größte Zahmheit vereinen sich in der Kettennatter (Lampropeltis getulus). Schon Brehm rühmt sie als eine der schönsten aller ihm bekannten Nattern. Und das ist sie auch: schmale, kreideweiße Querbinden kontrastieren mit dem schwarzen Körper.

Ich brachte ein junges Schlangenkind aus Nordamerika mit. Im Laufe der Jahre hat es sich zu eineinhalb Meter Länge ausgewachsen. Nie versuchte die Natter zu beißen, stets neugierig kommt sie herbei und nimmt – eine Seltenheit bei Schlangen – auch Streifen von Herzfleisch, das eigentlich den Waranen zugedacht ist.

Die Kettennatter gehört zu den Königsschlangen (Lampropeltis), den »king snakes«, so genannt, weil sie wie eine Königin unter den Schlangen herrscht und andere frißt. Das kann man ihr auch in Gefangenschaft nicht abgewöhnen, am besten, man hält sie allein. Zu ihr ins Terrarium gesetzte Schlangen betrachtet sie als Futter und erstickt sie mit ihren Körperschlingen.

Selbst vor Klapperschlangen schreckt dieses zu Menschen so liebenswürdige Tier nicht zurück, und diese gefürchteten Giftschlangen wissen das auch: Sie stellen sich nicht nach Art der Klapperschlangen zum Kampf, den Vorderkörper in senkrecht aufsteigender Spirale, Kopf und Hals S-förmig zum Zubeißen bereit, sondern drücken sich an den Boden, schlagen mit einer Körperwindung nach der Feindin und schützen so ihren Kopf vor deren Kiefern. Doch auch das nützt ihnen nichts. Gegen Klapperschlangengift sind Königsschlangen immun, da läßt es sich furchtlos kämpfen und speisen.

Wagt sich eine Königsschlange in Gefangenschaft an eine weit weniger giftige Kreuzotter und wird sie gebissen, ist die Bezwingerin der Klapperschlange binnen zehn Minuten tot, wenn auch ihr Herz noch stundenlang weiterschlägt.

Königsschlangen kommen in vielen Arten und Formen unterschiedlichster Färbung vor, und nicht alle sind zu Menschen gut Freund.

Meine »Floridiana« aus Amerikas Sonnenland (Lampropeltis getulus floridiana) braucht mich nur zu sehen, schon rollt sie sich gleich einer Klapperschlange ein, Hals mit Kopf drohend aufgerichtet, und schnellt blitzschnell gegen mich vor. Ihr Schwanz vibriert vor Erregung, und peitscht er in Laub, hört es sich ähnlich an wie das Rasseln einer Klapperschlange. Jahrelang pflegte ich dieses Tier, doch nie erlahmt es in seinem Angriffsgeist.

Wenig empfehlenswerte Nattern

Nicht alle Nattern kann ich als Hausgenossen empfehlen.
Nicht solche, die sich, wie die Glattnatter (Coronella austriaca) oder die Girondische Natter (Coronella girondica), von Eidechsen ernähren, also von Reptilien, die wir lieber lebend sehen und pflegen.
Auch viele Baumschlangen gelüstet es nach munter verspielt huschenden Eidechsen oder Vögeln. Andere wiederum, und das sind zumeist die schönsten, sind im Terrarium wenig ausdauernd, wie die leuchtendblau oder gelbgrünen Baumschnüffler (Ahaetulla) samtigen Hauches oder die Schmuckbaumnattern (Chrysopelia), die überschnellen Gleitflugkünstler unter den Schlangen. Beides sind zudem Trugnattern (Opistoglyphen), auch wenn ihr Biß dem Menschen kaum schadet. Und die ungiftige prachtvoll laubgrün wie lackiert glänzende Kletternatter (Elaphe oxycephala) südostasiatischer Tropenwälder lange im Terrarium zu halten und sie von ihrer natürlichen Nahrung, Vögeln, auf Mäuse umzugewöhnen gelingt nur wenigen.
Ich kannte eine, die verschmähte Sperlinge und hatte sich auf Wellensittiche spezialisiert. Und ein wundervoll grüner Baumpython (Chondropython viridis) fraß, Gipfel der Extravaganz, nur grüne Wellensittiche.

Brasilianische Nattern

Prachtvolle Hühnerfresser (Spilotes pullatus) von der Farbenpracht tropischer Schmetterlinge, auf deren Körper tiefes Schwarz mit leuchtendem Hellgelb kontrastiert, sieht man in Brasilien noch gelegentlich in der Nähe menschlicher Behausungen, wo sie weniger Hühner, sondern vielmehr Mäuse und Ratten vertilgen und so Dienst als »Hausschlange« versehen, wie bei uns etwa ein Kater. Im Terrarium hat es bei mir keiner lange ausgehalten.
Vom olivgrünen bis gelblichen »Sipo« (Chironius carinatus) in brasilianischen Wäldern und bewachsenen Sümpfen läßt sich nichts anderes berichten.
Gut hingegen hielt sich die Brasilianische Glattnatter (Cyclagras gigas). Nun schützt sie das Artenschutzgesetz: sowohl ihre Ausfuhr wie ihre Einfuhr bedürfen der Genehmigung. So werden die Brasilianer ihre »Surucucu do pantanal« behalten, und den Liebhabern bleibt die Erinnerung an ihre »falsche Kobra«. Erregt spreizt sie ihre Halsrippen und verbreitert ihren Hals. Als einzige Schlange, die ich kenne, kriecht sie zur Häutung durch eine Schlinge ihres Hinterkörpers und streift so die alte Haut, zu einem festen Klumpen gerollt, ab.

Afrikanische Nattern

Afrika schickt die graubraune Maulwurfsnatter (Pseudaspis cana) und die braune Hausschlange (Boaedon lineatus) in unsere Terrarien.
Nur Jungtiere der Maulwurfsnatter sind mit ihren dunklen Flecken auf dem Rücken hübsch. Bei mir und auch bei einigen anderen Liebhabern hielten sie sich nicht über Jahre.
Besser im Terrarium aufgehoben ist die Hausschlange der Afrikaner. In manchen Gegenden halten sie Einheimische wegen ihrer langen Zähne ganz zu Unrecht für giftig und erschlagen sie.

Zornnattern

Schön, doch, wie ihr Name sagt, leicht reizbar sind die Zornnattern. Furchtlos beißen sie zu, geraten sie in Bedrängnis: die gelbgrüne Zornnatter (Coluber viridiflavus), die tiefschwarze Karbonarschlange (Coluber viridiflavus carbonarius) und die elegante Schlank- oder Steignatter (Coluber najadum) aus den zerklüfteten Tälern und Bergen des Balkans. Kaum dicker als ein Bleistift bei einer Länge von über einem Meter, ist sie Europas schlankste Schlange.

Wie eine losgelassene Feder schnellt die Pfeil- oder Balkanzornnatter (Coluber gemonensis) davon, wird sie eines Menschen ansichtig. Kannibalisch veranlagt, kämpft sie mit anderen Schlangen und fällt sogar über die giftige Hornviper her.

Die Hufeisennatter (Coluber hippocrepis) des westlichen Mittelmeergebietes, bissig und wild, zeigt ein schönes Muster. Plattet sie erregt Kopf und Hals, schimmert prachtvolles Lachsrot auf den Halsseiten.

Über zwei Meter lang werden die Joch- oder Balkannattern (Coluber jugularis) und die Kaspische Pfeilnatter (Coluber jugularis caspicus). Diese wehrhaften Schlangen sollen nicht nur Menschen, sondern auch Pferde anspringen und sich in deren Lippen verbeißen.

Nicht minder temperamentvoll sind die Zornnattern Nordamerikas: die Schwarznatter (Coluber constrictor) und die Kutscherpeitschenschlange (Coluber flagellum, auch unter Masticophis geführt). Mit fünfeinhalb Stundenkilometern schießen sie durch steinig-unwegsames Gelände voller Dornen und Gestrüpp, lassen einen Menschen weit hinter sich und gehören so zu den schnellsten Schlangen überhaupt.

»Black racer«, schwarzer Renner, nennt der Amerikaner die Schwarznatter, die sich nach Ditmars nicht einmal in Zoologischen Gärten ihrer Heimat hält, so groß sei ihr Freiheitsbedürfnis. Und Brehm sagt ihr nach, sie schnelle wie ein Pfeil auf einen Menschen zu und verfolge ihn »mit solcher Hurtigkeit, daß er kaum entkommen kann. Erreicht sie einen, so wickelt sie sich um die Füße und macht, daß man umfällt«. Das gehört gewiß ins Reich der Fabel, ebenso wie: sie hypnotisiere ihre Beute, was man ja auch anderen Schlangen andichtet. Das Schlangenauge schließt sich nie, ist lidlos und wirkt daher starr.

»Dhama«, die Rattenschlange

Wer keine Schlange mag, liebenswürdig und zutraulich zu Menschen, dessen Sinn vielmehr nach einer wilden »rassigen« steht, dem empfiehlt sich die Rattenschlange Südostasiens (Ptyas mucosus), die sich schwer an Menschen, aber gut an die Gefangenschaft gewöhnt. Ungestüm und angriffslustig jagt sie ihre Beute, verfolgt Ratten bis in die Hütten der Menschen, schießt in die Kronen der Bäume nach Vögeln und reißt blutende Wunden, stellt man sich ihr entgegen. Wie die Kobra, mit der sie sich den Lebensraum teilt, ist sie ein Augentier: sieht sie etwas Freßbares, stürzt sie sich darauf. Kleine Tiere verschlingt sie lebendig, und manch einer hörte einen unglücklichen Frosch aus der Tiefe ihres Leibes dumpf schreien.

Die Inder haben zu ihrer »Dhama«, der Name ist altindisches Sanskrit, schon von jeher ein eigenartiges Verhältnis. Manche halten sie gar für das Männchen der Kobra, der sie etwas ähnlich sieht, mit der sie aber als ungiftige Natter nicht verwandt ist. Alte Leute, von einer Dhama gebissen, sollen erblinden, und Kühe, von ihr gemolken, sterben.
In der Nähe von Bangkok führte ein Gaukler Rattenschlangen als Kobras vor und war noch ungehalten, als ich seinen Schwindel aufdeckte. Eine Rattenschlange zischt in Erregung nicht nur, sie knurrt verhalten wie ein großer Hund. Und ihren Hals plattet sie ab und bläst ihn auf, jedoch nicht wie eine Kobra in die Breite, sondern nach oben und unten zur Senkrechten.
In Gefangenschaft wird sie etwas handsamer, behält jedoch viel von ihrer Wildheit. Richtig Freund wird man mit ihr nie, hat jedoch dafür ein Tier, das sich ganz so benimmt, wie man es von einer »bösen Schlange« erwartet.
Große Rattenschlangen zu fangen – sie sind über drei Meter lang – ist aufregend. Mir war es nicht vergönnt, und ich gebe wiederum eine Schilderung von *Mell* (zitiert nach Gerlach) wieder:
»Ich kenne keine tierische Bewegung, die in höherem Grade das Gefühl bewundernd faszinierter Genugtuung über die Harmonie zwischen Erscheinung und Bewegung erzeugte und sogleich so anpeitschend auf eigene Aktivität und Vorsicht wirkte wie die dieser größten asiatischen Colubrinen. Sie sind nicht nur Bilder von Kraft: einer meiner Fänger schrie beim Kloster Fe lei psi ›Shöi loh‹ und zeigte in den dort vorüberströmenden Nordfluß. Ich stand 100 Meter abwärts, ging ins Wasser und stellte mich hinter einen Felsen. Es gelang mir auch, die von der Strömung dicht am Felsen vorbeigeführte große Rattenschlange hinterm Kopf zu packen, ehe sie tauchend verschwinden und ohne daß sie nennenswert beißen konnte. Die etwa zwei Meter lange Schlange wand sich aber mit solcher Kraft um meinen rechten Arm, daß ich ihn nicht mehr beugen und zum Schwimmen nicht mehr gebrauchen konnte. Wassertretend und viel Wasser schluckend, streifte ich das Tier schließlich mühsam mit der linken Hand vom rechten Arm und warf es mit beiden Händen so weit hinaus in den Fluß, als mir möglich war. Ich atmete auf, daß die Schlange mich nicht attackierte, und war heilfroh, als ich aus dem stark strömenden Wasser ohne Schlange heraus und wieder am Ufer war.«

Falsche und echte Korallenschlangen

Manche verlieben sich in die Farbenpracht einer ungiftigen und daher »falschen« Korallenschlange (Lampropeltis doliata u. a.). Bunt gemischt wechseln tiefrote Ringe mit schwarzen, weißen oder gelben ab, die wie lackiert unter den Strahlen der Sonne aufleuchten. Es sind herrliche Geschöpfe, wunderschöne Schlangen, die schönsten überhaupt, nahe verwandt mit Kettennattern und wie diese leicht an Terrarium und Mensch zu gewöhnen. »Milk snake« nennt sie der Amerikaner ihrer Heimat, ihnen zu Unrecht Vorliebe für Milch andichtend und prosaisch ihre Schönheit mißachtend.

Mit täuschend ähnlicher Farbenpracht locken die giftigen und daher »echten« Korallenschlangen (Micrurus), wie die Harlekinschlange (Micrurus fulvius) des südlichen Nordamerika und Mexikos. Ihr Biß führt zu heftigen Schmerzen und endet ohne ärztliche Behandlung mit Bewußtlosigkeit und Tod binnen 24 Stunden.

In Nordamerika lassen sich die harmlosen von den giftigen Korallenschlangen noch an ihrem Korallenkleid auseinanderhalten: bei den Giftnattern folgt auf einen roten ein gelber oder weißer Ring, bei den ungiftigen grenzen rote unmittelbar an schwarze Ringe. Doch schon in Mittel- und noch mehr in Südamerika versagt diese Regel. Hier gleichen sich harmlose und giftige in ihrer Korallentracht. Wie sehr, das wurde mir bei einem Besuch im Schlangeninstitut Buntantan in São Paulo bewußt. Nach einem Plauderstündchen mit Professor Bücherl führte mich ein Tierwärter und legte mit einem Eisenhaken verschiedene Korallenschlangen, giftige und ungiftige, zum Fotografieren auf den Boden. Wir wurden unterbrochen, und es verging einige Zeit. Dann wollte ich eine ungiftige aufheben, um mir Kopfform und Beschuppung näher anzusehen. Im letzten Augenblick stutzte ich – und wurde blaß: es wäre eine giftige gewesen.

Sie gelten als träge und der heißen Tropensonne wenig zugetan. Wer weiß also, ob sie sogleich zugebissen hätte. Und einen besseren Ort als das Institut des heilenden Serums kann man sich, läßt man sich schon beißen, kaum aussuchen – doch peinlich wäre es auf jeden Fall gewesen.

Mimikry Dem Phänomen gleichgefärbter Schlangen verschiedenster Familien und Gattungen hat von jeher die Aufmerksamkeit der Wissenschaftler gegolten.

Die Farbmuster dienten der Tarnung und hätten sich bei den harmlosen wie den giftigen Korallenschlangen unabhängig voneinander entwickelt, weil sie unter denselben Bedingungen lebten, sagen die einen. Doch nur in Amerika und gerade dort, wo es die giftigen gibt, und nicht in ökologisch vergleichbaren Gebieten anderer Erdteile, kommen die unechten Korallenschlangen vor. Und wie sollen solch grelle Farben tarnen, und dies noch bei Schlangen, die recht verborgen leben?

Wir kennen bei Schlangen und auch bei anderen Tieren eine Schutzfärbung, die sich der Umgebung anpaßt: dem hellen Sand, dem Grün der Bäume, der dunklen Erde oder dem Braun der Rinde.

Doch die Natur kennt auch das Gegenteil von Anpassung und will mit grellbunten Signalfarben warnen und Feinde abschrecken.

So spricht einiges dafür, die bunte Tracht der harmlosen Korallenschlangen für eine Schutztracht, für Mimikry, zu halten. Dann wären sie »Nachahmer« der giftigen Korallenschlangen, um wie diese von Feinden unbehelligt zu bleiben, etwa wie ein harmloser Schmetterling, der Bienenschwärmer (Aegeria apiformis), eine Hornisse »nachahmt«. Nur sollte man dies nicht, wie zu lesen ist, wörtlich verstehen – keine Schlange und kein Schmetterling können bewußt nachahmen. Es ist ein Selektionsvorgang.

Mertens geht noch einen Schritt weiter, wenn er meint, der Biß einer giftigen Korallenschlange sei für einen Feind, etwa einen Greifvogel, zumeist tödlich. Er könne also das Gifterlebnis gar nicht auf ungiftige Schlangen übertragen oder gar vererbt haben. Die giftigen wie die ungiftigen Korallenschlangen seien daher gleichermaßen »Nachahmer« einer Gruppe von Schlangen (z. B. der opistoglyphen Erytrolamprus) mit Korallentracht, deren Biß zwar nicht tödlich, aber für Feinde so »einprägsam« ist, daß sie solche Speise in Zukunft meiden.

Damit sind Entwicklungslinien innerhalb der Zwischenordnung »Nattern- und Vipernartige (Xenophidia)« angesprochen.

Die Ansichten von Mertens überzeugen nicht ganz. Die leicht giftigen Korallenschlangen (Opistoglyphen) leben so versteckt, daß sie als Beute für Greifvögel nicht in Betracht kommen. Und zudem noch: Das Gifterlebnis mit giftigen Korallenschlangen (Micrurus) braucht sich nicht auf den gebissenen Vogel zu beschränken. Seine Artgenossen könnten aus Miterleben gelernt und dies letztlich vererbt haben, so, wie jede neue Generation unserer Rabenvögel zwischen einem »gefährlichen« Menschen mit Gewehr und einem Landwirt mit Mistgabel zu unterscheiden weiß.

So birgt die »Mimikry«, die Schutztracht mancher Lebewesen, durch Ähnlichkeit mit wehrhaften oder ungenießbaren dem Gefressenwerden zu entgehen, doch noch manches Geheimnis, das zu enträtseln uns bisher nicht gelang.

Liebling Giftschlange?

Mit den echten Korallenschlangen ist die Frage nach Giftschlangen angeschnitten: Soll man auch sie zu Hausgenossen machen? Kommt man mit ihnen auf du und du?

Warum giftige Korallenschlangen pflegen, wenn die ungiftigen genauso schön sind? Gewiß, Giftschlangen benötigt man zur Serumgewinnung, zu Studienzwecken oder aus wissenschaftlichen Gründen. Manche sehen in Giftschlangen besonders »rassige Tiere«, anderen dienen sie als »Imponierobjekte«.

Dabei sind es Geschöpfe der Natur, wie andere auch, trotz ihres Giftes. Es ist reizvoll, sie zu beobachten und sich an ihnen zu erfreuen – aber wohl nicht mehr.

Wozu schlängeln sich in unseren Terrarien die liebenswürdigen Wasserschlangen, behäbige Boas und Pythons, zutrauliche Erd- und Kletternattern, die Dhama der Inder und seit Römers Zeiten anhängliche Äskulapnattern! In sie kann und sollte man sich frei von Vorurteilen verlieben – sie verdienen es und lohnen es uns mehr als manch anderes Tier.

Neuntes Kapitel

Begegnung mit der Urzeit

Malindi

Der Sabaki River, im Oberlauf Galana genannt, ist einer der mächtigsten Ströme Kenias. Von weit her holt er seine Wasser: Vom Athi River, der Ukamba-Land durchfließt und dessen viele Nebenflüsse nördlich von Nairobi am Fuße der Nyandarua- oder Aberdareberge und südlich der Hauptstadt auf den Athi- und Kapiti Plains entspringen, und vom Tsavo River, der dem größten Nationalpark Kenias seinen Namen gab und dessen Nebenarme in die eisigen Höhen des Kilimandscharo greifen.

Nördlich vom Fischerstädtchen Malindi, unter der Tropensonne geruhsam träumend, mengt er sein Wasser quirlend und brodelnd mit dem salzigen des Indischen Ozeans, färbt es oft kilometerweit erdigbraun und verschreckt sonnenhungrige Badegäste.

Zweimal erhellte sich das Dunkel der Geschichte Malindis. Im Jahre 1415, beinahe ein Jahrhundert bevor ein Portugiese, geschweige denn ein anderer Europäer, von Afrika nach Indien segelte, überstand eine Giraffe aus Malindi in sechsmonatiger Fahrt die Fährnisse des Ozeans und erfreute den chinesischen Kaiser aufs höchste. Im April des Jahres 1498 ankerte Vasco da Gama, wo jetzt der Hafen ist. Die Bevölkerung nahm ihn freundlich auf, und zum Dank nannte er den Ort nach dem Vornamen seiner Frau »Malindi«. Mit einem einheimischen Seemann, der Meere kundig, segelte er weiter gen Osten. Und noch heute meinen manche, ohne ihn, den Bürger Malindis, hätte der Portugiese den Seeweg nach Indien nie gefunden.

Heutzutage ist Malindi Ausgangsort vieler Safaris und für einen Besuch der Krokodile des Athi River.

Auf Fahrt zum Crocodile Camp

Im Crocodile Camp, über hundert Kilometer landeinwärts, ist zu erleben, was nicht wahrhaben will, wer es nicht mit eigenen Augen sah.

Der Weg dorthin und zum Nationalpark Tsavo Ost liegt auf den Höhen längs des Sabaki. Er wird auf der Karte – aber was besagen Karten in Afrika – als »primary road«, als Hauptstraße, bezeichnet. Doch als solche kann er allenfalls die ersten dreißig Kilometer gelten, wo er die Dörfer Ganda und Jilore – durch seine landwirtschaftliche Versuchsanstalt bekannt – sowie das am Berghang zum Fluß in üppige Vegetation eingebettete Kakoneni mit der Küste verbindet. Dann wird die Straße zum teils besseren, teils schlechteren Feldweg, der die Savanne zumeist schnurgerade als lehmigbrauner Streifen durchschneidet. Hier wachsen mächtige »Boababs«, Affenbrotbäume skurilen Aussehens, lichte Schirmakazien und Baumeuphorbien mit Kandelabern, zehn Meter hoch vierkantig in den Himmel strebend, bis etwas später Gras und niedriges Dornengebüsch den Blick in die Weite afrikanischen Landes freigibt.

Bald wechselt die Szenerie. Es wird naß, die Trockensavanne zur Naßsavanne. Es ist Anfang März und die Regenzeit noch einen Monat fern – dennoch sind im Hinterland schon Tropenregen niedergegangen. Der japanische Wagen mit Vierradantrieb entwickelt Fähigkeiten, wie sie sonst nur Amphibienfahrzeugen zugemutet werden.

Im Tal zu unserer Rechten, urzeitlich noch, treibt der Sabaki sein lehmiges Wasser geruhsam dem Meere zu.

Plötzlich, etwa dreißig Meter vor uns, verharrt im flirrendheißen Licht ein großer Nilwaran mitten auf dem Weg. Den Körper auf den vier Beinen steil aufgerichtet, starrt er uns entgegen und läßt uns näher kommen. Ist er übriggeblieben aus der längst versunkenen Zeit der Drachen?

Wessen Phantasie würde nicht geweckt! Versetzen wir uns die Jahrmillionen und aber Jahrmillionen zurück, die diese Landschaft und unsere Erde, den Waran und die anderen Reptilien, die Säugetiere und letztlich auch uns Menschen formten, bis ins Erdaltertum, das Paläozoikum.

An Land gestiegen

Im feuchtwarmen Klima des Karbon, der Steinkohlenzeit, vor 350 Millionen bis 270 Millionen Jahren gedeihen üppige Sümpfe und wuchern dichte Wälder, Jahrmillionen später zu Steinkohle gepreßt, wachsen Siegelbäume mit schmalen Blättern auf schlankem Stamm, Schuppenbäume, an die vierzig Meter hoch, Cordaiten, Ahnen unserer Nadelbäume, und grüne Farne. Rieseninsekten mit einer Spannweite der Flügel von dreiviertel Meter schwirren gleich unseren Libellen über Sümpfe und Moraste.

Gehen wir noch weiter zurück. Im Silur (vor 500 Millionen bis 400 Millionen Jahren) treten die ersten Wirbeltiere auf und bevölkern als fischartige Lebewesen die Gewässer.

Jahrmillionen gehen dahin und verlieren sich. Das Devon (vor 400 Millionen bis 350 Millionen Jahren) sieht Quastenflosser (Crossopterygii) mit gliedmaßenähnlichen Paarflossen. Aus ihnen entwickeln sich die Urlurche, von der Wissenschaft Ichtyostegidae genannt. Ähnlich unseren Molchen, dennoch nicht mit unseren heutigen Lurchen vergleichbar, steigen sie auf vier plumpen Beinen, den noch fischähnlichen Schwanz über stickigen Morast nachschleifend, an Land, lauern zwischen Schachtelhalmen auf die Rieseninsekten und zermalmen sie mit großen kegelförmigen Zähnen.

Damit hatte der unaufhaltsame Vormarsch des Lebens auf dem Festland begonnen, der schließlich nach Jahrmillionen und aber Jahrmillionen die Reptilien, die Vögel und die Säugetiere und damit auch uns Menschen hervorbringt.

Noch mußten die Urlurche ins Wasser zurück, um hier ihre Eier abzulegen. An Land wären diese, fast nackt und nur von einer gallertartigen Hülle umschlossen, vertrocknet.

Die Gruppe der Urlurche entwickelt sich nun in unterschiedlicher Weise. Es geht »voran« mit ihnen. Einige werden an die vier Meter lang, wie der räuberische »Eryops«.

Die Geburtsstunde der Reptilien

Gegen Ende der Karbonzeit und zu Anfang des Perm (Dyas – vor 270 Millionen bis 225 Millionen Jahren) wandelt sich die Erdoberfläche erneut; Gebirge türmen sich, Gewässer verschwinden, und Sümpfe trocknen aus. Mit den auf Wasser angewiesenen Lurchen geht es bergab. Eine Gruppe von ihnen kehrt wieder ganz ins Wasser zurück. Ihre Nachkommen sind die Schwanz- und Froschlurche unserer Zeit.

Eine andere Gruppe, und das ist weitaus bedeutsamer, überwindet das Kaulquappenstadium, das abhängig vom Wasser macht. Diese Tiere legen ihre beschalten Eier an Land. Es ist die Geburtsstunde der Reptilien.

War ein kleines waranähnliches Tier, namens Seymouria, schon ein Reptil und damit Urahn auch unserer Reptilien oder noch ein Lurch und damit letzter seines Stammes? Russische Forscher vermuten letzteres, da ein Kiemenskelett verblieben sein soll.

Im »Limnoscelis«, größer und einem Krokodil ähnlicher, finden wir ein vollkommeneres Reptil, Vertreter der Ordnung der Stammreptilien, denen es beschieden ist, in eine höhere Entwicklung aufzusteigen. Der wissenschaftliche Name »Cotylosaurier« deutet es an: Alle späteren Reptilien stammen von ihnen ab.

Vom Reptil zum Menschen

Trotz aller Widrigkeiten und Wechselfälle des Permzeitalters entwickeln die Reptilien sich weiter. Starke Stämme (Ordnungen) spalten sich ab, entwikkeln und verästeln sich. Die frühe Linie der Urraubsaurier (Pelycosaurier) führt über die Schlangenzahnsaurier (Ophiacodontia) zu den »Säugetierähnlichen Reptilien« (Therapsida). Der bereits im Jahre 1878 im unteren Perm Nordamerikas entdeckte Schlangenzahnsaurier »Ophiacodon mirus« leitet zu ihnen über. Es sind noch Reptilien, die sich mit Beginn des Erdmittelalters, des Mesozoikums, im Trias (vor 225 Millionen bis 180 Millionen Jahren) Schritt für Schritt höher entwickeln, bis es einigen von ihnen gelingt, die Grenze zu überschreiten und zum Säugetier zu werden. Im Jura (vor 180 Millionen bis 135 Millionen Jahren) sieht die Erde bereits echte Säugetiere, noch klein, aber entwicklungsfähig. Sie und nicht die riesigen Saurier dauern durch die Zeiten und streben in höchste Höhen stammesgeschichtlicher Entwicklung, bis zu den Primaten, den Herrentieren, und zum »Homo sapiens«, dem Menschen.

Reptilien gehen der Zukunft entgegen

Eine andere Linie der Stammreptilien führt zu den Schildkröten (Testudines). Wieder eine andere zu den Fischechsen (Ichthyosaurier), die den Weg zurück ins Wasser finden, um in späteren Zeiten zusammen mit anderen Großreptilien die Meere zu beherrschen, ehe sie aussterben.
Von der Linie der Schnabelköpfe (Rhynchocephalia) konnte sich nur die Brückenechse in unsere Zeit retten.
Zur Linie der Schuppenkriechtiere (Ordnung Squamata) gehören unsere lebenden Echsen und Schlangen.
Besondere Bedeutung gewinnt im Laufe der Jahrmillionen die Linie der Urwurzelzähner (Thecodontia). Von der Gestalt eines kleinen Krokodils, lassen sie noch nicht ahnen, daß aus ihnen die mächtigsten und gewaltigsten Reptilien aller Zeiten, die Dinosaurier (Saurischia und Ornithischia), die Flugsaurier (Pterosauria), die Krokodile (zusammengefaßt unter »Archosaurier«) und schließlich sogar die Vögel hervorgehen werden.
Im Trias, mit Beginn des Erdmittelalters (vor 225 Millionen Jahren), das über 150 Millionen Jahre dauert, wird es auf der Erde wieder wärmer. Echte Nadelbäume und Palmfarne ergrünen. Die Reptilienstämme, begünstigt durch Klima und Umwelt, entwickeln sich schnell und differenziert.

Die Brückenechse

Schon vor etwa 220 Millionen Jahren kroch die Brückenechse (Sphenodon punctatus) über unsere Erde. Als »lebendes Fossil« hat sie auf einigen kleinen Inseln vor Neuseelands Küste alle Zeiten und Fährnisse überdauert, und das als einzige der sonst ausgestorbenen, weitverbreiteten Schnabelköpfe.
Das knapp dreiviertel Meter große, an eine dickköpfige Eidechse erinnernde Tier ist das älteste noch lebende Reptil überhaupt. Die Eingeborenen nennen es wegen seines Nacken- und Rückenkammes aus beweglichen Hornblättchen »Tuatara«, Stachelträger.
Die Brückenechse, von urtümlicher Gestalt, ist nicht nur ein uraltes, sondern auch ein uralt werdendes (über 100 Jahre), seltsames Geschöpf – und das in jeder Hinsicht.
Auf der Oberseite des Kopfes hat sie ein Scheitelauge (ein Parietalorgan), mit dem sie zwar nicht sehen, aber wahrscheinlich ihre Körpertemperatur beeinflussen kann, hält sie sich in der Sonne auf. Als einziges aller lebenden Schuppenkriechtiere besitzt sie zwei vollständige, knöcherne Schläfenbögen am Schädel, wie sie die alten diapsiden (doppelschläfenfenstrigen) Reptilien aufweisen, bei denen das obere und untere Schläfenfenster durch eine knöcherne Brücke getrennt ist. Diese Schläfenüberbrückung brachte ihr den deutschen Namen Brückenechse ein. Damit ist sie das einzige Tier überhaupt, dessen deutscher Name aus der vergleichenden Anatomie stammt.
Das Männchen der »Tuatara« wird erst im Alter von mehr als zwanzig Jahren geschlechtsreif. Ein Begattungsorgan sucht man bei ihm vergebens, und über sein Fortpflanzungsverhalten ist noch nichts Näheres bekannt. Wahrscheinlich übertragen die Tiere das Sperma durch unmittelbaren Kontakt beider Kloaken.

Als eines der wenigen Reptilien hat die Tuatara eine richtige Stimme. In trüben Nächten quakt sie klagend, als trauere sie längst vergangenen Zeiten nach.
Im Umkreis des Menschen erreichte ein Tier, nachweislich beobachtet, ein Alter von 77 Jahren.

Die Schildkröten entstehen

Auch die Schildkröten können sich auf ein altehrwürdiges Alter berufen. Bereits vor 200 Millionen Jahren, im Trias, gab es sie, wie Funde in Sandsteinschichten Englands und Arizonas belegen. Das älteste Skelett eines schildkrötenähnlichen Tieres (Eunotosaurus africanus) fand man in Südafrika. Es stammt aus dem mittleren Perm und wird von manchem als Bindeglied zwischen den Stammreptilien und den Schildkröten verstanden.
Die Ahnen unserer lebenden Schildkröten dürften allerdings (nach *O. Kuhn*) unter den Urschildkröten (Amphichelyda) zu suchen sein. Sie haben hochgewölbte Panzer.
Urschildkröten der Jurazeit gehen wieder ins Meer zurück und passen sich dem Leben im Wasser vorzüglich an. Ihre Panzer flachen sich ab, ihr Gewicht verringert sich, sie lernen schwimmen, und das zumeist im Stil eines Brustschwimmers.
Die noch heute in warmen Meeren munter paddelnde Lederschildkröte (Dermochelis coriacea) erreicht eine Panzerlänge von zwei Metern und ein Gewicht von zwölf Zentnern und ist damit die größte Schildkröte der Erde. Bei ihr hat sich im Meer der Knochenpanzer bis auf winzige Reste zurückgebildet. Mosaikähnliche Knochenplättchen traten an seine Stelle. Kein neuer Schildkrötenpanzer wuchs nach. Paläontologen werten dies als Beleg für das »Gesetz der Nichtumkehrbarkeit der Entwicklung«.
Viele Meeresschildkröten starben aus, so auch die riesige sechs Meter lange »Archelon ischyros«, die die obere Kreide Nordamerikas für uns konservierte.
Nicht viel anders erging es manchen Landschildkröten. Die Riesen-Landschildkröte (Colossochelys atlas) aus dem Jungtertiär Indiens, noch mächtiger als die Meeresschildkröte Archelon, konnte nicht bestehen. Doch viele andere erlebten die Jetztzeit.
So leben derzeit auf unserer Erde über 220 Arten Schildkröten.

Die Herkunft der Echsen und Schlangen

Im oberen Perm Südafrikas wurde die Young-Eidechse (Youngina capensis) gefunden, die bekannteste Vertreterin der Ureidechsen (Protorosaurida). Wäre sie, was weitere Funde bestätigen müßten, Vorfahre der Schuppenkriechtiere (Echsen und Schlangen), so hätte deren Entwicklung bereits vor etwa 220 Jahrmillionen eingesetzt.
Die Zeit des oberen Jura sah bereits viele Echsen: Warane, Skinke, Geckos und Leguane. Schon zu Beginn ihrer Evolution spaltet und fächert sich diese Reptiliengruppe geradezu explosionsartig auf, und ihre Entwicklung scheint noch nicht abgeschlossen zu sein, zählt man doch heute über 3 000 Echsenarten.

Die Schlangen entwickelten sich gegen Ende der Jurazeit aus waranähnlichen Echsen. Der Schlangenkopfsaurier (Dolichosaurus dalmaticus) aus der mittleren Kreide Dalmatiens (vor etwa 100 Millionen Jahren) ist eine Übergangsform mit schlangenförmig gestrecktem Körper und zurückgebildeten Beinen. Dieses Tier konnte sich nach Schlangenart erfolgreich schlängeln. Der Anfang war gemacht.
In der Oberkreide (vor etwa 70 Millionen Jahren) entstanden die urtümlich gebliebenen Riesenschlangen (Zwischenordnung Henophidia), die spezialisierteren »Nattern- und Otternartigen« Schlangen (Zwischenordnung Xenophidia) hingegen erst im Alttertiär der Erdneuzeit, dem Neozoikum. Die Altriesenschlange (Archaeophis proavus), im Alttertiär Italiens aufgefunden, hält mit 565 Wirbeln den absoluten Rekord unter allen Wirbeltieren.
Auch die Schlangen haben sich gleich den Echsen stark aufgespalten. Über 2 700 lebende Arten sind uns bekannt.

Die Entstehung der Krokodile

Unter den Urwurzelzähnern (Thecodontia) der späten Perm- und frühen Triaszeit sind die Stammwurzelzähner (Pseudosuchia) die weitaus wichtigsten. Es sind kleinere kurzschnäuzige Reptilien vom Aussehen einer Eidechse, doch zumeist wie die Krokodile gepanzert. Ihre starken Zähne, die in Gruben stehen, schlagen sie in stärkere Beutetiere denn je zuvor.
Aus ihnen gehen auf den ersten Blick sehr verschiedenartige Tiere hervor: die Flugsaurier, die Dinosaurier, die Vögel und die Krokodile, die ihnen noch am ähnlichsten sehen.
Nur die Vollkrokodile (Eusuchia) überstanden mit 23 Arten alle Fährnisse der Jahrmillionen. Die Urkrokodile (Protosuchia), Altkrokodile (Mesosuchia), die Schnauzen- (Sebecosuchia) und Meereskrokodile (Thalottosuchia) sind uns nur als Fossilien überkommen.
In der unteren Kreidezeit (vor etwa 135 Millionen Jahren) bevölkerten Krokodile auch Mitteleuropa, bis sie die Klimaverschlechterung der jüngeren Tertiärzeit nach Süden zwang.
Die Echten Krokodile und die Alligatoren lassen sich in der Oberkreide (vor etwa 70 Millionen Jahren) nachweisen, die Gaviale erst im Alttertiär.
Der 15 Meter lange Riesengavial (Rhamphosuchus indicus) hat bis in die jüngste Tertiärzeit aus den Flüssen Indiens seine Fische gefangen.
Trotz ihres stammesgeschichtlich hohen Alters und ihrer Artenarmut haben die Krokodile unter allen »rezenten«, übriggebliebenen, Reptilien die höchste Entwicklungsstufe erreicht. Sie verfügen über ein vorzüglich ausgebildetes zentrales Nervensystem und wie die Vögel und Säuger über ein Herz mit vier Kammern. Der Magen ist wie bei vielen Vögeln zweigeteilt, der vordere dient als Mahlmagen. Und wie bei den Greifvögeln gehen unverdauliche Haare der Beutetiere nicht durch den Darm, sondern werden als Gewölle ausgewürgt.
Auch andere Merkmale erweisen es: Krokodile sind, so überraschend das auch sein mag, den Vögeln weit näher verwandt als etwa den Waranen und

anderen Echsen, denen sie ähneln. Die gemeinsame Abstammung der Vögel und Krokodile von den Stammwurzelzähnern ist die Erklärung dafür.

Vom Reptil zum Vogel

Im Jura, vor etwa 150 Millionen Jahren, begannen Reptilien die Luft zu erobern. Dies belegen die berühmten Fossilienfunde im feinkörnigen, lithographischen Plattenkalk der oberen Juraformationen bei Eichstätt und Solnhofen im mittelfränkischen Altmühltal: im Jahre 1861 entdeckte man hier den Abdruck des etwa taubengroßen »Archaeopterix«, halb Reptil, halb Vogel, die Übergangsform zwischen beiden. Die Abdrücke von Federn, anstelle von Schuppen, sind deutlich zu erkennen. Der Skelettaufbau gleicht noch dem eines flinken Reptils.

Noch besaß dieser Urvogel ein schwach entwickeltes Brustbein, einen bezahnten Kiefer und massive Knochen, doch er hatte Federn, das bezeichnendste Merkmal für einen Vogel. Und gewiß war er kein Flugkünstler, wohl mehr ein unbeholfener Gleit- und Flatterflieger, doch er beweist die Abstammung der Vögel von den Reptilien.

Das erklärt auch, warum es nur einige wenige durchgreifende Unterschiede zwischen Reptilien und Vögeln gibt: Federn, Warmblütigkeit mit höherem Stoffumsatz, Hohlknochen, die das Körpergewicht mindern, und einen kräftigen Knochenkamm auf dem Brustbein für die Flugmuskulatur. Die Zähne und der Reptilienschwanz sind den Vögeln verlorengegangen.

Die Dinosaurier

Die Stammwurzelzähner entwickeln sich in erstaunlichster Weise auch in eine ganz andere Richtung und bringen die größten und bizarrsten Landtiere hervor: die Dinosaurier, die »schrecklichen« Saurier.

Im Verlaufe des Jura (vor 180 Millionen bis 135 Millionen Jahren) wird es auf der Erde wärmer, die warmen Meere steigen an und überschwemmen fast ganz Europa und einen großen Teil Nordamerikas. Palmen wachsen in Alaska, Brotfruchtbäume und Feigen in Grönland. Korallen bauen ihre Riffe viele tausend Kilometer nördlicher als zuvor. Aus üppig wuchernden Sümpfen dampft es. Riesige Schachtelhalme, Farne und Fächerpalmen strekken sich zum Himmel.

Die Schreckenssaurier gedeihen prächtig, und sie, wandernde Fleischberge, bahnen sich ihren Weg nach Norden, der hohen Zeit der Reptilien, ihrem »goldenen Zeitalter«, entgegen. Die Erde muß unter den Schritten dieser Kolosse buchstäblich gedonnert haben, und man denkt an Goethes Worte im »Faust«:

»Die Schar, die Reich um Reich zerbrach,
Sie treten auf, die Erde schüttert,
Sie schreiten fort, es donnert nach.«

Zwei große Gruppen von Dinosauriern, durch den Bau des Beckengürtels unterschieden, zeichnen sich ab: die Echsenbecken-Dinosaurier (Saurischia) und die Vogelbecken-Dinosaurier (Ornithischia).

Urtyp des Riesengeschlechts der Echsenbecken-Dinosaurier ist der Bronto-

saurier, ein vorsintflutliches Ungeheuer, über 20 Meter lang und 30 Tonnen schwer. Sein kleiner Kopf auf langem Schwanenhals umschließt ein weit kleineres, armseliges Spatzengehirn.
Im Brachiosaurus, einem Koloß von 55 Tonnen, und in der Donnerechse (Diplodocus carnegii), 27 Meter lang, finden wir die größten Landtiere, die die Erde jemals gesehen hat. Das Gewicht dieser Riesen lagert auf vier klobigen Beinen, Stützen vergleichbar.
Viele der Dinosaurier können schwimmen, andere stampfen durch Sümpfe, und manche vermögen nur in ihnen und in flachen Gewässern zu leben, wo die Auftriebskraft des Wassers ihr Gewicht tragen hilft.
Alle und alles in den Schatten stellt der Tyrannen-Dinosaurier (Tyrannosaurus rex) aus der obersten Kreide von Montane (vor etwa 70 Millionen Jahren), das gewaltigste und schrecklichste Raubtier aller Zeiten, über elf Meter lang und mehr als fünf Meter hoch. Mit großem Kopf auf kurzem Hals bewegt sich dieses Scheusal auf langen Hinterbeinen in weiten Sprüngen vorwärts und tyrannisiert mit einem mörderischen Gebiß voller 15 Zentimeter langer Säbelzähne die Erde. Jedes Tier ist verloren, auf das es sich stürzt, und selbst die noch größeren, pflanzenfressenden Dinosaurier werden zerfleischt.
Zu Beginn der Kreidezeit, vor etwa 135 Millionen Jahren, wird es vorübergehend kälter. Neue Gebirge, wie die Anden und Rocky Mountains, falten sich, Magnolien und Lorbeeren zeigen erste Blüten, die Wälder und Sümpfe werden den unsrigen ähnlicher.
Diese neue Kreidelandschaft begünstigt vor allem die Vogelbecken-Dinosaurier und läßt eine Unzahl grotesker Formen entstehen.
Der mittelgroße (fünf Meter!) »Ankylosaurus« gleicht einer wandelnden Festung. Seinen Körper bedecken dicke Platten, Büschel und Stacheln. Der noch bizarrere Rückenplatten-Dinosaurier (Stegosaurus stenops) besitzt hochgestellte Panzerplatten. Mit gesenktem Kopf spießt der acht Meter lange Horndinosaurier (Triceratops prorsus), einem Nashorn ähnlich, Feinde auf seine drei spitzen Hörner. Die Schreckgestalt eines »Anatosaurus« reckt sich auf zwei Beinen sieben Meter in die Höhe, während sein Entenschnabel mit nicht weniger als 2 000 Zähnen Bäume abweidet.

Die Flugsaurier

Die Flugsaurier (Pterosauria), ebenfalls aus den Stammwurzelzähnern entstanden, mit häutigen Schwingen, manche behaart, doch ohne Federn, huschen gleich großen Fledermäusen über den Himmel und erreichen gegen Ende der Kreidezeit im Ozeansegler (Pteranodon ingens) eine Flügelspannweite von acht Metern. Sie sollen die ersten Warmblüter unter den Echsen gewesen sein. Erst viel später »erfinden« Fledermäuse diese Art von Fliegen von neuem.

Die Saurier des Meeres

Die Dinosaurier erobern sich in ihrer goldenen Zeit die absolute Vorherrschaft zu Lande. Etwa zur selben Zeit übernehmen Großreptilien die Macht in den Weltmeeren.
Die Fischechsen (Ichthyosaurier), fischähnliche Reptilien, die sich von den

Stammreptilien herleiten, gehören dazu. Ihre spindelförmigen Körper mit hoher Schwanz- und dreieckiger Rückenflosse, die Beine zu Paddeln umgebildet, durchpflügen die Meere auf der Suche nach Nahrung. Die Jungen bringen sie lebend zur Welt.
Aus einer anderen Linie kommend, gesellen sich zu ihnen in der Jura- und Kreidezeit die Schwanenhalsechsen (Plesiosauria), grimmige Räuber, deren lange spitze Zähne die Fische zerfleischen. 15 Meter lange Seeungeheuer sind es, die breitflossig durch die Meere paddeln, ähnlich den riesigen Meeresschildkröten, mit denen sie ihren Lebensraum teilen.
Der vielleicht gefährlichste und wildeste Seeräuber aller Zeiten, ein Gegenstück zum Tyrannen-Dinosaurier des Landes, ist der Tylosaurus, dessen acht Meter langer Körper einer riesigen Schlange gleicht. Auch der nicht minder beeindruckende Maassaurier (Mosasaurus conybeari) macht Jagd auf alles Freßbare, das sich im Meer aufhält. Seinen über einen Meter langen Schädel fand man bereits im Jahre 1780, und kein Geringerer als der französische Naturforscher Cuvier, Begründer der wissenschaftlichen Paläontologie, klassifizierte ihn als Reptil.
Beide Meeressaurier gehören zur Familie der Maassaurier, die früher als eine eigene Reptilienordnung mit dem Namen »Mosasauria« angesehen wurde. Sie stammen, wie die Schlangen, von waran-ähnlichen Reptilien ab, gehören demnach schon einer höheren Entwicklungsstufe an. In der Oberkreidezeit terrorisieren sie weltweit die Ozeane, bis auch sie das Schicksal zum Untergang bestimmt.

Diese skizzenhaften Umrisse, zumeist vereinfachend dargestellt, lassen das faszinierende Ineinandergreifen stammesgeschichtlicher Entwicklungen erkennen, jedoch gleichzeitig auch, wieviel in der Paläontologie noch offen und strittig ist. Nicht umsonst versteht sich diese Wissenschaft von den Lebewesen der geologischen Vergangenheit als eine »Auffindende« und keine »Erfindende«. Neue Funde werden neue Erkenntnisse vermitteln. – Dies gilt noch mehr für das Folgende.

Der Untergang der Saurier

Annähernd hundert Millionen Jahre hat das große Zeitalter der Reptilien gedauert.
Mit dem Ende des Erdmittelalters und im beginnenden Tertiär (vor 70 Millionen bis 2 Millionen Jahren), also an der Schwelle zur Erdneuzeit, treten die Dinosaurier vom Schauplatz der Geschichte ab. Nur mächtige Skelette bleiben zurück und sind der größte Stolz naturkundlicher Museen. Doch auch die Flugsaurier, die Plesio- und Ichthyosaurier der Meere (letztere schon während der oberen Kreidezeit) gehen unter, ebenso wie viele der Schildkröten, Krokodile und kleineren Reptilien.
Die Gründe dafür kennen wir nicht und werden sie wahrscheinlich niemals mit letzter Sicherheit wissen.
Dafür gibt es eine Vielzahl von Hypothesen und Theorien. Die klassische un-

ter ihnen, die schon von Cuvier vertretene Katastrophentheorie, verweist auf einen tiefgreifenden Klimawandel. Als das Erdmittelalter zu Ende geht, türmen sich neue Gebirgsketten, verschwinden alte Gewässer, tauchen Landbrücken aus den Meeren und verwehren den warmen Meeresströmungen, wie bisher von Pol zu Pol zu zirkulieren. Es wird kälter, und die Dinosaurier können nicht mehr länger bestehen. Doch warum gingen auch die Saurier der Tropenmeere zugrunde und die, wohl warmblütigen, Flugsaurier?
Wenn sich die planzenfressenden Dinosaurier dem Wandel von den Palmfarnen und Ginkgobäumen hin zu Laubgehölzen und Blütenpflanzen im Pflanzenkleid der Erde nicht anzupassen vermochten, wenn etwa die aufstrebenden Säugetiere deren Eier fraßen oder die Schalen der Eier nicht mehr den Anforderungen genügten, warum verschwanden auch die großen Meeresechsen, die all dem nicht ausgesetzt waren?
Manche Astronomen meinen, eine »Supernova«, ein neuer Stern, sei in Erdnähe explodiert, habe große Strahlenmengen freigesetzt und so einen jähen Temperatursturz ausgelöst. Wie und warum kamen die großen Krokodile und viele andere Reptilien mit dem Leben davon?
Mußten die Saurier sterben, weil ihre »Lebensuhr« abgelaufen war, als überentwickelte »Zerrbilder tierischer Evolution?« Warum verschwanden die für den Lebenskampf zu Lande ausgezeichnet ausgerüsteten Tyrannen-Dinosaurier und die dem Meeresleben vorzüglich angepaßten Saurier, während Schildkröten und Krokodile in unsere Zeit kamen und das, ohne sich nennenswert zu verändern?
Manche bemühen die Worte des Apostels Paulus: »Denn was schwach ist vor der Welt, das hat Gott erwählt, daß es zuschanden mache, was stark ist.« Es sollen die (anfangs) schwachen Säugetiere gewesen sein, die die starken Saurier vernichteten. Aber wie? Und warum wurden nicht alle Krokodile, Schildkröten und Echsen ihre Opfer?
Es ist auch die Annahme nicht vertretbar, die Saurier seien »schlagartig«, alle ziemlich auf einmal, von der Bühne des Lebens abgetreten. Woher will man das wissen? Ein Fund in einer gewissen geologischen Schichtung schließt doch nicht aus, daß Tiere dieser Art noch lange Zeiten weitergelebt haben, sind uns doch nur verschwindend wenig Fossilien von Reptilien bekannt, die damals zu Millionen die Erde bevölkerten.
Von der wichtigen Gruppe der Quastenflosser, aus denen sich im Devon die Urlurche entwickelten, nahm man an, sie seien Ende der Kreidezeit vor etwa 70 Millionen Jahren ausgestorben, nur weil man in späteren Schichtungen kein Fossil mehr fand. Welche Überraschung und sensationelle Aufregung, als im Jahre 1938 die südafrikanische Kuratorin Latimer vom Kapitän eines Fischdampfers gleich einen lebenden Quastenflosser (Latimeria chalumnae) geschenkt bekam! Und später wurden, als »lebende Fossilien«, weitere gefangen. Und weichen die Angaben namhafter Paläontologen nicht oft um ein gutes Dutzend Jahrmillionen voneinander ab, wenn es darum geht, An-

fang und Ende einer geologischen Schichtung und Epoche zeitlich zu fixieren! Zudem müssen räumlich weit auseinanderliegende Sedimentschichten durchaus nicht gleichzeitig entstanden sein, auch wenn sie gleichartige Fossilienfunde enthalten.

Reptilien werden zu Hochformen unserer Zeit

Versuchen wir (wie *Peters*) eine Deutung des Geschehens. Warum sind viele der Reptilienarten untergegangen, während andere die Jahrmillionen überdauerten und sich noch in unserer Zeit behaupten?

Mit der Wende vom Erdmittelalter zur Erdneuzeit begann die Blütezeit der Vögel, der Säugetiere und Insekten, wie sie ähnlich die Reptilien im Perm des Erdaltertums erlebt hatten. Das Entstehen völlig neuer Biotope – tropischer Laubwälder, Wüsten und Steppen, Savannen, gemäßigter Klimate – hat diese Evolution zweifelsohne begünstigt. Die anfangs wenig spezialisierten Vögel und Säuger vermochten sich den neuen Gegebenheiten der Erdneuzeit weit besser anzupassen und sich weiterzuentwickeln als die ihrer alten Umwelt des Erdmittelalters bereits völlig angepaßten großen Saurier. Ihnen, den schon Hochspezialisierten, war eine Neuorientierung versagt, sie konnten unter den veränderten Verhältnissen nicht mehr bestehen.

Dieses Schicksal traf nicht nur die Großen unter den Reptilien, sondern auch hochspezialisierte kleine Echsen. Auch die sogenannten »Frühechsen« (Eolacertila) starben aus, die uns der obere Keuper (auslaufende Triaszeit) Englands und Nordamerikas erhalten hat. Unseren Agamen ähnlich, waren sie bereits hochentwickelt und beherrschten den Gleitflug von Baumwipfeln zur Erde. Sie konnten sich nicht mehr anpassen und weiterentwickeln und waren so dem Untergang geweiht.

Auch hochentwickelten Kulturen der Menschheit war dies beschieden, und viele ihrer Spuren verlieren sich im Dunkel der Vorgeschichte.

Die Reptilien, so manche der Echsen, denen die neuen Landschaften und die sich neu formende Natur der Erdneuzeit behagen und die sich noch nicht hochspezialisiert haben, entwickeln sich von nun an ebenso kräftig und progressiv wie die Vögel und Säuger.

Krokodile und Schildkröten, soweit der neuen Welt hinreichend angepaßt, behaupten sich, wenn nicht, treten sie ab.

Unser ältestes Reptil, die Brückenechse, überlebte auf schwer zugänglichen Inseln mit reicher Insektenfauna zwischen Vogelkolonien in einem »unwirtlichen« Lebensraum, wo ihr Säugetiere und »moderne« Echsen – es gibt dort nur Geckos und Skinke – keine Konkurrenz bedeuteten. Nur der Mensch wäre ihr beinahe zum Verhängnis geworden, hätte sie nicht ein weitsichtiger Naturschutz gerettet.

Unsere heutigen Reptilien haben sich ihren Lebensraum, die Wüsten und Meere, die Steppen und Urwälder und sogar die kalten Landstriche bis hin zum Polarkreis, erobert. Sie entwickelten sich, sieht man von der rezenten Brückenechse, den Krokodilen und Schildkröten ab, gemeinsam mit den warmblütigen Wirbeltieren zu Hochformen ihrer Prägung. Sie sind kein

»blasser Widerschein einstigen Glanzes«, sondern eine höchst erfolgreiche Tiergruppe.
Das Fliegen haben sie allerdings trotz einiger Ansätze nicht wieder gelernt. Dafür schlagen sie Beute unter den Vögeln und Säugetieren, deren Konkurrenz sich viele ihrer Vorfahren des Erdmittelalters nicht gewachsen zeigten. Manche Schlangen legten sich Gift zu und erreichten einen Gipfel stammesgeschichtlicher Entwicklung. Die Königskobra tötet mit ihrem Gift das größte Landsäugetier der Erde, den Elefanten, binnen drei Stunden.

Die Einteilung der Reptilien

So den Gang der Reptilien durch die Jahrmillionen nachzuzeichnen befriedigt nicht allein des Menschen forschenden und wißbegierigen Geist, er bestimmt auch die Einteilung aller derzeit lebenden Reptilien in vier Ordnungen: Krokodile (Crocodylia), Brückenechsen (Rhynocephalia), Schuppenkriechtiere – Echsen und Schlangen – (Squamata) und Schildkröten (Testudines). Die Vergangenheit ist Gegenwart geworden.

Drachen

Losgelöst von dieser wissenschaftlichen Sicht, vielleicht gespeist von dunkelsten Erinnerungen der Menschheit an Riesenechsen versunkener Zeiten, feiert der Glaube an Drachen stete fröhliche Wiederkehr.
»Drakon«, der scharf Blickende, ein Fabeltier, halb Schlange, halb Vogel, ist Widersacher der Schöpfungsmächte und muß überwunden werden, damit aus seinem Blut Pflanzen sprießen und Tiere sich formen.
Der Perser Mithras war ein strahlender Drachentöter. Siegfried badete im Blute des besiegten Lindwurms und siehe: Er war gegen Wunden gefeit.
Einem Lindwurm, der die Königstochter Aja zu verspeisen gedachte, machte die Lanze des Ritters Georg den Garaus und ihn zum legendären, christlichen Märtyrer des dritten Jahrhunderts. Noch heute wird der Namenstag des heiligen Drachentöters am 23. April gefeiert und künden viele Ikonen von seiner Heldentat.
Die Drachen der Antike waren nichts anderes als Riesenschlangen, wie sie den Griechen und Römern als Tigerpython in Asien und als Felsenpython in Afrika begegneten. So berichtet Aelianus von vielen seltsamen Tieren in Asia, darunter auch Drachen, die den Eingeborenen heilig seien. Auch Aetiopia, Nubia und Libia würden viele Drachen bis 15 Fuß lang gebären. Und Plinius ergänzt: »Die Drachen haben kein Gift oder nur sehr wenig und zählen zu den Schlangen. Sie sind mehr der Wunden, die sie schlagen, denn des Giftes wegen gefährlich.«
Der Kirchenvater Augustinus dichtete den Schlangen Flügel an: »Der Drache liegt in seinem Loch. Spürt er die Feuchtigkeit der Luft, erhebt er sich mit Hilfe seiner Flügel in die Lüfte und fliegt mit großem Ungestüm davon.«
Der Drache des Mittelalters war geboren und wurde den Gläubigen immer mehr zum christlichen Teufelsspuk und schließlich zum Satan in Person – gekommen, um die ganze Welt zu verführen. Wer denkt da nicht an die Dra-

chenschilderung der Bibel (Die Offenbarung des Johannes 12, 3, 4 und 9): »Und ein anderes Zeichen erschien am Himmel: Siehe, ein Drache, feurig und gewaltig groß, mit sieben Köpfen und zehn Hörnern und sieben Diademen auf seinen Köpfen.
Sein Schwanz fegte den dritten Teil der Sterne des Himmels hinweg und warf sie auf die Erde ...
Gestürzt wurde der große Drache, die alte Schlange, die den Namen Teufel und Satan trägt, der den ganzen Erdkreis verführt; er wurde hinabgestürzt auf die Erde, und seine Engel wurden mit ihm gestürzt.«
Bis ins ausgehende Mittelalter waren Drachen den Menschen bittere Realität, verbrämt und verzerrt vom Nebel der Mystik und Religion. Aber haben nicht Mythen oft einen längst vergessenen, aber realen Kern?

Der alte Gesner unterscheidet im Kapitel »De dracone« seines Schlangenbuches aus dem Jahre 1587 gleich drei Arten, obgleich er selbst als Naturforscher nicht mehr daran glaubte: eine ungeflügelte riesige Schlange, eine mit Flügeln und schließlich ein Monstrum von Schlange mit krallenbewehrten Klauen, Raubtierkopf und häutigen Flügeln.
Der französische Zoologe Pierre Belin aus dem selben Jahrhundert will mit eigenen Augen eine geflügelte Schlange mit zwei Beinen gesehen haben. Noch im Jahre 1665 berichtet Athanasius Kirchner im Buch »Mundus subterreanus« vom Ordensritter Deodatus de Gozo, der 1345 den großen Drachen von Rhodos besiegte, und bildet diesen Drachen gleich zweimal ab, einmal als junges und einmal als altes Untier.
In unserer aufgeklärten Zeit ist der Drache das Tier der Märchen, Sagen und Dichter wie Schiller:

»Lang strecket sich der Hals hervor,
Und gräßlich wie ein Höllentor,
Als schnapp' es gierig nach der Beute,
Eröffnet sich des Rachens Weite,
Und aus dem schwarzen Schlunde dräun
Der Zähne stachelichte Reihn,
Die Zunge gleicht des Schwertes Spitze,
Die kleinen Augen sprühen Blitze,
In einer Schlange endigt sich
Des Rückens ungeheure Länge,
Rollt um sich fürchterlich,
Daß es um Mann und Roß sich schlänge.«

Der Drachenglaube in China

In Ostasien ist der Glaube an Drachen, Glücksbringer, noch heutzutage lebendig und aus Sage und Mythologie nicht wegzudenken.
Chinesen begegnen Drachen mit größter Ehrerbietung und feiern Drachenfeste und wiederkehrend ein »Jahr des Drachen«. Kriecht ein Wurm, eine

Spur nach sich ziehend, über eines Gelehrten Buch, so verneigt sich dieser ehrfurchtsvoll und verbeugt sich tief bis zur Erde, erhebt sich der Wurm als Drache mit einem Kopf, groß wie der eines Nilpferdes, unter Blitz- und Donnerschlägen in die Lüfte.

Wir vermuten, welches Tier der Chinesen Phantasie beflügelt. Es ist der Chinaalligator (Alligator sinensis), der in den Überschwemmungsgebieten des Jangtsekiang ein verborgenes Leben führt. Im Winter gräbt er sich in den Boden, im Frühjahr hingegen, wenn Frühlingsgewitter ihn geweckt haben, schwimmt er bei Blitz und Donner dahin, und der Glaube verleiht ihm Flügel.

Vielen von uns heutigen Menschen erscheinen die Krokodile, entstanden, als sich einst Wasser und Land voneinander schieden, wie bestialische Schreckgestalten und nicht als Zeugen versunkener Jahrmillionen. Ist ein Krokodil wirklich ein feuerschnaubender Drache, wie die Bibel im Buche Hiob (41, 11) mit dichterischer Wortfülle sagt: »Aus seinem Rachen fahren brennende Fackeln, feurige Funken schießen hervor.«

Das Crocodile Camp

Bald werden wir die Nilkrokodile (Crocodylus niloticus) des Sabaki River erleben und es selbst sehen.

In der Ferne der Savanne, gegen Norden, strecken sich die »Lali Hills« blauviolett in den wolkigen Himmel. Unser Ziel ist nahe. Kurz vor dem Eingang »Sala gate« zum Nationalpark Tvaso Ost, bekannt durch große Elefantenherden, biegen wir zum Athi River ab.

Das Crocodile Camp besitzt nur einen Bau, den man bei wohlwollender Betrachtung als Gebäude bezeichnen könnte, sonst nur Zelte als Unterkünfte. Dicke Holzpfosten tragen Schilfdächer über dem Eßplatz und einer Bar, angereichert mit Flaschen, die bei 40 Grad im Schatten einen gewiß erfreulichen Anblick bieten. Zum Fluß, der etwa 40 Fuß entfernt träge dahinströmt, begrenzt das Camp ein kaum hüfthoher zum Wasser zu abgeschrägter Steinwall, der oben mit etwas Beton zusammengehalten wird.

Schleifspuren im Ufersand rühren von Krokodilen, und jeder weiß es: An die 30 Krokodile leben hier im Wasser, auf den vielen kleinen und größeren Inseln mitten im Strom, unter Uferböschungen und wahrscheinlich auch an Land. Ihretwegen kamen wir hierher.

Siedleragamen (Agama agama), die Männchen mit prachtvoll blauem Körper und rotem Kopf, huschen umher und verhalten sich, als wollten sie photographiert werden. Weit draußen im Fluß, wo eine Sandbank sich flach in die flirrende Hitze wölbt, liegen zwei grünlichschwarze, leblose Baumstämme: Krokodile! Und etwas später sehen wir, nur wenige Meter vom Ufer entfernt, zwei Nasenöffnungen mit einer Schnauzenspitze. Kaum ein Kräuseln der Wasseroberfläche, kein Wellenschlag, das Krokodil ist weggetaucht, bleibt lange unten, kommt an anderer Stelle hoch und treibt, seine Beine nach hinten an den Körper angelegt, mit schlängelnden Bewegungen seines Ruderschwanzes stromaufwärts, mit einer Leichtigkeit und Eleganz,

wie man sie bei diesen gepanzerten »Urviechern« nie vermutet. Der Inder, dem das Camp untersteht, erklärt, es sei Monika, die ihre Schwimmkünste zeige. Seit wann haben Krokodile der Wildnis Namen?
Schnell und ohne Übergang, wir sind drei Breitengrade unter dem Äquator, sinkt die Sonne in den Fluß und färbt Gräser, Palmen und Gestrüpp goldgelb. Einige große Wasservögel flattern noch von Insel zu Insel. Ihre langen Schatten geistern über Land und Wasser.
Die Tropennacht bleibt heiß und von den Wassermassen des Sabaki feucht. Ein Generator sorgt für elektrischen Strom, ein ungewöhnlicher und unerwarteter Luxus hier im Busch. Daher die eisgekühlten Getränke am Bartisch. Neben dem Eßplatz brennt ein Feuer. Für den, der es noch wärmer haben möchte – oder um wilde Tiere abzuschrecken? Über Holzkohle grillt Hammelfleisch, unser Abendessen.

Abendessen für Krokodile

Punkt neun Uhr hören wir ein schleifendes Geräusch vom Fluß herauf. Im Schein einer Glühlampe schiebt sich ein fünf Meter langes Krokodil an Land und langsam auf uns zu. Mit einem unwahrscheinlichen Zeitsinn muß es begabt sein. Der Nacken ist durchgedrückt, der mächtige Schwanz schleift über den Boden.
Was empfindet man? Furcht, Schrecken, Entsetzen?
Nichts von alledem, man wartet ab, wie es weitergeht.
An den Steinen, zwei Meter vor uns, macht das Krokodil halt und sieht uns mit dem zähnestarrenden Maul eines urzeitlichen Sauriers an.
Schabiklala, der Inder, erkennt in ihm »Willy« und begrüßt ihn. Der Schein seiner Taschenlampe gleitet über das Wasser, und Augenpaare reflektieren grünleuchtend das Licht: wartende Krokodile. Jedes wird bei seinem Namen gerufen, kommt an Land und legt sich zu den anderen: Otto, Lutamba, Jonny, Juana, Galana, der ein Stück Schwanz fehlt, Monika, deren Schwimmkünste wir bewunderten, Sala und auf welch wohltönende Namen Krokodile sonst noch hören.
Da liegen sie vor uns, Drachen unserer Zeit, nur durch ein paar Steine von uns getrennt. Haben die Namen sie uns vermenschlicht? Niemand empfindet sie als Bedrohung.
Schabiklala wirft ihnen Fleischstücke zu, manches genau in den Rachen ihres Raubtiergebisses, andere klauben sich mit einer Seite ihres Maules welche aus dem Sand, würgen, schlucken, warten auf Nachschub: Krokodile essen von Menschenhand zu Abend.
Eine Halogenlampe leuchtet auf zum Photographieren. Grinsen die Krokodile nicht hämisch, die starre geschwungene Linie ihres Maules bis hinter die Ohren verziehend, als wollten sie anschließend auch uns Menschen verspeisen! Es sieht nur so aus.
Immer mehr Fleisch wird herbeigeschafft. Die Krokodile sind hungrig, als gäbe es keine Fische im Sabaki und keine unvorsichtigen, durstigen Gazellen und Antilopen, die sich mit einem Ruck unter Wasser ziehen lassen.

Da geht das Krokodil mit dem sanften Namen Juana, wohl an die sechs Meter lang, Sala an und beißt sie in den Schwanz. Es blutet. Krokodile bleiben Raubtiere, auch wenn sie auf Menschennamen hören und sich füttern lassen.

Begegnung um Mitternacht

Um Mitternacht wird mir dies nochmals bewußt.
Nach kurzem Schlaf wache ich schweißgebadet auf. 45 Grad zeigt das Thermometer im Zelt.
Draußen treffe ich auf meinen Freund, der überhaupt nicht schlafen konnte. Wir wollen ein Bier trinken und treffen auf einen Afrikaner, der mit Knüppel und Taschenlampe vor drei Krokodilen hockt, die vollgefressen noch an Land liegen. »Jambo« grüßen wir und fragen auf Englisch, was er mache. Er antwortet auf Suaheli, das wir nicht verstehen: »Mamba angalia itakuwa ubora tukirudi.« Das Wort Bier kennt er, »pompe« nickt er und geht welches holen.
Zwei der Krokodile liegen wie leblos, das dritte hebt seinen Kopf zu uns. Der mächtige gepanzerte Körper rührt sich, schiebt sich ganz langsam auf uns zu. Es ächzt und knirscht, als ob ein Baumstamm über Sand schleift. Der Afrikaner bringt das Bier. Das Krokodil hält inne und sieht uns unverwandt an. Oder scheint es uns im undeutlichen Dunkel der Nacht nur so?
Im Zelt suchen wir uns die Worte Suaheli zusammen. »Krokodile, seien Sie vorsichtig, es wäre besser zurückzutreten«, hatte er gesagt.
Er muß die Krokodile bewachen, damit nicht eines anstatt zurück ins Wasser in ein Zelt spaziert.

Anhängliche Nilpferde

Beruhigt lege ich mich wieder hin. Ehe ich einschlafe, fällt mir ein ähnliches Erlebnis ein.
Mit einer kleinen Sportmaschine waren wir zum Wildschutzgebiet Masai Mara geflogen, das im Westen Kenias liegt und nördlich an die Serengeti anschließt. Der Flugplatz – wenn man derartige Bezeichnungen überhaupt auf dortige Verhältnisse übertragen darf – besteht aus einer Stange mit einem Windsack und ein paar festgefahrenen Spuren in der Savanne.
Das »Governor's Camp« liegt im Wald, und die Zelte längs des Mara River erfreuen sich des Schattens der Urwaldbäume.
Vom Zelt aus sieht man auf den etwa fünfzehn Meter tief eingeschnittenen Fluß, der wirbelnd dahinschießt, als könne er es nicht erwarten, dem Victoriasee sein lehmiges Wasser zu bringen.
Zwei Kolosse von Nilpferden planschen behaglich in den Fluten, in Afrika ein gewohnter Anblick.
Dieses Camp hat keinen Generator für elektrischen Strom, doch eine wohl assortierte Bar, die von englischer Lebensart zeugt, die von den Kenianern nach Erlangen ihrer »Uhuru« (Freiheit seit 1963) strikt geleugnet und doch beibehalten wird. Und darauf kommt es schließlich an.
Des Nachts suchen meine Frau und ich den Weg zu unserem Schlafzelt. Wir haben es beinahe erreicht, da blitzen im Lichtkegel der Taschenlampe zwei grüne Augen auf: ein Raubtier!

Es war keines, aber ein Nilpferd, das nicht minder gefährlich sein kann, wenn man ihm beim Grasen zu nahe kommt, was solche Tiere nachts zu tun pflegen – im allgemeinen aber nicht inmitten eines Camps. Das zweite entdecken wir fünf Meter neben unserem Zelt. Wir hatten sie und sie uns des Tags so oft gesehen, fürwahr anhängliche Tiere!

Ein Afrikaner mit Speer – als ob ein Nilpferd sich dadurch beeindrucken ließe – führt uns auf Schleichwegen zu unserem Zelt. Wie sind solche Kolosse das steile Ufer heraufgekommen? Er zuckt die Schultern: Krokodile und Nilpferde brächten so etwas eben fertig.

Draußen, gleich nebenan, hören wir das Nilpferd, vertrauen auf seine ihm nachgerühmten »geistigen Fähigkeiten« und darauf, es werde Zelt und Freßbares auseinanderhalten – und schlafen ein.

Galana und Lutamba

Die Sonne steigt hinter den Silhouetten der Palmen, bizarrem Gesträuch und dornigem Gestrüpp auf und sieht unsere kleine Gruppe im Crocodile Camp bereit zur Morgensafari. »Safari« sei das einzige Wort Suaheli, das in alle Sprachen übernommen, in aller Welt bekannt sei, erklärt der Führer, ein Massai. Etwas mehr bekleidet als in den Prospekten der Reiseveranstalter, trägt er seinen Speer voran, als müsse er nochmals zum Beweis seines Mannesmutes einen Löwen erlegen, von denen es hier allerdings genug gibt.

Ansonsten sieht er nicht so aus, als würde er noch in einer »Boma« wohnen, einem Familiendorf der Massai, und dort in einer Hütte aus Ruten und Kuhmist zusammen mit den Erzeugern dieses Mörtels, die jeden Abend in den Kral getrieben werden, den dorniges Gezweig umhegt.

Ich bleibe im Camp und erwerbe eine halbe Ziege. Im Licht des Tages erscheint unwirklich, was am Vorabend geschehen ist: Krokodile, die ihr Abendessen aus der Hand des Menschen nahmen. Wie werden sie sich jetzt im überdeutlichen Licht der Sonne verhalten?

Wir werfen etwas Ziegenfleisch ins Wasser. Die Krokodile schnappen danach. Wir legen etwas ans Ufer. Erst als wir uns entfernen, schiebt sich »Galana«, die Schwanzlädierte, triefend vor Nässe auf den Sand. Das andere Krokodil, »Lutamba«, folgt.

Die Freßgier der Krokodile ist erwacht, und einige Fleischstücke locken sie zu uns her. Sie lassen sich füttern wie abends zuvor.

»Galana« legt sich wohlig mit den Vorderbeinen nach hinten und erhobenen Kopfes in den Sand. »Lutamba« harrt der Dinge.

Ich gehe über die Steine auf Galana zu. Sie erhebt sich, über die Störung verstimmt, kriecht einen Meter auf mich zu, öffnet ihr zähnestarrendes Maul. Ich gehe weiter, sie macht kehrt und watschelt, gar nicht eilig, zum Rand des Ufers, dreht sich nach mir um, wartet. »Lutamba« folgt.

Wollte mich »Galana« angreifen? Kaum.

So tapfer Nilkrokodile im Wasser sein können, an Land sind sie ausgesprochen feige. Sie vermutete ein weiteres Stück Fleisch aus der Hand des Menschen.

Noch drei Schritte auf die Krokodile zu. »Galana« schiebt sich ins Wasser, »Lutamba« plumpst hinein, beide tauchen in den Fluten unter. Der Fluß hat sie wieder.

Am späten Nachmittag, auf der Rückfahrt nach Malindi, steht kein Nilwaran über dem Weg. Und dennoch sind wir nachdenklicher als auf der Hinfahrt:

Die Krokodile des Athi sind es, Gestalten wie aus einer anderen Welt, aus einer anderen Zeit, die sich füttern lassen, vertraut sind mit uns Menschen, keine alles zerfleischenden und zerreißenden Bestien, Tiere, durch Jahrmillionen und aber Jahrmillionen uns überkommen, übriggeblieben, zeugend von einstiger Größe und Macht der Reptilien in ihrer »goldenen« Zeit...

Zehntes Kapitel

Seine Heiligkeit das Krokodil

Die Priester im Teich bei Karatschi

In den Hafen von Karatschi, der größten Stadt Pakistans, laufen die Schiffe von Süden nach Norden ein. Westlich wie östlich der Hafenanlagen dampfen unter der schwülen Tropensonne Mangrovensümpfe. Stadteinwärts sind die Geräusche des Hauptbahnhofs zu hören.

An der Universität vorbei, zwischen Zoo und Stadtpark einen Fluß schmutzigster Färbung überquerend, erreicht man den Stadtteil »Goth Goli Mar«, dann Slums und schließlich mit einigem Glück und Geschick des Autofahrers offenes Land.

Es ist alles in allem eine etwas eintönige und wenig erfreuliche Fahrt zum allbekannten Wallfahrtsort, wie das Fahrten zu heiligen Stätten an sich haben.

Heißer Wind streicht über das Land, über den heiligen Teich, sein lehmbraunes Wasser und über fünfzig Priester, die Huldigungen frommer Pilger erwarten. In einem Tümpel abseits schaut ein besonders großer und wohlgenährter »Priester« aus der Wasserbrühe, abgesondert von seinen Priesterkollegen, damit er keinen verspeist.

Dergleichen ist nun allerdings unter Priestern nicht üblich. Es sind auch keine gewöhnlichen Priester, es sind die Sumpfkrokodile (Crocodylus palustris) des heiligen Teiches bei Karatschi, die seit unvordenklichen Zeiten der Priesterwürde teilhaftig sind.

Wie an allen Wallfahrtsorten unserer Erde bringen die Pilger milde Gaben: Ziegen. Sie werden geschlachtet und in Teile zerlegt. Dann ruft der Oberpriester, nicht zur Ordnung der Panzerechsen gehörend, wenn auch deshalb nicht minder verehrungswürdig, mit lauter Stimme »die Priesterschaft« herbei.

Diese verläßt das heilige Wasser und kriecht heran, mit kurzen Beinen den Rumpf hochstemmend, den Schwanz nachschleifend. Im ungeordneten Halbkreis liegen sie, wie vorsintflutliche, gepanzerte Ungeheuer, sperren ihren Rachen auf und zeigen ihr Raubtiergebiß.

Jeder bekommt seinen Teil der milden Gabe, schnappt ihn oder klaubt ihn seitlich mit dem Maule auf, wie es dem mehr seitlich gerichteten Blickwinkel eines Krokodils entspricht.
Die Zeit scheint über hundert Jahre stehengeblieben, und es ist wie damals im Jahre 1842, als Orlich den heiligen Teich der Priester besuchte. Noch immer sind einigen der Krokodile fromme Sprüche auf die Stirn gemalt, doch es sind nicht mehr die Krokodile von damals. Kaum ein Krokodil lebt länger als hundert Jahre.
Der Oberpriester war damals »Brahmane«, zugehörig der höchsten indischen Kaste der »Unverletzbaren«, denen die indische Verfassung von 1950 ihre Rechte nahm.
Für die Sumpfkrokodile änderte das nichts. Sie sind hungrig wie eh und jeh, peitschen ab und zu mit dem gepanzerten Schwanz das Wasser und harren der Pilger. Diese kommen furchtlos. Diese »Priester« sind nicht zum Fürchten, man verehrt sie, heute ebenso wie früher, auch wenn ihre Münder von Zähnen starren.
Wer könnte sich dem Zauber entziehen? Dem Neuartigen des Erlebens, der Gläubigkeit der Pilger, der Selbstverständlichkeit, mit der alles geschieht.
Ein Jaracanda- und ein Mangobaum blühen über lehmigem Boden, als vermittelten sie zwischen Erde und Himmel. Amethystblaue Blüten, trompetenförmig wie die der Bignonien, zart hingehaucht, trägt der eine, übersät mit weißem Blütengeriesel ist der andere. Duft strömt über Priester und Pilger.
Die Krokodile haben ihr Futter verschlungen und schlurfen zurück in ihren Teich – von Gebeten und frommen Wünschen begleitet.

Das Krokodil im Widerstreit der Meinungen

Welch ein Gegensatz zur landläufigen Meinung von Krokodilen als menschenfressenden blutgierigen Bestien, mit einem Gruseln auf dem Rücken aus sicherer Entfernung in Zoos bestaunt! Peters sagt es treffend: »Für meine Begriffe sind Krokodile die scheußlichsten und widerlichsten Tiere unserer Zeit, sie erinnern mich an die abenteuerlichen Schreckenssaurier, jene phantastischen Raubritter, Mordmonstren und Geisterkühe mit ihren unmöglichen Teufelsfratzen, Ritterrüstungen und anderem übertriebenen Körperballast.«
Und wer hat nicht schon in Abenteuerbüchern oder Reisebeschreibungen von hinterhältigen und bestialischen Panzerechsen gelesen, die arglose Frauen und Kinder anfallen und fressen, und von Männern, die mit diesen Ungeheuern kämpfen? Wer schüttelt nicht ungläubig den Kopf, hört er von zahmen Krokodilen, die den Menschen zugetan sind?
Vergessen wir alle Schauermärchen und bemühen uns um eine objektive Sicht wie der große Historiker Herodot, Zeitgenosse und Freund von Sophokles und Perikles im Athen des fünften Jahrhunderts vor Christus. Übersehen wir nicht das Buch Hiob des Alten Testaments, das den »Leviathan«, das Krokodil, in dichterischer Vision verherrlicht und der Weltliteratur schenkt (41, 12 bis 14, 25 und 26):

»Rauch dampft aus seinen Nüstern, wie aus einem kochenden, heißen Topf.
Sein Atem entflammt glühende Kohlen, und eine Flamme schlägt aus seinem Maul.
Stärke wohnt in seinem Nacken, und vor ihm her läuft Kraft.
Es gibt über dem Erdenstaub nicht seinesgleichen, geschaffen, um sich nie zu fürchten.
Sein Blick mißt sich mit dem jedes Hohen; König ist es über alle stolzen Tiere.«

Der Gavial

Vielen Indern ist der »Gharial«, unser Gavial (Gavialis gangeticus), noch heute ein heiliges Tier des Gottes Vishnu, des Schöpfers und Beherrschers aller Gewässer. Und mancher fromme Hindu verehrt in ihm den zahnreichen Krokodilgott.

Trotz seiner sieben Meter Länge, seiner Kraft und Stärke und seiner langen schnabelförmigen Schnauze ist er ein den Menschen gnädig gesinnter »Gott«. Noch nie soll er einen Menschen getötet haben. Zwar findet man gelegentlich im Magen eines Gavials Armreife, Ringe und anderen Schmuck, doch diese stammen von den Toten, die Inder im Ganges zu bestatten pflegen. Er frißt die Fische im Indus, Ganges und Brahmaputra.

Schon die antiken Schriftsteller, wie Aelianus, wußten um die Gutmütigkeit dieses Krokodils:

Die Brahmanen benützten die Krokodile ihrer Gewässer für Gottesurteile. Trifft der Verbrecher durch einen Fluß watend nur auf Gaviale, bleibt er am Leben und ist unschuldig. Sumpf- oder Leistenkrokodile hingegen ersparen dem Henker die Arbeit.

Das Leistenkrokodil

Das Leistenkrokodil (Crocodylus porosus) fühlt sich im Salzwasser des Meeres und dem Brackwasser der Flüsse in ganz Südostasien und der indoaustralischen Inselwelt bis Neuguinea und Nordaustralien wohl. Mit seinen sieben bis zehn Metern Länge übertrifft dieses »Krokodil des Meeres« an Größe und Stärke alle anderen Panzerechsen Asiens.

Als Menschenfresser gefürchtet und verfolgt, ist es fast ausgerottet. Doch noch immer wissen Einheimische um die schrecklichen Greueltaten gerade dieses Krokodils: In der Dunkelheit gehe es an Land und lauere an Pfaden Menschen auf. Im Wasser verharre es stundenlang unbeweglich, um plötzlich vorzuschnellen, erspähen seine graugelben Augen einen Menschen. Ein Boot zertrümmere es und fresse die hilflosen Insassen.

Im vorigen Jahrhundert sollen die Krokodile Indiens soviel Menschen gefressen haben wie die Tiger. Da es weit mehr Krokodile als Tiger gab, kann es mit der Mordgier von Leisten- und Sumpfkrokodil so schlimm nicht gewesen sein.

Mit mehr Phantasie denn Sinn für Realitäten läßt Rudyard Kipling, Nobelpreisträger für Literatur des Jahres 1907, in seinen Dschungelbüchern den Mugger, ein altes Krokodil, sagen: »Ich bin kein treuloser, fischjagender Gavial, ich bin der treue, ausharrende Wächter der Furt. Nicht umsonst trägt das Dorf meinen Namen, und wer lange wacht, sagt man, erhält endlich seinen Lohn.« Und der Mugger rühmt sich der vielen Menschen, die er fraß, und seiner Intelligenz, die ihn dazu befähigte. Er sei »Deota«, der anerkannte Schutzgott dieser Gegend, niemand würde sich an ihm vergreifen.

Doch er irrt. Des Nachts ereilt ihn sein Schicksal auf einer Sandbank nahe der Brücke, bei deren Bau er fünfzehn Arbeiter fraß. Der Erbauer der Brücke, als Engländer wenig besorgt um den Schutzgott der Einheimischen, erschießt den Mugger, dem er als fünfjähriges Kind mit knapper Not entkam.

Wenn ein Mensch von einem solchen Krokodil angegriffen wird, ist er nicht immer verloren, beweist er nur den nötigen Mut – wie der Sanitätshauptmann Darlington während des Zweiten Weltkriegs, wovon *Loveridge* erzählt.

Am Ufer eines Teiches Neuguineas ging der Hauptmann der durchaus friedlichen Beschäftigung nach, Moskitolarven in Glasröhrchen zu sammeln. Plötzlich taucht ein Leistenkrokodil auf, schnappt den Hauptmann am Arm und zieht ihn unter ruckartigem Drehen um die eigene Achse in tieferes Wasser, wie Krokodile zu tun pflegen. Der gut durchtrainierte Darlington tritt und schlägt um sich und gegen das Krokodil. Vom Kampf wirbelt das Wasser mulmig auf. Ein harter Schlag auf den Bauch des Untiers, und es läßt los, was es geschnappt.

So blieb Darlington als berühmter Entomologe (Insektenkundler) der Welt erhalten, wenn auch schwer verwundet. Das Krokodil hatte seine linke Hand mit den Zähnen durchbohrt, den linken Ellbogen zertrümmert und die Muskeln und Sehnen des rechten Armes gezerrt.

Auch von zahmen Leistenkrokodilen wird berichtet: Auf Sumatra fütterte man ein riesig-uraltes Tier stets mit Fischköpfen. Zu den Mahlzeiten stellte es sich pünktlich ein. Andere Krokodile, die teilhaben wollten, vertrieb es. Durch gutes Essen besänftigt, ließ es sich von seinen Wohltätern streicheln.

Der Zoologe und die Krokodile

Die heute noch lebenden (rezenten) 23 Arten der Panzerechsen faßt der Zoologe in der Ordnung der Krokodile (Crocodylia) in drei Familien zusammen.

Der Gavial unterscheidet sich mit seiner langen schnabelähnlichen Schnauze schon im Aussehen deutlich von den anderen und ist einziger der »Gavialidae«.

Von der Familie der »Echten Krokodile« (Crocodylidae) wurden das Sumpf- und Leistenkrokodil bereits genannt. Auch das Nilkrokodil (Crocodylus niloticus) gehört hierhin.

Abgesehen von einigen wenigen äußerlich nicht erkennbaren Besonderheiten sind die sichtbaren Merkmale der dritten Familie, der Alligatoren (Alligatoridae), gering und Zweifel angebracht, ob sie eine eigene Familie rechtfertigen.

Die Zähne der Krokodile sind in Zahnhöhlen (Alveolen) eingekeilt und nicht wie bei anderen Reptilien am Knochen angewachsen. Bei den »Echten Krokodilen« greifen die Zähne des Ober- und Unterkiefers zwischeneinander und bleiben bei geschlossenem Maul als mehr oder minder gerade Linie zu sehen. Die Oberkieferzähne der Alligatoren gehen hingegen über die mehr einwärts stehenden Zähne des Unterkiefers hinweg. Bei geschlossenem Maul zeigen sich daher nur die Zähne des Oberkiefers. Auch der vierte Unterkieferzahn, als Reißzahn besonders kräftig ausgebildet, greift in eine Grube des Oberkiefers und bleibt unsichtbar.

Bei den »Echten Krokodilen« schiebt sich dieser vierte Zahn in eine Furche des Oberkiefers und ist auch bei geschlossenem Maul zu sehen.

Dieser Unterschied, auf den die Zoologen soviel Wert legen, wird sprachlich verwischt.

Im Englischen ist jedes Krokodil ein »alligator«. Dieser Name überkam dem Englischen aus dem Spanischen. Spaniern erschienen die Krokodile wie riesig vergrößerte Eidechsen, und sie nannten sie »El lagarto«. Aus diesem Wort wurde »Alligator«, das der Franzose Cuvier im Jahre 1807 zur wissenschaftlichen Bezeichnung erhob. Wie man sieht, bedurfte es dreier Kulturen zur Namensgebung; der schöpferischen der Spanier, der pragmatischen der Engländer und der wissenschaftlich-rationalen der Franzosen.

Für uns Deutsche sind auch die Alligatoren (und Kaimane) und Gaviale »Krokodile« schlechthin.

Zur Familie der Alligatoren, mit Ausnahme des Chinaalligators (Alligator sinensis) sind alle Amerikaner, rechnen auch die süd- und mittelamerikanischen Kaimane. Sie sind auf Rücken und Bauch etwas stärker gepanzert, und es fehlt ihnen die Knochenspange, die die Nasenöffnungen der Alligatoren voneinander trennt.

Seine Heiligkeit das Nilkrokodil

Von jeher hat das Krokodil die Menschen seines Lebensraumes erregt und ihre Phantasie entzündet, zu Furcht oder zu Verehrung. Häufig sah der Mensch früherer Zeiten in unbeherrschbaren Naturgewalten und in unbezwinglichen oder unheimlichen Tieren Gottheiten.

Die Germanen erkannten in Blitz und Donner Donar (Thor), Sohn des Odin. Die alten Ägypter verehrten in Suchos (Sobek) ihren krokodilhäuptigen Gott.

Anfangs eine bescheidene Gottheit, Gebieter über Seen und Flüsse, gewann er bald an Ansehen und Macht und wurde in der Blütezeit der 12. altägyptischen Dynastie (etwa ab 1900 v. Chr.) zum Gott der Pharaonen. Ein bedeutendes Heiligtum entstand im oberägyptischen Ombos (Kom Ombo).

Mittelpunkt der Verehrung blieb der See Möris, südwestlich von Kairo, mit der Krokodilstadt »Krokodilopolis«, dem späteren Arsinoë und heutigem Medinet el-Faijum.

Die Pharaonen verlegten – vorübergehend – dem krokodilhäuptigen Gott zuliebe ihre Hauptstadt an den Zugang zu diesem Gebiet besonderer Verehrung, und König Amessemhet III. (Amun III, 1842 bis 1797) ließ Kanäle

bauen. Sie dienen noch heute der Bewässerung der fruchtbaren Oasen von Faijum, und der Karunsee ist als Rest des antiken Mörissees verblieben.
Die antike Stadt »Krokodilopolis« und somit auch die heutige moderne Großstadt Medinet el-Faijum verdanken ihre Entstehung dem legendären König Menas, wie Diodorus Siculus, griechischer Geschichtsschreiber des ersten Jahrhunderts vor Christus, zu berichten weiß: Dieser König sei, von seinen eigenen Hunden angegriffen, in den Mörissee geflüchtet. Ein Krokodil habe ihn unversehrt an die andere Seite des Sees getragen. Zum Dank für seine wundersame Rettung ließ er Krokodilopolis bauen und gebot seinen Untertanen, Krokodile gleich Göttern zu verehren, was fortan auch geschah.
Noch heutzutage trifft man in Unterägypten auf Tausende von Krokodilen – allerdings keine lebenden, sondern auf die heiligen der alten Ägypter.
Gestorbene Krokodile balsamierten sie ein, umwickelten die heiligsten mit Papyrusrollen, die weniger heiligen mit in Pech getränkten Leinentüchern und bestatteten sie in aller Form. Die Mumien haben die Jahrtausende überdauert, ihre Nachkommen jedoch wurden in unseren pietätlosen Zeiten alle umgebracht.
Tausende von mumifizierten Krokodilen finden sich in den Höhlen Maabde bei Monfalut, größere einzeln, kleinere gemeinsam in langen Körben aus Palmwedeln beigesetzt, und sie künden noch heute von dem Totenkult und der Verehrung, die ihnen ebenso zuteil geworden ist wie den Krokodilen in den Gräbern von Theben, deren Ohren und Füße dereinst Ringe schmückten.
Herodot bestätigt es: Am Mörissee werden heilige Krokodile gehalten, die mit Ringen aus Gold und Edelsteinen in den Ohren und mit goldenen Armbändern an den Vorderfüßen geschmückt sind. Man füttert sie mit Mehlspeisen und Opferfleisch. Nach ihrem Tod erwartet sie ein geweihtes Grab und, einbalsamiert, »ewiges Leben«.
Der griechische Geograph Strabon besuchte zur Zeit um Christi Geburt das heilige Krokodil »Suchos« – nach dem Gott genannt – nahe der Stadt Krokodilopolis. Sein mitgebrachtes gebratenes Fleisch, Kuchen und Honigwein gab er den Priestern, die seiner Heiligkeit Suchos den Rachen öffneten, Kuchen und Fleisch hineinlegten und Wein nachgossen. Das Krokodil sprang derart gestärkt in den See, schwamm zum anderen Ufer und ließ sich dort erneut füttern.
Welch außergewöhnlicher Verehrung sich Krokodile erfreuten, wissen wir von Maximus Tyrius: Eine Ägypterin zog ein Krokodil auf, und Strahlen göttlichen Glanzes fielen auch auf sie. Der Gott lebte und spielte mit ihrem kleinen Sohn. Doch eines Tages, größer und stärker geworden, fraß er seinen Spielgefährten einfach auf. Die Mutter, des Verlustes keineswegs traurig, pries fortan das Glück ihres Sohnes, von einem Gott höchstpersönlich verspeist worden zu sein.
Warum waren Krokodile vielen Ägyptern so heilig? Wir wissen es nicht genau, und die angegebenen Gründe überzeugen nicht:

Die Nilkrokodile seien die besten Wasserkundler und der Landwirtschaft nützlich gewesen, da sie ihre Eier an Stellen legten, die das Nilwasser nicht mehr erreichte. Und sie hätten den Strom bewacht und libysche und arabische Räuber am Durchschwimmen gehindert.

Das mag stimmen, aber es erklärt nicht die göttliche Verehrung, die weniger im Nützlichen als vielmehr in den tieferen Schichten wurzelt.

Das Nilkrokodil als Räuber

Unserer Zeit ist von der Verehrung der Nilkrokodile außer den Mumien nichts überkommen, uralter Ruhm ist verblichen, kein Glaube spricht sie mehr heilig.

Als es die Nilkrokodile (Crocodylus niloticus) noch allerorts gab, waren sie gefürchtet. Sie zogen nicht nur Wildtiere, sondern sogar Büffel und Giraffen und auch Haustiere unter Wasser, ertränkten sie und rissen, sich unter Wasser ruckartig um die eigene Achse drehend, Gliedmaße um Gliedmaße, Fleischstück um Fleischstück heraus, bis nichts mehr übrig war.

Während seines Aufenthaltes in Chartum sah *Brehm,* wie ein Krokodil wenige Schritte vom Haus seiner Eltern einen Knaben raubte, in den Strom zog, ertränkte und auf einer Sandbank mitten im Fluß vor den Augen der Dienerschaft verschlang. Die Beute wieder an Land zu bringen und dort zu zerfleischen ist nicht gerade Brauch der Nilkrokodile. Ohne Zweifel haben sie hier und da unvorsichtige Frauen und Kinder im Wasser angegriffen.

Alte Leute im Sudan und anderswo in Afrika wissen davon noch zu berichten. In manchen Gegenden waren Krokodile gefürchtete Menschenräuber, in anderen wiederum galten sie als harmlos.

Vielleicht stieg die Unfallhäufigkeit mit der Bevölkerungsdichte. Oder aber, was ich annehme, es gab einzelne auf Menschen spezialisierte Exemplare, so, wie in Indien unter den Tigern Menschenfresser vorkamen. Krokodile vermögen zu lernen. Und hat eines die Erfahrung gemacht, welch ungefährlich leichte Beute ein Mensch ist, liegt es nahe, sich immer wieder »zu bedienen«, solange sich Unvorsichtige in den Fluß hineinwagen.

Forschungsobjekt Krokodil

Der Verfasser des Buches Hiob sah das Nilkrokodil in dichterischer Schau, den alten Ägyptern war es heilig und verehrungswürdig, die römischen und griechischen Schriftsteller hat es geradezu fasziniert: Nicht nur Herodot, Strabon, Diodorus Siculus und Maximus Tyrius, auch Plinius, Aristoteles, Plutarch, Dio Cassius, Aelianus und sogar Seneca, sonst mit stoischer Ruhe mehr den Fragen der Ethik und Lebensführung zugewandt, führten es der antiken Welt vor Augen.

Erstaunlich, was sie schon wußten: Das Krokodil bewohnt Land und Wasser. Es ist ein listiges und feindseliges Tier, ein heftiger Feind aller anderen Tiere, geht es um seine Jungen. Seine Eier, nicht größer als die der Gänse, legt es in den Ufersand und hält brütend Wache. Die etwas über eine Spanne langen Jungen wachsen bis auf 26 Ellen heran, und es gibt kein anderes Tier auf der Erde, das bei seiner Geburt so klein ist und dann so riesig groß wird, ehe es in hohem Alter stirbt. Die Männer unter den Krokodilen befleißigen

sich einer brünstigen Liebe zu ihren Weibern, und wehe dem, der sie dabei stört.
Herodot irrt nur mit seiner Meinung, Krokodile hätten keine Zunge, seien unter Wasser blind und nicht der Unter-, sondern nur der Oberkiefer bewege sich.
Es besitzt durchaus eine Zunge, nur ist sie der ganzen Länge nach angewachsen. Sein Oberkiefer ist wie bei anderen Tieren fest, und beim Fressen bewegt es den Unterkiefer. Unter Wasser sieht es ausgezeichnet.
Im vorigen Jahrhundert wußte *Brehm* über das Krokodil schon einiges mehr als die antiken Schriftsteller. Die Lebensgewohnheiten und das Verhalten der Krokodile zu erforschen blieb jedoch unserer Zeit vorbehalten.
Die Kenntnis vom Umgang mit Krokodilen in der Gefangenschaft verdanken wir den vielen Liebhabern, Zoos und den Krokodilfarmen in aller Welt und besonders der einen auf Neuguinea, die wissenschaftlich forscht.
Systematische Klarheit zu schaffen gelang den deutschen Herpetologen *Wermuth* und *Mertens.*
Um die Erforschung, wie die Krokodile in freier Wildbahn leben, haben sich insbesondere der Ceylonese Deraniyagala, der Engländer Cott und der Indoafrikaner Modha verdient gemacht. Neuerlings hat *Heinz Sielmann* über die Krokodile der »Everglades«, der riesigen Sumpfgebiete der Halbinsel Florida, berichtet*.

Freundschaft zwischen Krokodilen und Vögeln

Doch auch sie vermochten nicht zu klären – und bis heute ist es strittig –, ob zutrifft, was vor knapp zweieinhalbtausend Jahren über die Freundschaft zwischen Krokodilen und Vögeln von Herodot geschrieben wurde: »Das Krokodil lebt in bester Freundschaft mit dem Vogel ›Trochylos‹, der ihm die Egel aus dem Maule pickt.«
Und etwa hundert Jahre nach ihm weiß Aristoteles (Sammlung Gesner aus der Mitte des 16. Jahrhunderts in der Übersetzung von Forers): »Ein Vöglein, Trochylos, oder Königlein genannt, und der große Crocodyl haben eine sonderliche Freundschaft und Zuneigung gegeneinander, dann dieweil der Crocodyl ein Wasser-Tier ist, hat er immerdar in seinem Rachen Aeglen, und dieweil er Fisch frißt, stecken ihm immerdar seine Zähne voll Fleisch, welches diesem Vogel wol bewust, wann dann der Crocodyl sich an die Sonne legt zu schlaffen, welches er thut mit offenem Rachen, so schläufft das Vögelein in seinen Rachen, picket und raumt oder stöchert ihm das Fleisch auß den Zähnen, davon der Crocodyl eine große Lust empfähet, hält dem Vögelein stille, und den Rachen offen, aber wann er will, daß es soll außfliegen, dieweil er seiner genug hat, so bewegt er den oberen Kinnbacken gemächlich, und läßt also das Vögelein unverletzt davon fliegen.«
Aelianus fügt dem hinzu, ein Vogel warne die Krokodile, indem er bei Gefahr rufe. Und das ist erwiesen.

* In »Tierwelt«, 9/1978.

Der Flußuferläufer (Actitis hypoleucos), der Sporenkiebitz (Hoplopterus spinosus) und auch der Wellentriel (Burhinus vermiculatus) suchen gern die Gesellschaft sonnenbadender Krokodile. Ein schriller Ruf des Spornkiebitzes genügt, und die Krokodile stürzen in ängstlicher Hast ins Wasser. Cott, der sich in Afrika jahrelang mit Nilkrokodilen befaßte, sah, wie Sporenkiebitze und Flußuferläufer Krokodilen Egel und andere Schmarotzer vom Panzer ablasen. Der Flußuferläufer hat dazu allerdings nur im Winter Zeit, da er bei uns brütet und seine Jungen aufzieht.

Schon Alexander von Humboldt hat an der Schwelle ins Unbekannte des Orinoko kleine schneeweiße Reiher beobachtet, die auf Rücken und Kopf der Spitzkrokodile herumliefen.

Der Wellentriel baut sein Nest oft neben dem eines Nilkrokodils, das sein Gelege bewacht. So sind seine Eier vor Nesträubern sicher, wer legt sich schon mit einer Krokodilmutter an!

Dieses lockere Zusammenleben von Krokodilen und Vögeln zu beiderseitigem Nutzen ist nicht so erstaunlich. Auch von anderen Tieren sind solche »Symbiosen« bekannt. Kleine Putzerfische ernähren sich von den Parasiten der viel größeren Zackenbarsche, die diese Körperpflege durch Wohlverhalten belohnen.

Das ist das eine.

Daß Vögel im Rachen von Krokodilen spazierengehen, wie es Aristoteles berichtet, wollen die meisten Zoologen nicht wahrhaben und bezweifeln, daß das Aufsperren eines Krokodilrachens eine freundliche Aufforderung zur Mundpflege bedeutet.

In Gefangenschaft schnappen die Krokodile noch nach kleinsten Webervögeln. Warum wird der Reflex zum Zuschnappen nicht beim Sporenkiebitz und Flußuferläufer ausgelöst, die doch einiges mehr an Fleisch zu bieten haben?

Putzaktionen eines Vogels in irgendeinem Krokodilrachen habe ich selbst nie gesehen, hingegen am Mara River nahe dem Victoriasee ein Nilkrokodil, das sich genußreich eines Kronenkranichs (Balearica pavonina) bemächtigte und sich weder an dessen eigenartig unkenden Rufen noch am Naturschutz störte, unter dem dieser schöne Vogel steht.

Der Schweizer Zoologe Gussiberg beobachtete auf dem Victoria-Nil einen Marabu, der dem geöffneten Maul eines Krokodils einen kleinen Fisch entnahm, und Player beschreibt, wie im Zululand ein Flußuferläufer, leichten Fußes auf dem Unterkiefer eines Krokodils wippend, Egel aus dessen Rachen pickte.

Der Inder Schabiklala vom »Crocodile Camp« am Sabaki River schwor mir heilige Eide, er habe dies schon oft gesehen. Doch seine Glaubwürdigkeit ist erschüttert, versicherte er doch ebenso, es gäbe im Fluß Nilkrokodile von elf Metern Länge, obwohl allein solche mit der respektablen Größe von fünf Metern schon selten sind. Nur auf Madagaskar wurden bisher die Skelettre-

ste eines Nilkrokodils gefunden, die auf eine Länge von über zehn Metern schließen lassen.
Wie dem auch sei: So abwegig scheint nicht zu sein, was die Alten, Herodot und Aristoteles, über das Vöglein Trochylos im Rachen der Krokodile schrieben; verwunderlich nur, daß zweieinhalbtausend Jahre nicht genügten, es aufzuklären.

Zärtliche Krokodilmutter

Beleuchten wir die Lebensgeschichte eines Nilkrokodils, die stellvertretend für die anderer Krokodilarten stehen soll.
Ein Nilkrokodil wird aus einem länglichen Ei, hartschalig von der Größe eines Gänseeis, geboren.
Die »Krokodilin« gräbt eine Grube im Sand des Ufers, einer Insel oder bewachsenen Sandbank immer in der Nähe schattenspendender Bäume oder dichtem Gebüsch, zumeist zwei Meter über dem Wasserspiegel. Krokodilmütter sind höchst konservativ und behalten ihre sorgfältig ausgesuchten Brutplätze jahrelang bei. Die vierzig oder noch mehr Eier decken sie mit herausgerissenen Pflanzen und abgebissenem Gras, vermengt mit Sand, zu. Diese Deckschicht, je nach Beschaffenheit des Bodens und Beschattung bis zu drei Fingerspannen stark, gewährleistet eine nur um drei Grad schwankende Durchschnittstemperatur von 30 bis 35 Grad. Diese natürliche Wärme brütet die Eier aus.
Anders als etwa Schildkröten lassen Krokodilmütter ihr Gelege nicht im Stich, sie legen sich darauf oder in den Schatten eines nahen Baumes und lassen es selbst dann nicht aus den Augen, wenn sie sich durch ein Bad erfrischen.
Leistenkrokodile sind noch mehr bemüht. Sie graben in der Nähe ein Schlammloch und bespritzen ihre Eigrube von Zeit zu Zeit, um sie vor einem Austrocknen zu bewahren.
Die Wachsamkeit der Krokodilmütter ist vonnöten, denn Eiräuber gibt es viele. Kommt einer dem Gelege nahe, knurren und schnappen sie nach ihm. Allen voran erachtet der Nilwaran Krokodileier als Leckerbissen. Gelingt es ihm, ein Gelege aufzugraben, trägt er ein Ei weg, bis er sich in Sicherheit vor dem Krokodil wähnt. Erst dann schlägt er es gegen einen Baumstamm oder Stein, um es so zu öffnen. Ab und zu soll es einem Waran gelingen, die Krokodilmutter vom Nest wegzulocken, damit ein anderer Waran die Eier stehlen kann. Ob Steppenwarane ähnlich verfahren, konnte ich nicht beobachten. Selbst Hyänen, Marabus und Paviane sind auf Krokodileier aus.
Nach etwa elf bis vierzehn Wochen sind die Krokodilbabys entwickelt und quaken unter der Erde. Mehrere Meter weit ist es zu hören. So geben sie ihrer Mutter kund, sie möchten ausschlüpfen und ausgegraben werden. Das Gewicht der Krokodilmutter, Nässe und Sonne haben die Abdeckschicht so verhärtet, daß die kaum zwei Fingerspannen langen putzigen Krokodilkinder von selbst nicht ans Licht des Tages kämen. Mit dem größten Zartgefühl, das man einem solch plumpen Panzertier kaum zutraut, gräbt es die Jungen

aus, stets darauf bedacht, keines zu verletzen. Ja, sie nimmt sogar, wenn es not tut, ein Ei in ihr Maul und hilft dem Jungen, die Eischale aufzubrechen.

Krokodilstränen

Sehr besorgt ist die Mutter um ihre Jungen und greift nun alles an, was sich nähert, auch Menschen. Das hat schon zu manchem tragischen Irrtum und der Legende von den Krokodilstränen geführt. Menschen, die das Quaken für die Laute eines verlassenen Kindes halten, eilen herbei, und die Krokodilmutter stürzt sich auf sie. Dann verdächtigt man das Krokodil, das Geschrei eines Menschenbabys nachgeahmt zu haben, um Menschen herbeizulocken, sie zu fressen und sodann die sprichwörtlichen Krokodilstränen zu weinen. (Krokodile haben Tränendrüsen. Wenn sie Tränen vergießen, dann nur, um ihre Augen anzufeuchten.)

Wer sich um Objektivität auch Krokodilen gegenüber bemüht, kann seit 1774 in der »Naturgeschichte aus den besten Schriftstellern« lesen: »Von den Thraenen die sie bey Verzehrung eines Menschen vergießen, und anderen Märchen, womit man sonst ihre Naturgeschichte besudelt hat, wird hoffentlich niemand hier erwartet haben*.« Wie wahr! Wie unrecht tut man den zärtlichen Krokodilmüttern, die weder hinterhältig sind noch bewußt weinen, sondern nur ihre Jungen verteidigen, etwas, das wir besorgten Müttern zubilligen müssen.

Krokodilväter sind weniger fürsorglich und eher geneigt, ihre eigenen Jungen zu verspeisen, beschützte die Mutter sie nicht. Zur Paarungszeit sind sie ungemein aggressiv gegen ihresgleichen und auch gegen Menschen, deren Boote sie ab und zu angreifen.

Zwei amerikanische Zoologen hatten in Nordrhodesien eine nicht ganz alltägliche Begegnung mit einem riesigen Nilkrokodil, dem ihr Boot nicht gefiel. Was blieb ihnen weiter übrig, als ins Wasser zu springen und ans Ufer zu schwimmen, während das Krokodil wütend das Boot in seine Bestandteile zerlegte.

Neuerdings liest man von Krokodilen, die sich in Paddel verbeißen oder – wie ich es sah – mit einem Boot um die Wette schwimmen, also einem verhältnismäßig harmlosen Sport huldigen.

Junge Krokodile leben gefährlich

Gleich einer Entenmutter schart die Krokodilmutter ihre Jungen um sich, läßt sie auf Kopf und Rücken klettern und stupst sie zurecht, geraten sie auf Abwege. Bei Gefahr nimmt sie sie sogar beschützend in ihr Maul, wie schon vor zweihundert Jahren beobachtet und nun bestätigt. Man spricht von »Maultransport«.

Die ersten Ausflüge von Mutter und Kindern ins Wasser beginnen, wo es für die Kleinen viel zu lernen und Gefahren zu überstehen gilt: breitmäulige Raubwelse stellen ihnen nach, hungrige Warane folgen ihnen, und Wasserschildkröten lauern ihnen auf. Der gefiederten Räuber sind viele: Fischadler, Geier und Marabus, nachts Uhus von der afrikanischen Art.

* Entnommen aus »Salamandra«, Bd. 13, Heft 3/4.

Eines nicht zu fernen Tages kommt die Zeit der Trennung von der fürsorglichen Mutter. Die Jungkrokodile verschiedener Gelege schließen sich zusammen und gehen ihre eigenen Wege.
Genügte ihnen in den ersten Wochen der Nahrungsvorrat ihres Dottersakkes, groß wie ein Hühnerei, so müssen sie nun Käfer, Schnecken und Gewürm, etwas größer gewordene Frösche, Krabben und kleines Wassergetier und später Fische und kleine Säugetiere erbeuten. Viele werden ihrerseits Beute ihrer Feinde. Zehn Prozent leben.
Selbst größere Krokodile fressen die kleinen auf, wagen sich diese in ihre Nähe. Daher sieht man so selten kleine Krokodile, sie leben ausgesprochen gefährlich, müssen sich verstecken, von Flußarm zu Flußarm, von Tümpel zu Tümpel wandern, stets darauf bedacht, keinem größeren Artgenossen vors Maul zu kommen.
In kälteren Zeiten wühlen sie sich oberhalb des Wasserspiegels Gänge und Höhlen und drängen sich schutzsuchend zusammen. Dörren Teiche und Tümpel in der Trockenzeit aus, graben sie sich in den Schlamm zu einem Trockenschlaf, bis die nächste Regenzeit sie weckt.
Auch ausgewachsene Krokodile machen das so. Und manch einer, der sein Zelt auf verkrusteter Erde aufgeschlagen, war nicht wenig erstaunt, als sich der Boden unter seinen Füßen bewegte, sein Zelt zu schwanken begann und er, eines Erdbebens gewärtig, sich einem mächtigen Krokodil gegenübersah, das sich aus dem Boden erhob.
Zu ihrem Glück wachsen die jungen Krokodile ziemlich schnell, in den ersten sieben Jahren jährlich um etwa zwei Fingerspannen. Nach sieben Jahren sind sie den Hauptgefahren entwachsen. Mit acht bis neun Jahren sind die Weibchen, inzwischen an die zweieinhalb Meter groß, und die männlichen Tiere, mit etwa drei Metern, geschlechtsreif. Sie nehmen nun am Gemeinschaftsleben der Krokodile teil, ein immer dicker werdender Panzer und ihr furchtbares Gebiß schützen sie vor ihren eigenen Artgenossen und Feinden. Nur der Mensch, wie auch sonst der größte aller Räuber in der Natur, Elefanten und vielleicht auch große Nilpferde werden ihnen gefährlich.

Das gesellige Leben der Krokodile

Die Entdeckung fremder Länder und Völker kann kaum abenteuerlicher gewesen sein als die Forscherarbeit Modhas in den sechziger Jahren. Acht Monate verbrachte er inmitten der fünfhundert Nilkrokodile, die in einem Kratersee des »Central Island« im Rudolfsee Kenias eine ihrer letzten Zufluchtsstätten haben. Dessen sodahaltiges Wasser schützt sie vor Wilddieben, weil es ihre Häute zur Verarbeitung ungeeignet macht.
Es ist eine wüstenähnliche Landschaft, geformt von Vulkanen, die längst erloschen sind, ausgedörrt vom heißen Wind, der über die Insel fegt, und von einer Sonne, die unbarmherzig niederbrennt. Ihr war auch Modha auf seinem Beobachtungsstand hinter Lavaklippen ausgesetzt, im Schatten maß er Temperaturen von über 40 Grad und in seinem Zelt noch mehr. Er war ganz allein und unbewaffnet.

»Nachts, wenn die Krokodile auf Raub ausgingen und nahe an meinem Zelt vorbeipatschten, das Schleifen ihrer gepanzerten Schwänze immer näher kam und ich nicht schlafen konnte, war mir schon seltsam und unbehaglich zumute«, gibt er selbst zu. Doch er verließ sich auf seine zoologische Erkenntnis, ein Nilkrokodil greife an Land keinen Menschen an, es sei denn, er zwinge es dazu. Dennoch: Gerade am Ufer des Rudolfsees fiel ein Krokodil einen Forscher an und verletzte ihn.

Mit der Zeit lernte Modha die meisten »seiner« Krokodile kennen und zu unterscheiden, kannte ihre Lieblingsplätze und ihr soziales Verhalten.

Das gesellige Leben der Krokodile

Das Seeufer ist voll der sonnenhungrigen Ungetüme, die auf einen reichlichen Kilometer zusammengedrängt sind.

Wird es heißer, öffnen sie weit ihr Maul, um sich abzukühlen. Schwitzen können sie nicht. Das Wasser auf den Schleimhäuten verdunstet, und das erzeugt Kühle und läßt zudem die Egel und andere parasitische Quälgeister vertrocknen, ohne daß es der Mundpflege durch Vögel bedürfte. Ab und zu nimmt ein Krokodil ein kühlendes Bad im See. Nachts widmen sie sich der Jagd, und gegen Morgen genießen sie gern das wärmende Wasser.

Die Sonnenküste der Krokodile bot anfangs das verwirrende Bild eines Strandes an der italienischen Adria zur Sommerzeit. Als Modha die Krokodile an ihren Eigenheiten und besonderen Merkmalen zu unterscheiden gelernt hatte, drängte sich ihm eine erste »Ähnlichkeit« mit Menschen auf: Jedes Krokodil besitzt seinen angestammten Sonnenplatz, den es unbehelligt von anderen immer wieder aufsucht, und dies alles ohne einen Bademeister, der an den überfüllten Stränden Streit zu schlichten hat. Und wie in Seebädern ist der Strand in Bezirke eingeteilt, zwölf an der Zahl.

Der Wächter des Harems

In jedem Bezirk herrscht ein männliches Krokodil als Revierinhaber. Sein Gebaren gleicht dem eines Paschas.

Tagsüber schwimmt er ständig seinen Uferbereich ab, von der einen Grenze zur anderen, hin und her. An den Wendepunkten verschnauft er für einige Minuten, betrachtet wohlgefällig sein Revier und seine Frauen, die unter der Sonne dösen. Um ihre Treue braucht er nicht zu bangen. Seitensprünge bleiben Säugetieren, etwa Antilopen, vorbehalten.

Des Paschas Aufmerksamkeit gilt anderen Männchen, denen nach seinen Weibchen gelüsten könnte. Dringt einer in sein Revier, zischt er bös und stäubt Wasserfontänen aus seinen Nasenlöchern, so, wie ein Drache Feuer geschnaubt haben mag. Mißachtet der Eindringling diese Aufforderung »Hände weg«, stürzt sich der Pascha auf ihn, brüllt und beißt nach ihm, peitscht mit dem Schwanz das Wasser und verfolgt den Fliehenden bis ans Ufer. Festes Land ist für Krokodile neutraler Boden. Krokodile paaren sich nur im Wasser, ein Rivale an Land ist keiner mehr. So gleitet der Pascha rückwärts mit dem Blick auf seine Frauen ins Wasser zurück.

Erwischt der Pascha den Fliehenden am Schwanz, was gelegentlich vorkommt, dreht er ihn, seine männliche Kraft vor seinen Weibchen demon-

strierend, in einem gewaltigen Ruck auf den Rücken. Das genügt zur Abschreckung.
Während seiner acht Monate inmitten der Krokodile sah Modha nur drei schwere Beißereien.
Dann allerdings geht es um Leben oder Tod. Das Wasser spritzt, brodelt, kocht, färbt sich rot vom Blut der Kämpfenden, die sich ineinander verbeißen. Ihr Gebrüll ist durchdringend und läßt die Junggesellen unter den Krokodilen angenehm erschauern. Sie wittern Morgenluft.
Der Pascha überwältigt schließlich seinen Feind und beißt ihn tot. Er selbst ist hart angeschlagen und der Ausübung seiner Haremsgewalt und männlicher Vorrechte nicht mehr mächtig. Junggesellen drängen die erschreckten Weibchen ins Wasser und »vergewaltigen« sie dort, ohne sich lange mit einer Brautwerbung aufzuhalten.
Einer der Junggesellen, oft nicht der größte, vielleicht der sexuell vitalste, schwingt sich zum Nachfolger des so manchmal ausgebooteten Paschas auf und tritt die Herrschaft über die Weibchen an. Alles hat wieder seine Ordnung. Bei der Paarung benimmt man sich wieder »gesittet«: mit einem vorgängigen Liebesspiel.

Liebe unter Krokodilen

Verspürt der Pascha Lust, läßt er im Wasser schwimmend ein tiefes Brüllen hören, wie »ferner Donner oder das Dröhnen einer großen Trommel« *(Cott)*. Seine Flanken vibrieren und lassen Wasser aufspritzen. Das Maul reißt er weit auf. Die Drüsenpaare am After und hinter den Kinnladen verströmen starken Moschusgeruch, um so mehr und stärker, je größer die Potenz.
Die vier Moschusdrüsen eines erlegten oder gestorbenen Krokodils erfreuten sich im Altertum bis hin in unsere Zeit großer Beliebtheit: Bei den Herren, besonders denen mit eigenem Harem, aus naheliegenden und verständlichen Gründen, bei den Schönen des alten Ägyptens und den taufrischen des Sudans unserer Tage als Duftlieferant, soll doch Moschusduft Frauen noch begehrenswerter machen.
Gebrüll und Moschusgeruch lassen die am Strand dösenden Weibchen aufmerken, und eine, manchmal auch mehrere der Liebebedürftigen schwimmen zum Pascha. Der beginnt mit der Erstankommenden das Liebesspiel.
Das Weibchen ist es nun, das kehlige Gurgellaute vernehmen läßt, vielleicht Zeichen ihrer Gunst. Beide schwimmen sie eng nebeneinander, immer näher drängen ihre Leiber, und ihre Schwänze umwinden sich. Der Krokodilmann legt seine Vorderbeine um den Nacken des Weibchens und zieht es noch dichter heran. Er würde es »zärtlich« umarmen, wären seine Beine nicht gar so kurz.
Schwimmend vereinigen sie sich für eine reichliche Minute. Dann kehrt das Weibchen zum Strand zurück, und der Pascha schwimmt erneut seine Runden – bis zum nächsten Mal.
Die innere Befruchtung ermöglicht den Krokodilen die Vereinigung im Wasser. Das Sperma wandert in dem Eileiter aufwärts zu den Eiern und befruch-

tet sie. Anders als Schlangen und Echsen besitzen Krokodile keinen Hemipenis, kein paariges Kopulationsorgan, sondern wie Schildkröten und Säugetiere einen Penis, der durch Überfüllung der Blutgefäße im spongiösen Gewebe erigiert, ehe er in das Weibchen eingeführt wird.

Afrika beheimatet noch zwei andere Krokodilarten: im Kongogebiet das langschnauzige Panzerkrokodil (Crocodylus cataphractus) und in seinem westlichen Teil das kleinere Stumpfkrokodil (Osteolaemus tetraspis), ein liebenswürdiges Geschöpf, von dem noch die Rede sein wird.

Auf den Spuren Humboldts

Auch Amerika hat neben den Alligatoren und Kaimanen »Echte Krokodile«.

Der Naturforscher und Geograph Alexander von Humboldt hat mit dem französischen Botaniker Bonpland im Jahre 1799 Venezuela und das damals unerschlossene Flußsystem des Orinoko bereist. Seinem Reisebericht verdanken wir manch Wissenswertes über das Orinokokrokodil (Crocodylus intermedius) und das Spitzkrokodil (Crocodylus acutus), das sich wie das Leistenkrokodil ins offene Meer wagt und daher weit verbreitet ist.

Eigentlich müßte es heißen »war«. Und gerade weil die Zeiten alter Krokodilherrlichkeit in aller Welt dahin sind, gewinnen die Berichte aus dem vorigen Jahrhundert an Bedeutung, so die Alexander von Humboldts, *Brehms* und anderer, die hier zu Worte kommen sollen.

Das Spitzkrokodil

Bonpland fand noch ein Spitzkrokodil von solcher Länge (knapp sieben Metern), wie man es nicht mehr sieht. Je nach den Flüssen, in denen sie lebten, zeigten die Tiere ein unterschiedliches Temperament.

»Die Sitten der Tiere anscheinend einer Art zeigen Abweichungen von örtlichen Einflüssen, die sehr schwer aufzuklären sind«, drückt es Alexander von Humboldt aus. Besonders für die Anwohner des Orinoko waren die Gefahren durch Krokodile Gegenstand täglicher Unterhaltung: »Sie haben die Sitten des Krokodils beobachtet, wie der Stierfechter die Sitten des Stieres; sie wissen die Bewegungen der Panzerechse, ihre Angriffsmittel, den Grad ihrer Keckheit gleichsam vorauszuberechnen. In Ländern, wo die Natur so furchtbar erscheint, ist der Mensch beständig gegen die Gefahr gerüstet.«

So bewies ein junges Indianermädchen besondere Geistesgegenwart und Entschlossenheit. Es befreite sich aus dem Rachen eines Krokodils, das es fahrenließ, als es ihm die Finger in die Augen stieß.

Das Orinokokrokodil

Als erster entdeckte Alexander von Humboldt den Sommerschlaf der Orinokokrokodile.

Unterhalb der Einmündung des Rio Arauka in den Orinoko sagten ihm Indianer, die vielen Krokodile kämen aus der trockenen Savanne, wo sie sich nach den ersten Regengüssen für den Aufbruch zum Fluß sammelten. Und der Besitzer einer Hütte versicherte ihm, er sei eines Morgens von großem Getöse erwacht, von heftigen Stößen und Erdschollen, die durch die Hütte flogen. Nach kurzer Zeit habe sich ein Krokodil aus dem Boden gearbeitet, sich auf den Hund gestürzt, ihn verfehlt und dann das Weite gesucht.

Von ähnlichen Erlebnissen mit Nilkrokodilen blieben Afrikaforscher nicht verschont.

Kaimane

In Südamerika am häufigsten waren die Kaimane aus der Familie der Alligatoren. Am gefährlichsten und frechsten unter allen soll der Mohrenkaiman (Melanosuchus niger) des Amazonas mit Längen bis zu vier Metern gewesen sein.

Ein alter, gewitzter Mohrenkaiman habe, wie *Brehm* schreibt, sogar die Dreistigkeit besessen, einen Forscher jede Nacht in seiner Hütte zu behelligen. Und nur »die Feuerbrände der Indianer auf seinem Panzer« konnten ihn vertreiben.

Eingeborene fürchteten die anderen Kaimane weniger, kleinere fingen sie mit der bloßen Hand.

Wie zahlreich Kaimane noch im vorigen Jahrhundert im tropischen Südamerika östlich der Anden gewesen sind, schildert der Naturforscher *Bates:* »Es ist schwerlich übertrieben, wenn man sagt, daß die Gewässer um den oberen Amazonenstrom in der trockenen Jahreszeit ebenso von Kaimanen wimmelten wie die Teiche Englands von Kaulquappen. Während einer Reise von fünf Tagen, die ich im November mit dem Dampfschiff machte, sahen wir fast überall zu beiden Seiten des Weges diese Raubtiere, und die Reisenden vergnügten sich vom Morgen bis zum Abend damit, ihnen Kugeln durch den Panzer zu jagen.«

Und mit bestem Erfolg, möchte man anfügen, sind doch die Kaimane fast ausgerottet.

Eifrige Alligatorenmütter

Neben dem Nilkrokodil ist der Mississippialligator – auch Hechtalligator genannt – (Alligator mississippiensis) aus dem südöstlichen Nordamerika am meisten erforscht und bekannt.

So wendig und elegant er im Wasser schwimmt, taucht und jagt, auf dem Land wirkt er mit der trogartig breiten Schnauze geradezu unbeholfen. Schwerfällig stampft er vorwärts, sein massiger Leib berührt fast den Boden, sein Schwanz schleift nach.

Ein Alligatorenweibchen ist als Mutter ebenso zärtlich wie ein Weibchen des Nilkrokodils.

Vor fast 200 Jahren hat der amerikanische Reiseschriftsteller Bartram darüber in bewegten Worten berichtet, und das meiste hat sich als wahr erwiesen:

Zuerst säubert ein Alligatorenweibchen im Umkreis von neun bis zehn Fuß den Boden, reißt den Pflanzenbewuchs ab oder zerdrückt ihn. Dann vermischt es das Grün mit Schlamm und türmt es mit Maul und Körper zu einem drei bis vier Fuß hohen, am Grunde sechs Fuß breiten, festen Hügel. Mit den Hinterbeinen höhlt es die Mitte des Hügels aus, dreht sich dabei um die ganze Länge und bietet einen überraschenden Anblick emsigen Schaffens.

Den so gewonnenen Hohlraum füllt das Alligatorenweibchen ganz locker mit Pflanzen und Schlamm. Darin baut es nunmehr eine Höhle für die 15 bis 80 Eier von der Größe eines Gänseeies. Emsig holt es neue Pflanzen und nassen Schlamm und bedeckt damit das Gelege. Dann wird das Nest geglättet. Das Ergebnis so eifrigen zwei- bis dreitägigen Bemühens ist ein kegelförmiger etwa drei Fuß hoher glatter Hügel.

Schon lange bevor Menschen das Mistbeet erfanden, nutzten die Alligatoren zum Ausbrüten der Eier die erhöhte Wärme, die durch die Zersetzung von Pflanzenstoffen entsteht.

Während der neun bis zehn Brutwochen wacht die angehende Alligatormutter in der Nähe ihres Nestes. Oft schichtet sie neues Material nach und holt im Maul Wasser herbei, um den Nesthügel anzufeuchten.

Fangen die Babys wie die der Nilkrokodile zu quaken an, gräbt sie die Alligatormutter fürsorglich aus. Und wie erstaunlich: Aus einem acht Zentimeter großen Ei schlüpft ein 30 Zentimeter großer Alligator.

Mit mütterlicher Umsicht führt die »Alligatorin« ihre Jungen zum Wasser, oft nur einen Tümpel, wacht über sie und eilt herbei, sobald die Jungen nach ihr rufen. Es klingt dem Quaken von Fröschen nicht unähnlich. Ahmt man es nach, lockt man die Alligatormutter herbei.

Ihre Obhut für dic Jungen währt nicht lange. Dann vergißt sie alle Verwandtschaftsbeziehungen restlos. Und begegnet sie später einem ihrer Kinder, kann es sein, daß sie es auffrißt.

Der Mississippialligator und die Zivilisation

Über die Gefährlichkeit des Mississippialligators ist viel in Umlauf, und häufig sind es Märchen. Glaubt man den Stimmen aus der Zeit, als sich noch Millionen von Alligatoren ihres Lebens erfreuten und sie noch nicht in Lederform an zarten Damenhänden hingen, fragt man, wie sich Landstriche, etwa Florida, überhaupt besiedeln konnten.

Auf dem Land, wenn sie sich von einem Teich oder Tümpel zum anderen verdrossen hinschleppten, haben auch die ganz großen, die sechs Meter langen, einem Menschen kaum etwas angetan. Ich bin einem Alligator begegnet. Er flüchtete nicht – dazu ist er viel zu schwerfällig und langsam – er reckte sich nur auf und fauchte; das war alles.

An Afrikas Nilkrokodile bin ich kaum näher als 80 Meter herangekommen, schon waren sie im Wasser verschwunden. Und die an Menschen gewöhnten im Athi River flüchteten bei drei Metern, wenn sie nichts zu fressen bekamen.

Auch im Wasser geht ein Alligator einem Menschen ängstlich aus dem Wege, obgleich er ihn bei seiner Kraft und gutem Appetit leicht verspeisen könnte. Hagenbeck fiel einmal ins Wasserbecken mitten unter seine zwanzig ausgewachsenen, durchaus nicht zahmen Alligatoren. Kein einziger schnappte zu.

Alligatoren betrachten Menschen nicht als Futter. Dem amerikanischen Biologieprofessor *Archie Carr* von der Universität in Florida, der es wissen müßte, ist kein einziger Fall eines tödlichen Angriffes eines Alligators auf einen Menschen bekannt. Wertet man allerdings die amerikanischen Pressemeldungen aus, so haben Alligatoren in den Jahren 1973 bis 1977 in über 20 Fällen Menschen getötet oder schwer verletzt.

Wie erklärt sich dieser Sinneswandel der sonst so gutmütigen Panzerechsen? Die Alligatoren wurden zu Millionen geschossen, aus purer Jagdfreude, aus aggressiver Lust am Töten, zumeist jedoch wegen ihrer Haut, aus der man Luxuslederwaren fertigt, Handtaschen für die Damenwelt, Gürtel, Brieftaschen und Schuhe für die Herren. Jetzt liefern in Farmen gezüchtete Alligatoren das begehrte Krokoleder. Leib an Leib zusammengedrängt, nach Größen sortiert, liegen sie herum, vertilgen Tonnen um Tonnen von Fisch- und Pferdefleisch und sehen dem Tag entgegen, an dem sie des Profits und der Mode wegen ihre Haut zu Markte tragen müssen. Das tun Kälber, Rinder und Ochsen auch, wird mancher meinen. Aber deren Fleisch benötigen wir, über Krokotaschen und dergleichen ließe sich streiten. Es ist zumindest kein erfreuliches Ende für Alligatoren, denen die Natur ein Alter von 50 und mehr Jahren zugedacht hat.

Ein gnädigeres Schicksal war den Alligatorenbabys beschieden, die Touristen als »pets« mitnahmen und die so in die Bungalows der Siedlungen und in die Wohnungen der Städter kamen.

Einen kleinen Alligator zu besitzen war große Mode. Doch das quäkende Etwas von einem Alligator wurde manchem zur Last, vielen mit der Zeit auch zu groß. So packte man seinen Liebling eines Tages in das Auto, fuhr ihn zu einem See oder Sumpf und gab ihm ohne Skrupel die Freiheit wieder. Bedenklich war es, kleine Alligatoren den Abwässern der Großstädte anzuvertrauen. In New York leben sie, inzwischen angewachsen, in der Kanalisation, ernähren sich von Ratten und Abfällen und erschrecken gelegentlich Kanalarbeiter.

Man sage nichts gegen die Amerikaner, solange bei uns zur Urlaubszeit Zehntausende von Hunden, ihren Eigentümern lästig geworden, einfach ausgesetzt und einem ungewissen Schicksal überantwortet werden.

Das Schicksal der ausgesetzten Alligatoren war weniger ungewiß. Sie genossen ihre Freiheit und ihr Leben, wuchsen heran und vermehrten sich eifrig. Und das alles ganz ungehindert, ja gewollt, denn inzwischen waren strenge Bestimmungen zu ihrem Schutz erlassen worden.

Alligator und Zivilisation begegnen sich nun hautnah. Wo früher Sumpf und Seen waren, siedeln nun Menschen. Tier und Mensch gewöhnten sich an das nahe Beieinander. Man nahm es einem Alligator auch gar nicht so übel, verwechselte er eines Tages sein schäbiges Sumpfloch mit einem luxuriösen Swimming-pool. »What a fun!«

In Florida, aber auch in den Küstenregionen von Georgia, Alabama, Mississippi und Louisiana, war man »in«, fütterte man einen Alligator, und noch mehr, hielt man einen wie ein Haustier auf seinem Grundstück.

Vergißt man ihn, bekommt er nicht sein gewohntes Fressen, hält er sich schadlos, oft an dem Haushund. Dann muß er weg, hat er doch seine »böse Raubtiernatur« offenbart.

Hat ein so intelligentes Tier wie ein Alligator einmal seine natürlichen Hemmungen gegenüber einem Menschen verloren, verhält er sich in der wiedergewonnenen Freiheit anders als einer, der Menschen scheut. Und so ein Zwischending von Alligator, halb zahm, halb wild, ist wenig wünschenswert.

In Florida hat man einen großen Teil der Fälle überprüft, wo Menschen durch Alligatoren zu Schaden kamen. Immer waren es Tiere, die die Gemeinschaft mit Menschen übermütig werden ließ. So gehen diese Fälle letztlich zu Lasten des Menschen und nicht des Alligators, den die Zivilisation verdarb.

Neuerdings sind die Mississippialligatoren Floridas wieder zahlreich. 4 000 von ihnen wurden eingefangen und in menschenärmere Landstriche umquartiert. Zwischen Jacksonville und Orlando verzichtete man darauf und griff – ein probates Mittel, weiß der Mensch nicht weiter – zur Büchse und schoß rund 500 ab. Auch in einigen Gegenden Louisianas werden Alligatoren wieder gejagt und ihre Häute verkauft, obwohl das seit 1973 in den USA verboten ist.

Die Ausrottung der Krokodile und ihre Folgen

Ähnlich wie den Alligatoren, doch für die meisten Arten noch bedrohlicher, erging es den Krokodilen in aller Welt. Sie wurden fast ausgerottet, nicht zum Schutz des Menschen, sondern aus Mord- und Profitgier.

Das Nilkrokodil kommt im unteren Lauf des Nils überhaupt nicht mehr vor und sonst nur noch an einigen Stellen in Afrika und Madagaskar.

Kann der Mensch zufrieden damit sein, wie er die Erde sich untertan und den Krokodilen den Garaus gemacht hat?

Wie auch sonst, wo er unbarmherzig und rücksichtslos die Natur plündert und ihr Gleichgewicht zerstört, schadet er sich selbst. Doch meist und leider treffen die Folgen nicht unmittelbar die Frevelnden selbst, oft erst die kommende Generation.

Hatten die Fischer auf Afrikas Flüssen und Seen gelegentlich darüber zu klagen, Krokodile fräßen ihre Fische, so kommt ihnen das Fehlen der Panzerechsen noch weniger gelegen. Die Schadfische, voran die Raubwelse, vermehren sich beängstigend schnell, nachdem sie ihrer natürlichen Feinde, der Krokodile, ledig sind.

Die Folge: Der Bestand an Nutzfischen schwindet ständig und damit eine wichtige Eiweißquelle der Eingeborenen. Nutzfische und insbesondere deren Laich vertilgen jetzt die Raubwelse, die vorher von den Krokodilen gefressen wurden.

Gerade die Vielzahl kleinerer Fische hatte vorher die Moskitos und deren Larven vertilgt. Wo Krokodile ausgerottet sind, nimmt die Malaria wieder zu, ein schockierendes Ergebnis kurzsichtigen menschlichen Verhaltens. Die Natur ist hier nicht mehr im Gleichgewicht. Der Mensch hat sie eines unentbehrlichen Bestandteiles, der Krokodile, beraubt.

Auf der vorhergehenden Seite:
In der Jura- und Kreidezeit vor 180 bis 70 Millionen Jahren waren die Reptilien in ihrem goldenen Zeitalter die unumschränkten Herren der Welt, bis sie in der beginnenden Tertiärzeit vom Schauplatz der Geschichte abtreten mußten. Die Dinosaurier, die »schrecklichen« Saurier, waren die größten Tiere, die je über unsere Erde schritten. Das bizarre Scheusal eines Rückenplatten-Dinosauriers (Stegosaurus), sechs Meter lang und zehn Tonnen schwer, nannte ein Gehirn von ganzen 70 Gramm sein eigen.
Photo: Prof. Dr. K. Zimniok

Rechts:
Das stärkste, gefräßigste und schrecklichste Landraubtier aller Zeiten war der Tyrannen-Dinosaurier (Tyrannosaurus rex). Bis zu fünfzehn Meter lang und über fünf Meter groß zerriß er mit seinem mörderischen Gebiß voll fünfzehn Zentimeter langer starrender Säbelzähne jedes Lebewesen, dessen er habhaft werden konnte.
Photo: Prof. Dr. K. Zimniok

Links:
Die Schwanenhalsechsen (Plesiosauria) eroberten die Meere. Der neun Meter lange und acht Tonnen schwere grimmige Räuber »Elosmosaurus« fing mit seinen nadelspitzen Zähnen im kleinen Kopf auf dem langen Hals jeden Fisch im Umkreis von zwölf Metern. Die Luft eroberten die Flugsaurier (Pteosauria). Der Ozeansegler (Pteranodon) war als größtes fliegendes Reptil ein gigantischer Drache von über acht Meter Flügelspanne.
Photo: A. Kubetz

Unter den Schritten dieses Kolosses von siebenundzwanzig Meter Länge, zwölf Meter Höhe und zwanzig Tonnen Gewicht donnerte die Erde. Man nennt das Tier deshalb Donnerechse (Diplodocus).
Photo: Prof. Dr. K. Zimniok

Mit gesenktem Kopf spießte gleich einem Nashorn der acht Meter lange und acht Tonnen schwere Horn-Dinosaurier (Triceratops) seine Opfer auf seine drei mächtigen Hörner. Diese furchtbare Waffe schreckte selbst Raubdinosaurier ab.
Photo: Prof. Dr. K. Zimniok

Rechts:
Gewinnsüchtige Menschen und skrupellose Jäger haben die Krokodile wegen der begehrten Häute erbarmungslos abgeschossen und beinahe ausgerottet. Das Nilkrokodil (Crocodylus niloticus) war das heilige Tier der alten Ägypter.
Photo: Prof. Dr. K. Zimniok

Unten:
»Stumpi«, ein afrikanisches Stumpfkrokodil (Osteolaemus tetraspis), gibt sich als liebenswürdiger Wohngefährte, den es allerdings immer wieder zurück in seine geheizte Wasserwanne zieht.
Photo: Prof. Dr. K. Zimniok

Rechts:
Ein Orinokokrokodil (Crocodylus intermedius) — im Bild hinten — und ein Breitschnauzenkaiman (Caiman latirostris) liegen am Rande eines Gewässers einträchtig beisammen, wie man es nur selten sieht.
Photo: Prof. Dr. K. Zimniok

Rechts:
Viele Inder verehren den Ganges-Gavial (Gavialis gangeticus) als heiliges Tier des Gottes Vishnu. Das schützte ihn nicht vor Massenabschlachtungen. Jetzt ist er eines der seltensten und bedrohtesten Tiere unserer Erde. Nur etwa dreihundert haben überlebt. Jungtiere werden nun künstlich aufgezogen, um sie dann im unzugänglichen Chambalfluß im Herzen Indiens der Natur und Gott Vishnu wiederzugeben.
Photo: F. Ameringer

Links:
Am Ufer des Athi River genießen zwei Nilkrokodile die Strahlen der Morgensonne, wissend, daß ihnen vom Photographen keine Gefahr droht.
Photo: Prof. Dr. K. Zimniok

Links:
In dieser Flußlandschaft des Athi River leben mehr als dreißig Nilkrokodile, manche sind bis über fünf Meter lang. Die meisten haben zum Menschen Vertrauen gefaßt, kommen zu ihm an Land, wenn er ihre Namen ruft, und holen sich von ihm Futter.
Photo: Prof. Dr. K. Zimniok

Links:
Wasserschildkröten sind zumeist schön gefärbt wie diese nordamerikanische Zierschildkröte (Chrysemys picta dorsalis).
Photo: Prof. Dr. K. Zimniok

Oben:
Älter als Methusalem und zwei Zentner schwer ist die Elefanten-Schildkröte (Testudo elephantopus) im Darwininstitut auf der Galapagosinsel Santa Cruz. Es gibt nur noch wenige von ihnen, denn früher dienten sie den Seeleuten als lebender Proviant.
Photo: O. Zimmermann

Rechts:
Wasserschildkröten sind gewandte Schwimmer und unübertroffene Taucher. Man erkennt es an den Schwimmhäuten zwischen den Zehen. Neugierig hebt eine indische Dachschildkröte (Kachuga smithii) ihren Kopf aus dem Wasser und verfolgt mit klugen Augen, was um sie herum vorgeht.
Photo: Prof. Dr. K. Zimniok

Rechts:
Im Aquaterrarium werden die meisten Wasserschildkröten anhänglich und betteln um Futter wie hier — rechts oben— eine indische Dachschildkröte (Kachuga smithii) und die nordamerikanische Hieroglyphen-Schmuckschildkröte (Peudemys concinna hieroglyphica). Beides sind sehr empfehlenswerte Pfleglinge.
Photo: Prof. Dr. K. Zimniok

Oben:
Mit ihrem Gift tötet die brasilianische Schauerklapperschlange (Crotalus durissimus terrificus) besonders heimtückisch. Es ist ein Nervengift, wie das der Kobra, und zerstört gleichzeitig Körpergewebe und die roten Blutkörperchen, wie das Gift der Ottern und Vipern.
Photo: Reptilienhaus Uhldingen

Links:
Diese farbenprächtige Lanzenotter (Trimeresurus wagleri) ist den Malaien Glücksbotin und wird in Tempeln und Gärten gehalten. Wie di Schauerklapperschlange gehör sie zu den Grubenottern, den Spürhunde unter den Schlangen, dere »Infrarot-Detekt ren« in den Grübchen zwischen Nasenlöchern u Augen winzige Wärmeunterschiede von 0,0 Grad Celsius orten.
Photo: O. Zimmermann

Ähnliches ist von überall zu berichten, wo der Mensch skrupellos abschoß, was sich an Krokodilen im Wasser bewegte. In Südamerikas Flüssen wimmelt es nun anstelle der Kaimane von Millionen und aber Millionen Piranhas, jenen Salmler-Fischen, deren messerscharfes Gebiß jedes Tier und auch den Menschen binnen weniger Minuten skelettiert. Nur die Kaimane und Krokodile wurden mit den Piranhas fertig.
Nicht in Südamerika, aber in Indien, Südafrika, auf Neuguinea und auch anderswo sucht man gutzumachen, was andere anrichteten, und zieht Krokodile künstlich auf. Man nimmt die Nester aus, bringt die Eier in Brutanstalten, füttert die Jungen und gibt sie nach drei bis vier Jahren, über einen Meter groß, der Natur wieder. Der Gaviale hat sich die Landwirtschaftsorganisation der Vereinten Nationen angenommen. In Zuchtanstalten im indischen Bundesstaat Orissa wachsen sie, manchen Hindus noch heute heilig, heran, um sie Indiens Flüssen wiederzugeben. Im Zululand Afrikas vermehrt man fürsorglich Nilkrokodile, die man als »Wasserpolizei« nicht länger missen möchte.
Und eines Tages werden die aufgezogenen Krokodile dem Menschen vergelten, was er Gutes für sie tat: die Raubfische dezimieren, auf daß in Flüssen und Seen, zur Freude hungernder Eingeborenen, wieder Nutzfische schwimmen, auch genug übrigbleiben, um Moskitos zu fressen und so der gefährlichen Malaria zu begegnen.
Auch das Washingtoner Artenschutzabkommen, mehr ideellen Gründen verpflichtet, trägt dazu bei:
Fünf Alligatorenarten, zehn der »Echten Krokodile« und der Gavial sind umfassend geschützt. Sie stehen unter dem Genehmigungsvorbehalt des Ausfuhr- und Einfuhrlandes, alle übrigen Krokodilarten dürfen nur mit Genehmigung des Ausfuhrlandes eingeführt werden.
»Kannst du seine Haut (des Krokodils) mit Spießen spicken und seinen Kopf mit einer Fischharpune?« wird in der Bibel im Buch Hiob (40, 31) gefragt. Was diese nicht vermochten, ermöglichen moderne Schnellfeuergewehre: ganze Tiergesellschaften auszurotten.
Der Bericht eines englischen Krokodiljägers aus dem Jahre 1958 gibt Auskunft. Sein Jagdgebiet war der Sambesi, der größte Strom Südafrikas, westlich der Victoriafälle und der Stadt, die nach dem schottischen Missionar und Afrikaforscher Livingstone benannt ist. Ausgangsort seiner Jagden war Mambova, das etwas einwärts vom Sambesi am Anfang eines weitflächigen Sumpfes liegt. Wasserarme, größere und kleinere, durchziehen ihn, und immer wieder gibt festes Land Halt. Damals wohl ein ideales Gebiet für Krokodile.
Der Jäger und seine schwarzen Gehilfen waren Tag und Nacht im Einsatz. Am Tage machte das Gewehr mit Zielfernrohr aus sicherer Entfernung jedem Krokodil ein Ende, das sich sehen ließ, des Nachts ein Schuß zwischen die Augen, die im Scheinwerferlicht des Bootes grün aufleuchteten.

Wenn es ums Geld geht, ist eine Rechtfertigung schnell bei der Hand, mag sie auch noch so unglaubwürdig klingen: Krokodile seien in Afrika für mehr Todesfälle verantwortlich als alle anderen Ursachen, Verkehrsunfälle eingeschlossen.

Ein einträgliches Geschäft

Einem erlegten Krokodil zieht der Jäger die Haut ab. Mit einem scharfen Messer benötigt er dazu eine knappe Stunde und für die Feinarbeit nochmals eine halbe.

Die Weiterverarbeitung ist nicht mehr Sache des Jägers. Der hat sich schon wieder einem neuen Opfer zugewandt.

Das Bauchfell des Krokodils mit den rechteckigen Schildern ist bei der Lederindustrie besonders begehrt, vor allem, wenn es frei von Knocheneinlagen und daher besser gerbbar ist.

Neuerdings gibt es sogar ein Buch »Die Krokodilhaut«, verfaßt von einem Gerbereiingenieur und einem Herpetologen, die mehr als eine Million Krokodilhäute aller Arten und Unterarten ausgewertet haben und sich davon eine positive Wirkung auf den Schutz der Krokodile versprechen. Eine solche darf füglich bezweifelt werden, solange es der Modetoren genug gibt, deren Wünsche nach echtem »Kroko« die Industrie nur zu willfährig befriedigt.

Wie viele der Krokodile der Jäger am Sambesi jährlich erlegte, was er verdiente, das verschweigt der Bericht schamhaft.

Doch davon berichtet *Grzimek:*

Noch im Jahre 1950 wurden im Rukwa- und Victoriasee und im Ruvufluß Tansanias 12 509 Krokodilhäute erbeutet. Und ein weißer Krokodiljäger verdiente bis vor kurzem in Botswanas Okavangosümpfen jährlich eine Viertelmillion Mark – kann doch eine einzige Krokohaut bis zu 15 000 Mark einbringen. Damit stellt er die Jäger Europas weit in den Schatten, die sich auf das Abschießen von Hirschen, Wildsäuen und Niederwild beschränken und an Jagdpacht, für Hege und Pflege des Wildes zumeist mehr ausgeben müssen, als sie einnehmen.

Auf Neuguinea zeigte sich eine Amazone in Nonnenkleidern so eifrig und talentiert im Umgang mit dem Gewehr und erledigte so viele der vom Aussterben bedrohten Neuguineakrokodile (Crocodylus novae-guineae), daß sie sich vom Erlös der Krokodilhäute eine Missionskirche bauen lassen konnte – in ihren Augen gewiß ein gottgefälliges Werk. Womöglich hat die fromme Frau die Frage im Buche Hiob (40, 30) mißverstanden: »Verschachern es (das Krokodil) die Jagdgenossen, verteilen sie es unter die Händler?« Hat wieder einmal die Bibel recht?

Jagd ohne Pulver und Blei

Hingegen vermag mich folgender Vers (41, 18) im Buch Hiob nicht zu überzeugen: »Stellt man ihm nach, hält das Schwert nicht stand, keine Lanze, keine Waffe, kein Pfeil.« Vielleicht war das damals vor 2 400 Jahren in Palästina so, wo das Nilkrokodil bis in unser Jahrhundert hinein lebte. Anderswo ist der Mensch auch ohne Pulver und Blei der Krokodile Herr geworden, ohne ihren Bestand zu gefährden. Es gehörte nur etwas mehr dazu, als ein Gewehr mit Zielfernrohr zu bedienen.

Von Herodot wissen wir, wie die alten Ägypter Krokodile fingen. Auch »Heilige« können ja manchmal lästig werden. Sie warfen ein großes Stück Schweinefleisch in den Nil, das an einem Strick befestigt war. Biß sich ein Krokodil fest, zogen sie es an Land, verschmierten ihm die Augen mit Schlamm und machten es so kampfunfähig.

Ebenfalls mit einem Köder fingen Indianer in Südamerika Kaimane, und manche sollen es immer noch so halten.

Nicht viel anders wurde man der Leistenkrokodile in küstennahen Flüssen Indonesiens und der Philippinen habhaft. Man ließ ein Floß treiben, auf dem ein Haustier als Lockspeise angebunden war. Es schleppte ein Seil mit Haken und Köder nach sich. Verschluckte ein gieriges Krokodil beides, zog es das Floß mit sich und zeigte selbst an, wo es hinschwamm. War es ermattet, wurde es gefesselt oder erschlagen.

Nach Alexander von Humboldt befestigten die Indianer vom Orinoko den Haken mit Köder an einem Baum. Verbiß sich ein Spitz- oder Orinokokrokodil, beraubte es sich selbst seiner Bewegungsfreiheit und konnte mit Lanzen getötet werden.

Die Neger am unteren Kongo verwendeten statt eines Hakens an beiden Enden zugespitzte Hartholzstäbchen, kreuzweise verbunden, die sich im weichen Gaumenfleisch des Krokodils verankerten.

Mit einem Köder lassen sich auch heute noch Krokodile fangen. Ich war dabei, als ein etwa drei Meter großes Nilkrokodil den Köder schluckte und mit dem Strick an Land gezogen wurde.

Für nicht zu große Krokodile ist ein starkes Netz geeignet. Es verwickelt sich in seine Maschen, wird unbeweglich und ist dann leicht zu fesseln. Kleinere Krokodile werden auch mit einer Schlinge gefangen.

Da kommt mir eine Schilderung von Keller-Leuzinger in den Sinn, derzufolge die Canitchanasindianer – jetzt wohl fast genauso ausgerottet wie die Panzerechsen – Meister im Umgang mit der Schlinge waren, um der Kaimane, ihrer Lieblingsspeise, habhaft zu werden.

Am Ende einer Stange ist eine starke Schlinge aus Ochsenhaut befestigt. Ein Indianer steigt ins seichte Wasser, schiebt die Stange mit Schlinge vor sich her und geht gebückt langsam auf den Kaiman zu: »Der Kaiman, der in gleichmütiger Ruhe alldem zugesehen und nur dann und wann durch eine träge Bewegung seines Ruderschwanzes ein Lebenszeichen gegeben hat, stiert jetzt, da der Indianer ihm näher und näher rückt, unverwandt nach ihm. Schon schwebt die verhängnisvolle Schlinge in Armeslänge vor seiner Schnauze, aber er bemerkt es nicht: wie verzaubert wendet er kein Auge von dem kühnen Jäger, der ihm im nächsten Augenblicke die Schlinge über den Kopf geschoben und sie mit einem kräftigen Rucke zugezogen hat.« Nun stürzen sich die Jagdgefährten ins Wasser und auf den Kaiman und ziehen den stets Rückwärtsstrebenden mit Macht ans Ufer, wo ihn Axthiebe auf den Schwanz und Kopf unschädlich machen. Die Schilderung schließt: »Würde der Kaiman, statt rückwärts zu ziehen, den Indianern zu Leibe gehen, so müßten diese ohne Zweifel Stange und Schlinge im Stich lassen und fliehen; dieser Gedanke scheint jedoch dem hartnäckig widerstrebenden Ungetüm zu fern zu liegen, und der Kampf endet daher immer mit seinem Tode.«

Eine besonders mutige Jagd auf Nilkrokodile schildert *Rüppell.*

Der Jäger prägt sich den Sonnenplatz eines Krokodils ein. Ist dieses im Wasser, gräbt er sich in der Nähe ein Loch und versteckt sich. Döst das Krokodil in der Sonne, schleudert er seinen Wurfspieß mit solcher Kraft, daß die eiserne, dreiseitig mit Widerhaken versehene Spitze den Panzer des Tieres durchschlägt und sich im Fleisch verankert. Der Holzschaft, der mit der Spitze durch Stricke verbunden ist, löst sich. Vergeblich versucht das erboste Tier diese Stricke zu durchbeißen, ehe es ins Wasser verschwindet. Der Holzschaft schwimmt oben und weist dem Jäger den Weg zu Boot. An geeigneter Stelle zerrt er das Krokodil mit den Stricken an die Oberfläche des Wassers und schließlich an Land. Rüppell beteuert: »Hätte ich es nicht mit eigenen Augen gesehen, so würde es mir unglaublich vorkommen, daß zwei Menschen ein fast fünf Meter langes Krokodil aus dem Wasser ziehen, ihm dann zuerst die Schnauze zubinden, hierauf die Füße über den Rücken zusammenknebeln und endlich es mit einem scharfen Eisen durch Teilung des Rückenmarkstranges töten.«

Über den waghalsigsten Fang von Krokodilen zu schreiben blieb einem Schriftsteller des Altertums vorbehalten.

Plinius lobt den unvergleichlichen Mut der »Tentiriti«, der Einwohner der oberägyptischen Stadt Tentyra (Dendera) am linken Nilufer, die sich der ältesten und allgemein bewunderten Tierkreiszeichen rühmt.

Ein Tentirit schwimmt, der Todesgefahr nicht achtend, einem Krokodil nach, wirft ihm eine Schlinge um den Hals, schwingt sich auf seinen Rücken und steckt dem baß erstaunten Tier, sobald es sein Maul zum Biß öffnet, ein Querholz hinein. Wie ein Reiter ein Roß dirigiert, lenkt er das Krokodil dann an Land.

Alle diese Berichte erweisen Mut und Erfindungsgabe der Menschen vor uns, die uns mit der technischen Perfektion der Mordwaffen immer mehr schwinden.

Das Krokodil in Menschenhand

Junge Krokodile sind liebenswerte Geschöpfe.

Das wußte bereits Plutarch und erwähnt zahme Nilkrokodile, die der Stimme ihres Herrn gehorchen und sich sogar anfassen, die Zähne putzen und sich den Panzer schrubben lassen.

Und selbst *Brehm,* der sich rühmt, »mehr als hundert Krokodilen eine Kugel zugesandt« zu haben, gibt zu: »Jung eingefangene Krokodile werden bald

ebenso zahm wie Eidechsen, lassen sich in die Hand nehmen, hören auf einen bestimmten Ruf und bleiben auch in höherem Alter so mild und freundlich, wie es einem Krokodil überhaupt möglich ist.«
Und viel, sehr viel ist einem gut gezogenen Krokodil möglich.
Jeder, der selbst ein Krokodil großzog, findet die Berichte der Antike über zahme Krokodile bestätigt. Allerdings eignen sich nicht alle Krokodilarten gleich gut für eine Zähmung.
Wir wissen vom zahmen Nilkrokodil Kaiser Heliogabals. Zusammen mit ihm soll man im Jahre 222 n. Chr. dieses sein Lieblingstier umgebracht haben.
Schon lange vorher ergötzten sich die Römer an der öffentlichen Zurschaustellung von Krokodilen. Die ersten zeigte ihnen im Jahr 58 v. Chr. Amilius Scaurus. Und 56 Jahre später ließ Kaiser Augustus anläßlich der Einweihung des Tempels des Mars Ultor Wasser in den Flaminischen Zirkus leiten und vor den Augen staunender Römer 36 Krokodile niedermetzeln.
Zirkusvorstellungen unserer Zeit pflegen unblutiger zu verlaufen. Der Zauber der Manege schließt auch Krokodile ein, die sich herumtragen lassen, auf Kommando willig das Maul öffnen und es sogar so lange offen halten, wie sie den Kopf ihres Herrn zwischen ihren Kiefern spüren. Ich sah solches immer nur auf dem Trockenen, niemals im Wasser, und dies gewiß nicht nur, weil sich der Dompteur nicht naß machen wollte.
Auf einer Krokodilfarm in Thailand nahe Bangkok haben sogar Leistenkrokodile, die als bösartig gelten, ein »inniges« Verhältnis zu ihrem Pfleger, lassen sich an den Vorderpfoten zu ihrer Größe von über zwei Metern aufrichten und sehen dann auf den Kopf des Menschen herab. Das verblüfft immer wieder, auch wenn man weiß, wie träge überreichliche Fütterung die Tiere macht.
Auch als Maskottchen haben sich Krokodile einen Ruf erworben. So das Krokodil »Goscha« auf dem sowjetischen Passagierdampfer *Leonid Sobinow.* Der Zweite Offizier Chochlow hatte es als Baby in einem Hafen Ekuadors erworben. Goscha war ganz zahm und niemals und zu niemandem jemals bösartig. Nur, es wuchs und wuchs, und eines Tages mußte es seine schwimmende Heimstatt verlassen. Es lebt jetzt im Zoo von Odessa. Legt die *Leonid Sobinow* dort an, gibt es Freuden des Wiedersehens für Krokodil und Besatzung.*

Krokodile als Hausgenossen

Krokodilbabys sind begehrte Lieblinge der Terrarianer. Sie ziehen sie groß und zähmen sie, beobachten und pflegen sie und erfreuen sich ihres Krokodils als Hausgenossen – wohl der friedlichste und liebenswerteste Weg, mit Panzerechsen in Verbindung zu treten. Kommt so ein kleines, quakendes Teufelchen in ein Aquaterrarium, erweist es sich, je nach Art und individuel-

* Aus der Zeitschrift »Sowjetskaja Kultura«

ler Veranlagung, als mehr oder minder liebenswürdig, doch durchweg als intelligent. Krokodile besitzen die am stärksten gefurchte Großhirnrinde unter allen Reptilien.

Gute Pflege dankt es mit Wachstum, es wird länger, stärker und größer, und so nach vier bis fünf Jahren ist es auf einen Meter herangewachsen. Und gar bald wünscht sich der gepanzerte Genosse eine überdimensionale Wanne mit Abfluß in einem eigens für ihn geheizten Raum. Wer brächte es übers Herz, sich von ihm zu trennen: Er bekommt alles, was sein Krokodilherz erfreut.

In einem größeren Wasserbehälter wächst das Krokodil lustig weiter, und bald, je nach Art und Geschlecht verschieden, zerreißt ein explosionsartiges Gebrüll des Tages oder der Nächte Stille, läßt Nachbarn erzittern und macht gekittete Behälter undicht. Der Kampf gegen die Wasserfluten beginnt, gegen Vermieter, Mitmieter und sonstige arglose Menschen mit wenig Verständnis für ein Krokodil.

Doch welchen passionierten Liebhaber vermöchten solche Alltäglichkeiten im Zusammenleben mit seiner Panzerechse schon zu stören!

Nicht alle jungen Krokodile benehmen sich Menschen gegenüber gleich liebenswürdig, einige schnappen nach der Hand, die sie füttert, wie manche der Nilkrokodile, der Leistenkrokodile Asiens und Spitzkrokodile Südamerikas. Ganz zahm hingegen werden der Mississippialligator, viele der Kaimane und, besonders empfehlenswert, Stumpfkrokodile.

Doch auch diese sind Individualisten und können sich zum Guten wie zum Schlechten hin entwickeln. Schon manches Krokodil brachte es bei völliger Bewegungsfreiheit in der gesamten Wohnung zu einem Stammplatz auf der (hoffentlich strapazierfähigen) Couch. Und viele Alligatoren und Kaimane sind ins Familienleben integriert.

Dazu befähigen Panzerechsen ihre ausgezeichneten Intelligenzleistungen, die Zoologen nicht wahrhaben wollen, welche Krokodile nur aus Zoos kennen. Aber auch Warane und manch andere Großechsen werden ja für dumm gehalten, nur weil sie sich anders benehmen als Tiere mit Fell oder Federn, denen sich die weit überwiegende Mehrzahl der Zoologen widmet.

Und da wir gerade dabei sind. Die Rede vom »dummen Tier« ist ein Trugschluß, es kann auf einem oder mehreren Gebieten einen höheren Intelligenzquotienten aufweisen als ein Mensch. Theseus fand aus dem berüchtigten Labyrinth des menschenfressenden Minotaurus nur mit Adrianes Faden wieder heraus. Ratten bedürfen eines solchen nicht. Sie haben ein ausgezeichnetes Ortsgedächtnis und bewältigen nach einigen Versuchen noch so verzwickte Labyrinthe. Ein Forscher ließ in einem solchen Intelligenztest einen Professor der Zoologie gegen eine Ratte antreten. Die Ratte erhielt einen erheblich höheren Intelligenzquotienten, und die Fachwelt zeigte sich schockiert.

Ein Brillenkaiman mit Familienanschluß

Ehe ich zu meinen Erlebnissen mit »Stumpi«, meinem Stumpfkrokodil, komme, möchte ich die erstaunlichen Erfahrungen wiedergeben, die der Herpetologe *Wermuth,* einer der besten Kenner der Krokodile überhaupt, mit seinem Brillenkaiman (Caiman crocodilus crocodilus) vorweisen kann. Als er 1963 in der »Aquarien- und Terrarien-Zeitschrift« (16, 90 ff.) schrieb, war sein Kaiman nach zwölfjähriger Pflege von 32 Zentimetern auf die stattliche Größe von fast zwei Metern herangewachsen und hatte sein Gewicht von 125 Gramm auf über einen Zentner erhöht.

Eine große Eisenwanne dient ihm als willkommener Ersatz für den Fluß oder den Teich, der ihm in Südamerika Heimat sein würde, so ihm nicht eine Kugel längst den Garaus gemacht hätte. Die gesamte Wohnung betrachtet der Kaiman als seinen Landteil und spaziert nach Belieben darin herum. Regelmäßig zum Frühstück der Familie Wermuth entsteigt er seinem Wasserbecken, legt sich zum Ofen neben den Stuhl seiner Herrin, reckt den Kopf hoch und begehrt die Morgenmassage. Sie beginnt mit dem Streicheln der Flanken. Drückt der Kaiman die Hand seiner Herrin fest an sich, will er an der Kehle massiert werden. Genußvoll schließt er dabei die Augen.

Am frühen Nachmittag verläßt er den Ofenplatz und kehrt ins Wasser zurück, zwecks Körperpflege. Er planscht so lange herum, bis Frauchen seine Flanken, die Halsseiten und die Schwanzwurzel kräftig schrubbt, also überall dort, wo sich Kaimane bei ihrem Liebesspiel mit den Schnauzen zu reiben pflegen. Vielleicht ist es auch bei ihm ungestilltes Liebesverlangen.

Futter nimmt der Kaiman von der Hand seines Herrn. Während eines Urlaubs fütterte ihn ein Freund. Noch Monate danach bettelte er den Futteraushelfer an, sobald er ihn sah, ein Zeichen eines ausgeprägten Personengedächtnisses.

Den innigen Kontakt zu den Menschen fand dieser Kaiman auf recht originelle Weise. Zuerst bewohnte er ein riesiges Aquaterrarium, das er durch eine Seitentür verlassen konnte. Funktionierte die Heizung nicht richtig oder war sein Wasser verunreinigt, klopfte er mit der Schnauze gegen die Scheiben des Behälters, und das führte schließlich »zu einer vollendeten Dressur von Pflegling und Pfleger«. Wermuth schreibt weiter: »Trat nicht sofort der erwünschte Erfolg des Klopfens ein, so begann das Krokodil unüberhörbar mit dem in Eisen gerahmten Deckel seines Behälters zu klappern, indem es mit der Schnauze dort gegendrückte, und dann war es Zeit, im Laufschritt zu erscheinen.

Anders verhält sich das Tier, wenn es Hunger hat. Dann fährt es, im Wasserbehälter sitzend, mit halbgeöffneter Schnauze und hoch erhobenem Kopf in einem angedeuteten Stoß gegen mich vor, ohne indessen tatsächlich zu beißen. Das sieht für einen Unbeteiligten weit gefährlicher aus, als es in Wirklichkeit ist. Auch dieses Verhalten wird intensiviert, wenn man es anfangs aus Bequemlichkeitsgründen übersehen möchte.«

Bei seinen Spaziergängen durch die Wohnung entdeckte der Kaiman eines

Tages den Duschraum zum Abbrausen der Schildkröten. Einmal vom warmen Wasser umrieselt, fand er dies angenehm schön und bezog von nun an sommers ein abendliches Brausebad in sein Tagesprogramm ein.
Mit hoch gerecktem Kopf baut er sich vor der Dusche auf, und dauert ihm das Vergnügen nicht lange genug, bleibt er fordernd sitzen. Erst nach genau einer Viertelstunde des warmen, brausenden Wassers gibt er sich zufrieden und spaziert in seinen Wasserbehälter zurück. Diese Zeit hält er offenbar als die einem stubenbewohnenden Kaiman angemessen.
Wie zutreffend heißt es in dem »Haus- und Handbuch der Vivaristik« von Vogt und Wermuth: »Weit liebenswürdiger als ihr Ruf, finden sie (die Krokodile) dank ihrer überdurchschnittlichen Intelligenz bald einen persönlichen Kontakt zu ihrem Pfleger und vermögen ihm mitzuteilen, wann er ihr Wasser erneuern, ihre Heizung verstärken, sie füttern oder mit der Bürste abschrubben soll. Sie vollbringen wahrhaft erstaunliche Dressurleistungen, jedenfalls an ihrem Besitzer.«
Man sollte dies allerdings nicht zu sehr verallgemeinern und jedem Stubenkrokodil trauen. Ich sah einen sonst verträglichen Kaiman seine scharfen Zähne in Menschenhand schlagen, seinen Körper schleudern und eine tiefe Wunde reißen. Seitdem deckt ein Tuch seine Augen ab, so wie Scheuklappen die Augen der Pferde, ehe ihn sein Pfleger an Hals und Schwanz packt.

Stumpi Bei »Stumpi«, meinem Stumpfkrokodil aus den Niederungen des Kongo, ist solches nicht vonnöten.
Er begann sein Leben als Baby in einem Aquaterrarium von knapp einem Meter Länge. Mehr an Glas, Wasser und geheiztem und infrarot bestrahltem Landteil vermochte ich ihm damals nicht zu bieten.
Er war als Jungtier eine ausgesprochene Schönheit. Der Kopf mit der breiten, kurzen Schnauze war hinten gelbbräunlich und am Unterkiefer von hellerem Gelb mit dunklen Flecken. Den schwärzlichen Körper zierten gelbe Querbinden mit einem Schimmer ins Rötliche. Mit großen, braunen Augen sah er mich an und nahm bald regen Anteil an allem, was um ihn herum vorging.
Auf seinem Speisezettel standen Herzfleisch, Leber und Fisch. Besonders versessen war er auf lebende weiße Mäuse.
So wuchs er im Laufe der Jahre heran. Er färbte sich am Körper schwärzlicher. Sein anfangs helles langgezogenes »ah« wurde tiefer und dunkler.
Natürliche Abwehr- und Angriffsinstinkte eines wilden Krokodils brauchte Stumpi nicht zu entwickeln. Von mir widerfuhr ihm nichts Böses. Er bekam von mir sein Futter und seine Leckerbissen, und mit zunehmender Größe und Intelligenz vermochte er das wohl auch zu würdigen.
Alle Krokodile sind neugierig. Stumpfkrokodile sind es in besonderem Maße. So heißt es im Bericht aus dem vorigen Jahrhundert von Pechuel-Loesche (nach *Brehm*): »Es ist dreister als die anderen Krokodile und zieht vor

den Augen des Jägers geschossene Vögel behutsam aus dem Wasser. Auch ist es zutraulicher oder vielmehr neugieriger als die anderen. Mehrfach habe ich beobachtet, daß an Stellen, wo die Stumpfkrokodile häufig sind, ihre Köpfe bald in der Nähe auftauchen, wenn am Ufer oder auf den Sandbänken etwas Ungewöhnliches vorgeht.«

Wenn auch der Kontakt zwischen Stumpi und mir nicht so innig war wie der zwischen Wermuth und seinem Kaiman – wahrscheinlich gab ich mich mit ihm zuwenig ab –, so zeigte er sich doch anhänglich, ließ sich anfassen und verlangte immer öfter Ausgang in die Wohnung. Sein Futter nahm er artig aus der Hand, und er lernte auf seinen Namen hören, wobei ich ihn mit lebenden Mäusen lockte. Doch konnte er auch störrisch wie ein Dackel sein. Längst bewohnte Stumpi, nun so lang wie seine erste Unterkunft, eine Plastikwanne. Immer mehr prägten sich seine Eigenheiten aus, wie ja auch bei uns Menschen, werden wir älter.

Erregte er sich, etwa weil er eine Maus nicht schnell genug bekam, wackelte seine Schwanzspitze. Des Nachts, besonders bei Mondschein, planschte er plötzlich in seinem Behälter, wollte zu fressen und am liebsten Ausgang haben, so, wie er in seiner Heimat irgendwo im Kongo aus seinem Tümpel gekrochen und auf Jagd gegangen wäre.

Meine Familie betrachtete Stumpi, solange er das Aquaterrarium bewohnte, mit mehr oder minder wohlwollender Duldsamkeit und gerade dem Gefühlsaufwand, den man bei einem Krokodil noch eben verlangen kann.

Das änderte sich, als Stumpi Ausgang in die Wohnung begehrte. Er wurde verdächtigt, er könne beißen oder etwas verunreinigen – und tat natürlich keines von beiden.

Doch seine Neugier konnte er nicht bezwingen. Er tauchte oft unvermutet gerade dort auf, wo man ihn am wenigsten erwartete. Und immer wieder erschrak jemand, obgleich es bei Stumpis Gutmütigkeit gar nichts zu erschrekken gab. So geht es einem Krokodil eben.

Das Verhältnis meiner Familie zu Stumpi kühlte sich in dem Maße weiter ab, je öfter es ihm nach dem warmen Wasser unserer Badewanne gelüstete. Nicht ganz zu Unrecht, wie ich zugeben muß, verwahrte man sich dagegen, in einer Wanne zu baden, die, wenn auch längst nicht so oft, auch von einem Krokodil benutzt wurde.

Das alles wäre Stumpi nicht zum Verhängnis geworden: Es war seine hervorstechendste Eigenschaft, seine unbezähmbare Neugierde.

Hatte sich meine Familie bald davon überzeugt, daß ein in der Wohnung umherspazierendes Krokodil dabei durchaus keine bösen Absichten hegt, nicht so unsere Gäste. Die meisten von ihnen vermochten ihre Vorurteile gegenüber einem Krokodil nicht umzuprogrammieren und hätten dies wohl auch bei Inanspruchnahme eines Psychotherapeuten oder gar Psychiaters nicht gekonnt, es sei denn, deren Unterbewußtsein wäre ledig solcher Komplexe. Doch wo findet man Fachleute mit so völlig unbelasteter Psyche?

Wie dem auch sein mag, es kam zu einer Übereinkunft mit meiner Familie: Ist Besuch da, darf Stumpi keinesfalls ins Wohnzimmer.
Eines Tages – im Wohnzimmer hatten wir Besuch von älteren und jüngeren Damen – vermißte ich Stumpi, suchte – doch vergebens.
Entmutigt ging ich ins Wohnzimmer. Unsere Gäste saßen mit angezogenen Beinen auf Couch und Sesseln, ein Anblick, der ansonsten zum Lachen reizt, doch mich in diesem Augenblick ganz und gar nicht.
Schnell holte ich eine weiße Maus, rief und zeigte sie Stumpi unter dem Couchtisch und achtete nicht der schrillen Schreie damenhafter Entrüstung.
Stumpi folgte mir sogleich treuherzig, ohne zu wissen, was er angerichtet hatte. Und ich weiß bis heute noch nicht, wie er in das Wohnzimmer gekommen ist.
Eingedenk der Absprache forderte meine Familie, das Krokodil müsse aus dem Haus. Man verschloß sich allen meinen juristischen Einwendungen, ein Krokodil, rechtlich eine Sache, könne nicht schuldhaft handeln und daher auch nicht bestraft werden, und auch all meinen Beteuerungen, es werde nicht mehr vorkommen.
Ich versuchte es mit asiatischen Weisheitssprüchen, wie ich sie zur Genüge in Hongkong gehört hatte: »Wer einen Tag glücklich sein will, der betrinke sich. Wer einen Monat glücklich sein will, der schlachte ein Schwein«. (Den Satz: »Wer ein Jahr glücklich sein will, der heirate«, ließ ich wohlweislich weg.) »Wer ein Leben lang glücklich sein will, der halte ein Krokodil.« Doch meine Familie meinte, es müsse heißen, »der werde ein Gärtner«, und dagegen habe man nichts.
So gab ich Stumpi schweren Herzens einem Freund (einem Junggesellen), der ihn samt Behälter und allem Zubehör voller Begeisterung aufnahm – und wer hätte sich nicht eines solch artigen Hausgenossen erfreut?

Elftes Kapitel

Die Wunderwelt der Echsen

Geburtsstunde der Inseln

Vor vielen Jahrmillionen stiegen, tausend Kilometer vom Festland Südamerikas entfernt, feuerspeiende Vulkane aus den Fluten des Pazifiks. Rotglühende Lava verzischte im Meer, Aschenregen verdunkelte die Äquatorsonne. Gewaltige Eruptionen türmten glühendes Gestein 1 600 Meter himmelwärts. Rauch und Schwefeldämpfe lagerten über dem neugeborenen Land: fünf große, acht mittlere und 19 kleinere Inseln, mit zusammen 7 800 Quadratkilometern so groß wie die Schweiz.

Es ist nicht überliefert, wie sich die Flutwellen ungewöhnlicher Höhe in konzentrischen Kreisen ausbreiteten und gegen die Küste brandeten, wo jetzt Ecuador liegt, und welchen Schaden sie anrichteten. Den Menschen gab es noch nicht, nur Tiere, die lichteren Höhen ihrer Entwicklung zustrebten.

Die Lava erstarrte und verwitterte. Der kalte Humboldtstrom umspült die Eilande und kühlt die Äquatorluft, die ständig über die Inseln streicht und sie austrocknet. In den Niederungen fällt nur an wenigen Tagen im Jahr ein spärlicher Regen auf eine noch spärlichere Vegetation in wüstenähnlicher Landschaft. In den höheren Regionen von über 500 Metern regnen sich Winterwolken aus und lassen Wälder und Dschungel ergrünen.

Aus Vulkanen im Pazifik geboren und ohne Verbindung mit dem Festland, gab es anfangs kein tierisches Leben. Zuerst entdeckten Albatrosse, Fregattvögel, Kormorane und Bussarde in verwegenen Flügen übers Meer das neue Land und nahmen es in Besitz.

Der Humboldtstrom bringt Leben

Anderes Leben verdanken die Inseln dem Humboldtstrom. Er fließt an den Küsten Chiles und Perus entlang nach Norden und wendet sich auf der Höhe Ecuadors unter dem Äquator westwärts. An Perus Küsten drückt der kühle Meereshauch die heiße Luft in die Höhe und mit ihr auch alle Feuchtigkeit und hinterläßt unwirtliche, staubtrockene Felswüsten ohne nennenswertes tierisches Leben.

Erst an Ecuadors Gestaden gedeihen tropische Wälder üppigsten Grüns und leben Tiere aller Art, Riesenschlangen ebenso wie große und kleine Echsen. Nach heftigen Tropenregen steigen die Flüsse über die Ufer, entwurzeln Baumriesen mitsamt allem Getier und tragen sie hinaus ins offene Meer. Manche von ihnen, von Winden begünstigt, spült der Humboldtstrom nach wochenlanger Reise in die Brandung der Inseln.

Säugetiere wie Affen oder Jaguare verhungern und verdursten. Nur einige wenige Reptilien, die härtesten unter allen, überlebten die ungewollte, schaukelnde Reise auf ihrer entwurzelten Heimstatt. Es waren Leguane der südamerikanischen Tropenwälder.

Eine Arche Noah

Auf den unwirtlichen Inseln gingen die meisten zugrunde. Nur den wenigsten gelang es, sich den kargen Lebensverhältnissen anzupassen, zu überleben und sich von Generation zu Generation durch die Jahrmillionen zu vermehren.

Die Kormorane (Phala crocorax harrisi), von keinen Raubtieren mehr verfolgt, verlernten das Fliegen, ihre Schwingen verkümmerten. Die Riesenschildkröten (Testudo elephantopus), einmal vor Jahrmillionen auf die Inseln verschlagen, veränderten sich. Jene, die hauptsächlich von Säulenkakteen (Ceeren) oder Gesträuch lebten, bekamen länglichere und beweglichere Hälse und Beine, ihre Panzer wurden wesentlich dünner und leichter. Es bildeten sich die »Sattelpanzertypen«. In Gegenden üppigen Bewuchses von Gras und anderen Bodenpflanzen entstanden die schweren, plumpen »Kuppelpanzertypen« mit kurzen Hälsen. Wassermangel zwang Riesenschildkröten zu Wanderungen in die Höhen der Wälder und zur Eiablage wieder hinab an die Strände. Sie kratzten und rutschten Trampelpfade in das brüchige Gestein. Ihre unteren Panzer schliffen sich glatt. Teile des oberen verformten sich. Allein 15 Unterrassen der Riesenschildkröte lassen sich unterscheiden.

Die Leguane aus den südamerikanischen Urwäldern fanden weder tierische Kost noch üppige Bäume, und manche weideten die Algen des Meeres. Sie wurden zu schwimmgewandten Meerechsen (Amblyrhynchus cristatus). Die Leguane auf Land, die Drusenköpfe (Conolophus subcristatus und Conolophus pallidus), fressen Opuntien samt Stacheln.

Die Inseln, von den Menschen später einmal »Galapagos« genannt, nach dem spanischen Wort für Schildkröte »galapago«, wurden zur Arche Noah, zu einem »zoologischen Versuchsfeld der Natur«.

Auf den Spuren Darwins

Menschen entdeckten den Archipel im Pazifik im Jahre 1531, als Winde und der Sog des Humboldtstroms den Bischof Tomas de Berlanga auf der Reise von Panama nach Peru dorthin verschlugen. Zwei Jahrhunderte bot er Seeräubern Zuflucht. Sie nannten ihn »Las Islas Encantatas«, »Verzauberte Inseln«, die ihnen nach den Gefahren und Anstrengungen ihrer Raubzüge Schutz boten. So hieß auch das erste Buch über die Inseln vom Verfasser des weltberühmten »Moby Dick« über Ahabs verzweifelten Kampf mit dem weißen Wal. 1839 hatte Melville die Inseln besucht.

Vier Jahre zuvor war der geniale Naturforscher Charles Darwin von Bord der »Beagle« an Land gegangen. Hier fühlte er sich dem »Geheimnis aller Geheimnisse«, dem »ersten Erscheinen neuer lebender Wesen auf der Erde« nahe.
Das war zu einer Zeit, als unumstößlich galt: Alle Arten der Tierwelt und erst recht der gottbegnadete Mensch leben seit dem ersten Schöpfungstage unverändert auf der Erde, nichts hat sich entwickelt. Und jeder aufrechte Christ hätte in wortgetreuer Auslegung der Bibel in hellem Zorn und mit gerechter Empörung jeden Gedanken weit von sich gewiesen, er, der Schöpfung Krone, sei nicht so, wie er da stehe, von Gott geschaffen, sondern habe sich, dem Wasser entstiegen, über Reptilien zum Säugetier entwickelt, wie anderes Leben auch.
Darwins geschultem Blick konnte es nicht entgehen: die Arche Noah der Galapagos mit ihren Riesenschildkröten, Leguanen und Vogelwelt beweist, wie sich Lebewesen an neue Gegebenheiten anpassen, sich verändern und welcher Auslese sie unterworfen sind, wie sich alles Leben in Jahrmillionen aus primitiven Anfängen entwickelt hat.
Erst nach vierzehn Jahren war er sich seiner Erkenntnisse ganz sicher und veröffentlichte 1859 sein wissenschaftliches Werk »The Origin of Species«, Der Ursprung der Arten, das mehr revolutionierte als die meisten Revolutionen. »Es sei etwa das gleiche gewesen, als ob man einen Mord gestehe«, meinte Darwin. Stürme der Entrüstung und Verleumdungen gingen über ihn hinweg. Doch sein Werk überdauerte, und seine Lehre ist Gemeingut der gebildeten Welt und der Theologen, die sich dazurechnen und Gottes allmächtiges Wirken in diesem Geschehen erkennen. Die größte Ehre, die England zu vergeben hat, wurde ihm zuteil: In der Westminsterabtei ist er beigesetzt.

Die Meerechsen

Sehen wir uns die Leguane näher an, die Darwins Lehre stützen.
Charaktertiere des Inselreichs der Galapagos sind die Meerechsen (Amblyrhynchus cristatus), etwas über einen Meter lang und von düsterer Farbe, wie die Lavaklippen, auf denen sie zu Hunderten eng aneinander oft auch übereinander sitzen. Nur die Rasse der Insel Hood glänzt zur Paarungszeit in prächtigem Rot. Ihre Hornzackenkämme auf der Rückenlinie und die derben Kopfschuppen fügen sich gut zum Bild der grobzackigen Steinwüste, als Drachen uralter Zeiten. Doch es sind keine vorsintflutlichen Ungeheuer, sondern zutrauliche Tiere, wie auch die Vögel auf den Galapagos. Selbst Bussarde lassen sich streicheln.
Auf der Insel Santa Cruz erklimmen die Echsen die steilen Lavaklippen und erfreuen sich auf der Terrasse der Gastfreundschaft der Menschen, die sie füttern.
Die zu Menschen so liebenswürdigen Tiere sind es untereinander nicht. Die älteren Männchen beherrschen Reviere mit Harem. Kommt ein Rivale zu nahe, wird er durch Drohgesten geschreckt. Gleich starke Männchen um-

schreiten sich und messen ihre Kräfte, stoßen ihre Köpfe aufeinander und schieben und drücken sich, bis einer weicht. Kein Tropfen Blutes fließt bei diesen »Kommentkämpfen«.

Viel härter kämpfen die Weibchen um die besten Plätze zur Eiablage, denn lockerer Sand ist rar auf den Inseln. Es gibt Verletzungen und es fließt Blut, bearbeiten sich die wütenden Weibchen mit Gebiß und Kiefern. Mit scharfen Krallen gräbt die Siegerin eine tiefe Grube und legt ihre Eier. Nach mehr als zwei Monaten buddeln sich die Jungen ans Tageslicht, Galapagosbussarde harren ihrer kreisend in der Luft und selbst Lavamöwen stellen ihnen nach.

Als einzige der Leguanfamilie (Iguanidae) holen die Meerechsen ihre Nahrung aus dem Meer. Mit ihr nehmen sie zuviel Salz auf. Sie haben vor jedem Auge eine Salzdrüse mit einem Gang zur Nase und stoßen hin und wieder Salzflüssigkeit in zwei feinen Strahlen aus. So sagte man den Drachen das Feuerschnauben nach. Sie haben es gelernt, mit Ebbe und Flut zu leben, und sind die einzigen Meerestiere unter den Echsen in aller Welt. Jede Viertelstunde schöpfen sie an der Oberfläche Luft, und nach einem Aufenthalt im kühlen Wasser des Humboldtstroms tanken sie Sonnenwärme auf Klippen. Die Meerechsen sind ausgezeichnete Schwimmer. Darwin beschreibt sie: »Im Wasser schwimmt das Tier mit vollkommener Leichtigkeit und Schnelligkeit unter schlangenförmigen Bewegungen des Leibes und des abgeplatteten Schwanzes, nicht aber mit Hilfe seiner Füße, die an die Leibesseiten angelegt und nie bewegt werden.« Im Meer tummeln sie sich unter tropischen Fischen und riesigen Meeresschildkröten, klammern sich mit starken Krallen an die Felsen und trotzen auf der Suche nach Seegras und Algen dem Meeresschlag und der harten donnernden Brandung. Gegen die ihrer lauernden Weißflossen-, Blau- und Hammerhaie sind sie machtlos und suchen Schutz zwischen Seepflanzen, in Höhlen oder Zerklüftungen des Ufers, wo sich Haie an den scharfkantigen Klippen verletzen würden. In ihrer panischen Angst vor den Räubern des Meeres schwimmen die Echsen niemals durch tiefes Wasser von Insel zu Insel und haben sich deshalb untereinander auch nicht vermischt. So konnten sich sieben Unterarten ausbilden.

Drusenköpfe

Die Drusenköpfe sind als Landleguane den Meerechsen nahe verwandt. Sie leben in zwei Arten auf den Galapagos (Conolophus subcristatus und Conolophus pallidus). Die über einen Meter langen Tiere sind gelb, braun oder gefleckt. Ihr Kopf wirkt wie versteinert. Sie bewohnen Höhlen, die sie selbst in lockeres Vulkangestein graben. Kakteen bieten ihnen außer Nahrung auch Schutz vor den Galapagosbussarden.

Sielmann beobachtete, wie ein Leguan auf offenem Gelände einem Bussardangriff begegnet: Er stellt sich auf seine Hinterbeine, macht sich so groß wie nur möglich und »imponiert« in drohender Haltung. Der Bussard läßt sich verwirren, landet abseits, wagt keinen Angriff und starrt mißtrauisch auf die entgangene Beute.

Kielschwanzleguane

Auf den sonndurchglühten Lavafelsen der Galapagos huschen höchstens fingerspannlange Kielschwanzleguane (Tropidurus).
Sie weichen von ihren auf dem Festland verbliebenen Verwandten weit weniger ab als die Großleguane. Untereinander unterscheiden sie sich jedoch je nach Insel, auf die sie verschlagen wurden. Manche jagen Insekten, andere ernähren sich überwiegend von Beeren oder zarten Blättern, wenn es einmal regnet.
Allen ist es gleich den Eidechsen gegeben, als letzte Rettung ihren Schwanz abzustoßen und ihm einem Bussard oder einer Dromicus-Schlange zum Fraße zu überlassen. Und das ist immer noch besser, als selbst gefressen zu werden. Der Schwanz wächst wieder nach.

Der Mensch als Räuber und Beschützer

Wie zahlreich die Relikte der Jahrmillionen einst waren, bezeugt Darwin, der auf der Jamesinsel eine Zeitlang vor lauter Höhlen der Drusenköpfe keine passende Stelle zum Aufschlagen des Zeltes fand. Heute begegnet man einem Drusenkopf selten.
Besser gehalten haben sich die Meerechsen, die es noch zu Tausenden gibt. Das mag weniger mit Darwins »Survival of the fittest«, dem Überleben des Besten, zu tun haben als mit ihrem Aussehen, so »abstoßend, daß kein Mann an Bord bewegt werden konnte, sie zu essen«, wie sich ein britischer Kapitän vernehmen läßt.
Bei den Galapagosschildkröten kannten die Piraten, dann die Kapitäne diverser Segelschiffe und schließlich die Walfänger keine solchen Skrupel. Sie nahmen sie als »Dauerproviant« als »lebende Konserven« an Bord und ließen sie oft ein Jahr lang in dunkel-muffigen Laderäumen ohne Futter auf das Abschlachten warten.
Seit einem Vierteljahrhundert hat Ecuador die Tiere der Arche Noah unter Schutz gestellt. Die UNESCO sieht darin ein internationales Anliegen, und eine aufhorchende Weltöffentlichkeit erwartet, daß Menschen und verwilderte Haustiere das »Versuchsfeld der Natur« nicht weiterhin plündern und seine Tiere in Frieden leben können, so wie in den Millionen Jahren, bevor der Mensch seinen Fuß auf die »Verzauberten Inseln« setzte.

Der Grüne Leguan

Der bekannteste und größte aller ist der Grüne Leguan (Iguana iguana) an den Flüssen tropischer Wälder Südamerikas.
Hier lebt er im Blätterdach der Bäume, froschgrün wie junges Laub, dunkle hellgesäumte Binden heben sich vom Körper ab. Vom Nacken bis zur Schwanzspitze schmückt ihn ein Kamm dichtgereihter Dornenzacken, und vorn prangt ein Kehlsack. Der Körper ist mehr als einen halben Meter lang, und der Schwanz mißt dreimal soviel.
Er benötigt ihn beim Klettern und zur Verteidigung. Mit zielsicheren Peitschenhieben setzt dieser Leguan seinen Gegner außer Gefecht. So mancher Hund kroch winselnd davon.
Eingeborene jagen die schmucken Tiere ihres Fleisches wegen. Verfolgt, stür-

zen sie sich kopfüber ins Wasser, tauchen und schwimmen ähnlich den Meerechsen mit angelegten Beinen und kräftigen Pendelschlägen des Schwanzes.
Grüne Leguane schließen sich als Jungtiere dem Menschen innig an, und ihre Zutraulichkeit macht sie zu entzückenden Hausgenossen. Mit schief gehaltenem Kopf betteln sie wie ein Hund mit blanken Augen um Futter, klettern auf die Schulter ihres Pflegers und lassen sich herumtragen. Und manch einer knabbert dabei sein Herrchen liebevoll an Ohr und Fingern.
Der Grüne Leguan eines Reptilienfreundes in München brachte es zu großen Ehren, jeder wollte ihm schnell einmal guten Tag sagen.
Er lebte völlig frei in einem großen Zimmer. Sein Lieblingsplatz war hoch oben auf einem der Terrarien. Von hier aus verfolgte er alles Geschehen und kam herbei, lockte ihn eine Banane. In einer Ecke stand ein Kästchen mit Sägespänen, das der reinliche Leguan wie eine Katze zu benützen pflegte.
Leider kam es bei ihm, wie bei manch anderem treuen grünen Freund vor ihm, zu einem Kräfteverfall. Vitamingaben und UV-Bestrahlung halfen nicht viel. Er starb.

Die Krötenechse

Die Krötenechsen (Gattung Phrynosoma) nordamerikanischer Wüsten sind die eigenartigsten und skurrilsten Gestalten unter den Leguanen. Hätten sie kein stacheliges Schuppenkleid, könnte man sie mit mancher Kröte verwechseln. »Horned toads«, Hornkröten, sagt der Amerikaner.
Die Stacheln schützen sie nicht nur vor Feinden, sie helfen ihnen auch beim Eingraben in Wüstensand. Die Flanken rütteln und schütteln den Sand, und senkrecht versinkt das Tier in ihm wie eine Hornviper im Saharasand. Beide entgehen sie im Sand der unbarmherzigen Sonne am Tage und der nächtlichen Kälte der Wüste.
Nordamerika kennt sieben Arten von Krötenechsen, und jede größere Wüste hat ihre eigene Form. Die Kurzhornkrötenechse (Phrynosoma douglassi), der Trockenheit weniger zugetan, dringt bis nach Kanada vor. Während die meisten anderen Eier legen, gebärt sie bis zu 35 lebende Junge.
Stundenlang können Krötenechsen wie angewurzelt auf einem Fleck verharren und plötzlich wie eine Maus auf gestreckten Beinen fortflitzen. Auch ihr Geschmack ist ausgefallen: Ameisen munden ihnen am besten.
Daher sind sie (die Phrynosoma cornutum) in den Gärten der Texaner mehr als geduldet. Nur an die Errungenschaften der Zivilisation gewöhnen sie sich schlecht. Vor einem Rasenmäher laufen sie nicht weg, sondern drücken sich im Vertrauen auf ihre Schutzfärbung flach an den Boden, wie die Natur es ihnen in Aberjahrmillionen eingegeben hat. Rasenmäher waren nicht einkalkuliert und werden den Tieren zum Verhängnis.
Eine meiner eindrucksvollsten Begegnungen mit einer Krötenechse hatte ich auf der nicht minder eindrucksvollen Hochebene des Coloradoplateaus Arizonas.
Der Highway hatte den Little Colorado River bei Winslow und weiter westlich den Canyon Diablo überquert. Die Vulkankegel der »San Francisco

Peaks« erhoben sich rötlich aus roter Wüste. Wir hatten Zeit und machten halt. Flagstaff, die nächste Stadt, konnte warten.
Im Sand zwischen roten und grauen Steinchen entdeckte ich eine Krötenechse (vermutlich Phrynosoma platyrhinos), vollends ihrer Umgebung angepaßt. Sie drückte sich an den Boden. Als das nichts half, richtete sie sich auf. Ich berührte sie am Kopf. Ihre Augen traten aus den Höhlen, sie schloß sie, und dann spritzte aus ihren angeschwollenen Augenlidern ein dünner Blutstrahl, und viele winzige Blutstropfen benetzten meinen Anzug.
Ich hatte eine der ausgefallensten Verteidigungen erlebt, zu denen ein Reptil fähig ist.

Ein Moloch

Nach der Bibel ist ein Moloch ein grausam-heidnischer Gott, der nimmersatt nach Menschenopfern giert. Dem englischen Dichter Milton gar der Teufel in Person. Die Phöniker versöhnten ihren Götzen Moloch mit Erstgeburten, die sie ihm zum Fraße vorwarfen.
Ist der »schreckliche Moloch« (Moloch horridus) der Steppen und Wüsten Mittel- und Südaustraliens ein solches Untier und vom Nebel der Mythen umschleiert gleich dem menschenfressenden Gott?
Keineswegs! Es ist das harmloseste Geschöpf unter Australiens Sonne. Kaum fingerspannenlang, Körper und Schwanz mit dornigen Stachelschuppen bedeckt, auf dem Kopf zwei Stachelhörner, dem Untergrund von Gelb bis Braun angepaßt, kriecht er langsam dahin. Bedroht man ihn, krümmt er den Kopf zwischen die Beine und hält den Nacken hin, reißt auch sein Maul auf, beißt aber nicht.
Gefährlich sieht er schon aus und ist doch zu keiner Untat fähig. Nur wegen seines Aussehens hat ihn sein Entdecker, der englische Zoologe Edward Gray, in den dreißiger Jahren des vorigen Jahrhunderts in überschießender Phantasie den »schrecklichen Moloch« geheißen. So kommen Echsen zu Namen, die sie gar nicht verdienen.
Nichts und rein gar nichts hat er mit dem blutrünstigen Gott gemein. Statt Menschen frißt er Ameisen und Termiten, die er mit flinker Zunge leckt, bis zu 1 800 in einer Mahlzeit. Den Ameisen mag er allerdings ein nimmersattes Ungeheuer sein. Gepanzert und unangreifbar, unterbricht er abrupt ihre Heerstraßen. Für uns ist er das bizarrste und auch merkwürdigste Mitglied der Familie der Agamen (Agamidae). Sie sind in der Alten Welt und auf Australien heimisch wie die Leguane in der Neuen Welt und auf Madagaskar.
Schon die äußere Ähnlichkeit des australischen Molochs und der amerikanischen Krötenechsen überrascht. Beide leben sie zudem in Steppe und Wüste, beide ernähren sie sich von Ameisen.
Es ist nicht das einzige Ähnlichkeitspaar Agame – Leguan.
Sehen wir uns ein anderes an.

Der Basilisk

Was ist ein Basilisk?
Ein Haushahn legt Eier, mißgestaltete und eklige, Schlangen und Kröten er-

brüten ein Ungeheuer abscheulich-abschreckendster Art, doch übernatürlicher Kräfte mächtig. Schlangenähnlich, geflügelt mit gekröntem Kopf, stelzt er auf vier Hahnenfüßen bös-tückisch funkelnden Auges einher und stößt Giftatem aus, der Gras und Bäume verdorren, Vögel aus der Luft stürzen und Roß und Reiter tot umfallen läßt. Eine solche Ausgeburt verrotteter Phantasie, das war den Römern und den alten Griechen der Basilisk. Schon die Spur eines Hauches aus dem Mund dieses schauderhaften Tieres läßt Kräuter verdorren und Felsen bersten, klagt Plinius.

Luther verwendet dieses Tier, um einige obskure Stellen des Alten Testaments zu übersetzen: »Denn siehe, ich will Schlangen und Basilisken unter Euch senden, die nicht beschworen sind, die sollen Euch stechen«, droht Jeremias im Namen Gottes. Und der Seher Jesaias spricht: »Sie brüten Basiliskeneier und wirken Spinnenweben, isset man von ihren Eiern, so muß man sterben; zertritt man sie, fährt eine Otter heraus.«

Und was sind das für Tiere, die den Namen des antik-biblischen Ungeheuers tragen? Des Helmbasilisken (Basiliscus basiliscus) Rückenkamm und der mitraähnliche Helm auf dem Kopf des Männchens sind das einzige, was an den Vater des Fabelwesens, den Hahn, erinnert.

Wenn mein Basilisk aus den Wäldern Mittelamerikas auf seinem Ast saß, mich mit seinen schwarzen Pupillen im gelben Augenring betrachtete und dazu mit dem Kopf nickte, sah er schon etwas grotesk aus, aber nicht zum Fürchten. Er war quicklebendig, vom Wesen eines Laufvogels und lief mit großen Schritten auf den Hinterbeinen, die Vorderbeine zur Seite gestreckt; mit dem Schwanz balancierte er.

Dem Tierpark Hellabrunn in München gelang die Nachzucht von Helmbasilisken. 16 Eier kamen in den Brutapparat, und im November 1977 waren 16 »Miniaturdrachen« zu bestaunen. Wie der Grüne Leguan liebt er Gewässer. Und weder Mensch noch Tier tut es ihm gleich: Er flitzt wie ein Sprinter auf der Aschenbahn mit den Hinterbeinen über eine Wasserfläche.

Streifenbasilisken (Basiliscus vittatus) sah man des öfteren über einen 400 Meter breiten See laufen. Beim Start springen sie von einem Ast oder nehmen auf Land Anlauf. Die Hautsäume zwischen den Zehen verhindern ein Einsinken. Und so schnell rennen sie über das Wasser, bis zu 15 Kilometer in der Stunde, daß kein Tier im Wasser mithalten kann. So schützen sie sich vor Feinden.

Die Segelechse

Das Gegenstück zu den Basilisken der Leguanfamilie bildet bei den Agamen die »Soa Soa«, die indonesische Segelechse (Hydrosaurus amboinensis), die, wie ihr wissenschaftlicher Name sagt, ebenso die Gewässer liebt. Über das Wasser zu schreiten, vermag sie allerdings nicht, dafür um so besser zu schwimmen.

Sie zeigt einen niedrigen Rückenkamm und auf dem Schwanz ein Segel, das ihr den Namen gab. Wozu es dient, weiß man nicht genau, sicherlich ist es ihr beim schlängelnden Schwimmen behilflich.

Ein Freund hielt ein Pärchen dieser über einen Meter langen Echsen. Sie anerkannten in ihm ihren Herrn, ließen sich von ihm streicheln und holten sich aus seiner Hand kopfnickend Bananen, Mehl- und Regenwürmer und anderes mehr.

Deutungen

Die höchst bemerkenswerten Parallelen zwischen den Leguanen Amerikas und den altweltlichen Agamen haben schon oft zu Deutungen dieses Phänomens der »Konvergenz« herausgefordert.

Wer sagt, die Leguane seien in Amerika, die Agamen in der Alten Welt entstanden, übersieht das Vorkommen von Leguanen in Madagaskar und auf den Fidschi- und Tongainseln und auch die Fossilienfunde in Europa. Wie kamen sie aus Amerika dorthin? Also waren die Leguane weltweit verbreitet und unterlagen im Laufe der Zeiten in weiten Teilen der Erde der Konkurrenz der Agamen? Nichts spricht für eine solche Überlegenheit der Agamen.

Leguane und Agamen sind verwandt und haben höchstwahrscheinlich gemeinsame Ahnen. Dies allein schon vermag morphologische Ähnlichkeiten zu erklären. Der Rest ist den gleichen ökologischen Gegebenheiten zuzuschreiben, den hitzeflimmernden Wüsten Amerikas wie Australiens und den feuchtheiß dampfenden Urwäldern Mittel- und Südamerikas wie Indonesiens.

Letztlich war es die lange und allmähliche Anpassung an diese Biotope, die in einer sehr ähnlichen Umwelt sich ähnelnde Echsen hervorbrachte: in den Wüsten der Neuen Welt die stacheligen Krötenechsen und in denen Australiens die dornigen Moloche, beide der brennendheißen Sonne angepaßt, beide sich von Ameisen ernährend, in den tropischen Urwäldern Indonesiens die wasserliebenden Segelechsen und in denen Mittel- und Südamerikas die gleichwohl wasserverbundenen Basilisken.

Wüsten und Urwälder gleicher Art bietet auch Afrika. Warum fehlen dort Paralleltiere? Die Natur kann, sie muß nicht »Nischen« ausfüllen.

Die Kragenechse

Viele der Agamen zeichnen sich durch Droh- und Imponiergehabe aus. Doch keine bringt es zu solcher Meisterschaft wie eine Kragenechse (Chlamydosaurus kingii) Australiens und Neuguineas.

Früher, als vornehme Damen noch Sonnenschirme trugen, ging ich mit ihnen an saftiggrünen Wiesen spazieren. Kühe lagen und standen herum und glotzten mit runden Kuhaugen nach uns. Trotteten welche neugierig auf uns zu, spannten die Damen plötzlich unerwartet ihre Schirme vor den verblüfften Tieren auf. Das verscheuchte sie.

Daran wurde ich erinnert, als mir ein Reptilienliebhaber seine Kragenechse vorführte. Fühlt sie sich bedroht, spreizt sie ihren Kragen rings um ihren Kopf, eine riesige Hautfalte, die sonst zusammengefaltet wie ein Cape auf dem Rücken liegt. Bis zu 30 Zentimeter Spannweite mißt dieser Kragen, der mit den ihn stützenden Stäben knorpeliger Fortsätze des Zungenbeins wie ein Schirm aussieht mit leuchtend buntem Fleckenmuster: gelb, rot, braun, blau und weiß in den Farben des Sommers.

Und wie die Damen mit dem Sonnenschirm die Kühe, blufft die Kragenechse mit ihrem Kragenschirm einen Angreifer, stellt sich zudem auf die Hinterbeine, reißt ihr rötlich gerandetes Maul auf, zeigt ihre Zähne, zischt, peitscht drohend ihren Schwanz durch die Luft und stampft kühn-vermessen auf den Gegner zu. Selbst scharfe Hunde, die sonst Katzen zerfleischen, weichen zurück.

Gelingt der Bluff nicht, bleibt ihr nur die Flucht. Sie zieht ihren Kragen ein und spurtet auf den Hinterbeinen, den Schwanz aufgerichtet, die Vorderbeine an den Körper gelegt, hurtig davon, als hätte sie es den Känguruhs abgeguckt.

Des Bluffens und Imponierens müde, legt sich eine Kragenechse auf einen Ast, richtet den Kopf nach oben und läßt die Beine seitlich herunterbaumeln, ein friedliches, seltsames Tier. Die erste lebende Kragenechse brachte im Jahre 1893 der Naturforscher Kent nach London und erregte mit ihr großes Aufsehen.

Fliegende Drachen

Von den Drachen als Ausgeburt menschlicher Phantasie, die feuerspeiend durch Sagen und Fabeln geistern, war bereits an anderer Stelle die Rede.

Die Wirklichkeit sieht anders aus. Wer im Botanischen Garten zu Singapur unter den hohen Palmen wandelt, sieht Drachen von Wedel zu Wedel, von Palme zu Palme schweben. Es sind die Flugdrachen der Gattung Draco, Echsen aus der Familie der Agamen, denen die Luft vertrauter ist als die Erde.

Sie wagen einen Sprung in die Luft, breiten ihre Flügel, und ein herrlich großer Schmetterling, orangefarben, schwarz getupft und in vielen Farben schimmernd, schwebt graziös dahin. Die Ränder seiner Flügel flattern leicht im Wind.

Vorher lassen die Flugdrachen ihren zarten ein bis zwei Fingerspannen langen Körper hoch oben in den Baumwipfeln von den Strahlen der Sonne durchwärmen. Ihre zwei großen flügelartigen Hautlappen tragen sie zusammengefaltet an den Flanken. Die letzten fünf bis sieben Rippen sind verlängert und halten die Flügel bei ihren Ausflügen in die Luft.

Ihr Fliegen gleicht nicht dem der Vögel oder dem Flattern der Fledermäuse, es ist ein elegant-leichtes Dahingleiten geradeaus oder in weitem Bogen, so, wie sich eine Schwalbe Luft und Aufwind anvertraut. Die Flugdrachen unserer Zeit bringen es nicht zu den Flugkünsten der Flugsaurier vergangener Jahrmillionen. Stammesgeschichtliche Entwicklungen lassen sich nicht wiederholen.

Doch für Echsen gelingen ihnen beachtliche Flugleistungen.

Die Universität von Kuala Lumpur in Malaysia hat die des Schwarzbart-Flugdrachens (Draco melanopogon) erforscht. Von einer zehn Meter hohen Stange springen die Drachen rücklings in die Tiefe und entfalten dabei die Flügel. Ihr Flug geht anfangs steil nach unten, bis die Geschwindigkeit groß genug ist. Dann steuern sie mit Flügel und Schwanz in die Waagrechte. Sie

schweben aufwärts, um den Flug abzubremsen, ehe sie graziös gekonnt auf ihren Beinen landen. Bei 60 Meter Flug betrug der Höhenverlust nur etwas über neun Meter.
Echsen lernten fliegen, von Ast zu Ast, von Baum zu Baum, Wunder der Natur! Auf die Erde kommen sie nur noch, um ihre Eier abzulegen.

Dornschwänze

Wie die Flugdrachen dem Leben in Baumwipfeln tropischer Urwälder, so hat die Natur in unbegrenzter Vielfalt Agamen einem Dasein in felsigen Wüsten angepaßt.
Die Dornschwänze vom Senegal bis Ägypten (Uromastyx acanthinurus), Algeriens bis Nordarabiens (Uromastyx aegypticus) und aus den dürren Steppen Westpakistans und Westindiens (Uromastyx hardwickii) sind beliebte Pfleglinge der Terrarianer. Aber nicht dies interessiert hier, sondern ihr Wüstenleben.
Sie graben sich Löcher und verschwinden mit dem Kopf voran, verfolgt sie eine Schlange oder ein Wüstenfuchs. Der Angreifer macht unliebsame Bekanntschaft mit dem dicken, zackigen Schwanz und zieht blutend wieder ab. Nicht umsonst heißen sie Dornschwänze.
Bemerkenswert ist das Verhalten der afrikanischen Dornschwänze gegenüber der Wüstensonne.
Früh am Morgen sitzen sie mit abgeflachtem Rücken lotrecht zur Sonne, die den dunkelbraunen Körper schnell erwärmt. Wird die Sonne heißer, färben sie sich gelb bis orange. Die hellen Farben reflektieren einen Teil der Strahlen, und der Dornschwanz macht sich nun so klein wie möglich. Noch immer harrt er aus. Die Sonne steigt höher und höher. Bei etwa 40 Grad Körpertemperatur öffnet er das Maul, atmet schneller und steigert so die Durchlüftung der Lungen und die Verdunstung von Wasser. Das entzieht dem Körper Wärme und kühlt.
Erreicht die Körpertemperatur annähernd 44 Grad, bleibt auch diesem Sonnenkünstler nichts weiter übrig, als schnellstens in seine Behausung unter der Erde zu verschwinden. Bei einer Körpertemperatur von mehr als 47 Grad müßte auch er sterben.

Gürtelschweife

Südlich der Sahara schlagen die gepanzerten Gürtelschweife (Cordylidae) mit dornenbestücktem Schwanz nach einem Angreifer, allen voran der Riesengürtelschweif (Cordylus giganteus).
Hoch erhobenen Kopfes, mit dem Blick eines Adlers steht dieser »Sungazer«, Sonnengucker, der Südafrikaner auf einem Felsen oder einem Termitenhügel, unbeweglich starr zeichnet er seine Silhouette gegen den Himmel. Fängt man ihn, spielt er tot; auf den Rücken gelegt, dreht er sich eifrig auf den Bauch.
Der Terrarianer kennt sie als intelligente Tiere und problemlos auch für Anfänger in den Künsten der Reptilienhaltung gut geeignet, zähmbar und anhänglich und mit Mehl- und Regenwürmern, Hüpferlingen, kleinsten Mäusen und Herzfleisch leicht zu ernähren.

Mein Wüstenterrarium im Wohnzimmer mit diesen gepanzerten Gesellen und manch anderem Trockenkünstler möchte ich nicht mehr missen. Sie liefern ein oft interessanteres Schauspiel als das Fernsehen, aber das will ja nicht viel heißen.

Farbwechsel bei Echsen

Das Gesicht eines Menschen färbt sich vor Aufregung, Anstrengung, Scham oder Zorn rot.

Manche Echsen sind dem Menschen weit überlegen. Sie färben sich am ganzen Körper um: zur Temperaturregelung wie die Dornschwänze, bei wechselnden Lichtverhältnissen zur Tarnung, was man den Chamäleons nachsagt, und aus Liebe oder anderen Gefühlsregungen.

Der Mechanismus der Echsen, die Farbe zu wechseln, ist äußerst kompliziert und hat die Naturforscher von Aristoteles bis in unsere Zeit immer wieder gefesselt. Ein gesicherter Erkenntnisstand liegt noch nicht vor.

Doch versuchen wir eine Deutung dieses einzigartigen Phänomens, das die Natur bei Reptilien, aber auch bei einigen Fischen und Lurchen bietet. Die Farbe der Haut hängt vom Vorhandensein der Farb- oder Pigmentzellen ab. Bei den Echsen liegen sie zumeist in der inneren Hautschicht (Cutis) gleich unter der schuppigen äußeren Schicht (Epidermis).

Die häufigsten Pigmentzellen, die »Melanophoren*«, enthalten das dunkelbraune Melanin, das die Dunkelfärbung bewirkt. Es ist dasselbe Pigment, das menschliche Haut bräunt. Bei (weißen) Albinos fehlt es. Oberhalb der Melanophoren, unmittelbar unter der Epidermis, liegen die Pigmentzellen mit gelbem und rotem Farbstoff (Lipophoren und Allophoren). Im Zusammenwirken mit dem dunkelbraunen Melanin in den Melanophoren ergeben sich die unterschiedlichsten Abstufungen von Gelb bis Rot.

Reptilien besitzen keine blauen oder grünen Pigmentzellen, doch prangen viele in diesen Farben. Das bewirken Pigmentzellen (Iridozyten oder Guanophoren), die halbkristallines, beinahe farbloses Guanin (chemisch der Harnsäure verwandt) enthalten.

Guanin allein macht nur »hell«, doch es reflektiert, und das führt durch optische Interferenzerscheinungen zum Schillern und Irisieren der Reptilien.

Und Guanin kann einfallendes Licht ändern. In Verbindung mit den melaninhaltigen Melanophoren wird das Licht bestimmter Wellenlänge gestreut, und es entsteht Blau.

Geht das blaue Licht durch eine Schicht darüberliegender gelber Pigmentzellen (Lipophoren), so erscheint Grün. Nach dem derzeitigen Stand der Forschung hängt der Farbwechsel der Echsen hauptsächlich von den Bewegungen des Melanins in den Melanophoren ab: Breitet es sich aus, wird das Tier dunkler, zieht es sich zusammen, heller.

Ob sich in anderen Pigmentzellen ähnliches abspielt, wissen wir nicht genau, wahrscheinlich nicht. Dann beruhte selbst der verblüffendste Farbwechsel

* In der Terminologie wird J. A. Peters »Dictionary of Herpetology« gefolgt.

einer Echse auf Bewegungen des braunen Melanins, wobei andere Pigmentzellen teilweise oder vollständig überschattet würden.
Jedenfalls liegt dies bei der Siedleragame (Agama agama) nahe, die außer Melanophoren sowohl helle Pigmentzellen mit Guanin als auch gelbe und rote Pigmentzellen besitzt. Färbt sich der Kopf der Siedleragame vom prächtigsten Rot über Rotbraun zu Schokoladebraun, so bewirkt dies allein die unterschiedliche Verteilung des Melanins in den Melanophoren.
Ein Wunderwerk der Natur bleiben Farbe und Farbwechsel der Echse ungeachtet wissenschaftlicher Erkenntnis. Staunend und verwundert werden wir sehen, was Echsen alles können.

Die Siedleragame

Wenden wir uns zuerst wieder der Siedleragame zu.
Beim Flug vom Masai-Mara-Schutzgebiet zurück nach Malindi mußte unsere kleine Piper zum Tanken in der berühmten Kilaguni Lodge, im Nationalpark Tsave-East, zwischenlanden. Es war gerade Teezeit. Wir saßen auf der Terrasse mit dem Blick in die afrikanische Landschaft aus verwittertem, rotem Laterit, Schirmakazien, düsteren Kuppen erloschener Vulkane und schwarzem Lavagefels, das heult und jault, fängt sich der Wind. Unten am Teich, ihrer Wasserstelle, stehen einige mißmutige Elefanten, rot wie der Boden, auf dem sie sich suhlten, trinkt aus Angst vor Löwen hastig eine Zebraherde und stochern hochbeinige Marabus mit kräftigem Schnabel nach Fröschen und anderem Getier. Um uns schwirrt es. Kleine Webervögel, buntschillernde Glanzstare und einige Rotschnabeltokos, Nashornvögel, picken ungeniert nach unserem Kuchen und werden nur durch die noch aufdringlicheren Erdhörnchen übertroffen.
Doch am erstaunlichsten sind die Siedleragamen (Agama agama), die sich in den Höfen und Gärten der Lodge auf Steinen, auf Aloen und Yuccas, auf Bänken und Wegen in der Sonne braten lassen und an Baumstämmen kopfoben, kopfunten huschen. Noch nie sah ich so viele auf einmal. Ihre natürlichen Feinde, die Habichte und Sperber, die scharfen Auges in der Luft stehen, wagen es nicht, inmitten der Menschen herabzustoßen. Die Agamenweibchen sind graubraun. Das Schuppenkleid der Männchen schillert in voller Pracht vom Blutrot des Kopfes bis zum leuchtenden Blau des Schwanzes. Da springt ein solches Männchen an den Stamm einer Palme und läuft in den tiefen Schatten der Palmwedel. Seine Farben verblassen, und bald ist es braun wie ein Weibchen.
An einer Mauer kämpfen zwei Männchen um ein Revier. Auch sie haben nicht mehr die Buntheit ihrer Farben. Sie schwingen die körperlangen Schwänze gegeneinander, statt sich zu beißen, bis eines sich besiegt gibt und den Platz räumt. Der Sieger erstrahlt in seiner ganzen Farbenpracht in Rot und Blau.
Wie ein Wunder will es scheinen!

Das Chamäleon

Sprichwörtlich ist die Fähigkeit des Chamäleons, seine Farbe zu wechseln. Doch noch manch anderes zeichnet es aus.

Deshalb wollten Zoologen den Chamäleons eine Sonderstellung unter den Echsen einräumen, die sie allerdings nicht verdienen. Sie sind stammesgeschichtlich eine junge Familie, entstanden aus ursprünglichen Agamen im Alttertiär.

Der seitlich stark abgeplattete Rumpf befähigt ein Chamäleon, dichtes Gezweig zu durchbrechen. Es sitzt als reines Baumtier ungewöhnlich fest. Seine Beine stehen wie sonst bei keiner anderen Reptiliengruppe senkrecht zum Rumpf. Die Zehen halten wie Greifzangen fest. Dazu sind sie zu zweit oder dritt verwachsen und einander gegenübergestellt. Der muskulöse Greifschwanz wickelt sich um Ästchen und gibt weiteren Halt.

Die Bewegungen eines Chamäleons sind von unübertrefflich qualvoller Langsamkeit. Bedächtig löst es ein Beinchen vom Zweig, streckt es in die Luft und kann so eine Viertelstunde verharren, ehe es sich bequemt, Weiteres zu tun. Ein Faultier ist demgegenüber geradezu fleißig. Und doch erinnert ein Chamäleon an die Langsamkletterer unter den Säugern, an die zu den Halbaffen zu rechnenden Loris und die kleinen Ameisenbären in Südamerikas Bäumen.

Das Chamäleon lebt in Zeitlupe und ist ideal zu photographieren, was sich von vielen anderen Reptilien nicht sagen läßt. Wären Echsen und Schlangen nicht so schnell, wäre überhaupt manches besser.

Wie oft habe ich vor dem Bildschirm jene beneidet, die Elefanten, Giraffen, Nashörner, Büffel und dergleichen zu filmen hatten, Tiere, an die mit dem Landrover herangefahren wird, die stillhalten und die so schön bildfüllend groß sind.

Nicht zu reden von den tierreichen Herden der Antilopen, Gazellen und Zebras, von denen immer welche »drauf« sind, hält man die Kamera nur halbwegs in ihre Richtung. Und ganz zu schweigen auch von den Löwenfamilien, die einen ungeniert an ihrem Familienleben teilhaben lassen.

Die Chamäleons entschädigten mich für alles.

Ihre Augen sind ein Wunderwerk für sich. Aus dem hervorgewölbten Augapfel mit den dicken Lidern blitzt eine kleine Pupille. Die Augen drehen sich nach allen Richtungen: nach vorn, hinten und oben und seitwärts, und das alles ganz unabhängig voneinander. Ein Chamäleon kann binokular sehen wie wir Menschen, aber auch mit jedem Auge in eine andere Richtung.

Mein Chamäleon drehte ein Auge schon zum Hüpferling, den ich ins Terrarium gab, während mich das andere noch mißtrauisch beäugte. Erst später visierte es die Beute mit beiden Augen an und wiegte dabei seinen Kopf, um die richtige Entfernung auszuloten.

Mit seiner Zunge ist jedes Chamäleon ein Meisterschütze. Blitzschnell schleudert es sie weit heraus, der Hüpferling klebt fest und ist schon im Maul. Nur eine zwanzigstel Sekunde hat alles gedauert. Welch unerwartete, verblüffend schnelle Reaktion bei einem Tier, das sonst die Ruhe und Behäbigkeit in Person ist.

Der Farbwechsel des Chamäleons

»Ein gesehenes Chamäleon ist ein totes Chamäleon«, sagt ein spanisches Sprichwort. Sein Schutz liegt in seiner Tarnfärbung und ein wenig auch in dem Vermögen, die Farbe zu wechseln.

Schon im Altertum war dies bekannt, und es wurde zum Sinnbild für den Menschen, der seine Meinung ändert wie sein Hemd. Für Plutarch war zudem jeder Schmeichler ein Chamäleon. Und Tertullian, erster lateinischer Kirchenschriftsteller am Ende des ersten und Anfang des zweiten Jahrhunderts, geißelte in einer höchst gelehrten Untersuchung »den falschen Schein und die Unverschämtheit der Großmäuler und Betrüger« als die Eigenschaften eines Chamäleons.

Das Chamäleon der Bibel ist der »Kauach«, während der Talmud poetisch meint, es ernähre sich nur von Sonnenstrahlen.

Ihren Namen erhielt diese vielseitige Echse von den Griechen, er bedeutet soviel wie Klein- oder Erdlöwe. Doch könnte er sich auch aus dem hebräischen »Gamal« herleiten. Ein Chamäleon wäre dann wegen seines Buckels ein »Kamelchen« *(Gerlach).*

Die faszinierenden Farbkünste eines Chamäleons werden teils über-, teils unterbewertet.

Ein Chamäleon kann seine Farbe nicht nach seinem Belieben wählen. Der Farbwechsel tritt vielmehr unwillkürlich ein: Wenn sich die Umgebung, die Temperatur, die Lichtverhältnisse oder die Feuchtigkeit der Luft ändern, besonders aber, wenn es emotionell beansprucht wird, erschrickt, wütend, ängstlich, hungrig oder durstig ist. Die Farbe eines Chamäleons ist sein Stimmungsbarometer.

Mit seinen grünen, gelben, braunen und grauen Farben, seinen Tupfern und Strichen ist ein Chamäleon seinem Lebensraum zumeist schon bestens angepaßt. Und das ist gut so, denn für einen Farbwechsel stehen ihm nicht beliebig viele Farben offen. Mancher Art fehlt es an Rottönen, mancher wieder an grünen. Jedes Chamäleon hat nur eine begrenzte Farbskala zur Verfügung.

Meine Gewöhnlichen Chamäleons

Meine sonst grünlichen Gewöhnlichen Chamäleons (Chamaeleo chamaeleon) aus Spanien nahmen nachts bei Temperaturrückgang eine graue Farbe an. Grauschwarz wurden Männchen in Liebeserregung. Einmal löste sich ein Zweig und fiel mitsamt Chamäleon auf den weichen Terrarienboden. Der Schock genügte, um es sofort schwarz zu färben. Grau wurden die Chamäleons auch, wenn sie sich ärgerten oder erschraken. Bei zwei Chamäleons, die ich ärgerte; blieb die Haut grünlich, während sich die Binden weißlich und die Tupfen schwarz färbten.

Welch reges Gemütsleben offenbaren diese als stumpfsinnig und teilnahmslos verschrienen Tiere durch ihren Farbwechsel, der über das Zentralnervensystem ausgelöst wird! (Bei durchtrennten Nervenbahnen unterbleibt das Umfärben.) Meine Chamäleons paßten sich durchaus nicht immer ihrer Umgebung an. Ich setzte welche auf einen gelben Maiskolben, sie blieben grün.

Schien die Sonne ins Terrarium und wurde es wärmer, färbten sich meine Pfleglinge gelblich. Trafen Sonnenstrahlen ein schlafendes Tier auf einer Seite, färbte sich nur diese gelb. Desgleichen, wenn ich nachts nur eine Seite kräftig mit der Taschenlampe anleuchtete. Hierbei kann nur die Lichtempfindlichkeit der Haut und nicht das Zentralnervensystem den Farbwechsel ausgelöst haben.

Meine Chamäleons verfügten über folgende Farben: Gelb-, Blau- und Blattgrün, Hellgelb, Gelb, Orange, Braun, Grau und Schwarz.

Das in Südspaniens Bäumen grünliche Chamäleon paßt sich in Nordafrika bei einer Lebensweise auf dem Boden auch farblich an. Lebt es in selbstgegrabenen Höhlen am Rand einer Oase, ist es gelbbraun. Es bringt es allenfalls noch zu einem schwachen, fahlen Gelbgrün.

Das Lappenchamäleon

In Ostafrika traf ich in der Busch- und Baumsavanne am Rande des Masai-Mara-Wildschutzgebietes auf ein prachtvoll laubgrünes Lappenchamäleon (Chamaeleo dilepis), so genannt nach seinen beweglichen, häutigen Lappen am Hinterkopf.

Ich machte gar nicht erst den Versuch, es vom Zweig zu lösen, in den es sich mit Zehen und Schwanz verklammert hatte, denn zu leicht bricht oder verrenkt es sich dabei etwas. Es gibt auch noch einen anderen Grund: Ein Lappenchamäleon scheut sich durchaus nicht, kräftig in die Hand zu beißen. Es ist überhaupt ein streitbares Tier. Ich brach einfach den Zweig ab, auf dem es saß.

Das Chamäleon stellte ob dieser Störung seine Lappen wie Elefantenohren hoch, plattete den Körper zur Scheibe, richtete sich auf seinen Beinen auf und fauchte aus aufgesperrtem Maul. Es war nun dunkelgrün mit verstreuten gelblichen und weißen Punkten, so hatte es sich erregt.

In einem Fachbuch steht geschrieben, ein Lappenchamäleon färbe sich nach seiner Umgebung – was die wenigsten Chamäleons tun – grün im Laub der Bäume und braun auf Baumrinde. Also legte ich den blattlosen Zweig mit meinem Chamäleon auf einen umgefallenen Baumstamm. Mir tat es den Gefallen nicht: es blieb grün.

Hauptfeind des Lappenchamäleons ist die Boomslang (Dispholidus typus), die es als Leckerbissen schätzt. Es verhält sich bei einer Schlange ebenso wie mir gegenüber: Seine Tüpfelung wird bunt und kontrastreich, und mit fauchendem Zischen will es den Feind abschrecken. Es nutzt nichts. Ein gesehenes Chamäleon ist eben ein verlorenes. Das starke Gift der Boomslang beendet schnell sein Leben.

Wer dem Leben meines Lappenchamäleons ein Ende setzte, weiß ich nicht.

Über Nacht in Afrikas Savanne

Wir hatten uns in der Weite der afrikanischen Savanne verschätzt und konnten vor Anbruch der Nacht keine Lodge und kein Camp im Wildschutzgebiet erreichen. So mußten wir am Rande einer Buschzone übernachten. Zum Glück hatten wir eine wenn auch primitive Zeltausrüstung in den Landrover gepackt.

Wir entfachten ein Feuer, das wilde Tiere aus dem nahen »Masai Mara« und der Serengeti fernhalten sollte.
Das Chamäleon im Säckchen tat mir leid. Warum es nicht über Nacht in einen nahen Strauch setzen, weglaufen kann es nicht!
Thomson-Gazellen, rötlich-gelb mit schwarzen Flankenstreifen, trippelten vorbei. Ein einsamer Elefantenbulle hob sich fern vom Abendhimmel ab. Zwei Hyänen schlichen mit mürrisch entstellten Hundegesichtern herum. Eine kam ganz nahe, und ich sah ihre tückischen Augen. Als es dunkel war, brüllten, knurrten, heulten, kicherten sie und brachten es schließlich zu einem aberwitzigen »Lachen«.
Schrie nicht auch ein Löwe? Aber es konnte auch eine der Hyänen gewesen sein. Kam das gutturale Grunzen von einem Leoparden oder von Pavianen? Wer kann das unterscheiden, sind Savanne und Busch zu nächtlichem Leben erwacht?
In der Ferne bellte es seltsam abgebrochen: aufgeschreckte Zebras.
Eigenartig fremdes Land, in dem Pferde wie Hunde bellen und Hyänen so hysterisch lachen, daß es einem graust.
Aus der Richtung des Busches mit meinem Chamäleon schrie ein Buschbaby (Galagos-Halbaffe) wie ein kleines Kind. Ich nahm die Taschenlampe und ging hin. Zwei Augen glühten rot durch die Nacht und verschwanden plötzlich. Das Buschbaby war weg, das Chamäleon saß unerschütterlich auf seinem Platz. Die Stimmen der Nacht, sie störten es nicht – ganz im Gegensatz zu uns.
Bedeutete das Buschbaby eine Gefahr für mein Chamäleon?
Bruchstücke einstigen zoologischen Wissens quälten sich durch mein Gehirn: Buschbabys fressen hauptsächlich Insekten, allenfalls einen nestjungen Vogel oder eine kleine Echse, aber doch kein so wehrhaftes Chamäleon von eineinhalb Fingerspannen Länge.
Das Feuer brannte herunter.
Im Zelt leerten wir die Flasche Whisky. Wenn uns schon ein Raubtier fressen sollte, dann doch wenigstens nicht nüchtern.
Als der neue Tag anbrach, weckte uns das silberhelle Klingeln eines Glockenvogels – oder was wir dafür hielten –, der die gleißend silbern aufsteigende Sonnenscheibe begrüßte.
Ich ging mit dem Säckchen zum Strauch, um mein Chamäleon wieder einzusammeln. Es war nicht mehr da. Ich suchte den Strauch und die nähere Umgebung ab. Ich hatte ihm etwas Gutes tun wollen und genau das Falsche getan …
Wieder im Masai-Mara-Schutzgebiet begegneten wir einer Löwenfamilie und kamen ihrem Herrn und Gebieter, einem respektablen Tier mit hellblonder Mähne, Seite an Seite auf drei Meter nahe. Es ist ein eigenartiges Gefühl, wenn die gewohnten Gitterstäbe fehlen.
Jeder sagt es und überall steht es geschrieben: Im Landrover ist man sicher.

Aber weiß das auch der Löwe? Könnte es nicht ein Außenseiter sein, der etwas gegen Autos hat? Aber der Löwe gähnte nur gelangweilt. Der linke Eckzahn fehlte ihm. Wie menschlich! »Gehab dich wohl, Sahib Simba«, grüßten wir und gaben Gas.

Der Blutsauger

Nicht nur Chamäleons sind Farbkünstler, auch unter den Agamen und Leguanen gibt es solche.

Ein Freund brachte mir aus Indien Blutsauger (Calotes versicolor) mit, die dort so häufig vorkommen wie bei uns vor den Zeiten einer ökonomisierten Landwirtschaft die Eidechsen. Es sind Schönechsen aus der Familie der Agamen. In Asien gelten sie fälschlich als Chamäleons, weil sie über eine schier unversiegbare Farbpalette verfügen.

Die klugen Tiere wurden bald ganz zutraulich. Fortwährend beobachteten sie einen und alles, was um sie vorging, als müßten sie noch vor Schlangen und Greifvögeln auf der Hut sein.

Meist saßen sie grau bis gelblich in den Zweigen des Terrariums. Schien die Sonne, stieg die Lufttemperatur oder fühlten sie sich sonst wohl, färbten sie sich buntgrün, gelb und brennendrot und schimmerten in vielen anderen Farben. Anderentags warteten sie mit einer ganz anderen Farbkomposition auf.

Eine klare Linie im Farbwechsel war nicht erkennbar. Wenn sie Amigo, unser Papagei, erschreckte, verfielen ihre Farben. Sie hielten ihn wohl für einen Raubvogel und hockten bleichgelb an die Zweige geklammert.

Der Blutsauger saugt kein Blut, er ist alles andere als ein Vampir. Zu seinem Namen verhalf ihm die leuchtendrote Farbe, die seinen Kopf und oft den ganzen Körper überzieht, als habe er Blut getrunken.

Fochten die Männchen um Reviere, erstrahlte der Sieger in diesem Rot. Der Verlierer verblaßte zu einem unscheinbaren Bräunlichgrau, ähnlich dem der Weibchen.

Blutsauger! Welch ein häßlicher Name für diese schönen, liebenswerten Tiere. »Farbwechselnde Schönechsen«, wie sie die Wissenschaft nennt, wäre besser.

Der Rotkehlanolis

Gegenstücke finden sich bei den Leguanen unter den formenreichen Anolis (Saumfingern) in Amerika. Den Rotkehlanolis (Anolis carolinensis) bezeichnen die Nordamerikaner fälschlich als Chamäleon.

Er ist ein graziler Springer im Laub der Bäume, sein langer Schwanz balanciert, die Haftlamellen seiner Zehen klammern sich an die Äste, und das auch unterseits.

Meine Anolis überboten sich als geschickte »Fliegenfänger«, ihre weiten Sprünge waren glanzvoll, niemals verfehlten sie ihr Ziel.

Doch noch mehr faszinierte das wechselnde Spiel ihrer Farben, die weniger von der Umgebung als vielmehr von Belichtung, Temperatur und Stimmungen beeinflußt waren.

Hielt ich sie dunkel und kalt, waren sie braun. Stieg die Temperatur im Dunkeln auf 20 bis 30 Grad, wurden sie hellgrün, im hellen Licht jedoch behielten sie ihr Braun. Erst nahe 40 Grad färbten sie sich unabhängig von den Lichtverhältnissen graugrün, der Farbe des Mißbehagens.
Man kann leicht einen Versuch machen und einen bei etwa 25 Grad im Dunkeln schlafenden Anolis mit der Taschenlampe anstrahlen und hat binnen vier Minuten anstatt eines grünen ein hellbraunes Tier. Die Haut reagiert demnach auf Lichtreize. Wie die Blutsauger verteidigen auch die Anolismännchen ihr Revier. Sie spreizen das Zungenbein und entfalten ihre Kehlwamme, deren Zwischenhaut scharlachrot schimmert. Hilft das nichts, wird gekämpft. Prangt ein siegreicher Blutsauger rot, so der Rotkehlanolis im wundervollen Smaragdgrün, der Unterlegene wird braun. Das Zentralnervensystem vermittelt diese Umfärbung.
Bei mir färbt sich keiner der Rotkehlanolis nach seiner Umgebung. In der Natur soll ein rotbrauner auf einer graugrünen Bromelie deren Farbe annehmen und umgekehrt ein grüner sich braun färben, springt er von einem grünen Blatt auf einen braunen Ast. Wenn das zutrifft, warum dann nicht auch bei Anolis im Terrarium?
Noch viel Aufmerksamkeit wird den Farbkünstlern unter den Echsen zu widmen sein, ehe ihr letztes Geheimnis entschlüsselt ist. Was wir jetzt schon wissen, ist voll der Faszination in der wundersamen Welt der Echsen.

Mauergeckos

Vor langen Zeiten, als ich noch ein Junge war, erfreute ich mich eines Ferienaufenthaltes in Taormina auf Sizilien. Ich genoß den Blick vom halbzerfallenen griechischen Amphitheater über die olivgrünen Schluchten und Hänge hin zum schneebedeckten Kegel des Ätna, über dem ständig eine Rauchfahne in Italiens blauen Himmel hing, und die lauen Abende auf der Terrasse im Freien.
Sobald es dunkelte, huschten in abendlicher Wiederkehr »Eidechsen« auf dem senkrechten Glas der Terrassenlampen umher, Kopf nach oben, Kopf nach unten, und fingen in gezielten Sprüngen Insektengetier, das, vom Licht der Glühlampen angelockt, gegen Glas prallte. Hatten sie einen Nachtfalter verspeist, leckten sie sich possierlich mit fleischfarbener Zunge über das Gesicht. Es eignete ihrem Wesen, ihrem Huschen, Lauern, dem Anspringen der Beute etwas Katzenhaftes.
Es war schwer, einen dieser fidelen Gesellen zu fangen. Plötzlich änderte er seine Richtung, war im Nu auf der anderen Seite der Lampe, oben und schon wieder unten, alles in akrobatischer Manier.
Doch eines Abends gelang es, und ich hielt ein zappelndes Tier, nicht länger als mein Zeigefinger, in der Hand. Es fühlte sich samtig weich an, riß das breite Maul weit auf und stieß quiekend helle Töne aus. Mit seinen großen starren Augen, lidlos wie die einer Schlange, sah es mich aus senkrechten Pupillen an.

Besonders interessierten mich die Beinchen, die so flink an senkrechten Scheiben zu laufen vermochten. Sie hatten verbreiterte Zehen mit Lamellen.
Ich hatte wohl den Griff etwas gelockert, das Tierchen ruckte, und weg war es, nur seinen sich krümmenden Schwanz hielt ich in der Hand.
Das hatte ich beim Fang von Eidechsen auch schon erlebt und hielt den Ausreißer für eine besonders begabte Eidechse.
Damals wußte ich noch nichts von Mauergeckos (Tarentola mauritanica) und ahnte noch nichts von den vielen Geckos in meinen Terrarien und selbst an den Wänden meiner Wohnung.

Der Tokee

Bei meiner ersten Reise nach Thailand bewohnte ich ein Hotel, dem selbst wohlmeinende Reisemanager keine fünf Sterne zuerkannt hatten. Doch es war sauber und ordentlich geführt, und was sich des Nachts abspielte, wäre auch im besten Luxushotel nicht anders gewesen.
Es war April, heiß und schwül, und ich schlief nicht gut. War ich eingeschlafen, fing es gleich neben meinem Bett lautstark zu bellen an: »To-keh, to-keh ... geck-ooh, geck-ooh.« In der dritten Nacht machte ich Licht. Ein zwei Fingerspannen langes, graues, orangerot getüpfeltes Tier huschte mit großem dicken Kopf und Spaltpupillen in großen Augen quer über die Wand hinter den Schrank. Am nächsten Tag rückte ich den Schrank ab und hatte es nach einigem Hinundher gefangen. Es quakte krächzend und biß herzhaft-ungeniert mit kräftigem Kieferdruck in meine Hand, so daß sie heftig schmerzte und blutete. Es ließ nicht los, ich hätte ihm den Unterkiefer brechen müssen. Erst unter der Wasserleitung besann es sich anders, denn einen kalten Wasserstrahl haßt es so wie der Teufel das Weihwasser, das ganz überzeugte Fromme nach ihm spritzen.
Dieser Riesengecko, der seinen eigenen Namen ruft, der Tokee (Gekko gecko), ist im tropischen Südostasien weit verbreitet und in der Nacht der größte Jäger auf alles, was surrt und schwirrt und sich als Kleingetier bis zur halbwüchsigen Maus regt.
In den Häusern der Städter, in den armseligen Hütten am Rande der Dschungel und selbst auf den Wohnbooten der Ärmsten, überall, wo Menschen wohnen, ist auch dieser Gecko zu Hause. Er weiß sich in der Rolle des Kammerjägers und hält jedes Haus, jede Wohnung frei von Ungeziefer. Hochgiftiger Insektizide bedarf es nicht. Im Unterschied zu einigen anderen Geckos wird er jedoch nicht zahm.

Geckos als Glückverheißer und Todbringer

Nicht nur Ungeziefer vertilgt der Tokee, er bringt den Asiaten auch Glück. Der freundlich lächelnde Empfangschef des Hotels klärte mich auf: Je eher und öfter ein Gecko in einem neuen Haus rufe, um so mehr Glück bedeute es für die Bewohner. Und belle gar einer kurz nach der Geburt eines Kindes, so sei dem ein glückliches, langes Leben beschieden.
Nach Ansicht vieler Siamesen ruft der Tokee sogar die Zahl seiner Lebensjahre.
Mit ihrer Verehrung des Tokees stehen die Siamesen und Malaien ziemlich

allein, die übrige Menschheit der wärmeren Welt fürchtet und verleumdet die Geckos, und über keine andere Echsenfamilie wird so viel Aberglauben und Unsinn verbreitet.

Bereits Aristoteles fing damit an: Der »Stellio« (wie die Alten den Mauergecko wegen der kleinen, sternförmigen Flecken auf dem Rücken nannten) halte sich in Kammern und Gräbern auf, klettere an den Wänden, falle den Menschen ins Essen, schlafe in Futterkrippen, krieche den Eseln in die Nase, hindere sie am Fressen und vergifte sie mit seinem Biß.

Plinius hingegen beschuldigt den Gecko, er liefere, in Wein ertränkt oder in Salbe getötet, ein sehr gefährliches Mittel, das Sommersprossen erzeuge und in der Hand von Böswilligen der Mädchen Schönheit vernichte. In Griechenland sei der Biß eines Geckos tödlich, in Sizilien hingegen harmlos. Woher er diese Weisheit hat, verschweigt der antike Schriftsteller.

Noch vor vierhundert Jahren bescheinigte der alte Gesner dem Gecko Mißgunst, weil er sich häute und seine Haut selbst auffresse (was übrigens stimmt), statt sie den Menschen als Arznei zu überlassen: »damit solche herrliche Artzney für die fallende Sucht den Menschen nit zu theyl werde, daher bey den Juristen der Titul ›Stellionatus‹ kommet, wann man einem etwas durch Betrug und List entzeucht und abnimmt«.

Doch damit nicht genug. Besondere Greueltaten der Geckos werden aus Indien berichtet: Ein Biß ziehe in wenigen Stunden den Tod nach sich, wenn der gebissene Körperteil nicht sofort abgehauen oder abgebrannt werde. Und nach Meinung mancher Indios Südamerikas schade bereits die Berührung eines Geckos. Falle jedoch ein Gecko auf die bloße Haut, so drängen die giftigen Zehenscheiben ins Fleisch und erzeugten eine Geschwulst, die zum Tode führe.

Die Aufzählung der Greuelmärchen aus aller Welt ließe sich beliebig verlängern. Dabei gibt es nichts Harmloseres als Geckos.

Der Gecko als Kletterkünstler

Das Vermögen der Geckos, an den Wänden entlang und an den Decken mit dem Kopf nach unten zu laufen, hat ihnen den deutschen Namen »Haftzeher« eingebracht. Er trifft allerdings nur bedingt zu.

Sandbewohnende Geckos besitzen keine Haftorgane, und bei einigen Baumbewohnern sind gut ausgebildete Krallen vorrangiger.

Der Palmatogecko (Palmatogecko rangei) geistert mit durchsichtiger Haut und durchsichtiger Wirbelsäule und Schwimmhäuten zwischen den Zehen über losen Sand der Wüste Namid und leckt Tautropfen, so der Atlantik keinen Regen schickt – was selten genug geschieht.

Auch der Wüstendünnfingergecko (Stenodactylus shenodactylus) nordafrikanischer Fels- und Steinwüsten benötigt keine Haftlamellen, er krallt sich mit eidechsenähnlichen Krallenzehen ins Gestein. Flach auf dem Bauch wie ein Hund ruht er aus. Sein Schwanz ist sein Stimmungsbarometer: Flüchtet er, schleift er ihn hinterdrein, auf der Jagd wedelt er spielerisch durch die Luft.

Der verwandte Petris Dünnfingergecko (Stenodactylus petrii) der nördlichen

Sahara ähnelt im Verhalten einer Katze wie so mancher andere Gecko auch. Er bringt es zu einem Katzenbuckel, beschleicht wie eine Katze das Beutetier, sein Schwanz zuckt vor Jagdlust, und katzengleich schnellt er im Sprung auf sein Opfer.

Auch mein Leopardgecko aus Belutschistan kennt als Bodentier keine Haftzehen. Auch er buckelt wie eine Katze.

Doch die meisten Geckos haben Haftzehen. Ziemlich spät und unter manchem Irrweg kam die Wissenschaft dem Geheimnis der Geckofüße auf die Spur. Lange Zeit nahm man an, die Geckos schieden einen Klebstoff aus, mit dem ihre Füße an glatten Flächen haften.

Und ein wenig klebrig fühlen sich die Füße an. Doch nicht der winzigste Rest Klebstoff bleibt auf Glas zurück, und pustet man ein Pulver über die Lamellen, haftet kein Körnchen.

Das führte zu der Annahme, die Haftlamellen arbeiteten wie Saugnäpfe. Im Jahre 1916 hat das der Altmeister der Herpetologie, *Mertens**, so ausgedrückt: »Indem nun die Zehe auf ihre Unterlage gepreßt wird und diese sehr fest anliegt, wird die Luft zwischen Zehe und Unterlage herausgestoßen. Durch das Gewicht des Tieres, das sich jetzt an der senkrechten Wand befindet, wird nun der Druck auf die Unterlage vermindert; jetzt richten sich die Lamellen auf, wobei ihre Zwischenräume naturgemäß luftleer sein müssen, so daß der Fuß an der Unterlage haftenbleibt. Es ist klar, daß die Zehen hier ähnlich wie Saugnäpfe wirken.«

Das hört sich ganz plausibel an. Auf einer völlig glatt polierten Fläche – selbst Glasscheiben sind mit ihren mikroskopisch erkennbaren Strukturen nie völlig glatt – müßte dann die Saugwirkung am besten sein, ist es aber nicht. Gerade hier versagt das Wundergebilde der Haftzehen.

Verschiedentlich dachte man auch an elektrostatische Vorgänge, die eine Haftung bewirken könnten, bis die Raster-Elektronenmikroskopie das Rätsel löste.

Die Zehen der Kletterkünstler unter den Geckos sind zumindest stellenweise verbreitert. Auf der Unterseite der Lamellen sitzen Millionen feinster und kleinster Hakenzellen. Diese »Miniaturkrallen« vermögen sich in die winzigsten Unebenheiten einer glatten Fläche einzuhaken.

Beim Tokee ist dieser Mechanismus besonders gut studiert worden.

Wie eine Katze, die ihre Krallen in einen Baumstamm einschlägt, sie in umgekehrter Reihenfolge wieder löst, krümmt der Tokee die Zehen nach oben und lockert so die nach hinten gerichteten Hakenzellen. Dann erst setzt er den Fuß mit den aufgebogenen Zehen nach vorn und drückt die Haftpolster wieder gegen den Untergrund, in dessen mikroskopisch feinen Unebenheiten sich die Hakenzellen wiederum verankern.

Taggeckos Viele Geckos bevölkern meine Terrarien: Geckos der Dämmerung und Nacht, deren Schlitzpupillen sich wie bei Katzen je nach Dunkelheit weiten,

* In: »Naturforschererinnerungen vom Mittelmeer«.

aber auch Taggeckos mit runden Pupillen. Es sind die besonders zahmen und zutraulichen, herrlich grüngefärbten und rotgetupften »Phelsumen« Madagaskars.
Der größte (über eine Fingerspanne lange) und einer der schönsten ist der Madagassische Taggecko (Phelsuma madagascariensis). Neben seinem Papageiengrün verblaßt das Grün einer Smaragdeidechse. Ihr Grün entsteht, indem blaues Licht durch die darüberliegenden gelben Lipophoren geht, bei dem Geckogrün jedoch sollen die Guanophoren selbst in Grün erglühen (Klingelhöffer). Kränkelt ein Taggecko, oder ist es ihm zu kalt, verdunkelt sich seine Farbe in Blaugrün, bei Durst wird sie Gelbgrün.
Meine Geckos huschen neugierig herbei und holen sich ihr Futter von der Pinzette. Versessen sind sie auf Honig und lecken auch den letzten Tropfen vom Finger. Anfassen lassen sie sich ungern. Bei nassen Scheiben versagen ihre Haftlamellen.
Unruhigen Temperamentes, raufen sie mit anderen Geckos aber auch untereinander. Ich mußte ein Pärchen trennen, da der wenig liebevolle Mann sein Frauchen immer wieder biß, anstatt es zärtlich abzuschlecken, wie andere Geckofreunde berichten.
Die auf den Seychellen lebende Unterart des Madagassischen Taggeckos ist die beweglichste von allen. Streift ein Seychellenfalke vorbei, tanzt ein Schatten über die Blätter, lassen sich die Geckos blitzschnell vom Baum fallen, landen wie eine Katze immer auf ihren Beinen und sind im Nu verschwunden.

Der Geckos Vorliebe für Freiheit

Wie so mancher andere Geckofreund halte ich Geckos auch frei in der Wohnung. Das hat beinahe etwas mit Weltanschauung zu tun.
Immer wieder kommt ein Tier aus, oder ein Mehlwurm verpuppt sich zum Käfer, eine Fliegenmade zur Fliege, und das eben ab und zu auch außerhalb des Terrariums. Warum zu höchst giftigen Insektiziden greifen, wo doch die Natur ein viel natürlicheres Vorgehen anbietet: Man läßt einfach einige Geckos frei, und schon ist man aller Sorgen ledig.
Die Errungenschaften der modernen Chemie in allen Ehren. Ich möchte hier auch nicht das vielgeschmähte DDT (Dichlordiphenyltrichloräthan) bemühen, für dessen Erfindung der Schweizer Paul Müller den Nobelpreis erhielt. Es hat immerhin ungezählten Millionen von Menschen die Malaria erspart und hätte im Krieg in Rußland Hunderttausende vor dem nicht minder schrecklichen Fleckfiebertod bewahrt, wäre es greifbar gewesen. Aber wie sich DDT in Pflanzen speichert, dann in den Tieren, die die Pflanzen fressen, und schließlich im Menschen kumuliert, der von den Tieren lebt, so könnten auch andere chemische Gifte Langzeitwirkungen haben, von denen wir jetzt noch nichts ahnen.
So ist es jedenfalls immer ratsam, biologische Methoden zu bevorzugen, wo es nur geht. Doch das ist, wie gesagt, schon ein Stück Weltanschauung, und Anschauungen haben es an sich auseinanderzugehen.

So auch in meinem kleinen Familienkreis. Im Wintergarten mit den vielen Terrarien springen schon seit jeher Geckos emsig nach allerlei Kerbtieren. Doch im Wohnzimmer stieß das auf den energischen Widerstand meiner Familie.
Mein Hinweis, in Asien und überhaupt in tropischen Ländern würde die Insektenvertilgung den Geckos in weit vornehmeren Behausungen und selbst in feudalsten Hotels überlassen, fruchtete nichts: wir seien nicht in Asien oder Afrika, sondern im »korrekten« Deutschland.
Der Zufall kam mir zu Hilfe. Sind meine Frau und ich abwesend, betreut meine Tochter liebevoll die Reptilien, wechselt Wasser und füttert sie, sofern es nicht – nach ihrer Meinung – »grausliche« Schlangen sind. Aber die sind sowieso genügsam und wahre Hungerkünstler.
Nach einem unserer Urlaube saß nur noch ein Faltengecko (Ptychozoon kuhli) vereinsamt im Geckoterrarium des Wohnzimmers. Alle anderen Geckos hatten sich Ausgang bewilligt, als meine Tochter die Glastüren zu schließen vergaß. Sie hatte meinen Wunsch, wenn auch nicht »willentlich« und »mit Wissen«, wie die Juristen sagen würden, so doch zu meiner vollsten Zufriedenheit erfüllt. Niemand schalt sie darob, ganz im Gegenteil, ich erhöhte stillschweigend die Entlohnung für die Tierpflege. Zur »Abrundung« der Geckoszene ließ ich noch einen weiblichen Tokee, der nicht durch Namensruf seine Entdeckung fördert, im Wohnzimmer frei.
Tagsüber blieben die Geckos verschwunden. Abends flitzten sie im Vollgefühl ihrer Freiheit an Wänden und Decke. Nur ganze zwei Stück konnte meine Familie, mit dicken Handschuhen bewaffnet, wieder einfangen. Ich selbst sah keinen Grund, mich an dieser nächtlichen Jagd zu beteiligen.
So lebten wir in Frieden mit unseren Geckos. Keine Fliege störte mehr, unsere Putzfrau war der Mühe enthoben, sich über Spinnweben zu ärgern, meine Tochter freute sich über ihr erhöhtes Taschengeld und ich mich über das abendlich-nächtliche Huschen der Geckos.
Doch mit der Zeit wurden es merklich weniger. Nur zwei große Falten- und drei ansehnliche Mauergeckos blieben übrig. Der scheue Tokee ließ sich überhaupt nicht sehen. Meine Familie frohlockte, die Geckos würden die Luft des Gartens der Zimmerluft vorziehen. Das tun Geckos aber keineswegs, sie vertauschen nicht die Wärme eines Zimmers mit den Unbilden mitteleuropäischen Klimas. Und zudem sind sie »standorttreu«. Meine Familie freute sich zu früh.
Eines Abends – im Fernsehen lief ein Krimi – vernahm ich entsetzte Schreie und dachte schon, es gehe endlich spannend drin zu und es lohne sich, ihn anzuschauen. Doch weit gefehlt! Ein riesengroßes Tier war quer über die Wand gelaufen.
Wie gewohnt, wies ich dies ins Reich der Fabel. Bei Reptilien ist ein Bestreiten immer dienlich, solange der Beschwerdeführer den Beweis nicht in den Händen hat, und dies ist ja bei Reptilien meistens nicht zu erwarten. Doch

ein paar Abende darauf war es nicht mehr wegzuleugnen. Diesmal lief »das riesengroße Tier« über die Wand stracks hinter den Bücherschrank. Dieser mußte zu später Stunde von seiner Bücherlast befreit und weggerückt werden.
Der freigelassene Tokee saß dick-vollgefressen dahinter. Offensichtlich hatte er alle kleineren Falten- und Mauergeckos gefangen und verspeist. Es sei ihm gegönnt, wenn dies auch nicht beabsichtigt war.
Mit katzenartiger Gewandtheit entzog sich der Tokee jeglichem Bemühen, seiner habhaft zu werden. Ich mußte zudem erst meine Handschuhe holen. Letztlich gelang es, meine Familie von der Friedfertigkeit dieses Tieres zu überzeugen, solange man es nicht anfaßt – und das hatten sie sowieso nicht im Sinn.
Da es so viele entkommene Insekten bei uns gar nicht gibt, daß sechs Geckos satt werden können, stelle ich Schüsselchen mit Wasser und Mehlwürmern und anderen Kerbtieren auf Bücherschrank und Anrichte.
Besucher fragen sich, wozu das gut sei. Was soll ich antworten? Ihnen die Wahrheit sagen und einen Vortrag über biologische Lebensführung von mir geben? Könnten sie nicht meinen, bei uns müsse es vor Ungeziefer nur so wimmeln?
So sage ich jedem das, was er gerade noch verkraftet, ohne sich gezwungen zu fühlen, unser Haus unter einem Vorwand fluchtartig zu verlassen. Sind aber Asiaten oder Afrikaner bei uns zu Besuch, so hebt die Wahrheit, was ja auch vorkommen soll, mein Ansehen.
So verschieden sind die Sitten und Anschauungen von Erdteil zu Erdteil, von Land zu Land, und die unsrigen, so will mir scheinen, durchaus nicht immer die alleinseligmachenden, obgleich das die meisten nach wie vor unerschütterlich glauben.

Giftige Echsen

Bei Schlangen sind wir gewohnt, daß manche giftig sind. Als Indianer aus dem südwestlichen Nordamerika und dem westlichen Mexiko von Giftechsen sprachen, glaubte man ihnen nicht.
Als erstes beschrieb im Jahre 1577 (85 Jahre nach der Entdeckung Amerikas) Francisco Hernándes Eidechsen, »deren Biß zwar schmerzhaft aber nicht tödlich ist, die darum mehr wegen ihres Anblickes gefürchtet werden, zumal sie niemals versuchen, jemandem zu schaden, der sie nicht angreift oder ärgert«. Inzwischen sind tödliche Bisse zu verzeichnen, sonst jedoch stimmt der Bericht haargenau, was ganz außergewöhnlich für damalige Zeiten ist.
Gemeint sind die Krustenechsen (Heloderma), die moderne Zoologen in Verwandtschaft zu den Waranen stellen. Wie Versteinerungen aus Colorado bezeugen, waren sie einst vor 40 Millionen Jahren häufig anzutreffen. Übriggeblieben sind nur zwei Arten: Die Skorpions-Krustenechse (Heloderma horridum) des westlichen Mexiko und das Gilatier (Heloderma suspectum), dem es im Gilabecken Arizonas besonders behagt. Die Skorpions-

Krustenechse ist der »Escorpion« der Kreolen und der »Tola-Chini« der Azteken.

Beides sind plumpe, ungeschlachte Tiere mit breitem schwerem Kopf und dicken kurzen Beinen, zwischen einem knappen halben bis zu dreiviertel Meter lang, eher einem überdimensionalen Salamander denn einer Eidechse oder einem Waran ähnlich. Ihre fahlgelbe bis rote Fleckung auf dunklem Körper verstärkt diesen Eindruck.

Als Tiere der Dürre und Wüste sind es wahre Hungerkünstler. Im dicken Schwanz speichern sie Fett, von dem sie monate-, ja jahrelang zehren können.

Nachts verlassen sie ihre Höhlen und suchen nach nestjungen Säugern, bodenbrütenden Vögeln und Eiern. Sie sehen schlecht und finden züngelnd ihre Nahrung wie die Schlangen und Warane.

Und gleich den Giftschlangen steht ihnen ein Giftapparat zur Verfügung, der sich allerdings wesentlich primitiver ausnimmt. Die Giftdrüsen liegen nicht wie bei den Schlangen im Ober-, sondern im Unterkiefer, und nicht nur im Ober-, auch im Unterkiefer stehen bei ihnen Zähne mit Giftrinnen. Die Giftdrüsen münden auch nicht unmittelbar an den Wurzeln der Zähne, das Gift fließt ihnen vielmehr durch die Furche zwischen Lippe und Unterkiefer zu.

Es ist ein Nervengift ähnlich dem der Kobra. Zwei amerikanische Forscher haben 34 Bisse ausgewertet: Kaum ein Dutzend verlief tödlich.

Man muß es geradezu darauf anlegen, von einer Krustenechse gebissen zu werden. Die meisten der Todesopfer hatten dem Alkohol übermäßig zugesprochen. Entgegen der landläufigen Meinung verschlimmert Alkohol die Wirkung eines Giftbisses.

Glück hatte ein Offizier einer Garnison, der sich mit Whisky über die Eintönigkeit der Wüste hinweg zu trösten und eine Krustenechse zu belästigen pflegte. Immer wieder versuchte er, seinen rechten Zeigefinger in ihr Maul zu stecken. Und als es ihm gelang, war die Echse schneller als er und biß zu. Er kam mit dem Leben davon. Ein anderer, der in seiner Trunkenheit der Erde nahe von ihr essen wollte, jedoch eine Krustenechse erwischte, die mit der Prozedur nicht einverstanden war, starb kurz nach dem Biß mitten auf der Straße.

Ein Wärter des New Yorker Aquariums starb an einem Biß ohne vorherigen Alkoholkonsum. Ein spezifisches Serum wird nicht hergestellt, und Sera gegen Kobra- oder Boomslangbiß zeitigen keine durchgreifende Wirkung.

Terrarianer, die sich mit den langlebigen und leicht zu pflegenden Tieren abgeben, lassen die gebotene Vorsicht walten. Dennoch kommt es immer wieder zu Unfällen.

In Deutschland wurde ein Student von seinem Liebling in den rechten Handrücken gebissen. Noch unter Schockwirkung stellten sich binnen wenigen Minuten Ohnmachtsanfälle, Erbrechen, Schweißausbrüche und vor allem ein lebensbedrohliches Abfallen des Blutdrucks ein. Erst nach zwei Tagen stabilisierte sich der Kreislauf, und der Student war außer Lebensgefahr.

Die starken Schmerzen und die Armanschwellung klangen erst nach zehn Tagen langsam ab.
Die Natur hat nur diese zwei Echsen mit Gift versehen, das die unbeholfenen Tiere für den Beutefang benötigen, nicht jedoch, um dem Menschen zu schaden. Bei Unglücksfällen, so bedauerlich sie auch sein mögen, liegt die Schuld beim Menschen.

Eidechsen

Wer kennt sie nicht, die springlebendigen Kinder der Sonne, die Eidechsen (Gattung Lacerta)? Sie werden auch Halsbandeidechsen genannt, um sie von anderen Mitgliedern der großen Familie der »Echten Eidechsen« (Lacertidae) zu unterscheiden: von den blaukehligen Kielechsen (Algyroides nigropunctatus) der überwachsenen, feuchten Felswände Dalmatiens; den Wüstenrennern (Erimias) der Steppen und Halbwüsten bis hin zur Mongolei und den flinken Fransenfingern (Acanthodactylus), die über Saharasand flitzen. Früher, als es noch genug humanistische Gymnasien gab, nannte man die Botanik »Scientia amabilis«, liebenswerte Wissenschaft. Das Wissen um die Eidechsen, ihre Bedürfnisse in Freiheit und Gefangenschaft, wie sie leben und lieben, verdient diese Bezeichnung nicht minder.
Es sind liebenswürdige Tiere, nicht immer zueinander, aber zu uns Menschen. Schon *Brehm,* sonst Reptilien nicht besonders wohlgesonnen, lobt sie als »bewegliche, muntere, lebendige, feinsinnige und verhältnismäßig kluge Tiere. Sie benehmen sich so klug, wie sich ein Kriechtier überhaupt benehmen kann, unterscheiden richtig, sammeln Erfahrungen und verändern infolge davon ihr Betragen, gewöhnen sich an veränderte Verhältnisse und gewinnen Zuneigung zu Geschöpfen, die sie früher ängstlich flohen, beispielsweise den Menschen«.

Dem Menschen zugetan

So sind sie tatsächlich. Meine Smaragdeidechsen (Lacerta viridis), in der Natur scheu, legten bald alle Furcht ab. Sie eilen herbei, sehen sie mich mit der Futterschüssel, und klettern an mir hoch, um schneller etwas zu bekommen. Und auch das lustige Völkchen der Zauneidechsen (Lacerta agilis) wurde nach einiger Zeit recht zahm. Treffen die ersten Sonnenstrahlen das Terrarium, kriechen sie aus ihren Verstecken, drücken sich an den Boden und spreizen den Rücken, um ja genug Wärme abzubekommen. Neugierig und dreist verfolgen sie, was um sie herum geschieht. Und welch ein Huschen, Springen, Sichdrängen, wenn es Futter gibt.
Im Sommer stelle ich die Eidechsenterrarien in den Garten. Der Deckel und zwei Seitenwände aus Drahtgaze verhelfen den Kindern der Sonne zu ungefiltertem Licht und viel frischer Luft. Das ist für alle Eidechsen wichtig, sollen sie uns als lebenssprühende Pfleglinge erhalten bleiben.
Mauereidechsen (Lacerta muralis) habe ich in meinem Garten ausgesiedelt. Einige wußten anfangs nicht viel mit ihrer wiedergewonnenen Freiheit anzufangen und fanden sich zur gewohnten Fütterung ein, um ihren Anteil wie zu Zeiten ihrer Gefangenschaft zu erheischen.

Warum werden Eidechsen so zahm?

Schon die römische Mythologie weiß eine »Antwort«: Abas, ein frechvorlauter Jüngling, lachte, als seine Mutter der dürstenden Göttin Ceres, Tochter des Saturn, Wasser reichte. Die Göttin, für die Landwirtschaft zuständig, verwandelte ihn zur Strafe in eine Eidechse. Seitdem sehnen sich die Eidechsen nach den Menschen.

Eidechsenarten

Die Eidechsenfamilie ist weit verzweigt und verbreitet.

Die Berg- oder Waldeidechse (Lacerta vivipara) dringt bis in den Polarkreis vor, für ein Reptil eine beachtliche Leistung. Nur drei Monate aktiven Lebens billigt ihr das dortige Klima zu. So bringt sie ihre Jungen lebend zur Welt, was ihr wissenschaftlicher Name aussagt. Die Wärme der Sonne würde schwerlich ausreichen, um Eier auszubrüten.

Aus südlichen Gefilden über Süd- und Westdeutschland bis nach Holland ist die Mauereidechse (Lacerta muralis) gewandert.

In den Ruinen von Pompeji, aber auch anderswo, huschen zu Hunderten Ruineneidechsen (Lacerta sicula).

Die größte aller, die Perleidechse (Lacerta lepida), an den Flanken prachtvoll blau getupft und bis achtzig Zentimeter lang, lebt in Ligurien, Spanien und Nordafrika. Sie ist eine gewaltige Räuberin, und nicht jede wird in Menschenhand zahm.

Besonders zahlreich vertreten sind die Inseleidechsen, vor allem auf den Balearen (Formenkreis der Lacerta lilfordi und pityusensis).

Jede Insel hat ihre Eidechse. Eine auf dem Rücken tiefschwarz und auf dem Bauch ultramarinblau gefärbte (Lacerta lilfordi lilfordi) bewohnt die kleine Insel Ayre bei Menorca und ein Schwärzling (Lacerta pityusensis malquerorum) die Insel Bleda Plana. Eine besondere Farbenpracht zeigt die Eidechse (Lacerta pityusensis grossae) der Insel St. Eulalia mit korallenroten Flanken. Die Eidechse der Insel Formentera (Lacerta pityusensis formenterae) hingegen erfreut mit blaugrünem Rücken und dunklerer Zeichnung.

Selbst die Faraglionefelsen, die steil-gezackt neben Capri aus dem Blau des Tyrrhenischen Meeres ragen, verzichten keineswegs auf zwei eigene Eidechsen: wundervoll blauschwarze, aber streitsüchtige (Lacerta sicula coerlulea und coerulescens) Tiere.

Die Aufzählung ließe sich beliebig fortsetzen. Immer noch werden neue Rassen entdeckt. Oft kommen sie nur auf ein paar Quadratmetern Fels vor, den Mittelmeerwasser nicht zu überspülen vermochte. Sie mehren, in Spiritus gelegt und Seiten der Fachzeitschriften füllend, Ruhm und Ansehen der Herpetologen oder derer, die es gern sein möchten. Für den Liebhaber sind ein paar Schuppen oder ein paar Farbtupfer mehr oder weniger nicht so wichtig.

Das Liebesleben der Zauneidechsen

So sehr man sich an den Eidechsen im Terrarium erfreut, so sehr man ihre Anhänglichkeit liebt, sie verhalten sich in Gefangenschaft selten so natürlich wie in Freiheit.

Dort muß man sie beobachten.
Fuhr ich als Junge zu meinen Großeltern aufs Land, zog es mich zum sonnigen Waldrand, wo sich zwischen Heidekräutern Wurzeln verflechten, die Grasnarbe abbröckelt und Sand zwischen Steinen rieselt.
Hier wohnen seit eh und je Zauneidechsen, lassen sich in der Maisonne braten und die Männchen schmücken sich mit ihrem grünsten Kleid, das die Natur den Liebesbedürftigen schenkt.
Die braunen Weibchen pressen sich mit gespreizten Rippen in den Sand, die Vorderbeine im Gelenk rechtwinkelig nach vorn, die Hinterbeine nach hinten oder auf den Rücken gelegt. Nähert sich ein Männchen, bewegen sie schnell ihre Vorderbeine, sie »treteln«, oder ihr Hinterleib gerät in rhythmische Zuckungen, und manche tun beides.
Das Männchen wirft sich in Pose, imponiert, macht sich größer und prahlt mit strahlendgrüner Brust. Trippelnden Schrittes naht es, beißt sich an einer Flanke der Erwählten nahe den Hinterbeinen fest und läßt sich von ihr ein Stück mitschleifen. Dann krümmt es sein Hinterteil hin zu dem des Weibchens, stülpt sein paarig ausgebildetes Begattungsorgan aus und führt den nächstliegenden Hemipenis in das Weibchen ein. An die zwei Minuten bleiben beide vereint.
Doch nicht immer vermag der männliche Revierinhaber so ungestört der Liebe zu frönen, manchmal taucht ein ebenso liebeshungriger Rivale auf. Da gilt es, erst recht zu imponieren: die Vorderbeine vorstrecken, die Flanken abplatten, den Kopf nach unten beugen, wie ein Stier zum Angriff, den Schwanz nach oben biegen oder fest in den Sand stemmen. Weicht der Eindringling nicht, geht es mit gespreizten Beinen wippend auf in den Kampf.
Die Männchen beißen sich ineinander fest, schütteln sich, reißen sich los und verbeißen sich wieder. Sand stiebt und prasselt umher. Es sieht gefährlicher aus, als es ist. Blut fließt, aber man tötet sich nicht. Das gut gepanzerte Kopfdach und der feste Schädel widerstehen auch noch so kräftigen Bissen. Und lange dauert ein Kampf nicht. Der Schwächere gibt nach, verzichtet auf Liebe und flüchtet. Der Sieger jedoch reckt und streckt sich und trippelt hoch aufgerichtet zu seinem Weibchen, als müsse er nochmals kämpfen.
Das Weibchen wird rundlicher und dick, gräbt im Juni eine Erdhöhle zwischen Wurzelgeflecht, zwischen zwei Grasschollen oder Moosbrocken oder einfach in den Sand bei einem Stein und legt dort ihre vier bis zwölf Eier. Nach acht bis zehn Wochen sieht die Augustsonne kleine Ebenbilder der einst im Mai Sichliebenden. Sie gehen sofort auf Jagd nach winzigen Spinnen, kleinen Fliegen und Schnecken, denn kurz ist die Zeit bis zum langen Winterschlaf, in dem man von Fettpolstern zehren muß.

Am Gardasee

Vereinzelt gibt es noch Smaragdeidechsen (Lacerta viridis) an einigen klimatisch bevorzugten Orten unserer Heimat, etwa bei Passau und am Kaiserstuhl. Man kann ihr Leben und Treiben besser in Italien beobachten.
Was bietet sich dafür eher an, als der Südrand der Alpen, die Schwelle zum

Süden, mit den tiefliegenden Seen, die Wärme speichern und abgeben, und den Gebirgswänden ringsum, die Sonne einfangen.
Die Autostrada Brenner–Verona verläßt man bei Rovereto, überquert die Etsch, die hier wohlklingend »Adige« heißt, und folgt über Mori und Loppio der Trasse, auf der vor fast 530 Jahren 2 000 Ochsen Kriegsschiffe Venedigs mit technischer Bravour und kriegerischem Elan über die Berge zum Gardasee zogen. Am 15. Mai 1440 besiegten diese Schiffe in kühner Seeschlacht die Flotte der Visconti Mailands.
Dunkle Zypressen, silberne Ölbäume, blühende Oleander, lichtpurpurne Spornblumen, Palmen und Lorbeer künden vom Süden. In Nago öffnet sich der Blick. Tief unten liegt der Gardasee. Sein Blau mit den weißen Tupfen der Segelschiffe verfließt am südlichen Horizont mit dem blauen italienischen Himmel. Östlich und westlich wuchten Felsgrate aus der Ufer Fülle und Lieblichkeit.
Man denkt an Dante: »Suso in Italia bella giaco un laco . . . droben im schönen Italien ruht ein See . . .« Und an Goethe, der am 12. September des Jahres 1786 hier stand, den Blick genoß und pries: »Wie sehr wünschte ich meine Freunde einen Augenblick neben mich, daß sie sich der Aussicht freuen könnten, die vor mir liegt.«
Doch nicht ihretwegen, obgleich allein schon lohnend, sind wir hergekommen. Hinter der Ruine des Castel Penede sollen sich Smaragdeidechsen tummeln. Wir suchen, finden jedoch keine. Vermutlich sind wir der Ortschaft zu nahe.
Smaragdeidechsen sind, anders als die Mauereidechsen, keine Kulturfolger. So fahren wir weiter über Torbole und Riva durch die Tunnel der (westlichen) Gardesana Occidentale. Aus dem Dunkel eines jeden Tunnels taucht man in die Fülle alpinen Lichts und des südlichen Leuchtens über dem See, wird von samtiger Luft umschmeichelt und sieht Blumenranken am Fels, ehe ein neues Dunkel den Wagen verschluckt.
Aus üppigem Grün grüßen bald die Dächer von Limone, die Häuser kühn an schroffen Fels geschmiegt. Oase ewigen Frühlings war Limone den Dichtern aus dem nebelverhangenen Norden, die hier schrieben: Henrik Ibsen und D. H. Lawrence. Was Adalbert Stifter begeisterte, dessen Schilderung des südwestlich gelegenen Hochlandes in »Zwei Schwestern« schlichtweg falsch ist, wurde nicht überliefert.
Wir fahren an Zitronengärten vorbei, »serre« genannt, in denen unter schlanken Natursteinsäulen nur noch »Fremdenverkehrslimonen« reifen, und erreichen das steil aufstrebende Bergmassiv der Rochetta, deren sonnengetränkte Hänge die Eidechsen lieben.
Wir lassen den Wagen stehen und steigen auf kopfbuckeligem Steinweg im Tal der Singol, vorbei an zerfallenen Gehöften und einer aufgelassenen Forellenzüchterei, hinauf zu einem Hang mit Ginsterbüschen, Glockenheide und verstreuten Felsblöcken, auf die die Sonne prallt und Spritzer von Bach-

wasser verdampfen: idealer Lebensraum für Smaragdeidechsen, die sich bei einer Temperatur von 41 Grad erst so recht wohlig fühlen.

Das gesellige Leben der Smaragdeidechsen

Und da springen sie, schnell und gewandt, kraftvoll und doch anmutig. »Dem Blitze vergleichbar, kreuzt sie die Wege«, dichtet Dante.

Wir müssen viel Geduld aufwenden und uns ganz ruhig verhalten, ehe die Smaragdeidechsen aus ihren Verstecken schlüpfen, und wir sie im Schutze eines Felsens beobachten können. Von nun an werden wir Tag für Tag hier sein.

In Limone kommen wir gut unter, genießen den pittoresken Zauber seiner Altstadt und die lauen Abende auf den Terrassen am See voll Musik und Fröhlichkeit. Am Tage trägt der Wind zerrissen und leise den Glockenklang der Barockkirche S. Benedetto an unseren Hang.

Die kräftiger gebauten Männchen der Smaragdeidechsen sind mit leuchtendblauer Kehle und glänzendem Grün auf Brautschau. Jungmännchen flüchten, begegnen sie einem solchen Herrn der Eidechsenschöpfung.

Nicht so ein Männchen, das sich ebenbürtig fühlt. Es hebt den Vorderkörper, senkt die Schnauzenspitze, zeigt den Nacken und imponiert mit dem Blau seiner Kehle. Ruckartig nähern sich die beiden Rivalen. Manchmal sinkt einem der Mut, und er stiebt davon, doch meistens kommt es zum Kampf.

Ihre Schwänze peitschen erregt durch die Luft. Dann packen sie sich mit ihren Kiefern am Hinterkopf, wirbeln und wälzen sich über den Boden, ohne auf Feinde zu achten. Ich habe es nicht versucht, aber man könnte sie leicht ergreifen. Der Kampf endet, so schnell er begann. Das schwächere Männchen gibt auf und flüchtet.

Doch gelegentlich sieht man auch weniger harmlose Kämpfe, bei denen die Eidechsen bar aller Kommentregeln gegeneinander wüten. Sie halten sich nicht lange mit Imponiergehabe auf, sondern stürzen sich wie toll aufeinander, beißen wahllos, wo immer sich ein gegnerischer Körperteil zeigt, und steigern sich immer mehr in todesverachtende Wut. Sie bluten, und schwere Verletzungen kennzeichnen Sieger und Besiegten.

Fühlt sich ein Männchen im Revier eines anderen unterlegen, bezeugt es Unterwürfigkeit und Demut. Es hebt den Kopf und die Schnauzenspitze himmelwärts und trippelt mit den Vorderbeinen schnell auf der Stelle, es »tretelt«. Der Körper ist fluchtbereit. Doch einer Flucht bedarf es nicht. Der Revierinhaber respektiert des anderen Unterwürfigkeit und läßt ihn in Ruhe.

Auch Weibchen treteln, zucken mit dem Schwanz und beißen ab und zu nach dem liebeheischenden Männchen. Das beißt nicht zu, sondern zieht sich diskret zurück. Die Demutsgebärde des Weibchens hemmt alle weiteren männlichen Aktivitäten und schützt es vor Vergewaltigung. Nur wenige Tage im Jahr ist ein Weibchen paarungsbereit. Und woher soll ein Männchen auf Anhieb wissen, wann?

Nicht oft sahen wir eine Schlangenfeite. Das Männchen nimmt die

Schwanzspitze des Weibchens ins Maul und läuft hinter ihm her. Langsam und gemächlich greift sein Maul schwanzaufwärts bis zur Schwanzwurzel. Das Weibchen hält ein, das Männchen beißt sich an einer Flanke fest und biegt sich krumm, bis es seinen Hemipenis in das Weibchen einführen kann.

Die Hochzeitsbräuche der einzelnen Eidechsenarten sind unterschiedlich. Zur Erinnerung an unsere Zeit bei den grünen Echsen am Hang wollte ich eine mitnehmen. Aber im grellen Sonnenschein eine zu fangen ist beinahe unmöglich, so flink sind sie. Doch es gelang, ein Weibchen in die Mulde unter einem Felsen zu treiben. Hier konnte es nicht mehr aus und stellte sich mit weit aufgerissenem Maul zum Kampf. Als ich näher kam, sprang es mich an und hätte sich in meine linke Hand verbissen, wäre meine rechte nicht schneller mit dem Zufassen gewesen.

Das Weibchen hat mir das nicht nachgetragen, es wurde im Terrarium schnell zahm und kommt jetzt futterbettelnd zu mir. War das einmal das stolze, ungebärdige Tier am sonndurchglühten Hang über dem Gardasee?

Es ist der Preis, den man zahlt, entzieht man der Natur ein solches Eidechsengeschöpf. Es orientiert seine Verhaltensweisen um.

Doch gottlob nicht die Frucht der Liebe. Ich hatte, ohne es zu wissen, ein trächtiges Weibchen gefangen. Es schenkte mir zwölf Eier, die, dem Brutapparat anvertraut, zu niedlichen Eidechslein wurden. Auf dem Rücken zeigten sie noch kein Grün wie Vater und Mutter, sondern waren bräunlich mit Längsreihen heller Punkte.

Die Notlandung

Im Jahre 1910 mühte sich ein holländischer Pilot auf einsamen Flug zwischen den Sundainseln Flores und Sumbawa. Er mußte notlanden und atmete erleichtert auf, als sich aus dem Wolkendunst vulkanisch zerrissene Felsspitzen einer Insel auftaten. Er sah die tiefen Schluchten, fahlgelb sonnenversengte Hänge, die schlanken Palmen darauf (Borossus flabellinformes) und den weißen Gischt der Brandung nahe des üppig aufschwellenden Grüns der Mangroven. Seine Maschine brachte er schlecht und recht zu Boden, hatte sie doch nicht die Allüren eines hochgezüchteten Jets, für den das Eiland allerdings wenig »standesgemäß« gewesen wäre.

In einer Bucht hatte der Holländer ein paar Hütten gesehen, hingeduckt und windzerzaust im Schatten von Palmen. Dorthin wollte er.

Begegnung mit Drachen

Unterwegs vernimmt er ein schlürfend-tapsendes Geräusch. Ein vorsintflutlicher Drache, grau und ungeschlacht, schiebt seinen massigen Körper auf vier Beinen durch die Savanne und wiegt den schrecklichen Kopf im Rhythmus der Beine hin und her, hin und her. Aus dem Maul des Untiers tastet eine lange, zweigespaltene schwefelgelbe Zunge fahrig ab, was vor ihr ist. Der Drache verharrt im Windschatten eines Felsbrockens regungslos als düsteres Monument der Urzeit. Nur seine Flanken heben und senken sich im Rhythmus des Atems und zeugen von Leben.

Es kracht im Unterholz. Ein Timorhirsch (Rusa timoriensis) bricht hervor.

Ein gezielter Schwanzschlag des Drachen in die Vorderbeine stoppt ihn. Er bricht zusammen. Ein schneller sicherer Biß in den Kopf, ein scharfer Ruck, und das Genick des Hirsches knackt auseinander. Mit scharfen Zähnen reißt der Drache die Bauchhöhle auf, zerrt die Eingeweide heraus, würgt sie hinunter. Zwei weitere Drachen kommen und beteiligen sich am Fraß. Ihre Vorderbeine krallen sich fest, stemmen sich gegen den Kadaver, und schon ist ein Stück losgerissen. Der Drache hebt den Kopf, wirft ihn ruckartig nach vorn und oben und schluckt unzerkaut, was er erwischt.

Knapp 20 mal 30 Kilometer groß liegt die Insel der Drachen verloren inmitten der indonesischen Inselwelt, unbedeutend und bis dahin kaum bekannt. Sie heißt Komodo.

Die Kunde von den Drachen von Komodo, wie man sie zuweilen auch heute noch nennt, geht um die Welt und erhitzt Gemüter und Phantasie. Es gibt sie also noch, die längst verschollen gewähnten Dinosaurier, zehn Meter groß? Tyrannosaurus oder Brontosaurus haben auf einer einsamen Insel alle Zeiten überdauert?

Im Jahre 1912 geht P. A. Ouwens, Direktor des Botanischen Gartens von Buitenzorg auf Java, den Dingen auf den Grund. Es gelingt ihm, vier der Drachen zu fangen und lebend nach Buitenzorg zu bringen.

Er hat die größte lebende Echse der Welt, bis drei Meter lang und bis zu 150 Kilogramm schwer, für die wissenschaftliche Welt entdeckt, und gibt ihr den Namen »Varanus komodoensis«.

Der Drachen- oder Komodowaran

Auch die kleinen nahe Komodo aus dem Meer ragenden Eilande Rindja und Padar und ein kleines Gebiet des westlichen Flores beherbergen Drachenwarane. Hier ernähren sie sich auch von Affen (Macaca irus), die ahnungslos sitzen bleiben und erst zeternd und kreischend davonstieben, wird einer von ihnen ergriffen. Auch die Timorhirsche kennen eigenartigerweise keine Furcht und gehen den Riesenwaranen oft neugierig entgegen. Selbst an Pferden und Büffeln sollen sich die Warane vergreifen, wie die Eingeborenen beteuern.

Sie kannten natürlich schon seit jeher die großen »Landkrokodile«. Nach alten, jetzt aufgefundenen Urkunden hat sie der Sultan von Sumbawa bereits um das Jahr 1840 unter Schutz gestellt, also lange bevor das die indonesische Regierung tat. Welch ein vorbildlich fortschrittlicher Herrscher!

Und welche Ironie in der Geschichte der Entdeckungen: Die größte Echse überhaupt und der größte Waran zugleich wird zuletzt bekannt; der kleinste von allen, der kaum fingerspannenlange Kurzschwanzwaran (Varanus brevicauda) der Trockengebiete Westaustraliens ist es bereits seit 1898.

Fallen die räuberischen Drachenwarane auch Menschen an?

Will man einen fangen, verteidigt er sich wütend mit Schwanzhieben, zielt in die Augen, beißt um sich und krallt sich fest. Das ist sein gutes Recht. Sonst flüchtet er vor dem Menschen oder macht ihm doch wenigstens Platz.

Nach Berichten des Amerikaners Collins hat ein Waran in den fünfziger

Jahren drei Jungen verfolgt und einen gefressen. Ein anderer fiel zwei Männer an, die einen erlegten Hirsch trugen, und verletzte einen schwer. Doch dies sind Ausnahmen, die keine Verallgemeinerung erlauben.
Über die Zähigkeit der Drachen von Komodo gehen unter den Eingeborenen die abenteuerlichsten Geschichten von Mund zu Mund.
Ein Malaie hatte Schlingen zum Fang von Hirschen ausgelegt. In eine verfing sich ein Waran. Der Schlingensteller wagte sich nicht an das erboste Tier und tat gut daran. Als er nach zwei Monaten wieder vorbeisah, war von dem Waran nur ein Stück trockenes Leder übrig, grau und verstaubt. Der Malaie ging hin, um seine Schlinge einzusammeln. Doch da erhob sich »das Stück Leder« und kam ihm entgegen. Entsetzt floh er.

Drachenwarane in Menschenhand

So wild man den Drachenwaran auch schildert, in Menschenhand wird er zahm und anhänglich. Seine große Intelligenz erlaubt sogar Dressuren. Collins zähmte auf Komodo junge Warane und brachte ihnen mancherlei Kunststücke bei. Sie lernten es, wie Zirkushunde durch Reifen und in Reihenfolge übereinander zu springen.
Der Drachenwaran des Frankfurter Zoos vor dem Zweiten Weltkrieg hörte auf den Namen »Tomo«. Wie Lederer erzählt, begrüßte Tomo ihn und seinen Pfleger hocherhobenen Kopfes züngelnd, ließ sich streicheln und wollte unterhalten sein, erst dann ging er zurück auf seinen Ruheplatz unter einem Felsüberhang. Auch in ihrer kleinen Heimat verstecken sich die Warane unter Felsen, in Höhlen oder im Wurzelgeflecht der Bäume.
Tomos Orts-, Zeit- und Personengedächtnis war vorzüglich.
Den Tierarzt, der ihm von Zeit zu Zeit die Tumore von den Hinterfüßen schnitt, erkannte er bereits bei der zweiten Verarztung und hielt sich ängstlich von ihm fern. Auch den kleinen »Operationstisch« vergaß er nicht, wurde unruhig und war stundenlang nicht »ansprechbar«, trug man den Tisch an seinem Terrarium vorbei.
»Bubi«, der Nachfolger im Frankfurter Zoo, steht Tomo in nichts nach. Er geht in der Sonne zwischen den Besuchern spazieren, nimmt sein Futter aus der Hand und läßt sich streicheln.

Die Waranfamilie

Warane gelten als höchst bemerkenswerte Tiere, die in vielem denen mit Fell kaum nachstehen. Sie sind mit 31 Arten in der Alten Welt und auf Australien verbreitet. Den größten und den kleinsten haben wir kennengelernt. Dazwischen gibt es sie in allen Größen, doch in der Gestalt sehen sich alle ähnlich.
Schon Herodot erwähnt den Wüstenwaran, das »Landkrokodil«, das sich von Wermut und anderen würzigen Pflanzen ernähre und sich so Heilkräfte aneigne. Die alten Ägypter verewigten den Nilwaran (Varanus niloticus) in Denkmälern, weil er ihre Gottheiten, kleine Krokodile und deren Eier, verspeiste.
Das Wort »Waran« hat nichts mit warnen zu tun. Es ist aus dem arabischen »Quaran« abzuleiten und bedeutet soviel wie Eidechse.

Doch von den Eidechsen unterscheiden sich Warane trotz ihrer Gestalt in vielem.
Wie die Schlangen riechen und wittern sie mit tiefgespaltener Zunge mittels des Jacobsonschen Organs. Ihren Schlund können sie wie die Schlangen enorm vergrößern und dehnen. Die verknöcherte Hirnschale schützt sie gegen den Druck beim Verschlingen großer Beute. Ihres Schwanzes können sie sich nicht wie die Eidechsen willkürlich entledigen.
Als eine ebenfalls hochentwickelte Reptilienfamilie darf man die Warane trotz ihres Aussehens auch nicht in die Nähe der ausgestorbenen Saurier stellen. Es sind keine Nachkommen vorsintflutlicher Drachen, auch wenn manche so aussehen.
Sie stehen vielmehr den Schlangen und insbesondere den urtümlichen Riesenschlangen näher als anderen Echsen. Die Schlangen entwickelten sich gegen Ende der Jurazeit aus waranähnlichen Echsen.
Und die Schlangen sind mit den Waranen viel näher verwandt als die zu den Echsen gehörende Blindschleiche (Anguis fragilis) und der größere Scheltopussek (Ophisaurus apodus), die sich ohne Beine nach der Art der Schlangen dahinschlängeln und von manchen als Schlangen angesehen werden. Das äußere Aussehen ist eben nicht ausschlaggebend.
Auch die Großtejus Südamerikas (Tupinambis), die man als der Warane Gegenstück in der Neuen Welt bezeichnet, weil sie ihnen so ähnlich sehen, können mit keiner nahen Verwandtschaft aufwarten.

Der Bindenwaran

Bis zu drei Meter lang, aber nicht so massig wie der Komodowaran, wird der Bindenwaran (Varanus salvator) des südostasiatischen und indomalaiischen Raumes. Er liebt das Wasser und ist ein vorzüglicher Schwimmer.
Die Singhalesen Ceylons nennen ihn »Rabarageya« und sollen ihn immer noch auf abstruse Weise bei der Bereitung ihrer gefürchtetsten aller Giftmischungen, der »Kabaratel«, benützen.
Man nehme Blut aus dem Kopf einer Kobra und einer Kettenviper, füge eine kräftige Portion Arsenik bei und koche alles in einem Menschenschädel. Bindenwarane müssen gefesselt, geschlagen und gequält das Feuer mit ihrem Zischen anblasen. Ihr Speichel werde sorgfältig gesammelt und dem Hexengebräu zur Abrundung beigegeben.
Man kann sich darauf verlassen: das Arsenik wirkt immer.

Bubchen

Zu großer Berühmtheit brachte es der Bindenwaran »Bubchen« im Frankfurter Zoo. Lederer schildert, wie er zahm wurde:
Im Jahre 1921 kam er als fingerspannenlanges Baby ins Terrarium. Das kleine Kerlchen fauchte, biß und zerfetzte junge Mäuse. 1924 war er auf über einen Meter herangewachsen, immer noch sehr scheu, versuchte zu beißen und teilte Schwanzhiebe mit verblüffender Treffsicherheit aus.
Von nun an vermied man alles, was Bubchen irgendwie beunruhigen konnte. Das wirkte. Der Waran beschränkte sich darauf, zu beobachten, was Menschen tun, ließ sich nach acht Wochen vom Pfleger streicheln und hörte

nach weiteren sechs Monaten auf seinen Namen. Unbekannten Personen gegenüber blieb er mißtrauisch und angriffslustig.
1925 war Bubchen, herangewachsen und gereiften Verstandes, völlig zahm. Er lief im Freien zwischen den Zoobesuchern herum, und jedermann konnte ihn anfassen und sogar in die Arme nehmen.

Jagd auf Steppenwarane

In der freien Natur sind Warane scheu und schwer zu fangen. Dies gilt besonders für den Steppenwaran (Varanus exanthematicus), der in vier Unterarten in Afrika südlich der Sahara lebt. In den westafrikanischen Waldgebieten fehlt er.
Oft haben wir Steppenwarane in der Weite der ostafrikanischen Savannen verfolgt. Der Landrover ist schneller, doch der Waran findet stets ein Loch, und weg ist er, wie vom Erdboden verschluckt.
Seinetwegen hätten wir fast eine Löwendame überfahren, die plötzlich hinter einer Gebüschgruppe hervortrat, gerade als wir vorbeiwollten. Wahrscheinlich hätte sie es nicht zum Äußersten kommen lassen und als Klügere nachgegeben. Unser Fahrer, ein Neger, riß jedenfalls geistesgegenwärtig den Wagen herum, und beinahe wären wir vor den Augen der erstaunten Löwin umgekippt. Vom Waran keine Spur.
Wir schimpften auf den »Sündenbock« Löwe, doch dann mußten wir, mit Ausnahme des Fahrers, alle lachen, als uns das Groteske dieses Vergleiches bewußt wurde: »Sündenbock« ist in der Bibel ein Tier, dem der Hohepriester die Hand auflegt und ihm alle Sünden des Volkes überträgt, ehe er es in die Wüste jagt. Welcher Hohepriester würde das bei einem Löwen wagen!
Der Fahrer wollte den Grund unserer Heiterkeit wissen. Wegen eines angefahrenen Löwen hätte er mehr Schwierigkeiten mit dem Wilddepartment, als wenn uns etwas passiert wäre (was wir ihm aufs Wort glaubten).
Wider Erwarten verstand er den Grund unseres Lachens auf Anhieb, und wir konnten uns des Verdachtes nicht erwehren, daß sich der Medizinmann seines Stammes ähnlicher Praktiken des Handauflegens zu bedienen pflegt, wenn auch nicht gerade bei Löwen.

Der Wüstenwaran

Nicht nur die Steppe, der Wald und der Dschungel, auch die Wüste hat ihre Warane: den sandfarbenen, gelb bis bräunlich gezeichneten Wüstenwaran (Varanus griseus), der in Erdhöhlen trostloser Gegenden von der westlichen Sahara bis Pakistan lebt. Die Beduinen jagen ihn seines Fleisches wegen.
Sein Körper wird nicht länger als einen halben Meter, sein Schwanz doppelt so lang. Es ist ein wehrhaftes Tier, das auch Giftschlangen frißt, die gar nicht zum Beißen kommen, so schnell sind sie gepackt, »gebeutelt« und geschluckt.
Hunde macht dieser Waran mit gezielten Schlägen seines Schwanzes in die Augen kampfunfähig. Auch Menschen springt er an und verbeißt sich. Und selbst vor Pferden und Kamelen soll er nicht zurückschrecken.
Trotz oder gerade wegen ihrer »Rassigkeit« sind Wüstenwarane bei Terrarianern beliebt. Einen zahmen habe ich allerdings noch nicht gesehen. Wild

und reizbar greifen sie auch ihren Pfleger an, wann und wie es ihnen paßt. Ihre Kiefer halten mit Riesenkraft fest, was sie gepackt. Nicht nur Beutetiere! Ist es des Pflegers Hand, hilft Wasser, das nicht kalt genug aus der Leitung kommen kann. Nichts scheut dieser Waran mehr.
Stellt man ihm ein Becken mit lauwarmem Wasser ins Terrarium, überkommt ihn oft die für ein Wüstentier abartige Lust zu baden.

Warane sind Individualisten

Warane sind Individualisten. Manche schließen sich dem Menschen enger und manche überhaupt nicht an.
Hediger lernte einen Pazifikwaran (Varanus indicus) kennen, der nach kurzer Bekanntschaft mit ihm ins Meer baden ging.
Zu solchen Leistungen brachten es meine beiden Pazifikwarane allerdings nicht, und anstatt mit mir in der Badewanne tobten sie im Haus herum.
Von den kleineren, recht schön gefärbten Timorwaranen (Varanus timorensis) hatte ich nicht viel. Stets waren sie darauf bedacht, mit einem Sprung über meine Schultern aus ihrem Terrarium zu entkommen. Sie dachten nicht im entferntesten daran, zahm zu werden. Und so gab ich sie weg.
Von anderer Wesensart war der wunderschön leuchtendgrüne Smaragdwaran (Varanus prasinus), der seinen Schwanz oft um den Ast wickelte, auf dem er saß, und mich mit seinen lebhaften Augen mißtrauisch ansah. Leider starb er vorzeitig. Zwei Gelbwarane (Varanus flavescens) pflege ich schon eine Weile. Sie wachsen und gedeihen gut, und das ohne Vertrauen zu mir. Oft stemmen sie ihren etwas plumpen Körper auf vier Beinen hoch, blähen sich auf und zischen vernehmlich, peitschen auch den Schwanz durch die Luft und rucken auf die Hand zu, ohne jedoch wirklich anzugreifen.
Mit ihren scharfen Krallen haben sie durch das weiche Terrariumholz unbemerkt ein Loch gearbeitet und sind entwichen. Einer ließ sich sofort wieder ergreifen. Der andere jedoch verschanzte sich hinter einem festeingebauten Terrarium. Ich stellte Strohhalme als Marken auf, um seinen Ausgang zu kontrollieren, den er sich nur genehmigte, wenn ich nicht im Zimmer war. Eine ganze Weile ging das so.

Gelbwaran im Bett

Eines Tages war er nicht in seine »Höhle« zurückgekehrt, und das große Suchen begann. Ich fand ihn mehr durch Zufall. Ein Besuch wollte bei uns übernachten. Als meine Frau das Deckbett zurückschlug, fand sie das Bett schon besetzt. Unser Gelbwaran hatte es sich dort häuslich gemacht und blinzelte ob der unerwarteten Störung ins Licht.
Von der Liebenswürdigkeit der Dumérilswarane (Varanus dumerilii) habe ich bereits erzählt. In der Heimat sollen sie sich überwiegend von Insekten ernähren. Bei mir fressen sie so ziemlich alles was nach Fleisch riecht, auch Rinderherz.
Rotter, ein guter Kenner der Warane, gibt zu bedenken, »daß es sich (bei Waranen) um Tiere handelt, deren Lebensweise zum großen Teil noch unerforscht ist«.
Auch über die Krankheiten der Warane wissen wir herzlich wenig. Als siche-

rer Weg, sie umzubringen, gilt, ihnen wahllos und zuviel der Mittel gegen Innenparasiten (Einzeller und Würmer) zu injizieren oder einzugeben. Auch in der Natur leiden die meisten Warane unter Parasiten, ohne daran Schaden zu nehmen. Bevor man einen Waran »chemisch« vollpumpt, sollte eine mikroskopische Untersuchung des Kots erweisen, ob dies notwenig ist.

Colli und Collina

Die Angaben in der Literatur – gleich in welcher Sprache – über das Leben einiger Warane in der freien Natur und in Gefangenschaft sind äußerst dürftig, und der Pfleger muß mit viel Einfühlungsvermögen selbst herausfinden, wie und wovon seine Warane leben wollen.

Dies trifft auch für den Rauhnackenwaran (Varanus rudicollis) zu. Ihren Namen verdanken die schlanken, fast schwarzen Tiere mit schmalem Kopf den höckerartig vergrößerten Nackenschuppen.

»Der Rauhnackenwaran ist ein Baumbewohner, der sich wahrscheinlich oder fast ausschließlich von Insekten ernährt, darunter auch von Baumameisen« *(Rotter),* wobei »vielleicht die lange Zunge des Warans als Leimrute wirkt« *(Mertens).*

Das ist herzlich wenig und läßt vieles offen. Als ich vor ein paar Jahren zwei frisch importierte, etwa einen Meter lange Rauhnackenwarane in Pflege nahm, war ungewiß, ob sie im Terrarium heimisch sein würden.

Ich nannte das Männchen Colli und das Weibchen Collina.

Nie hat einer von beiden versucht zu beißen, allenfalls zischten sie leise. Sie waren sanftmütiger als ein Lamm, doch immer etwas scheu.

Problematisch war und blieb ihre Ernährung. Gewiß ernähren sich selbst größere Säuger nur von Ameisen. Aber nur dort sind sie zu finden, wo es für sie genug zu fressen gibt.

Rauhnackenwarane leben im westlichen Indonesien im Mangrovendickicht, wo es für sie kaum so viel Insekten geben dürfte, um satt zu werden.

Ameisen als Futter im Terrarium schieden aus. Hüpferlinge und Mehlwürmer nahmen Colli und Collina nicht.

Ich bot ihnen alles, was ein Waranherz höher schlagen läßt: Mäuse, Küken, Hackfleisch, Ei und versuchte es mit Regenwürmern, kleinen Fischen und Krabben. Sie fraßen nicht.

Andere Pfleger hatten die gleichen Erfahrungen gemacht. So mußte ich sie zwangsfüttern: ihr Maul gewaltsam öffnen und kleine in Eigelb getränkte Stückchen Kükenfleisch in ihren Schlund stopfen. Natürlich sträubten sie sich dagegen, und anhänglicher wurden sie auch nicht. Doch sie blieben anfangs bei Kräften.

Wie sehr, davon legten sie eines heißen Sommertags eine Probe ab.

Um ihrem Terrarium noch mehr an Luftzirkulation zu geben, war ich gerade dabei, in die Decke eine runde Öffnung zu schneiden, als Besuch kam. Die Öffnung deckte ich mit drei Ziegelsteinen provisorisch ab.

Die Warane hoben die Ziegelsteine und entwichen. Collina entwischte zwischen meinen Beinen ins Treppenhaus und sprang in elegant-gekonnten

Sprüngen von Geländer zu Geländer. Um so lebhafter wurde sie, je länger die Hatz auf sie dauerte. Als sie in Unkenntnis deren Funktion auf eine Türklinke sprang, ging die Tür auf, und sie glitt herunter. Verdutzt ließ sie sich ergreifen.

Colli war aus dem Mansardenfenster gesprungen und thronte hoch oben auf dem Dachfirst des Reihenhauses. Nachbarn und Menschen auf der Straße blieben verwundert stehen. Was macht ein schwarzes Drachentier auf dem Dach? Eine Frau mit Kinderwagen stellte tiefsinnige Betrachtungen darüber an, ob der »schwarze Teufel« in den Kinderwagen springen und ihrem Baby etwas tun könne. Dabei war Colli froh, wenn niemand ihm etwas tat. Eine Jugenderzieherin, auch für Naturkunde, plärrte mit in Klassenzimmern geschultem Organ nach der Polizei. Was sonst noch der einfältigsten Bemerkungen waren, möchte ich aus Höflichkeit verschweigen.

Eingedenk ehemaliger turnerischer Betätigung, hangelte ich mich aus dem Mansardenfenster auf das Dach. Colli nahm es gelassen zur Kenntnis und spazierte auf und ab, bar jeglicher Achtung vor den Eigentumsverhältnissen bei Reihenhausdächern.

Endlich gelang es, ihn zum Ende des Daches zu treiben, wo eine Eberesche steht. Doch allen Beteuerungen in der Literatur zum Trotz, Rauhnackenwarane seien typische Baumbewohner, ließ er sich nicht herab, das Dach mit dem Baum zu vertauschen. Vielleicht hatte er noch Erinnerungen an die saftige Fülle der Mangrovenbäume, und eine Eberesche erschien ihm zu dürftig und profan.

Es ging auf den Abend zu, als sich Colli zu einem Sprung bequemte, der seine Ehre als Baumbewohner vollauf wiederherstellte: Er sprang vom Dachfirst herab in weitem Bogen auf den Rasen des Vorgartens über zehn Meter in die Tiefe, landete haargenau vor dem Zaun und war verdutzt, plötzlich Drahtmaschen vor seiner spitzen Schnauze zu haben. Willig ließ er sich greifen und zischte nicht einmal. Vielleicht war er seines ungewohnten Abenteuers überdrüssig.

Colli lag eines Morgens tot im Terrarium. Trotz Zwangsfütterung nahmen auch die Kräfte von Collina ab. Alle Möglichkeiten waren ausgeschöpft. Es ist traurig, machtlos mit ansehen zu müssen, wie ein Tier seinem Tode entgegengeht. Collina war so entkräftet, daß ich kaum noch wagte, sie zu füttern. Ich nahm sie in einem Körbchen mit eingebauter Bodenheizung und mit Gazedeckel nachts zu mir ins Bett. In der dritten Nacht starb sie.

Jahre danach erhielt ich im Tausch für einen seltenen Waran einen der wenigen in Deutschland eingewöhnten Rauhnackenwarane. Ich gab ihm den Namen Collina, obgleich ich ihn im Verdacht habe, ein Männchen zu sein. Das Geschlecht ist bei nicht ausgewachsenen Waranen schwer zu bestimmen.

Noch etwas scheu, schließt er mit mir langsam Freundschaft, Vertrauen gegen Vertrauen, und läßt mich vergessen, was einst mit Colli und Collina geschah.

Zwölftes Kapitel

Die Schlangen mit dem sechsten Sinn

Die Grubenottern

Um es gleich vorweg zu sagen: Klapperschlangen sind mir nicht sehr sympathisch. Eigentlich aus keinem besonderem Grund. Es ist auch nicht ihr finster-drohender Blick aus großen gelben Augen mit senkrechten Spaltpupillen. Und keine einzige der vielen, denen ich begegnete, tat mir etwas zuleide. Ganz im Gegenteil: Mit dem Rasseln ihrer Klapper warnen sie. Welche Giftschlange ist sonst so menschenfreundlich ... Gegen seine Gefühle kann man schlecht an, doch sie sollen keineswegs die objektive Sicht beeinträchtigen.
Ehre, wem Ehre gebührt: Die Klapperschlangen (Crotalus), die nord- und mittelamerikanischen Zwergklapperschlangen (Sistrurus), der sagenumwobene Buschmeister (Lachesis), die amerikanischen und asiatischen Dreieckskopfottern oder Mokassinschlangen (Agkistrodon), die amerikanischen Lanzenottern (Bothrops) und nicht zuletzt ihre asiatischen Verwandten (Trimerusurus) sind die höchstentwickelten aller Schlangengruppen.
Wie die Ottern (Vipern) injizieren sie ihr Gift aus langen aufklappbaren Röhrenzähnen (Solenoglyphen). Als einzige unter allen Schlangen und Tieren orten sie mit zwei kleinen Gruben in unglaublicher Genauigkeit Infrarotstrahlen. Man nennt sie daher Grubenottern (Crotalidae). Es sind die Schlangen mit dem sechsten Sinn.
Faszinierende Schlangenpersönlichkeiten finden sich unter ihnen.
Als Missetäter bevölkern die »rattle-snakes«, die Klapperschlangen, so manchen Film-Western, beißen den Helden oder den Bösewicht und lassen Pferde scheuen. Bei vielen Indianerstämmen hingegen stehen sie in hohem, in religiösem Ansehen. Und in Malaysia und auf den Sundainseln bringen farbenprächtige Lanzenottern in den Tempeln der Priester und den Gärten der Gläubigen Glück und Segen.

Klapperschlangen in Menschenhand

Da ich noch keine Klapperschlangen in meinen Terrarien gehalten habe, muß ich mich auf das Zeugnis berühmter Klapperschlangenfreunde verlassen.

»Gutmütigkeit, Edelmut und Tapferkeit« schreibt ihnen *Bücherl* vom Schlangeninstitut Butantan in São Paulo zu. Lederer vom Frankfurter Zoo bescheinigt ihnen in »Der Zoologische Garten« 1936: »Viele Klapperschlangen, aber nicht alle, werden im Laufe der Zeit bei richtiger Pflege sehr sanftmütig, und es tritt zwischen Pfleger und Schlange ein richtiges Freundschaftsverhältnis ein.« Der Klapperschlangenfreund Neale, so berichtet *Brehm* aus dem vorigen Jahrhundert, habe gezähmte Klapperschlangen vorgeführt, sie gestreichelt und eine nach der andern an seiner Brust emporsteigen, sie sich um seinen Hals ringeln lassen und sie dann geküßt. Sie bissen ihn aus lauter Anhänglichkeit nicht, selbst wenn er ihr Maul öffnete und ihre Giftzähne entblößte. Zur Nachahmung sei derartiges allerdings nicht empfohlen!

Alles in allem: Bei vielen Terrarianern sind Klapperschlangen besonders beliebte Schlangen, die gute Pflege mit einem langem Leben danken.

Die Schauerklapperschlange

Doch der tropischen Klapperschlange Südamerikas (Crotalus durissus) und insbesondere der »Cascaval«, der Schauerklapperschlange (Crotalus durissus terrificus), der »Schrecklichen«, zollen die meisten Pfleger Respekt. Einen Meter steil emporgereckt, stellt sie sich zum Angriff, und Feigheit kann ihr niemand nachsagen.

Ihr Gift wirkt, ähnlich dem der Vipern (Ottern) und der meisten Grubenottern, blut- und gefäßschädigend (hämotoxisch). Es ist, als ob eine Kobra und eine nordamerikanische Klapperschlange zugleich zubissen. Sie breche ihren Opfern das Genick, erzählen die Indios und haben damit nicht so Unrecht. Ihr Nervengift lähmt die Nackenmuskeln, und der Kopf des Menschen fällt vornüber und baumelt herum.

Die Jararaca

Nicht minder fürchten die Südbrasilianer und Argentinier die »Jararaca« (Bothrops jararaca). Sie ist die berüchtigtste Giftschlange in Savannen und Pampas und bei Weißen und Indios gleichermaßen verhaßt, verursacht sie doch die weitaus meisten Todesfälle. Aus senkrechten Schlitzen ihrer Pupillen blickt sie heimtückisch, feindselig und stürzt sich, erregbarer und behender als die Schauerklapperschlange, auf das, was sich bewegt. Zu loben ist allenfalls ihre Schönheit: Ihren dunkelbraunen bis rötlichen Körper zieren dunkle dreieckige Flecken und ihren schwarzen Bauch gelbe Tupfer.

Sie gehört, wie ihr wissenschaftlicher Name ausweist, zu den Lanzenottern, so genannt wegen ihres lanzenartig vom schlanken Hals deutlich abgesetzten Kopfes.

Die Mussurana

Doch auch diese gefährliche Giftschlange findet ihren Meister: die Mussurana (Clelia clelia), eine blauschwarze Schlange mit hinteren Giftzähnen (Opistoglyphe), die sie jedoch nie gegen Menschen einsetzt.

Mit Wucht schlägt die Mussurana ihre Zähne in den Körper der Jararaca, beißt sich zumeist hinter deren Kopf fest und umschlingt sie mit ihren Körperschlingen von unbeschreiblicher Kraft. Es macht ihr nichts aus, beißt die Jararaca zurück. Gegen deren und anderer Lanzenottern Gift ist sie immun.

Kaum hat die Giftschlange ihr Leben ausgehaucht, verschlingt die Mussurana sie mit beachtlicher Geschwindigkeit.
Vital Brasil, der Gründer von Butantan, ließ sie überlebensgroß als Mitstreiterin des Menschen gegen das Gift in Stein meißeln.
Über acht Jahre war, wie *Bücherl* erzählt, eine lebende Mussurana der Liebling Butantans, genannt »Gilda«, obgleich männlichen Geschlechts. Von gesitteten Umgangsformen und äußerster Sauberkeit, kroch sie frei im Laboratorium herum. Die Laborantinnen badeten sie oft in lauem, parfümiertem Wasser. Danach zog sich »Gilda« in ihre Behausung – eine Pappschachtel mit sauberem Handtuch – zurück und pflegte der Ruhe. Wollte sie sich häuten, suchte sie Hilfe bei ihren menschlichen Freunden und zwängte sich zwischen deren Finger hindurch, um die alte Haut abzustreifen. Alle drei Wochen bekam sie eine Jararaca als Futter und wurde als Diva im Kampf mit dieser bösartigen Giftschlange oft gefilmt. In acht Jahren hat sie 96 davon besiegt und verspeist.
Ihr Ende teilte sie mit dem vieler Schlangen. Sie kannte sich durch ihr Leben im Laboratorium unter den Menschen nicht mehr in der freien Natur aus. Und als sie einmal einen nächtlichen Spaziergang wagte, fand sie nicht mehr zurück. Kaum hundert Meter vom Laboratorium entfernt zerstampften sie die Stiefel eines rohen Mannes, nur weil sie eine Schlange war. Blutend starb sie im Laboratorium.

Die Klapper

Zurück zu der Klapperschlange. Kein Geringerer als Linné gab ihr den wissenschaftlichen Namen »Crotalus« nach ihrer Klapper und fand ihr Geräusch so schrecklich, daß er als Artnamen »horridus« hinzusetzte. Dabei hört es sich nicht wie ein Klappern an, vielmehr wie ein hohes surrendes Schwirren, durchdringend und unüberhörbar bis dreißig Meter weit. Die lose ineinandergeschachtelten hohlen Hornkegel »rasseln« gegeneinander, wenn der Schwanz vierzig-, sechzig-, bei großer Hitze und Erregung hundertmal in der Sekunde hin und her vibriert. Auch viele ungiftige Schlangen vibrieren mit ihrem Schwanzende, bringen es jedoch nur zu einem wenig lauten Surren, da ihnen eine Rassel fehlt. Meine Florida-Königsschlange (Lampropeltis floridiana), leicht reiz- und erregbar, schafft allenfalls an die dreißig Vibrationen in der Sekunde. Dafür frißt sie mit größter Gemütsruhe Klapperschlangen, gegen deren Gift sie immun ist.
Bei jeder Häutung einer Klapperschlange, etwa dreimal im Jahr, schiebt sich ein weiterer Hohlkegel als Schwanzspitze nach. Die oft gehörte Ansicht, jedes Glied der Rassel zeige ein Jahr Alter an, ist demnach unrichtig. Es ließe sich aus der Zahl der Rasselglieder – drei je Lebensjahr – das Alter einer Klapperschlange ablesen, wenn die Endglieder nicht abbrächen. Frei lebenden Tieren bleiben zumeist nur acht bis zwölf Glieder erhalten, Terrarienschlangen oft weit mehr.
Warum rasselt die Klapperschlange? Sie selbst kann es nicht hören und deshalb auch keinen Geschlechtspartner anlocken.

Die großen Huftierherden der Bisons, Nashörner, Pferde und vieler anderer wieder Ausgestorbener donnerten in der mittleren Tertiärzeit über Nordamerikas Prärien ungefähr zur selben Zeit, als sich die Klapperschlangen herausbildeten. Sie wurden unter den Hufen der riesigen Herden zerstampft. Nur jene überlebten, die warnen konnten, indem sie rasselnd auf sich aufmerksam machten. Das Rasseln zu überhören bedeutete für ein Huftier den Tod oder doch eine sehr schmerzlich-unangenehme Erfahrung. Noch heute macht ein Pferd einen weiten Bogen um eine rasselnde Klapperschlange. Nur eines paßt nicht so richtig in dieses Bild: Klapperschlangen leben häufig in felsigen Gebieten, wo es keine Huftierherden gibt.

Der Schlangentanz

Lange Zeit deutete man den Tanz der Klapperschlangen, anderer Grubenottern und Vipern, auch unserer Kreuzottern, als Liebesspiele der Pärchen. Doch es sind die Männchen, die sich, bis zu einem Meter steil aufgerichtet, Kopf an Kopf umschlingen, hin und her wiegen, sich pressen, voneinander abgleiten und wieder spielerisch erheben, bis sich einer aus der Umstrickung des anderen löst und als Verlierer davonschlängelt.

Archie Carr sah den Schlangentanz zweier Wassermokassinschlangen (Agkistrodon piscivorus) am Rande eines verlandenden Sees in Florida. Diese im Süden Nordamerikas durchaus häufigen Giftschlangen, die das Wasser besonders lieben, werden ab und zu mit harmlosen verwechselt, und erst ihr Giftbiß klärt den Irrtum auf.

Carr vergleicht den Schlangentanz mit dem Ballett bei einigen Vogelarten und beschreibt ihn wie folgt: »Die Köpfe lagen Seite an Seite leicht nach unten abgeknickt, während die Hälse fast senkrecht gehalten wurden. Die Augen blickten starr und ausdruckslos. Alle paar Sekunden vertauschten die beiden Schlangen schnell und verblüffend gleichzeitig die Stellung der Vorderkörper, indem sie sich spiegelbildlich gleich umeinanderlegten. Obwohl sich bei diesem Wechsel die sichtbaren Vorderkörper der Schlangen kaum berührten, war die Präzision dieser Bewegung vorzüglich, so daß es schien, als wären die beiden Partner nur Teile eines Körpers. Von Zeit zu Zeit ließen sich die Schlangen treiben und vollführten bis zu achtmal ihre Figuren an einer Stelle, bevor sie von neuem weiterschwammen.«

Es sind »Kommentkämpfe« mit stark ritualisierter Verhaltensweise. Nie werden die Giftzähne gegeneinander eingesetzt. Das nähme für beide ein schlechtes Ende, und die Klapperschlangen und Vipern hätten sich schon längst selbst ausgerottet. Daran kann der Natur nicht gelegen sein. Ist es ein Messen der Kräfte paarungswilliger Männchen, eine Art Turnierkampf oder ein solcher, um sich den Balzplatz zu sichern? Wir wissen es noch nicht genau.

Bei einer Paarung bäumen sich die Klapperschlangen nicht auf. Das Weibchen bleibt passiv. Viele Stunden, oft bis zu zwanzig, nehmen sie sich, mit eingelegten Verschnaufpausen, zum Begattungsakt Zeit.

Die Klapperschlangen sind wie die meisten anderen Grubenottern ovovivipar, sie gebären lebende Junge, die, im Besitz ihres Giftes, auf ihre Eltern nicht angewiesen sind.

Der sechste Sinn

Alle Grubenottern haben zwischen Nasenloch und Auge in einer Einbuchtung des Oberkieferknochens je eine tiefe »Grube«, die eine etwas versenkte Membran überspannt.

Hunderte von Jahren rätselte man über die Funktion dieser Gruben: Sie sollten Ohren zum Hören, Riechorgane, Drüsen zur Sekretabsonderung oder gar Empfänger für Ultraschallwellen sein.

Entflammt man ein Feuerzeug in der Nähe einer Klapperschlange, wird sie unruhig, nicht des Lichtes oder des Geruches wegen, denn eine mit verklebten Augen und Nasenlöchern reagiert nicht anders. Schon vor über hundert Jahren wollte der deutsche Herpetologe Franz Leydig die Gruben als Sinnesorgane angesehen wissen. Aber erst im Jahre 1937 gelang es Kingsley Noble und Arthur Schmidt, dieses einzigartige Phänomen zu klären. Nachfolgende elektrophysiologische Untersuchungen amerikanischer und japanischer Wissenschaftler bestätigten das Ergebnis und fügten Detailerkenntnisse hinzu.

Die Gruben sind Sinnesorgane, die auf Wärme ansprechen und zwar auf langwellige Wärmestrahlen. Es sind »Infrarot-Detektoren«, die die Grubenottern zu den »Spürhunden« unter den Schlangen werden lassen. Sie erfüllen nicht die Funktion eines Thermometers, sondern messen Temperaturgefälle und Temperaturdifferenzen zwischen einzelnen Gegenständen mit einer beinahe unvorstellbaren Feinfühligkeit. Bereits ein Unterschied von 0,003 Grad wird wahrgenommen. Die Membran einer Grube, nur ein hundertstel Millimeter dick, weist auf einem Quadratmillimeter an die tausend Nervenenden auf, die gebündelt zum fünften Hirnnerv führen.

Damit kann eine Grubenotter noch in einer Entfernung bis zu einem halben Meter bei völliger Dunkelheit die Wärmestrahlen einer menschlichen Hand, einer Maus, Ratte oder eines sonstigen warmblütigen Beutetieres wahrnehmen.

Das allein würde eine Grubenotter noch nicht zur Jagd auf Beute in dunkler Nacht befähigen, könnte sie nicht die genaue Richtung und Entfernung ausmachen. Und sie kann es! Überhängende Grubenränder werfen Wärmeschatten auf die Membran und geben derart die Richtung an. Da beide Gruben die Wärmestrahlen richtungsmäßig orten und diese sich bei der Wärmequelle, dem Beutetier, überschneiden, erkennt die Schlange die Entfernung.

Bei der sogenannten Dreiecksanpeilung eines Senders von zwei auseinanderliegenden Standorten bedienen wir uns desselben Prinzips, nur, wir bedürfen dazu der Mathematik.

Die weit einfacheren Lippengruben der Riesenschlangen vermögen in bescheidenem Rahmen ähnliches zu meistern.

Der Amerikaner und seine Klapperschlangen

Das Verhältnis des Nordamerikaners zu seinen »rattle-snakes« ist zwiespältig. Er fürchtet, achtet und ißt sie.

Unter dem Banner einer zusammengerollten Klapperschlange mit dem Motto »Don't tread on me« (»tritt nicht auf mich«) zog das Bataillon von Westermoreland aus Pennsylvanien in den Unabhängigkeitskrieg gegen die Briten. Auch die erste Flagge der amerikanischen Marine zeigte eine Klapperschlange, und mit Trommeln, auf die Klapperschlangen gemalt waren, stürmten Marineeinheiten in den Kampf, unüberwindbar wie die Klapperschlangen ihres Landes.

Diese Zeiten sind vorbei. Jetzt wird Klapperschlangenfleisch in Konserven als Leckerbissen angeboten.

Der kulinarische Schrei des Jahres 1977 hieß »Klapperschlangenfilet mit Ingwer in Butter gebraten«. Dazu die Vorgeschichte:

Ein Polizeisergeant im kalifornischen Downey hatte eine Klapperschlange mit einem Schuß aus seiner Dienstpistole in den Kopf getötet, was für des Polizisten Treffsicherheit spricht. Die Schlange war so unvorsichtig gewesen, es sich im »Los Angeles National Forest« auf dem Beifahrersitz eines Campingwagens bequem zu machen, was dem erstaunt-erschreckten Camper so mißfiel, daß er die Polizei holte. Als der treffsichere Schütze das mehrere Kilo schwere Tier bei seinem Polizeichef, einem Hobbykoch, ablieferte, erkannte dieser seine einmalige Chance und nahm das tote Tier nach Hause. Nach einigen Versuchen, bei denen den Feinschmeckerzungen seiner Polizisten eine wenn auch nicht dienstliche, so doch bedeutsame Rolle zukam, konnte die neue Klapperschlangendelikatesse kreiert werden.

Die Indianer und die Klapperschlange

Ganz anders stehen Amerikas Ureinwohner zu den Klapperschlangen. Vielen Indianern waren und sind sie göttlicher Verehrung würdig.

Als Gott des Regens und der Fruchtbarkeit schwebte den Tolteken und Azteken die Federschlange »Quetzalcoatl« zwischen dräuendem Regengewölk, halb Klapperschlange, halb farbenprächtiger Quetzal. Diesen eigentümlichen Vogel durch das Dämmern des Regenwaldes huschen zu sehen läßt noch heute viele Indios »mystisch« erschaudern.

Gott Quetzalcoatl war es auch, der auf einem Zauberschiff aus Schlangen über den Golf von Mexiko kam. Und nicht zuletzt verdanken die in Mexiko einfallenden Spanier diesem Gott und somit zum großen Teil der Klapperschlange ihren leichten Sieg über die Azteken: Der Aztekenherrscher Montezuma erblickte in den Spaniern Gott Quetzalcoatl, befahl den Rückzug und weihte damit sein blühendes Reich dem Untergang. In der Mythologie mancher Indianerstämme vermählen sich Klapperschlangen mit Frauen, wie man sich noch heute an Lagerfeuern erzählt. Eine Cheyenneindianerin hatte sich mit einer Klapperschlange eingelassen und wurde von ihrem Mann in flagranti ertappt. Der erschlug Frau und Schlange, zerstückelte beide und gab sie seinen Kindern zu essen.

Doch das sind Ausnahmen, die meisten Indianerstämme töten allenfalls untreue Frauen, aber keine Klapperschlangen, allerdings aus recht unterschiedlichen Gründen: die Tscherokesen, Hopiindianer, von denen noch zu berichten sein wird, und die Schoschonen aus religiöser Überzeugung. Bei den Dakotas ist es Verehrung und Furcht vor gräßlichen Träumen, mit denen eine getötete Schlange ihren Mörder heimsucht. Die Apachen sehen in jeder Schlange den Geist eines zumeist bösen Menschen. Den Puebloindianern ist eine Klapperschlange in der Nähe eines Gewässers heilig, und den Shawnees aus dem Wyomingtale erscheint sie als großer Geist.

Die Sioux verdanken der Klapperschlange, die sie übermäßig verehrten, sogar ihren Namen. Mißgünstige Indianerstämme nannten sie »Naddowessju«, Klapperschlangen. Zum Schluß beschränkte man sich auf die letzte Silbe, aus der die Schreibweise Sioux entstand.

Schon immer wurden den Klapperschlangen Verdienste um Regen und Fruchtbarkeit zugeschrieben. Den Micmacindianern fliegen sieben Klapperschlangen über den Himmel und blitzen und donnern. »Tlaloc«, der Donnergott der Tolteken, hält als Zeichen des Blitzes eine goldene Schlange in seiner Hand. Auch heute noch verbindet manches Naturhafte die Indianer mit den Klapperschlangen.

Eines Indianers Dressurakt

Davon zeugt *Bücherl,* der vor etwa zwanzig Jahren in Butantan einen halbzivilisierten Indianer mit abgefeilten Vorderzähnen mit Klapperschlangen umgehen sah.

Der Indianer war empört, wie brutal die Wärter die Schlangen behandelten, sie gar mit langen Eisenhaken traktierten, um sie zum Melken einzufangen. Wer die Sprache der Schlangen verstehe, könne sie mit der Hand aufheben, prahlte er und schwang sich barfuß, ohne jede Vorsichtsmaßnahme, über die Brüstung mitten unter die Reptilien. Wärter, Assistenten und Besucher eilten herbei, um die Niederlage des Prahlhanses zu erleben. Schade um das Klapperschlangengiftserum, das man brauchen würde.

Der Indianer fiel vor dem Knäuel von Klapperschlangen auf die Knie, murmelte unverständliche Wörter und beugte sich bedächtig und langsam den Schlangen entgegen. Je näher seine ausgebreiteten Arme auf sie zukamen, um so leiser wurde ihr anfangs so zornig-wütendes Rasseln, bis es schließlich ganz aufhörte. Einige der Klapperschlangen züngelten ihm entgegen. Dann griff er unter gemurmelten Beschwörungsformeln der größten Schlange ganz langsam unter den Bauch. Einem indianischen Zauberpriester gleich erhob er sich mit ihr und drückte sie bald rechts, bald links an seine Wangen. Dann ließ er sie sanft auf den Boden und wiederholte mit anderen dasselbe. Triumphierend blickte er auf die »gelehrten« Weißen, die vor Schreck erstarrten.

Eine Jararaca oder Caissaca (Bothrops jararaca und atrox) ebenso hochzuheben, lehnte er ab, nur Klapperschlangen war er zugetan.

Die Erlebnisse eines Schlangenforschers

Wie anders erging es dem Schlangenforscher Douglas March mit seinen Klapperschlangen und anderen Grubenottern. Vierzehnmal wurde er gebissen. Dann weigerten sich die Ärzte, ihm nochmals Serum zu spritzen, das ihn umbringen würde.

In einem Gespräch im Schlangeninstitut Tela in Honduras (aufgezeichnet bei *Weltzel*) gibt er selbst zu: »Um aufrichtig zu sein, so ist mancher meiner Schlangenbisse nur auf Nachlässigkeit zurückzuführen.«

Bereits in seiner Jugend wurde er von einer Klapperschlange (Crotalus), zwei Kupferköpfen (Agkistrodon) und einer Rohrdickichtklapperschlange gebissen. In Georgia biß später eine gestreifte Klapperschlange in eine seiner Waden und bald darauf eine Schauerklapperschlange (Crotalus durissus terrificus) in seinen rechten Arm. Dann erwischte ihn ein Kupferkopf ebenfalls am rechten Arm. Zwei Wassermokassinschlangen (Agkistrodon piscivorus) probierten ihre Zähne an seinem Fußknöchel aus.

Nach diesen neun Schlangenbissen glaubte der Forscher, von Grubenottern etwas zu verstehen, doch die der Tropen belehrten ihn eines Besseren.

Im Jahre 1927 biß ihn auf der Schlangenfarm von Lancestilla in Honduras eine Lanzenotter (Bothrops) in den linken Daumen. March bemerkt dazu: »Das war der gefährlichste Biß meines Lebens. Die Wunde aussaugend, ging ich ein paar Schritte, als meine Knie wankten und ich zusammenbrach, so als ob mich jemand mit einer Axt auf den Kopf geschlagen hätte. Erst einige Zeit später, nachdem ein Arzt mir ein Serum eingespritzt hatte, kam ich wieder zu Bewußtsein. Ich war völlig gelähmt, schwitzte Blut aus allen Schleimhäuten, und wenn man meine Finger berührte, trat Blut heraus.«

Den Biß Nummer elf versetzte ihm ein riesig großer Buschmeister (Lachesis mutus) in die rechte Hand. Üble Folgen blieben aus. Dies steht im Einklang mit den Forschungen der Gelehrten in Butantan. Das Gift dieser so gefürchteten Schlange ist nämlich nicht so wirksam, daß es einen Menschen tötet.

Mai 1930 nagelte March eine Versandkiste mit südamerikanischen Klapperschlangen zu. Eine Schauerklapperschlange steckte noch schnell ihren Kopf heraus und biß ihn in die linke Hand. Er erhielt Serum, Adrenalin und Strychnin. Die Symptome eines solchen Bisses schildert er wie folgt: »Es zeigte sich als erstes ein krampfartiges Zucken der Hände. Dann wird das Opfer blind. Es muß ganz flach liegen oder ersticken, da seine Nackenmuskeln gelähmt werden ...«

Der Biß einer tropischen Klapperschlange in den Zeigefinger hätte ihn beinahe umgebracht, denn erst nach 25 Minuten bekam er das Serum: »Mein Arm schwoll in unheimlicher Weise an, und man gab mir Adrenalin. Ununterbrochen sog ich an meinem Finger, weshalb ich wahrscheinlich Brand bekam. Schließlich fiel das gebissene Glied ab.«

Welcher Schlange er den vierzehnten Biß verdankt, hat uns March nicht verraten. Er faßt sein Leben als Schlangenforscher in der Erkenntnis zusammen: »Ich wäre nicht vierzehn Male, sondern kein einziges Mal von einer Giftschlange gebissen worden, wäre es nicht mein Beruf, diese Tiere und ihr Gift zu studieren.«

Jeder Beruf hat sein Berufsrisiko. Beim Umgang mit Schlangen ist es größer als gewöhnlich und in den Augen Außenstehender verklärt von der Glorie des Einmaligen und Außergewöhnlichen.

Der Schlangentanz der Hopiindianer

Weltberühmt ist der Schlangentanz der Hopiindianer als eine tiefreligiös-kultische Zeremonie, die sich unverändert durch die Jahrhunderte bis in unsere Zeit erhalten hat und nach wie vor Religionswissenschaftler, Völkerkundler und Schlangenliebhaber gleichermaßen anzieht. Mir bedeutet er die eindrucksvollste Kulthandlung mit Schlangen, die es auf Erden gibt.

Die etwa dreißig- bis vierzigtausend übriggebliebenen Hopiindianer bewohnen in Nordarizona die Hochebene östlich und zum Teil auch westlich des Little Colorado River. Südlich davon liegen die Städte Flagstaff, Canyon Diabolo, Winslow und Holbrook. Fünf Hopidörfer (pueblos) im Herzen des Reservats mit ihren quaderförmigen Häusern aus Naturstein sind abwechselnd jedes zweite Jahr zwischen Mitte August und Anfang September Schauplatz des Schlangentanzes. Im ganzen ist es eine Wüstenlandschaft mit roten Sandsteinfelsen, eine »painted desert«, wie sie Wildwestfilmen als Kulisse dient.

Neun Tage dauern die kultischen Handlungen. Erst am achten Tag werden fremde Zuschauer geduldet, denen jedoch mancherlei verborgen bleibt.

Der Hopi-Schlangenglaube und das Christentum

Christliche Missionare haben sich durch die Jahrhunderte redlich bemüht, den Hopi das Licht des Glaubens zu bringen und sie von ihrem gotteslästerlichen Schlangenkult zu bekehren. Vergeblich! Der Welt blieb eines der faszinierendsten Erlebnisse erhalten, die sie zu bieten hat.

Was den Christen der Himmel, ist den Hopi die Unterwelt, bevölkert mit Klapperschlangen.

Wie mag den frommen Patres zumute gewesen sein, als sie sich getreu Christi Wort, »gehet hin und lehret alle Völker und taufet sie ...« (Matthäus 28, 19 und 20) einem Volke gegenübersahen, das so »gottfeindliche Wesen« wie Klapperschlangen göttlich verehrt. Und wie unfaßbar mag es den Männern Gottes erschienen sein, daß dieses von den Amerikanern dezimierte Volk ein Weiterleben in den ewigen Jagdgründen tief in der Erde inmitten von Klapperschlangen den lichten Höhen eines christlichen Himmels vorzog.

Bei anderen Völkern, wie etwa den Germanen, hatten sich einige ihrer heidnischen Feste in kirchliche umdeuten oder doch wenigstens in zeitliche Nähe bringen lassen. Doch welchen christlichen Sinn kann man einem Fest ausgerechnet mit Klapperschlangen unterstellen? Und mit einer ehernen Schlange auf einem Stabe, wie sie Moses auf Geheiß Gottes seinem Volk beim Marsch durch die Wüste errichtete, damit ihr Anblick jeden gesunden lasse, der von einer Schlange gebissen wurde (Numeri 21, 8 und 9), war auch nicht gedient. Die Klapperschlangen beißen die Hopipriester nicht.

Ja, ich kann mich gut in die Lage der gescheiterten christlichen Bekehrer versetzen, und dies um so besser nach einem Gespräch mit katholischen Ordensgeistlichen, die ich beim Schlangentanz in Mishongnovi traf. Ihre kleine Gruppe wollte gleich mir Zeuge des »heidnischen Götzendienstes« sein, wenn auch, wie man annehmen darf, aus recht unterschiedlichen Gründen. Einige Hopi gingen in die Zivilisation, besuchten höhere Schulen, wurden wertvolle Mitglieder der menschlichen Gesellschaft, wie man so schön sagt, und traten zumeist zum Christentum über. An die regenspendende Kraft des Klapperschlangentanzes glauben sie dennoch nach wie vor.

Ursprung und Legende des Schlangentanzes

Einen von ihnen, John Burro, traf ich gleichfalls in Mishongnovi beim Schlangentanz. Sein Bruder wohnt noch hier und scheint am Schlangentanz beteiligt zu sein. Jedenfalls verdanke ich Burro manches, was gegenüber Fremden – und das ist jeder, der nicht Hopi ist – sorgsam als Geheimnis gehütet wird.

Der Klapperschlangenglaube der Hopi geht auf alte Mythologien in Mittelamerika zurück. In den Mayaruinen von Copán in Honduras, zweitausend Meilen vom Hopiland entfernt, zeigen Abbildungen Priester mit Schlangen im Mund, wie es die Hopipriester zelebrieren. Die erste Kultstätte der Hopi findet sich in Wupatki nahe den San Francisco Peaks und genau nördlich der Sunset Peaks, deren erloschene Krater zu den schönsten der Welt zählen. Noch heute ist die im Jahre 1120 nach Christus (nach der Baumringemethode bestimmt) entstandene Kultstätte mit dem Oval des Amphitheaters zu erkennen. Im Jahre 1064 nach Christus hat der letzte Vulkanausbruch die Landschaft geprägt, mit einem Aschenregen überdeckt und einst blühendes Land in Wüste verwandelt.

Das spiegelt sich in der Legende des Klapperschlangenglaubens wider, wie sie mir Burro erzählte.

Im Mittelpunkt steht »Tiyo«, ein »Snake Youth« eine Art Schlangenpfadfinder. Als er an den Little Colorado River kam, traf er auf eine »Spider Woman«, eine Spinnfrau, die ihn beköstigte und mit guten Ratschlägen versah. Sie führte Tiyo in die Unterwelt, den Himmel der Hopiindianer. Der Bericht über seine dortigen Erlebnisse ist spannend wie eine Schilderung aus Dantes Inferno.

Tiyo bestand der Gefahren viele, kämpfte mit wilden Tieren, mit schwarzen Panthern und zuletzt mit einer riesigen Klapperschlange. Eine Medizin der Spinnfrau feite ihn gegen die Bisse des Untiers. Dann gelangte er in das unterirdische Land der »Snake People«, der Schlangenmenschen. Sie führten ihn in eine Kiva (einen unterirdischen Raum mit Klapperschlangen). Hier sollte er die schwierigste aller Proben bestehen: die Friedenspfeife rauchen, doch den Rauch restlos verschlucken. Bei dem geringsten Anflug von Rauch würden sich die Klapperschlangen auf ihn stürzen. Es schien aus zu sein mit ihm. Doch die Spinnfrau machte den Rauch, den er ausblies, unsichtbar.

So bestand Tiyo die Probe, wurde in Schlangenhaut gekleidet und in alle Geheimnisse eingeweiht. Er bekam das schönste Mädchen zur Frau. Sie gebar ihm zwei Kinder: Klapperschlangen.

Doch die Menschen auf der Erde erschlugen diese und andere Klapperschlangen. Erzürnt schickte der Schlangengott der Unterwelt mit Feuer und Donner große Dürre über das Land und verwandelte es in trockene Wüste, wo es vorher grünte und blühte.

In ihrer Not holten die Menschen Tiyo, der sie lehrte, den Schlangengott der Unterwelt zu versöhnen, damit er es wenigstens einmal im Jahr, zwischen Mitte August und Anfang September, regnen lasse.

Was Tiyo vor Hunderten von Jahren lehrte, zelebrieren die Hopipriester nach wie vor, und oft schickt der Schlangengott ihnen Regen.

Der Schlangenkult

Am ersten Tag der heiligen Versöhnungszeremonie jauchzen die Indianer den ersten Strahlen der Sonne entgegen, die über die Wüste tasten. Halbnackte Männer rennen nach Norden, um im silbernen Licht des beginnenden Tages Klapperschlangen zu fangen. Am zweiten Tag geht die Schlangenjagd nach Westen, am dritten nach Süden und am vierten nach Osten. In je einer Kiva für die Antilopen- und die Schlangenpriester werden die Klapperschlangen gesammelt. Zumeist sind es Prärieklapperschlangen (Crotalus viridis), grünlicholiv mit braunen Flecken in Längsreihen, einige Texasklapperschlangen (Crotalus atrox) mit schwarzweiß geringeltem Schwanz, die zu den angriffslustigsten aller zählen, und wenige der größten, giftigsten und gefährlichsten Diamantklapperschlangen (Crotalus adamanteus), zweieinhalb Meter lang und zehn Kilo schwer.

Die folgenden drei Tage lassen die Klapperschlangen in den Kivas heilige Waschungen und andere Reinigungszeremonien über sich ergehen – unter monotonen Gesängen der Priester. Über der Erde werden an altehrwürdiger Kultstätte Altäre, Schreine und Gebetsstöcke errichtet. Erst am achten Tag sind Zuschauer zu den religiösen Handlungen zugelassen.

In Mishongnovi, so genannt nach zwei Steinsäulen, von denen nur eine noch steht, fällt das Hochplateau südöstlich zu den zwei Anfängen des Polacca ab, der sehnlichst darauf wartet, Regenmassen in den Little Colorado River zu ergießen.

Früher war der Eintritt hier frei, heute kostet er Dollars, und auch an Getränken und anderem wird verdient. Es nimmt den religiösen Zeremonien nichts von ihrem Wert. Schließlich haben die Priester fast aller Religionen gegen Geld nichts einzuwenden.

Am Abend des achten Tages schreiten würdevoll zuerst in Reihen hintereinander die Antilopenpriester und dann die Schlangenpriester aus ihren Kivas, beten an den Altären und tanzen mit würdigem Ernst, sich ihrer Sendung bewußt. Sie stampfen mit den Füßen auf Bretter über der Kiva, auf daß der Schlangengott der Unterwelt es höre und wisse: Der Versöhnungstanz der Hopi beginnt.

Die Antilopenpriester tragen bemalte Röcke, ihr langsträhniges Haar reicht ihnen bis zur Schulter, ihr Kinn ist geschwärzt, weiße Striche führen über den Mund von Ohr zu Ohr, die Arme sind weiß bis zu den Ellbogen, die Füße bis zu den Knien, Zickzacklinien auf den Oberarmen und Schultern deuten auf die Blitze, die der Schlangengott ihnen schicken soll. Die Schlangenpriester ähneln in Bekleidung und Bemalung den Antilopenpriestern.

Den Höhepunkt und Abschluß bringt der neunte Tag. Wiederum kommen zuerst die Antilopenpriester aus ihrer Kiva, wiederum wird gebetet und zelebriert. Dann stellen sie sich in Reihe einander gegenüber auf, und manches mir Unbegreifliche geschieht. Burro wage ich nicht zu fragen, um seine Andacht nicht zu stören. Immer wieder trinken die Priester aus Tonkrügen, die Indianerfrauen nachfüllen.

Gegen Abend strebt alles einem Höhepunkt zu. Jeder Priester tanzt mit Klapperschlangen, legt sich eine um den Hals, nimmt sie in den Mund, hält sie mit den Zähnen, Kopf und Schwanz baumeln heraus, trägt sie feierlich-tänzerisch umher, überreicht sie einem anderen Priester, der nicht anders verfährt. Beten, feierlicher Tanz, sendungsbewußte Priester, in deren Händen oder Mund sich Klapperschlangen winden: welch ein faszinierendes und schockierendes Erlebnis!

Fern im Westen versinkt die Sonnenscheibe hinter den San Francisco Peaks und vermengt ihr Rot mit dem der Berge und Felsen.

Der priesterliche Tanz wird schneller, ekstatischer. Ihre Augen glänzen fanatisch und feindselig wie die der Klapperschlangen. Dann ist er plötzlich zu Ende. Die Priester rennen mit den Schlangen in alle vier Himmelsrichtungen. Das Dunkel der Nacht verschluckt sie.

Die Klapperschlangen werden weit weg in der Wüste bei einem kultischen Steinhaufen oder Felsen mit einem Gebetsstock als Sendboten zum Gott der Unterwelt freigelassen. Sie müssen ihn noch in der Nacht erreicht haben. Am Morgen erlöste Regen die dürstende Wüste.

Deutungen des Schlangentanzes

Manchmal zaudert der Schlangengott auch ein bis zwei Tage. Doch Regen schickt er immer. Schließlich ist es im Norden Arizonas die natürliche Zeit des Regens. Den Hopipriestern kommt das Verdienst zu, es zu erahnen oder zu erfühlen, wann genau der erste Regen fallen wird.

Noch nie kam ein Priester durch die Klapperschlangen zu Schaden. Weil der Gott der Unterwelt sie schützt und Klapperschlangen ihre Freunde sind, sagen die Hopi.

Wollen oder können die Klapperschlangen nicht beißen? Als heilige Tiere darf niemand sie außer den Priestern berühren oder gar untersuchen, und den meisten Menschen gelüstet es auch nicht danach. Und niemand darf den Priestern folgen, wenn sie die Schlangen irgendwo in der Weite der Wüste freilassen.

Ich fragte Burro, ob die Schlangen ihrer Giftzähne beraubt seien. Er sah mich verwundert an, etwa so wie ein christlicher Missionar bei der Frage, ob er selbst an Christi Auferstehung glaube, und antwortete mit einem Unterton des Vorwurfs: »Such is not the case. The bite of a rattle-snake during the dance is just as deadly as at any other time.« (Das ist nicht der Fall. Der Biß einer Klapperschlange während des Tanzes ist genauso tödlich wie auch sonst.) Zu meiner großen Verwunderung waren auch die anderen Amerikaner davon überzeugt, daß alles »echt« sei und die Schlangen ihre Giftzähne hätten, sie jedoch nicht gebrauchen würden. Das widerspricht jeglicher Er-

fahrung im Umgang mit diesen Tieren, die bei weit geringeren Anlässen ihre Giftzähne in menschliches Fleisch zu hauen pflegen.
Wieder in New York, wühlte ich mich durch die amerikanischen Veröffentlichungen über den Schlangentanz. Doch die schienen geradezu ihre Aufgabe darin zu sehen, die Ehrlichkeit der Hopipriester zu untermauern. Einige vermuteten in den Getränken aus den Tonkrügen ein Gegenmittel.
Möglicherweise verfügen die Hopi über ähnliche pflanzliche Mittel wie die brasilianischen »Schlangendoktoren«, von denen noch die Rede sein wird. Aber sie sind keinesfalls in der Lage, Folgen eines Giftbisses im voraus oder sofort zu begegnen.
Je mehr ich der Sache nachging, um so mehr war mir wie einem Atheisten im Mittelalter zumute, dem ein Inquisitionsgericht nur die Wahl zwischen Abschwören, Teufelsaustreibung oder Scheiterhaufen ließ. So nahm ich meine Zuflucht bei der Wissenschaft, auch wenn sich das in Glaubensdingen nach Auffassung vieler nicht gehört, und erfuhr folgendes:
Im Jahre 1941 hatte sich der Herpetologe Charles Bogert in der nächtlichen Wüste versteckt und mit einem Fernrohr die Stelle ausgemacht, wo ein Priester die Schlangen freiließ. Dann fing er unter Lebensgefahr – der fanatische Priester hätte ihn entdecken und erschlagen können – eine Schlange und packte sie in ein Säckchen, das er auf dem Kopf unter dem Hut wegtrug. In Sicherheit, untersuchte er die Klapperschlange: Die Giftzähne und sogar die Ersatzzähne waren ihr mit einem Messer höchst fachmännisch ausgebrochen. Die wenigen Herpetologen, denen in der Folgezeit das Abenteuer gelang, Vorführschlangen von ihrem Weg in die Unterwelt abzubringen und zu untersuchen, haben dies bestätigt.
Es ist etwas enttäuschend. Wären die Hopipriester eines Zaubers kundig und nur ein klein wenig entgegenkommend, was könnten sie uns Schlangenliebhaber im Umgang mit gefährlichen Giftschlangen alles lehren!

Die Schlangenprozession von Cocullo

Selbst in Europa gibt es eine Art Schlangenverehrung, die dem heiligen Domenico von Cocullo zu verdanken ist. Cocullo ist ein Gebirgsdorf in den Abruzzen, das von L'Aquila am Alterno, rund achtzig Kilometer Luftlinie westlich von Pescara an der Adria, zu erreichen ist. Domenico wurde von einer Schlange gebissen und blieb unversehrt – vielleicht hatte die Viper zu wenig Gift, oder es war überhaupt keine giftige Schlange. Jedenfalls war es den frommen Abruzzenbewohnern ein Wunder, und sie feiern es jedes Jahr am ersten Donnerstag des Monats Mai mit einer Schlangenprozession.
Ich habe selbst keine miterlebt, kann mich jedoch auf *Renker* als Augenzeuge und auf Fotos berufen.
Die Schlangenprozession bezweckt die »preghiera«, die Fürbitte des Heiligen gegen Schlangenbiß, Zahnschmerzen und Tollwut, mag es doch der bissigen Hunde genug dort geben. Die ganze Jugend von Cocullo fängt schon vorher die dort reichlich vorhandenen Schlangen, zumeist die völlig harmlosen Zornnattern (Coluber viridiflavus), aber auch gelegentlich die giftigen

»Aspide« (Vipera aspis), die sie dann auch mit dem gebotenen Respekt behandeln. Renker sah auch eine zwei Meter lange Vierstreifennatter (Coluber quatuorlineatus), die auf dem Balkan häufiger anzutreffen ist.
Ganze Bündel von Schlangen tragen sie in der Prozession bergan in die Kirche des San Domenico auf der Anhöhe über dem Dorf, behängen das Altarbild des Heiligen mit Schlangen und geben sich der Andacht hin, wie es bei heiligen Handlungen eines Priesters, assistiert von Ministranten, der Brauch ist.
Doch den Schlangen selbst, die sich der Aufmerksamkeit aller erfreuen, nützt der priesterliche Segen recht wenig: Nach dem Gottesdienst bedecken sie erschlagen den Platz vor und um die Kirche. Vielleicht ist auch das dem heiligen Domenico wohlgefällig, oder er wendet sein Antlitz ab von dem Gemetzel kirchlich gesegneter Tiere, von denen ein Vorfahr ihn biß und Gottes Hand das Wunder an ihm vollbrachte. Wer weiß schon genau, wie man mit einem Heiligen »dran« ist? Und schließlich ist es ja ein christliches Fest und kein heidnisches, wie das der Hopiindianer, die ihren Schlangen, die dem Ruhm der Priester und der Religion dienten, die Freiheit schenken.

Der Buschmeister

Nicht die Klapperschlange und nicht die Lanzenotter, sondern der sagenumwobene Buschmeister (Lachesis mutus), geliebt und gefürchtet in einem, ist die eindrucksvollste Schlangenpersönlichkeit Südamerikas. Bis zu dreieinhalb Meter lang, mit Giftzähnen bis zu vier Zentimeter Länge, weist er sich als die größte Giftschlange Amerikas und nach der Königskobra als die zweitgrößte der Erde aus. Er ist selten und scheu, und nie stand ich ihm im nebelverhangenen Bergurwald gegenüber. Nur in Butantan und im New Yorker Zoo in der Bronx sah ich diese farbenprächtige, majestätische Schlange: auf samtschwarzem Körper glänzen hellgelb gerandete orangefarbene Dreiecksflecken.
In Gefangenschaft überlebt ein Buschmeister nur dann, sorgt eine Klimaanlage im Terrarium für Temperaturen zwischen 19 und 22 Grad und für eine relative Luftfeuchtigkeit zwischen 65 und 75 Prozent.
Sagen und Geheimnisse des Urwalds umgeben diese Schlange, die »Surucucu« oder »Surucutinga« der Brasilianer, die »Cascabela muda«, »Macaquá« oder »Guaima« der spanisch sprechenden Südamerikaner. Feuer sei ihr zuwider, sie lösche es mit ihrem Körper, werfe Asche und Glut eines Lagerfeuers wütend auseinander. Aus den Eutern der Kühe und den Brüsten schlafender Mütter sauge sie Milch, während ihr Schwanz den Mund des Säuglings verschließe, damit er nicht schreie.
Der Buschmeister ist mit der Klapperschlange nahe verwandt. Sein verhornter Schwanz vibriert wohl, doch er klappert nicht.
»Crotalus mutus«, stumme Klapperschlange, nannte Linné ihn und hatte so unrecht damit nicht. Seinen jetzigen Gattungsnamen »Lachesis« hat er nach einer der drei Schicksalsgöttinnen, die das Lebenslos der alten Griechen in

der Hand hielten. Auch die zwei anderen, Klotho, die Spinnerin des Lebensfadens, und Atropos, die eines Menschen Lebensfaden jäh zerreißt, hatten die Ehre, Giftschlangen ihren Namen zu leihen, wie etwa der südafrikanischen Berg Adder (Bitis atropos).

Glücksboten Asiens

Zumeist liebenswerte Giftschlangen sind die Lanzenottern Asiens (Trimerusurus). Gefürchtet ist die Habuschlange (Trimerusurus flavoviridis) auf Okinawa, mit der während des Zweiten Weltkrieges amerikanische Besatzungssoldaten unliebsame Bekanntschaft machten – umgekehrt natürlich auch.
Schöner erglänzen die grünen bis grüngelben Baumbewohner mit ihren großen goldgelben Augen; sie halten sich mit einem Wickelschwanz am Geäst fest, wie die Bambusotter (Trimerusurus gramineus).
Sie sind oft in den Terrarien zu finden. Ihr Gift ist verhältnismäßig schwach und führt in der Regel nur zu lokalen Schwellungen und Verfärbungen.
Die schönste aber ist Waglers Lanzenotter (Trimerusurus wagleri): In ihrer Jugend zieren sie weißrote Querbänder auf leuchtendem Grün, ist sie erwachsen, gelbliche Querbinden auf schwarzem Rücken mit Grün durchwirkt. Sie ist sanften Gemütes und von Natur aus zahm zu Menschen und beißt nur dann zu, wenn man sie zu unsanft anfaßt.
Aber wer tut das schon mit einer Glücksbringerin, die sie für die Menschen ihrer Heimat auf der Malaiischen Halbinsel, auf Sumatra und Borneo ist! Ihr Biß schmerzt, und das gebissene Glied schwillt an, aber sie tötet nicht – was einer Glücksbotin auch schlecht anstünde.
In der freien Natur sah ich sie auf einem Flammenbaum (Flamboyant), dessen Zweige sich unter der roten Blütenfülle tief zur Erde neigten, die von abgefallenen Blüten gerötet war.
Im berühmten Schlangentempel zu Penang auf der Westseite Malakkas, aber auch anderswo, liegen die Tiere zufrieden und vollgefressen an den Wänden und in Opferschalen, räkeln sich an Zweigen, die man ihnen zuliebe in den Tempel bringt.
Sie verheißen auch von den Bäumen des Vorgartens herab den Gläubigen Glück.
Welch absurde Idee, Schlangen in Gotteshäusern zu halten, wird manch einer meinen. Ich finde es nicht. Ganz im Gegenteil: Gibt es Schöneres, als geweihte Stätten mit liebenswerten Geschöpfen zu schmücken, auch wenn es Schlangen sind, und nicht nur mit Werken von Menschen, wenn auch aus Künstlerhand?
Ich hätte gern eine Tempelschlange mitgenommen. Wer bedarf des Glückes nicht? So bat ich einen uralten Priester mit zerfurcht-vergeistigtem Gesicht. Er sah mich traurig an: Mir als Christen würde eine Schlange kein Glück bringen. Mein Gott habe die Schlange erschaffen und sie verflucht und den Menschen geboten, ihren Kopf zu zertreten! Was sollte ich darauf antworten, denken doch noch viele so und schreiten zur Tat, sobald ihnen eine Schlange begegnet. So berief ich mich auf meine Liebe zu Schlangen und

Unübertroffene Farbkünstler
unter den Echsen sind die Chamäleons, bedächtig und behäbig in all ihren Bewegungen. Ihre Kugelaugen können sie nach hinten, vorn, oben, unten und seitwärts drehen und jedes einzelne Auge sogar in eine andere Richtung. Aufmerksam verfolgt dieses Pantherchamäleon (Chamaeleo pardalis) seine Umgebung.
Photo: F. Ameringer

Oben:
Das ostafrikanische Dreihornchamäleon (Chamaeleo jacksonii) sieht bizarr wie ein Miniatur-Dreihornsaurier aus und stürzt sich mit gleicher Angriffslust, wenn auch in Zeitlupe, auf jeden Rivalen.
Photo: T. Betz

Rechts:
Der Tokee (Gekko gecko) ist ein großes, wehrhaftes Nachttier, das seinen eigenen Namen ruft. Er bewohnt fast jedes Haus in Südostasien, und solange sein Ruf erschallt, bleibt den Hausbewohnern das Glück hold — so glauben sie jedenfalls.
Photo: T. Betz

Links:
Geckos sind besonders beliebte und interessante Echsen. Vermöge ihrer Haftzehen huschen sie kopfunten auch über senkrechte Glasflächen. Der Madagassische Taggecko (Phelsuma madagascariensis) prangt nicht nur in leuchtendem Grün mit scharlachroten Flecken, er holt sich auch seine Leckerbissen zutraulich aus der Hand des Pflegers.
Photo: Prof. Dr. K. Zimniok

Links:
Schlanke und elegante Springer und Kletterer sind die Saumfinger oder Anolis aus dem tropischen und subtropischen Südamerika. Besonders drollig und neugierig geben sie sich im Terrarium.
Photo: F. Ameringer

Der stattliche Grüne Leguan (Iguana iguana) wird in den Tropenwäldern Südamerikas über zwei Meter lang. Leider jagen ihn die Eingeborenen wegen seines schmackhaften Fleisches. In Gefangenschaft schließt das intelligente Tier bald eine lebenslange Freundschaft mit seinem Pfleger.
Photo: Prof. Dr. K. Zimniok

Rechts:
Großtejus (Tupinambis) sind beliebte Terrarientiere, die erstaunlich zahm werden. Was nützen alle internationalen Naturschutzbestrebungen, wenn die Eingeborenen Mexikos und Südamerikas sie und andere seltene Echsen und Schlangen als Leckerbissen verspeisen!
Photo: Prof. Dr. K. Zimniok

Rechts oben:
Der bullige Nashornleguan (Cyclura cornuta) aus den sonnendurchglühten Kakteenwäldern Haitis ist ein stammesgeschichtlich altes Tier. Mit einem einzigen Schwanzhieb kann er einen Blechkanister zertrümmern.
Photo: Prof. Dr. K. Zimniok

Rechts Mitte:
Die ostasiatischen Wasseragamen (Physignathus cocincinus), auch Wasserdrachen genannt, sind von ungestümer Lebhaftigkeit und stürzen sich bei Gefahr tollkühn ins Wasser.
Photo: Prof. Dr. K. Zimniok

Der Gewöhnliche Wasserdrache (Physignathus leseurii), eine australische Wasseragame, prunkt in prachtvollen Farben, bleibt dem Menschen gegenüber jedoch scheu. *Photo: F. Ameringer*

Auf den Galapagosinseln, Arche Noah und Versuchsfeld der Natur, das Darwin zu seinen umwälzenden Erkenntnissen verhalf, sind die ehemals zahlreichen Drusenköpfe beinahe ausgerottet. Hier gelang es, einen besonders schönen (Conolophus pallidus) auf der Insel Barrington (Santa Fé) zu photographieren. *Photo: O. Zimmermann*

Warane sind Raubtiere mit bemerkenswerter Intelligenz. Drei Komodo- oder Drachenwarane zerfleischen einen Timorhirsch. So wehrhaft und wild sich Warane in der Natur geben, in Gefangenschaft werden viele zahm und anhänglich. *Photo: O. Zimmermann*

Der scheue Nilwaran (Varanus niloticus) imponiert durch seine schöne Fleckenzeichnung. *Photo: Prof. Dr. K. Zimniok*

Unten: Der schöne, laubgrüne Smaragdwaran (Varanus prasinus) ist ein typischer Baumbewohner, der seinen Wickelschwanz um Äste klammert. Im Terrarium bedarf er einer sorgsamen Pflege. *Photo: A. Kubetz*

Unten: Robust und kräftig ist der streng geschützte Bengalwaran (Varanus bengalensis). *Photo: Prof. Dr. K. Zimniok*

Die Schildechsen
bilden den Übergang von den echten Eidechsen zu den Skinken. Ihre Schuppen sind verknöchert. In der Wildnis Afrikas ist es nicht leicht, die große Schildechse (Gerrhosaurus major) in ihrem Versteck aufzustöbern. Im Terrarium erweist sie sich als ein liebenswürdiger, ausdauernder Pflegling.
Photo: Prof. Dr. K. Zimniok

fügte an, das Christentum habe Raum für vielerlei Ansichten, besonders was das Alte Testament und die Schlangen angehe. Doch er blieb dabei: Nicht die Liebe zu Schlangen, der Glaube entscheide!
Ich bekam über den Umweg Bangkok doch noch eine »Wagleri« in mein Terrarium. Sie lag stets, sich ihrer Schönheit »bewußt«, verschlungen im Geäst. Ihre großen goldgelben Augen blickten, so schien mir, fragend und vorwurfsvoll. Sie nahm kein Futter an, keine Maus, keinen Vogel oder was ich ihr sonst noch vorsetzte.
Vielleicht fand sie es ihrer unwürdig, mir als Christen, der nicht an Schlangen glaubt, Glück zu bringen, wie der greise Priester im Tempel in Penang es verheißen. Nach einem halben Jahr starb sie – und ich mußte mich nach einer anderen Glücksbotin umsehen.

Dreizehntes Kapitel

Wundersame Schildkröte

Schildkröten in der griechischen Mythologie und heute . . .

Arkadien, eine verkarstete Gebirgslandschaft im inneren Peloponnes, ist dichterisch verklärtes Hirtenland. Hier wurde Hermes, Gott der Hirten, des Schaffens und der Träume, geboren, gezeugt von Zeus mit der Bergnymphe Maia.

Es muß ein recht stürmischer Gott gewesen sein. Bereits an seinem ersten Lebenstag erlegte er eine Schildkröte, spannte sieben Saiten über deren Schale, und fertig war die Lyra. Zu der Schildkrötenschale lieblichem Klangkörper sang der Gott seine Lieder.

Apollon, ebenfalls von Zeus, mit seiner Geliebten Leto, gezeugt, schätzte die Lyra sehr. Er begehrte die Nymphe Dryope, stellte ihr nach und verwandelte sich in eine Schildkröte. Dabei kam ihm die Lyra abhanden und in den Besitz von Orpheus, dem berühmten Sänger. Er entlockte der Schildkrötenlyra Töne solcher Kraft, daß Flüsse zu fließen aufhörten, Bäume ihm folgten und Hades des Sängers verstorbene Gemahlin Euridike aus dem Schattenreich der Toten entließ.

All dies ist der Breitrandschildkröte (Testudo marginata) zu verdanken. Und noch heute, seitdem Jahrtausende um Jahrtausende vergingen, spielen im Parthenon die Hirten Arkadiens auf ihrer Lyra, wie es bereits der römische Schriftsteller Pausianus beschrieb, und verwehren Fremden, Schildkröten zu töten oder mitzunehmen, auch wenn es keine Gott Pan geweihten Tiere mehr sind.

Die griechische Mythologie zeigt die Sonderstellung der Schildkröte unter den Reptilien in der abendländischen Kultur. Viele, die sich nicht getrauen würden, eine Echse – geschweige denn eine Schlange – anzurühren, der Schildkröte sind sie herzlich zugetan. Jedes Jahr werden immer noch Hunderttausende von Schildkröten eingeführt und in zoologischen Handlungen verkauft.

Unter allen Reptilien zieht der Mensch aus Schildkröten den meisten Nutzen: als Nahrungsmittel für viele, die dem Verhungern nahe sind, und, zu Suppe verarbeitet, als Gaumenkitzel wohlhabender Feinschmecker in aller Welt.

Die Griechische und Maurische Landschildkröte

Jedem bekannt sind die Griechische Landschildkröte (Testudo hermanni) vom Balkan und dem südlichen Italien und die Maurische Landschildkröte (Testudo graeca), die als Heimat das südliche Europa, Nordafrika und Kleinasien ihr eigen nennt.
Der Unterschied zwischen beiden ist nicht groß. Bei der »Griechischen« teilt sich der Schildteil über dem Schwanz (das Oberschwanzschild) und läuft das Schwanzende zumeist in einen hornigen Endnagel aus. Kennzeichen der »Maurischen« bilden zwei warzenartige Hornkegel auf der Hinterseite der Oberschenkel beidseits der Schwanzwurzel.
Noch mehr als die Griechische bedarf die Maurische Landschildkröte der Wärme. Kinder der Sonne sind sie beide und fühlen sich auf kühlen Steinfußböden in Küche oder Bad nicht gerade wohl. Ihr ausgeprägter Orts- und Zeitsinn erlaubt uns, sie frei in der Wohnung leben zu lassen. Sie kennen sich bald aus und wissen um die Zeiten ihrer Fütterung. Als wechselwarme Tiere wollen sie sich am liebsten an der Sonne im Zimmer, auf Balkon oder Terrasse oder zumindest unter einem Strahler oder einer Lampe mit Glühbirne aufwärmen. Über ein schwacherhitztes Heizkissen zum Drauflegen würden sie sich besonders freuen. Des Nachts schlafen sie gern in einem Kistchen mit langfaserigem Torfmull und wühlen sich etwas ein.
Es sind wenig anspruchsvolle Tiere, und bei dem geringen Aufwand gedeihen sie, geben sich um einiges lebhafter und fressen gern verschiedene Salate, Tomaten, Bananen, aber auch Hackfleisch und Regenwürmer.
»Raabinchen«, wie unsere Schildkröte hieß, da wir sie von der Insel Raab mitbrachten, gelüstete es oft nach in Milch eingeweichten Brötchen. Die »Geschmäcker«, auch der Schildkröten, sind unterschiedlich.
Besonders junge Schildkröten brauchen zum Wachsen und Gedeihen Kalk mit Vitamin D. Ihr Panzer wächst mit. Man streut am besten etwas Kalkpulver (Vitakalk, Calcipot o. ä.) über das Futter. Haben sie genügend ungefiltertes Sonnenlicht, brauchen sie keine Bestrahlung mit einer Höhensonne (sonst zwei- bis dreimal wöchentlich für wenige Minuten).
Wer einen Garten sein eigen nennt, kann seinen Schildkröten Auslauf gewähren, sofern der Zaun gut abgedichtet ist. Sie laufen, klettern und purzeln gern, ganz wie in ihrer Heimat, und wählen sich Sonne oder Schatten, wie es ihnen behagt. Niedrige Hindernisse übersteigen sie, was derjenige zu bedenken hat, der ein Freilandterrarium anlegt.

Von behäbiger Geruhsamkeit

Mit Ausnahme der Spaltenschildkröte sind Landschildkröten von behäbiger Geruhsamkeit und gravitätisch langsam im Vergleich zu anderen Reptilien. »Ein langsam schreitendes, auf dem Lande lebendes, niedriges, vierfüßiges Tier« war die Schildkröte dem römischen Dichter Pacuvius. In Äsops Fabel,

aber auch in den Märchen anderer Völker gewinnt die Schildkröte mit List den Wettlauf mit dem schnellfüßigen Hasen. Erst später trat bei uns an Stelle der Schildkröte ein Igelpaar.
Schildkröten vertrauen auf den Schutz ihres Panzers und ziehen sich in ihn bei Gefahr zurück. Er hilft ihnen nicht gegen jeden Feind und besonders nicht gegen den Menschen. Dennoch stellte der berühmteste aller athenischen Bildhauer, Phidias, die himmlische Aphrodite auf dem Rücken einer Schildkröte dar, als Vorbild für alle Ehefrauen, sich wie dieses Tier nur im Hause aufzuhalten, dort Schutz zu suchen und sich nicht in der Öffentlichkeit herumzutreiben. Sollten schon im fünften Jahrhundert vor Christus Athens Frauen einen Drang zur Freiheit verspürt haben?

Sinnesleben der Landschildkröten

Wenn auch von ruhigem Gehabe und manchmal langsamer Schwerfälligkeit, als geistig stupid darf man Landschildkröten deshalb nicht ansehen.
»Raabinchen« kam zu meiner damals kleinen Tochter – die Schildkröte war ein Reisemitbringsel –, hatte sie Hunger und fand ihr Futternäpfchen leer. Am liebsten nahm sie dann das Futter gleich aus der Hand.
Besonders gut ist der Geruchssinn der Schildkröten ausgeprägt, noch besser können sie sehen und Farben unterscheiden. Eine Wasserschildkröte (Clemmys caspica) wurde auf die Farben Rot, Gelb, Grün, Blau und Violett dressiert und lernte, viele Orangefarbtöne auseinanderzuhalten (*Klingelhöffer*).
Wie steht es mit dem Gehör der Schildkröten? Hierbei gehen die Ansichten weit auseinander. Sie könnten überhaupt nicht hören, meinen die einen, sie könnten es ganz gut, die anderen. Ein Pauschalurteil verbietet sich. Die Hörorgane sind bei den einzelnen Arten verschieden gut ausgebildet, und zudem kommt es auf die Frequenz der Töne an. Tiefe Töne (bis zu 500 Hertz) werden zumeist weit besser aufgenommen als hohe.
»Raabinchen« hörte auf ihren Namen (so es ihr beliebte), und viele andere Besitzer von Griechischen Landschildkröten werden darin mit mir übereinstimmen. Allerdings haben gerade diese Schildkröten deutlich ausgebildete Trommelfelle, ähnlich denen der Echsen.
Auch *Mauls* Landschildkröten kamen auf Namenruf aus dem Garten zur Fütterung herbeigeeilt. Drang Klaviermusik zu ihnen, fanden sie sich ebenfalls ein, streckten die Köpfe hoch und lauschten. *Girtaners* Landschildkröten hielten es ebenso, wenn nebenan die Stadtkapelle zu spielen begann. Hörte die Musik auf, gingen sie zurück in den Garten (nach *Gerlach*).
Darwin hingegen mißt den Galapagosschildkröten (Testudo elephantopus) wenig Gehörsinn bei (in der Übersetzung bei *Brehm*):
»Die Einwohner glauben, daß diese Tiere gänzlich taub seien; soviel ist gewiß, daß sie jemand, der gerade hinter ihnen geht, nicht hören. Es ergötzte mich immer, wenn ich eins von diesen Ungeheuern, das ruhig dahinschritt, überholte und nun sah, wie es in demselben Augenblicke, der mich an ihm vorbeiführte, Kopf und Beine einzog, ein tiefes Zischen ausstieß und mit lautem Schalle zu Boden fiel, als ob es tot wäre.«

Landschildkröten wollen trinken. Die Flüssigkeit im Obst reicht allenfalls den Steppenbewohnern. Für »Raabinchen« stand stets ein Wasserschüsselchen bereit. Jede Woche einmal schätzte sie ein Bad in flachem, lauwarmem Wasser und genoß es eine halbe Stunde mit sichtlichem Wohlbehagen. Kurz vor oder nach dem Fressen könnte ein Bad allerdings zu Darmstörungen führen.

Der Winterschlaf

Wird es Herbst und kälter, graben sich die subtropischen Schildkröten in ihrer Heimat an geschützter Stelle zum Winterschlaf ein. Es empfiehlt sich, diesen biologischen Lebensrhythmus auch in Gefangenschaft beizubehalten. Nur junge Schildkröten sollte man davon ausnehmen.

»Raabinchen« verkroch sich Anfang Oktober in dunkle Winkel. Die Zeit ihres Winterschlafes war gekommen. Gut genährt, wie sie war, bekam sie eine Woche lang kein Futter und wurde täglich gebadet, wobei sie ihren Kot absetzte. Im Darm verblieben, würde er Fäulnis bringen. Dann kam sie in eine kleine Überwinterungskiste mit vielen Löchern und einem Gemisch aus Moos und etwas langfaserigem Torfmull, das stets schwach feucht gehalten wurde. Manche Liebhaber nehmen ein Sand-Torfmull-Gemisch. Von Laub, das leicht fault, und Torfmull allein ist abzuraten, er entzieht den Schildkröten Feuchtigkeit, wenn er einmal zu trocken wird.

Die beste Überwinterungstemperatur liegt zwischen 4 bis 6 Grad, wie sie zumeist ein ungeheizter Keller aufweist. Unter 3 Grad sollte sie nicht absinken, und ist es zu warm, schlafen die Tiere nicht. Als im Frühjahr die Sonne an Kraft gewann, bekam »Raabinchen« zuerst ein lauwarmes Bad und trank sich voll. Wir hatten unser Haustier wieder.

Man könnte europäische Schildkröten auch im Freien in einer Grube mit viel Moos, Sand und etwas Laub überwintern lassen. Aber wer weiß, wie streng der Winter wird und ob die Tiere ihn durchhalten.

In der Natur helfen die Tiere sich selbst. »Raabinchen« bewies es. Sie pflegte gelegentlich durch eine Lücke im Gartenzaun auf die angrenzende Wiese zu spazieren und fand stets mit dem ihr eigenen Ortssinn zurück. Doch eines Jahres, es war Ende September, vermißten wir sie. Hatte ihr untrüglicher Ortssinn versagt oder sie jemand mitgenommen? Wir suchten und fragten herum. Sie war und blieb verschwunden. Meine Tochter trauerte sehr um sie.

Anfang Frühjahr wurden auf der Wiese nebenan die Fundamente für Garagen ausgebaggert. Großes Erstaunen beim Baggerführer: Der Greifer förderte zusammen mit Erde einen Schildkrötenpanzer ans Tageslicht. In ihm war sogar noch Leben. So bekamen wir »Raabinchen« wieder, und die Freude war groß. Sie hatte sich, von ihrem Instinkt geleitet, tief ins Erdreich eingegraben und den Winter gut überstanden.

Das Alter der Schildkröten

Als meine Tochter das Elternhaus verließ, nahm sie »Raabinchen« mit. Sie lebt heute noch und hat Aussicht auf ein längeres Leben als viele von uns. Schildkröten können ein hohes Alter erreichen. Griechische Landschildkröten werden über neunzig Jahre alt. Im Garten des Lambeth Palace in England lebte eine Maurische Landschildkröte des Bischofs Laud von 1633 bis 1753, wie ein Etikett an dem dort aufbewahrten Panzer angibt. Auch unsere Europäische Sumpfschildkröte (Emys orbicularis) bringt es auf über hundert Jahre. Eine amerikanische Dosenschildkröte (Tarrapene) – so genannt, weil sie ihren Bauchpanzer mit zwei Gelenken fest gegen den Rand des Rückenpanzers preßt und sich wie eine Dose schließt – soll laut Eingravierung 128 Jahre gelebt haben.

Als Sinnbild schier unbegrenzten Lebens gelten uns die Riesenschildkröten auf den Galapagosinseln (Testudo elephantopus), von denen schon die Rede war, und die Seychellen-Riesenschildkröten (Testudo gigantea).

In der Natur hat sie der Mensch ihres Fleisches wegen beinahe ausgerottet. Von den Galapagosschildkröten dürften noch etwa siebentausend leben. Bedienstete der Nationalbehörde und der Darwinstation auf der Insel Santa Cruz registrieren und markieren alle in der Natur erreichbaren Tiere und suchen von den elf noch existierenden Unterarten zu retten, was noch zu retten ist. Eier werden gesammelt, in der Darwinstation zum Schlüpfen gebracht und die Jungen vier Jahre lang vor Ratten und anderen Feinden sorgsam geschützt aufgezogen, ehe man sie der Natur zurückgibt.

Die Seychellen-Schildkröten waren früher auf den Seychellen, Komoren, Maskarenen und anderen Inseln um Madagaskar sehr zahlreich. Der Weltreisende Leguat sah im Jahre 1691 auf der Insel Rodriguez zwei- bis dreitausend von ihnen so nahe beieinander, daß er »auf ihrem Rücken über hundert Schritt dahinschreiten konnte«.

Heute leben Riesenschildkröten in Freiheit nur noch abgeschieden auf der Insel Adabran nördlich der Komoren und haben Aussicht, in ihrer Wildnis zu überdauern. Die Bewohner dieser kleinen Insel verspeisen ihre Königin »Malila« nicht. Früher soll es auf den Seychellen Brauch gewesen sein, einem neugeborenen Kind eine kleine Riesenschildkröte zu schenken, die bei der Verheiratung als Hochzeitsbraten diente.

Die Riesenschildkröten werden 180 bis 200 Jahre alt. Urkundlich belegt ist das Alter der Marion-Schildkröte von 152 Jahren, die allerdings schon ausgewachsen in Gefangenschaft kam und daher ein Alter von etwa 180 Jahren erreicht hat. Nun steht sie präpariert im Naturhistorischen Museum in London. Im Jahre 1766 hatte sie der französische Forscher Marion de Fresne auf die Insel Mauritius gebracht. Als die Engländer 1910 diese Insel besetzten, übernahmen sie auch die Schildkröte. Sie lebte fortan im Artillerielager bei Port Louis. Durch einen Gewehrschuß kam sie 1918 ums Leben. Sie war fast völlig erblindet.

Die Waldschildkröte

Amerika und Afrika zeigen uns andere schöne Landschildkröten, die entsprechend wärmer ohne Winterruhe zu halten sind. Alle haben sie liebenswerte Eigenschaften.

Die Waldschildkröte (Testudo denticulata), die »Schabuti« der Brasilianer,

läuft auf hohen Beinen leichtfüßiger als viele andere durch Südamerikas Tropenwälder. Anfangs scheu, wird sie in Menschenhand langsam zahm und läßt sich füttern. Diese bis zu einem halben Meter langen Tiere schätzen nicht zu viel Sonne, wenn auch Wärme und Luftfeuchtigkeit.
Eine besondere Vorliebe haben sie für Rot. Die Waldschildkröte bei Gertrud Fritzsche* fraß mit besonderem Genuß rote Früchte. Mit unverkennbarem Wohlbehagen spazierte sie auf den roten Teppichen in der Wohnung. Eine halbe Stunde und noch länger betrachtete sie ihre geliebte Farbe. Auch die roten Hausschuhe ihrer Herrin hatten es ihr angetan.

Die Spaltenschildkröte

Ganz aus der Reihe fällt die ostafrikanische Spaltenschildkröte (Malacochersus torrieri). Alle anderen ziehen sich in ihren Panzer zurück und warten, bis die Gefahr vorüber ist. Sie sucht ihr Heil in schneller Flucht und zwängt ihren stark abgeflachten Panzer in Gesteinsfugen und Felsspalten. Und sie tut gut daran. Ihr Panzer ist papierdünn und stellenweise weich.
In Gefangenschaft hält sie sich gut, wird aber kaum zahm. Ihr Fluchttrieb läßt sich schwer überspielen. Da sie aus Gegenden von über 1 000 Meter Höhe kommt, ist sie längst nicht so empfindlich gegen niedrige Temperaturen, wie viele andere Kinder der Tropen, die eines geheizten Terrariums oder doch wenigstens eines geheizten Körbchens bedürfen.
Afrika beherbergt noch manch andere schöne Schildkröten, die gut zu halten sind: die Madagassische Strahlenschildkröte (Testudo radiata), die Pantherschildkröte (Testudo pardalis) mit geflecktem Rücken und in den Wüsten Abessiniens und des südlichen Sudans die Sporenschildkröte (Testudo calcarata). Sie zeichnet sich durch besondere Lebhaftigkeit aus.

Die Einteilung der Schildkröten

Die Einteilung in Land-, Süßwasser- und Meeresschildkröten, der das Buch folgt, stellt es auf das Vorkommen und die Lebensweise ab. Aus ihr ergibt sich auch, wie die Tiere in der Gefangenschaft zu halten sind. Bereits der alte *Gesner* unterschied: »Etliche wohnen allein in dem Erdreich, etliche in süßen Wassern und etliche in dem weiten Meere, sie liegen aber alle in einem harten Gehäuse.«
Der moderne Zoologe teilt die Schildkröten (Testudines) in zwei Unterordnungen danach ein, wie sie ihren Kopf unter den Panzer ziehen.
Die Halsberger-Schildkröten (Cryptodira) stülpen ihren Kopf ganz oder teilweise in den schlauchartigen Hals zurück. Zu ihnen gehören die weitaus meisten aller Schildkröten: die Landschildkröten (Testudinidae), Sumpfschildkröten (Emydidae), die Alligatorschildkröten (Chelydridae) und die Meeresschildkröten (Cheloniidae).
Die Halswender-Schildkröten (Pleurodira) legen ihren Kopf waagerecht S-förmig unter den Panzer. Zu ihnen zählen die Pelomedusen-Schildkröten (Pelomedusidae) und die Schlangenhalsschildkröten (Chelidae), wie etwa die bizarr-groteske Matamata.

* Aquarium und Terrariumzeitschrift 1952

Die Vermehrung der Schildkröten

Alle Schildkröten legen Eier in Gruben in Erde oder Sand, die das Weibchen mit Hinterbeinen und Schwanz gräbt. Die Anzahl der Eier schwankt zwischen zwei und zwanzig, nur Meeresschildkröten bringen es auf über hundert. Hat das Weibchen die Eier abgelegt, füllt es die Grube wieder und ebnet sie ein. Das Ausbrüten besorgt die Bodenwärme.
Das alles hat uns bereits Aristoteles geschildert. Er irrt nur in einem: Die Mutter brütet ihre Eier nicht aus und führt die Kinder keineswegs spazieren. Die Schildkrötenbabys sind ganz sich selbst überlassen. Der Feinde harren ihrer viele, und nur wenige bestehen den Kampf ums Dasein.
Im Terrarium ist es zumeist gar nicht so leicht, aus den empfindlichen Schildkröteneiern Junge zu zeitigen. Um so erstaunlicher, was sich im Berliner Aquarium (berichtet von *Heinroth*) begab: Eine Matamata (Chelsus fimbriatus) hatte in ihrem Terrarium Eier abgesetzt. Ein Wärter nahm sie heraus und legte sie achtlos in eine Tischschublade. Nach Wochen öffnete er sie zufällig, und junge Schildkröten purzelten ihm entgegen.

Die Süßwasserschildkröten

Die Süßwasserschildkröten zeichnen sich mit ihren Schwimmhäuten zwischen den Zehen als elegante Schwimmer aus, die auch an Land recht behend sind. Zumeist sind es »Raubtiere« mit größerer Regsamkeit und oft nicht so gutmütig wie die Landschildkröten.

Die Schnappschildkröte

Das bekam ich zu spüren, als ich eine Woche zu Gast in einem Haus an einem kleinen See in der Nähe von Cold Spring im Staat New York war.
Haus und See lagen einsam inmitten prächtiger Laubwälder. Die Sonne schien herrlich und erfreute Mensch und Tier, besonders jedoch die vielen Wasserschildkröten, die sich auf Felsen am Rand des Sees sonnten. Ich vertrieb mir die Zeit damit, sie zu beobachten und ihnen nachzustellen. Es war gar nicht so einfach, sie zu fangen. Näherte man sich schwimmend einem Felsen, plumpsten sie ins Wasser und gingen sofort »auf Tauchstation«. Ich mußte ihnen nachtauchen und fing schließlich zwei Schmuckschildkröten (Pseudemys).
Wieder wollte ich eine kaum fingerspannenlange Schildkröte vom mulmigen Grund holen, da fuhr sie auf mich los und biß mit scharfen Kiefern herzhaft in meinen rechten Daumen. Solches pflegen Schmuckschildkröten nicht zu tun. Es blutete und schmerzte. Doch brachte ich die Schildkröte an ihrem langen Schwanz aus dem Wasser.
Es war eine halbwüchsige Schnappschildkröte (Chelydra serpentina). Meine Gastgeber nannten sie »Snapper« und amüsierten sich köstlich über mein Mißgeschick.
Ich sah mir das bissige Tier etwas näher an. Der massige Kopf und Hals dieser Schildkröte gehen nicht unter den Panzer, und so hat die Natur sie zu Angriff und Verteidigung mit der gewaltigen Kraft ihrer Kiefer ausgerüstet. Sie klappen wie eine Stahlfalle zu. Ausgewachsene Tiere mit 30 Zentimeter Panzerlänge und an die 30 Kilo schwer sind beachtliche Gegner. Schlimme

Dinge erzählt man sich über sie. Daß sie sich an Enten vergreifen, mag noch angehen. Doch auch manchem Badenden sollen sie eine Zehe oder einen Finger abgebissen haben. Hält man ihnen einen Stock hin, beißen sie ihn glatt durch.

Ein alter Indianer erwarb sich, so wird erzählt, einen legendären Ruf im Auffinden von Leichen Ertrunkener, wenn alles Suchen vergebens war. Erst mit der Zeit kam man ihm hinter sein Geheimnis. Er kannte die Vorliebe der Schnappschildkröte für Aas und ließ eine große an einer Leine vom Boot ins Wasser. Nun wartete er eine Weile und brauchte schließlich nur noch die Leine wieder aufzuwickeln, um auf die Schildkröte zu treffen, die sich an dem Toten gütlich tat (*Schmidt-Inger*).

Die Geierschildkröte

Wie die Schnapp- so gehört auch die Geierschildkröte (Macroclemys temminckii) zur Familie der Alligatorschildkröten (Chelydridae), die so nicht genannt werden, weil sie gleich einem Alligator beißen, sondern wegen ihrer hornigen Höcker und Stacheln auf ihrem Schwanz, nicht unähnlich dem eines Krokodils.

Die Geierschildkröte wird bei einer Panzerlänge bis zu 70 Zentimeter an die 100 Kilo schwer. Sie bedient sich einer ungewöhnlichen Fangweise. Vorzüglich durch ihren dunklen, algenbewachsenen Panzer getarnt und von Bodenschlamm bedeckt, lauert sie auf dem Grund eines Gewässers auf Fische. Sie legt ihnen einen Köder aus. Ihr Maul steht offen. Vorn auf ihrer schwärzlichen Zunge im schwarzen Rachen läßt sie einen kleinen rosa Faden hin und her spielen. Fische halten ihn für einen Wurm. Schnappen sie nach ihm, klappt die Schildkröte ihr Maul zu. Der Fisch ist gefangen, sie braucht ihn nur noch zu schlucken.

Schmuck- und Zierschildkröten

Es gibt nichts Anmutigeres, nichts Drolligeres als Babys der nordamerikanischen Schmuck- und Zierschildkröten (Pseudemys und Chrysemys) von schmetterlingshafter Buntheit und Lebendigkeit. Zu Tausenden werden sie jährlich in der Größe eines Fünfmarkstücks bei uns eingeführt. Welch fröhliches Gewimmel! Und welch bitteres Ende erwartet diese leuchtendgrünen, allerliebsten Tierkinder, kommen sie in unkundige Hände!

Am wohlsten fühlen sie sich im Aquaterrarium, dessen Landteil von einer Terrarienlampe Licht und Wärme erhält. Es genügt auch ein Aquarium mit einer Zierkorkbrücke über dem Wasserspiegel. Darauf sitzen die kleinen Kerlchen und »sonnen« sich unter künstlichem Licht. Tritt man näher, purzeln sie kopfüber ins Wasser und zeigen, wie gut und elegant-graziös sie zu schwimmen vermögen. Doch bald lugt da und dort ein Köpfchen neugierig heraus. Ist die Gefahr vorüber, erklettern sie wieder ihren Zierkork und strekken und recken sich putzig nach ihrer »Sonne«. Für den Pfleger ist es ein lustiger Anblick. Mit der Zeit gewöhnen sie sich an ihn, und kein panischer Schrecken läßt sie mehr ins Wasser stürzen.

In ihrer Heimat ist es im Sommer heiß und im Winter kalt, und so müssen wir sie auch halten. Sie lieben eine Wassertemperatur von 24 bis 28 Grad. Im Winter tut ihnen eine kurze Ruhezeit bei etwa 10 bis 15 Grad gut. Ältere Tiere legen eine längere Winterruhe ein, es sei denn, sie kamen aus den südlichen Gefielden Nordamerikas oder gar Mexikos zu uns.

Die Schildkröten können sich erkälten und sich eine Lungenentzündung holen, liegt die Temperatur der Luft unter der des Wassers. Eine Deckscheibe leistet gute Dienste, wenn sie an zwei Seiten einen Spalt freigibt und keine Stickluft aufkommen läßt.

Erkältete Schildkröten schwimmen schief oder können nicht mehr tauchen. Schildkröten benützen ihre großen unter dem Panzer liegenden Lungen ähnlich wie die Fische ihre Schwimmblasen. Ihre Lungen sind auch in der Ruhe mit Luft gefüllt. So können sie im Wasser schweben oder durch Verlagerung der Luft nach oben oder unten schwimmen. Dies jedoch nicht mehr, sind ihre Lungen angegriffen.

Erkrankte Tiere haben Aussicht auf Gesundung, wenn sie in einem kleinen Behälter bei 30 Grad Wasser- und Lufttemperatur täglich mit ultraviolettem Licht bestrahlt werden und ein mit Vitamin A und D – in schweren Fällen auch mit vorsichtig dosierten Antibiotika – angereichertes Futter erhalten.

Fressen und nochmals Fressen ist die Devise unserer kleinen Schwimmkünstler. Schnell wollen sie dem kritischen Babyalter entwachsen. Täglich begehren sie Mückenlarven, Tubifex, rohes Fleisch aller Art, Fischfleisch, kleine Wasserschnecken oder Muschelfleisch und ab und zu auch Salat. Kalkpulverzusätze und UV-Bestrahlungen sind wichtig für ihre Gesundheit, damit ihr Panzer hart wird.

Es sind Vielfresser, die das Wasser stark verunreinigen. Um es möglichst jeden Tag schnell wechseln zu können, ist ein eingebautes Abflußrohr am Boden ihres Behälters zweckdienlich.

Arten der Schmuck- und Zierschildkröten

Herpetologen unterscheiden an die 50 Arten und Unterarten von Schmuck- und Zierschildkröten und sind sich immer noch nicht ganz einig.

Die Buchstabenschildkröte (Pseudemys scripta scripta) kommt aus dem Flachland vor der Atlantikküste der Vereinigten Staaten, die Gelbwangenschildkröte (Pseudemys scripta troostii) bewohnt das westliche Texas und die Floridaschmuckschildkröte (Pseudemys floridana) mit mehreren Unterarten den südlichen Teil der Vereinigten Staaten. Sehr schön sind auch die Kinnfleckenschildkröte (Pseudemys ornata callirostris) aus dem nördlichen Südamerika, die Falsche Landkartenschildkröte (Graptemys pseudogeographica) aus dem Norden und der Mitte der Vereinigten Staaten, die Hieroglyphenschildkröte (Pseudemys concinna hieroglyphica) des südlichen Nordamerika und nicht zuletzt alle Zierschildkröten (Chrysemis), die vom südlichen Kanada bis zum Norden Mexikos anzutreffen sind. Sie sollen etwas heikle Pfleglinge sein, was sich jedoch allenfalls von der Unterrasse mit einem roten Mittelstreifen über dem Rückenpanzer (Chrysemis picta dorsalis) sagen läßt.

Die Rotwangenschildkröte

Die Rotwangenschildkröte (Pseudemys scripta elegans) ist vom Golf von Mexiko bis zum Michigansee im Norden daheim und dort am häufigsten verbreitet. Zugleich nimmt sie sich als die wohl schönste und »haltbarste« aller Schmuckschildkröten aus. Etwa 75 bis 80 Prozent aller lebenden Schmuckschildkröten entfallen auf sie. Entsprechend groß ist daher auch ihr Anteil bei den Importen. Ihr Panzer leuchtet in der Jugend wundervoll grün. Dem karminroten Wangenstreifen verdankt sie ihren deutschen Namen.
Mit zunehmendem Alter wird ihr Panzer dunkler. Neugeboren, hat er einen Durchmesser von etwa 2,7 Zentimeter, mit zwei bis drei Jahren mißt er bereits an die 7 Zentimeter und wächst nun jedes Jahr um die 1,5 Zentimeter. Er wird bei Weibchen über 20 Zentimeter lang, bei den Männchen bleibt er einiges darunter.
Solange sie klein sind, kann der Wasserteil den Schmuck- und Zierschildkröten nicht tief genug sein, sie schwimmen gern. Werden sie größer – und das gilt auch für die meisten anderen Wasserschildkröten – sollte der Wasserstand so hoch sein, daß die Schildkröte auf den Hinterbeinen aufrecht stehend bei hochgerecktem Hals mit der Nasenspitze gerade noch über den Wasserspiegel reicht. Gefährlich wird Wasserschildkröten zu seichtes Wasser, so paradox das auch klingen mag. Ist das Wasser weniger als die Breite des Panzers tief, können sich die meisten nicht mehr umdrehen, falls sie auf den Rücken gefallen sind. Es fehlt ihnen die tragende Wassersäule. Sie gehen jämmerlich zugrunde, hilft ihnen niemand rechtzeitig.

Liebe unter Schildkröten

Beobachten wir zwei Rotwangenschildkröten verschiedenen Geschlechts.
Hat ein Männchen ein Weibchen gefunden, beginnt sein Liebeswerben. Es pflanzt sich vor der Auserwählten auf, streckt seine Vorderbeine zu ihrem Kopf, und seine langen Krallen zittern seitlich schnell hin und her. Nimmt das Weibchen sein Angebot an? Ja! Es zittert ebenfalls mit den Krallen der vorgestreckten Vorderbeine und läßt sich auf den Boden sinken. Das Männchen folgt sogleich, steigt auf den Rückenpanzer des Weibchens und krallt sich mit seinen vier Füßen fest. Immer heftiger erregt es sich. Dann biegt es seinen Schwanz zum After des Weibchens, bis es seinen durch Blutzufuhr angeschwollenen, glatten Penis einführen kann.
Andere Schildkröten haben andere Liebesrituale. Riesenschildkröten können sich erst mit 30 bis 40 Jahren fortpflanzen. Die Männchen der Galapagosschildkröten hört man bei der Begattung weithin brüllen und stöhnen. Oft achtet ein Schildkrötenmännchen in seiner Liebeserregung nicht mehr genau auf die Artzugehörigkeit der Begehrten und möchte »fremdgehen«. Die Sexualpotenz der Schildkröten gilt den Ostasiaten denn auch als Symbol der Liebeskraft.
Die »weitere Arbeit« kommt dem Weibchen der Rotwangenschildkröte zu. Auf dem Landteil des Terrariums buddelt es mit den Hinterbeinen eine Grube, legt ihre sieben bis zwölf Eier hinein, scharrt sie zu und ebnet den Boden. Sie vertraut auf die gleichmäßige Wärme des Bodens und hat ihr

Liebesabenteuer längst vergessen, wenn etwa nach zehn Wochen ihre Nachkommenschaft ans Licht des Tages krabbelt.

Die Sumpfschildkröten

Die Schmuck- und Zierschildkröten rechnen zur der Familie der Sumpfschildkröten (Emydidae), die mit 25 Gattungen und an die 80 Arten mit etwa 140 Formen mehr als ein Drittel aller lebenden Schildkrötenarten stellt. Ihre Bindung an das Wasser ist verschieden eng. Manche verlassen es nur zur Eiablage, und die Dosenschildkröten (Terrapene) Nordamerikas und Mexikos leben ganz an Land. Bei ihnen erinnern nur noch zurückgebildete Schwimmhäute zwischen den Zehen an die Zugehörigkeit zu den Sumpfschildkröten.

Die Europäische Sumpfschildkröte

Unsere Europäische Sumpfschildkröte (Emys orbicularis) erreicht eine Panzerlänge von über 20 Zentimetern. Bei uns ist sie leider recht selten geworden. Nur noch in verkrauteten Weihern der Mark Brandenburg soll es sie geben. In südlichen Ländern ist sie häufiger anzutreffen. In einem Weiher in der Oberpfalz sah ich vor ein paar Jahren Schwimmblasen von Fischen auf der Wasseroberfläche, untrügliches Anzeichen, daß eine Sumpfschildkröte hier ihr Jagdrevier hat. Ein Liebhaber hatte sie ausgesetzt, wie sich herausstellte.

Ich habe immer wieder versucht, Sumpfschildkröten in meinem Seerosenbecken heimisch zu machen, doch sie waren, anders als Schmuckschildkröten, nicht standorttreu und wanderten. Die meisten kamen nicht zurück.

Eines Herbstes vergaß ich, meine zwei Sumpfschildkröten rechtzeitig ins Haus zu nehmen. Das Seerosenbecken fror zu. Unter einer monatelangen Eisdecke überlebten sie, ohne Schaden zu nehmen. Sie hatten sich in den Schlamm eingewühlt. In dem Starrezustand des Winterschlafes ist der Stoffwechsel der Schildkröte stark herabgesetzt und der Bedarf an Sauerstoff gering. Zwei kräftig durchblutete Darmanhangblasen (Analblasen) bei der Kloake wirken wie die Kiemen eines Fisches und nehmen Sauerstoff aus dem Wasser auf. Auch die mit einem feinverzweigten Kapillarnetz durchblutete Maulschleimhaut dient diesem Zweck. Dadurch sind sie, wie auch andere Wasserschildkröten, nicht mehr auf den Sauerstoff der Luft angewiesen. Wahre Meister sind die Weichschildkröten (Trionichidae). Sie sollen bis zu siebzig Prozent ihres Sauerstoffbedarfs durch die Haut über ihrem knöchernen Panzer aus dem Wasser decken. Dies erklärt, warum Wasserschildkröten so lange tauchen können.

Menschenseelen im Tempelteich

Südostasien bietet weniger an Auswahl, aber dafür um so schönere Wasserschildkröten.

Nie werde ich ein Erlebnis nahe bei Bangkok vergessen. Bei einem Buddhistenkloster lagen Hunderte von Schildkröten dicht gedrängt im flachen Wasser eines Teiches, zu dem einladend Stufen hinabführten. Wer kann einer solchen Versuchung widerstehen? Ich stieg hinab, nahm eine der Schildkröten in die Hand und wäre nicht abgeneigt gewesen, sie mitzunehmen. Da sah ich Mönche mit kahlgeschorenen Köpfen in safrangelben Kutten auf mich zueilen, gab die Schildkröte ihrem Element zurück und machte mich davon.

Ich hatte gut daran getan. Gläubige Buddhisten sehen in jeder Tempelschildkröte (Hieremys annandalii) die Seele eines Menschen, der beim Retten eines Ertrinkenden selbst ertrank. Die Schildkröten sind seine »Reinkarnation«. Wer solch eine Seele in Gestalt einer Schildkröte rettet, erwirbt sich große Verdienste für sein nächstes Leben auf dieser Erde. Findet ein Thailänder in der Natur auf seinem Reisfeld eine Tempelschildkröte oder fischt er sie mit seinem Netz irgendwo mit heraus, bringt er sie in einen Tempelteich. Er hat eine Menschenseele gerettet und ist der Belohnung im nächsten Leben gewiß.

Oft findet sich in den Tempelteichen auch die große Erdschildkröte (Geomyda grandis), die der Tempelschildkröte zum Verwechseln ähnlich sieht. So genau scheint man es nicht zu nehmen.

Was einem nicht so alles unterkommen kann! Beinahe hätte ich eine Menschenseele entführt, und schlecht wäre es dann nach buddhistischer Auffassung um mein Weiterleben nach dem Tode bestellt gewesen.

Dach- und Scharnierschildkröten

Der Terrarianer ist auf die zu groß werdenden Tempelschildkröten nicht angewiesen. Es gibt schönere.

Seit Jahren erfreue ich mich an indischen Smith-Dachschildkröten (Kachuga smithii), deren Rückenpanzer kleine Höcker mit rötlichen Farbtupfen und deren Kopfseiten weinrote Flecken zieren. Sie leben mit den hinterindischen Amboina-Scharnierschildkröten (Cuora amboinensis) zusammen, die am oberen Rand des Kopfes sattgelbe Striche haben. Es sind ausgesprochene Schönheiten. Dazu passen noch andere Südostasiaten, wie die Dornschildkröte (Cyclemys dendata) Sumatras.

Diese Schildkröten sind noch zutraulicher und noch anhänglicher als die »Nordamerikaner«. Als tropische Tiere wünschen sie eine Luft- und Wassertemperatur bis zu 30 Grad, und das auch im Winter. Auf ihrem Speisezettel stehen Fisch, Fleisch jeder Art, Regenwürmer, Schnecken und ebenso pflanzliche Kost. Meine fressen besonders gern Bananen.

Es sind nahezu ideale Terrarientiere: leicht zu ernähren und ohne Winterruhe zu halten.

»Scharnierschildkröte«! Welch ein häßliches Wort für ein so schönes und liebenswürdiges Tier! Meine »Cuora« frißt als eine der ganz wenigen Wasserschildkröten auch auf dem Land. Die anderen holen sich ihr Futter vom Land, fressen jedoch nur unter Wasser. Wer solche Schildkröten ohne Wasser hält, läßt sie verhungern, auch wenn er es sonst noch so gut mit ihnen meint.

Die Matamata

Als ich sie das erste Mal bei einem Freund im großen Aquarium sah, dachte ich an ein vermoderndes, knorriges Stück Holz. Da schwamm ein Fisch auf das Stück Holz zu. Blitzschnell klappte ein riesiger Rachen auf, und wie von Geisterhand zog ein Sog laut klatschend Wasser und Fisch hinein.

Die Matamata hatte zugeschlagen und ihrem Namen – »Töten-Töten« – Ehre gemacht.

Es ist die bizarrste und seltsamste aller Schildkröten. Als Schlangenhalsschildkröte rechnet sie zu den Halswendern. Ihr Panzer ist stark skulpturiert, der Rand gezähnt und der Hals länger als der Panzer. Fransen und seitliche zottige Lappen verwischen ihre Konturen. Daher wird sie auch Fransenschildkröte genannt. Derart getarnt und für einen Fisch nicht als Räuberin erkennbar, lauert sie im modernden Schlamm des Amazonas und seiner Nebenflüsse.

Schildkröten als Nahrungsspender

Die Liebe zu den Schildkröten ist von jeher auch über den Magen des Menschen gegangen. Kein anderes Reptil wurde wegen seines Fleisches und seiner Eier so verfolgt und ausgenützt und wird es immer noch.

Im Altertum war das nicht anders. Schon Diodorus Siculus wußte von den »Schildkrötenessern auf Inseln im Meer«, die auf grausame Weise Schildkröten fingen und töteten. Die Menschen sind sich durch die Jahrtausende in der Ausbeutung der Natur gleichgeblieben.

Im Mittelalter waren Schildkröten von der Kirche erlaubte Fastenspeise. Noch im 16. Jahrhundert verkaufte man unsere Europäische Sumpfschildkröte körbeweise im Rheinland um Speyer. In Südamerika verspeisten die Indianer mit Genuß die »Schabuti«, die Waldschildkröte. Die Riesenschildkröten dienten auf den Segelschiffen als lebender Proviant. Den Arrauschildkröten (Podocnemis expansa), die Jahr für Jahr ein paar wenige Inseln im Amazonas und Orinoko zur Eiablage aufsuchen, nahmen die Indianer die Eier weg, um sie zu essen oder zu Öl zu verarbeiten. Alexander von Humboldt hat darüber ausführlich berichtet. Der Naturforscher Bates beziffert die jährlich gesammelten Eier auf 48 Millionen. Die Zahl der gleich mitverspeisten Schildkröten ist unbekannt. Auch heute noch sollen Flußschildkröten die wesentlichste Eiweißquelle der Eingeborenen sein (*Carr*)!

Die Nordamerikaner verarbeiten Schnappschildkröten zu Suppen, die nicht nur in den Gaststätten von Philadelphia als Delikatesse gelten.

Die Diamantschildkröte (Malaclemys terrapin) – so genannt wegen der facettenartigen, konzentrisch gefurchten Rückenschilder – aus den brackigen, küstennahen Gewässern, hat im Nordamerika des 18. Jahrhunderts sogar zu einem Sklavenaufstand geführt. Die Neger wurden nur mit dem schwerverdaulichen Schildkrötenfleisch ernährt.

Heute wird diese selten gewordene Schildkröte in Teichen gezüchtet und gilt manchem reichen Amerikaner als Delikatesse. Im Jahre 1920 kostete ein Dutzend Tiere den ansehnlichen Betrag von 90 Dollar, und Schildkröte à la Maryland in feierlicher Zeremonie zu speisen war Statussymbol für Reichtum. So ändern sich die Zeiten.

Am meisten verfolgt der Mensch die Meeresschildkröten. Sie besitzen einen richtigen Panzer. Stromlinienform und vordere Ruderflossen zeichnen sie als gewandte Schwimmer aus.

Hauptnahrungslieferant ist nach wie vor die Suppenschildkröte (Chelonia mydas) in den wärmeren Ozeanen der ganzen Erde.
Die Kolonialisierung des karibischen Raumes wäre ohne die Suppenschildkröte nicht denkbar gewesen, da sie Freund und Feind mit nahrhaftem Proviant versorgte und als hochwertiges Handelsgut reichlichen Gewinn brachte.
Nahrungsmittel ist sie auch heutzutage noch in vielen Teilen der Welt, in Südostasien und auf Inseln des südwestlichen Pazifiks, ebenso an den Küsten Brasiliens.
Es hat sich nicht viel an dem geändert, was der weltreisende Prinz von Wied beschreibt: »Diese Indianer sind die grausamsten Feinde der Schildkröten; sie finden täglich mehrere Tiere dieser Art, die im Begriff sind, ihre Eier zu legen, und töten sie sogleich, da die schweren, langsamen Geschöpfe auf dem Lande ebenso unbehilflich, wie sie im Wasser geschickt sind. Überall geben daher die traurigen, öden, nichts als Sand und nach dem Lande hin nichts als finstere Urwälder zeigende Küsten, die von den tobenden Wellen des Weltmeeres bespült werden, ein Bild der Zerstörung und der Vergänglichkeit allen Lebens.«
Die grausamste Art zu töten, sah Emerson Tennent (nach *Brehm*) auf Märkten Ceylons: »Man sieht hier die gefangenen Schildkröten in unglaublicher Weise quälen. Wahrscheinlich wünschen die Käufer das Fleisch so frisch wie möglich zu erhalten oder wollen sich die Verkäufer besondere Mühe mit dem Schlachten nicht geben; man trennt also einfach den Brustpanzer des lebenden Tieres ab und schneidet dem Kauflustigen das von ihm gewünschte Fleischstück aus dem Leibe des Opfers heraus. Bei der bekannten Lebenszähigkeit der Schildkröten sieht dann der entsetzte Europäer, wie das geschundene Tier die Augen verdreht, das Maul langsam öffnet und schließt und wie das Herz, das gewöhnlich zuletzt gefordert wird, pulsiert.«
Der Bestand der Suppenschildkröten ist gefährdet, läßt man ihnen nicht wenigstens einen Teil ihrer Gelege. Dem Schutz der atlantischen Suppenschildkröten widmet sich die »Caribean Conservation Corporation«, die der Initiative *Carrs* zu verdanken ist. Für keine andere Reptilienart werden so viel Gelder aufgewendet. Allerdings nicht allein um der Tiere willen, sondern um den Menschen einen wichtigen Nahrungsmittellieferanten des Meeres und Spender kulinarischer Gaumenkitzel für Feinschmecker in aller Welt zu erhalten.
Für die Schildkrötensuppe bedarf es der Knorpelsubstanz des Bauchpanzers. Sie wird Calipee oder Schildkrötengallerte genannt und ist der wesentlichste Teil jeder Schildkrötensuppe. Eine ausgewachsene Suppenschildkröte bringt es auf eineinhalb Meter Panzerlänge und 250 Kilo Gewicht. Schon von einer, die 150 Kilo schwer ist, lassen sich annähernd drei Kilo getrocknetes Calipee gewinnen. Calipee liefern auch die drei anderen Arten der Meeresschildkröten: die Bastardschildkröte (Lepidochelis olivacea), die Echte Ka-

rettschildkröte (Eretmochelis imbricata) und die Unechte Karettschildkröte (Caretta caretta). Sie werden ebenso, wenn auch nicht mit dem gleichen Erfolg gejagt. Auch der beste Koch vermag nicht zu unterscheiden, von welcher Schildkrötenart das Calipee stammt, und für den Feinschmecker ist es immer »Schildkrötensuppe«.

Die Karettschildkröte

Der Karettschildkröte hat der Mensch wegen des Schildpatts unerbittlich nachgestellt. Ihre hell-durchsichtigen, dunkel geflammten Hornschilder lösen sich nur unter Hitzeeinwirkung. So hängt man die beklagenswerten Tiere über ein Feuer oder übergießt sie mit kochendem Wasser. Nach dieser Prozedur entläßt man sie ins Meer, damit sie von neuem Schildpatt bilden, überantwortet jedoch viele einem gnadenlosen Tod.

Zugegeben: Aus Schildpatt lassen sich die schönsten Dinge fertigen. Plinius bezichtigt den »verschwenderischen und prunksüchtigen« Carvius Pollio, er sei der erste gewesen, der Schildpatt als Schmuck verwendete. Er irrt. Schon zweitausend Jahre vor Christus ließen es indische Fürsten zu Kästchen verarbeiten.

Heutzutage stellt man Kämme, Kästchen und Dosen zumeist aus Kunststoff her. Technisch angewandte Chemie hat die Karettschildkröte vor der Ausrottung bewahrt.

Die Wanderungen der Meeresschildkröten

Den Meeresschildkröten wird ihre Treue zu den angestammten Plätzen ihrer Eiablage zum Verhängnis. Nicht zu Unrecht sagt man: Eine Meeresschildkröte kehrt immer wieder dorthin zurück, wo sie geboren wurde.

Die Wanderungen der Meeresschildkröten sind ein einzigartiges Naturphänomen, vergleichbar mit den Flügen der Zugvögel und den Wanderungen der Lachse.

In der Regel finden sich alle drei Jahre immer wieder dieselben Suppenschildkröten aus der Weite des Meeres zu Gruppen zusammen und schwimmen oft Tausende von Kilometern zu ihren Nistplätzen. Die Weibchen kriechen unbeholfen an den Strand, um ihre Eier in Gruben abzulegen. Die Männchen warten im Meer und paaren sich mit zurückkehrenden Weibchen, die daraufhin zur erneuten Eiablage an den Strand eilen. Mit drei, manchmal bis zu sechs Gelegen machen sie so den Ausfall zweier Fortpflanzungsperioden wett.

Altangestammte Nisstrände der Meeresschildkröten des Indischen und des Pazifischen Ozeans liegen an den Stränden der Inseln westlich von Ceylon bis zum Norden Australiens. Den Suppenschildkröten bieten die Strände der kleinen Talang-Talang-Inseln im Nordwesten von Borneo von jeher begehrte Nistplätze. Im Jahre 1937 erlebte Banks dort Einmaliges: »Es bietet einen erregenden Anblick, im Mondschein zu beobachten, wie die 400 Pfund schweren Kolosse, schwarz und glänzend wie manche Nacktschnecken, zur Flutzeit in Scharen aus dem Meer steigen und sich langsam den Strand hinaufquälen, um ihre Eier oberhalb der Gezeitengrenze abzulegen.« Allein die

Zahl der auf den Talang-Talang-Inseln gesammelten Eier erreichte astronomische Höhen. Im Jahr 1934 sollen es (nach *Schmidt-Inger*) 1 790 370 gewesen sein.
Die legebereiten atlantischen Bastardschildkröten versammeln sich sämtlich an der Küste von Rancho Nuevo im mexikanischen Staat Tamaulipas. Die Mexikaner nennen sie »Arribadas«. Innerhalb von sechs Stunden legen hier an die 10 000 Weibchen (nach *Carr*) ihre Eier auf einer Länge von einer Meile. 40 000 kommen an einem Tag an und bieten ein Naturschauspiel, das seinesgleichen sucht.
Die Suppenschildkröten aus dem Golf von Mexiko, der Karibik und dem angrenzenden Atlantik zieht es an den Strand bei Tortuguero in Costa Rica. Schildkröten wurden mit Etiketten, neuerdings mit kleinen Sendern, an den Flossen versehen, um ihre Wanderungen zu erforschen. Das Ergebnis ist erstaunlich: Die Schildkröten wandern über Entfernungen bis zu 3 200 Kilometer, sie kämpfen sich durch Meeresströmungen, spotten aller Gefahren ihres langen Reiseweges, nichts bringt sie von ihrem Kurs ab.
Die Suppenschildkröten der brasilianischen Küste schwimmen bis zu 2 200 Kilometer zu der kleinen, verlorenen Insel Ascension im Südatlantik, mitten zwischen Afrika und Südamerika.

Der Orientierungssinn der Meeresschildkröten

Die Schildkröten leben einzeln im Meer. Wie sich jedes dritte Jahr immer wieder dieselben zu einer Gruppe zusammenfinden und welche biologische Uhr ihnen den genauen Beginn der Wanderschaft zu den Niststränden eingibt, wissen wir nicht. Über ihre Sinnesleistungen, sich über Tausende von Kilometern im Meer zurechtzufinden, sind lediglich Vermutungen erlaubt.
Zugvögel sollen weite Entfernungen mit »Himmelsnavigation«, also nach dem Stand der Sonne und der Sterne, überbrücken. Brieftauben lieferten einem deutschen Forscher neuerdings Anhaltspunkte dafür, daß sie sich an dem Magnetfeld der Erde orientieren. Lachse sollen sich ebenfalls der Himmelsnavigation bedienen, um den Weg aus der Weite des Meeres an die Küste zu finden, wo sie nach dem Geruch des Flusses suchen, an dem ihre Wiege stand.
Die Vögel können wenigstens auf die Erde sehen und erkennen, wo etwa ein Gewässer zum Ausruhen liegt. Die Fische und Meeresschildkröten, und das gilt zum Teil auch für Seeschlangen, haben »nichts« als eintöniges Meer zu durchqueren.
Verschiedene Forscher meinen, das Meer sei so eintönig für die Schildkröten wiederum nicht. Von der Insel Ascension gehe eine Art chemischer Spur aus, die der Südäquatorialstrom an Brasiliens Küste zu den Suppenschildkröten trage. Dieser Geruchsspur folgten sie. Doch der Südäquatorialstrom ist über 1 600 Kilometer breit, reicht bis in 60 Meter Tiefe, und seine Wassertemperatur schwankt um eine mittlere Isotherme von 25 bis 26 Grad.
Die Schildkröten müssen demnach noch andere Orientierungshilfen haben. Vielleicht bedienen sie sich der Himmelsnavigation und erkennen ihre Rich-

tung an dem polarisierten Himmelslicht. Und bei schlechtem Wetter? Könnte nicht auch ihnen ein Biomagnetismus zu eigen sein, ein eingebauter »Magnetkompaß«? Brieftauben mit einem kleinen Stabmagneten am Hals irren hilflos umher. Versuche bei Meeresschildkröten stehen aus.

Der Drang der Schildkrötenbabys zum Meer

Nicht nur der Mensch beraubt die Schildkröten ihrer Jungen. Aus dem Ei geschlüpft, graben sie sich im Sand bis dicht unter die Oberfläche und warten zumeist auf die Dunkelheit. Dann brechen sie hervor und rennen um ihr Leben zum Meer, um den Raubvögeln, Waranen und anderen Feinden zu entgehen. Sie sehen das Meer nicht und finden es trotzdem auf dem kürzesten Wege. Auch hier gab es verschiedene Vermutungen über den Orientierungssinn der froschgroßen Schildkrötenbabys: der Meeresgeruch ziehe sie an, ihr Gefühl für die tiefste Stelle, das Meer, leite sie, das grüne oder blaue Licht des Meeres oder der ungegliederte Horizont über ihm weise ihnen den Weg.

Mit bedeckten Augen irren die Babys umher. Sie bedürfen also ihrer Sehkraft. Doch sie finden den Weg ebenso, versperren ihnen hohe Dünen die unmittelbare Sicht. Mit dem Schein einer Taschenlampe, der über den Sand glitzert, lassen sie sich in die Irre führen. Sie eilen zur jeweils hellsten Lichtquelle. Es ist wohl die etwas größere Helligkeit über dem Meer, die sie ihr rettendes Element so schnell finden läßt.

Bei den Suppenschildkröten dürfte allerdings auch noch eine Art Himmelsnavigation mitspielen, wie wir sie vom Strandfloh, einem kleinen garnelenartigen Krustentier, kennen. Ein Strandfloh, an der Ostküste der Adria, etwa bei Riccione, läuft stets nach Osten ins Meer. Bringt man ihn an die Westküste Italiens, etwa nach Livorno, eilt er nicht nach Westen ins Meer, sondern nach Osten in sein Verderben. Er folgt, wie die Bienen, dem Muster des polarisierten Himmelslichtes.

Vieles im Leben der Meeresschildkröten ist in Dunkel gehüllt, und ob und wann wir je etwas Genaueres wissen werden, steht dahin. Den Menschen beeindruckt sein Nichtwissen wenig, er verfolgt die Wunder der Natur bis zur Ausrottung, solange er Nutzen aus ihnen ziehen kann.

Begegnung im Meer

Eine faszinierende Begegnung mit einer Meeresschildkröte verdanke ich dem Indischen Ozean. Ich tauchte am Rande des Korallenriffs des Meeresschutzgebietes Watamu südlich von Malindi in Kenia. Vereinzelt schwammen einige Hochseefische, Kole-Kole und Barrakudas.

Da gewahrte ich im diffusen grünen Licht die Silhouette einer Meeresschildkröte. Sie kam von oben, schwebte auf mich zu, drehte ab und strebte mit kraftvoll und doch harmonischen Ruderschlägen ihrer Vorderflossen in die dunkle Tiefe des Meeres. Es war, als flöge sie durch das Wasser, majestätisch und elegant zugleich, wie ein Adler in der Luft. So bezaubernd war ihr Anblick: ich vergaß, auf ihre Artzugehörigkeit zu achten. Doch kommt es darauf an, angesichts solchen Erlebens!

Noch vor Einsetzen der Flut brachte uns das Boot an Land. Ich stieg aus und sah einen Wegweiser: »Turtle Bay«, Schildkrötenbucht.

Vierzehntes Kapitel

Gift zum Töten – Gift zum Heilen

Dem Tode nahe

In Kandy auf Ceylon hatte ich mich mit einem Arzt beim Skat angefreundet. Eines Abends platzte ein Junge, gestikulierend und fremdartige Worte stammelnd, in unsere Runde.

Ob ich mitkommen wolle, fragte mich der Arzt, den Vater des Jungen habe eine Kobra gebissen und es stehe schlecht um ihn. Das ließ ich mir nicht zweimal sagen.

Der Arzt mußte noch eine Instrumententasche holen, und wir fuhren am heiligen Kandysee entlang auf der Straße Dalada Vidiva, kamen am »Dalada Maligawa«, dem Tempel mit der heiligen Reliquie des linken oberen Eckzahns Buddhas, vorbei und dann an den zwei steinernen Elefanten, die die Brücke bewachen. Dann bogen wir in Richtung Norden zum Postamt und zum Rathaus ab und fuhren bis zum Elefantenbadeplatz, überquerten den Mahaweli Ganga, der Kandy an drei Seiten – nur nicht im Süden – umfließt, und kamen nach kurzer Fahrt auf der Straße nach Kurunegala zu einer rechteckigen weißgeschlämmten Hütte mit je einem Fenster neben der Haustür, und das alles unter einem Schilfdach.

Der Gebissene lag als zitterndes Bündel Elend auf einer Pritsche. Er triefte vor Schweiß, sprach abgehackt, rang nach Atem: Symptome eines Kobrabisses.

Der Arzt maß den Blutdruck, der niedrig genug war (systolisch 105, diastolisch 60), und fühlte den ganz schwachen, stark beschleunigten Puls.

Vor gut einer Stunde habe ihr Mann barfuß zu einem Freund gewollt und sei auf dem Wiesenpfad von der Schlange in die rechte Fußspanne gebissen worden, erklärte seine Frau. Sei er noch zu retten? Auch ihren Bruder habe eine Kobra auf dem Gewissen.

Ob ihr Mann die Schlange gesehen habe, wollte der Arzt wissen. Bei der Dunkelheit nicht so genau, alles ging so schnell, und im Handumdrehen sei die Kobra im Gras verschwunden gewesen.

Wir besahen den Fußspann: Keine zwei kräftigen Einstichpunkte nebeneinander, sondern zwei parallele Reihen kleiner Einstiche mit je einem winzigen Tropfen eingetrockneten Blutes. Das war nicht das Bißdiagramm einer Kobra, sondern ohne Zweifel das einer ungiftigen Schlange (einer Aglyphe), vielleicht einer Rattenschlange (Ptyas), die hier häufig vorkommt und der Kobra ähnelt.

Was sich jetzt abspielte, werde ich mein Leben lang nicht vergessen. Ich verstand nicht, wie der Arzt den Gebissenen über seinen Irrtum aufklärte, sah jedoch dessen grenzenloses Erstaunen, sah, wie sich der Körper straffte, wie der Mensch wieder Mut faßte. »Steh auf! Nur deine Einbildung, von einer Kobra gebissen worden zu sein, hat dich krank gemacht!« So oder so ähnlich hat er zu dem Manne gesagt.

Der wischte sich den Schweiß von der Stirn. Sein Brustkorb begann sich regelmäßig zu heben und zu senken. Nach fünf Minuten stand er geheilt auf und verlangte nach Essen und Trinken.

Macht der Einbildung

Nur seine Einbildung hatte die Symptome eines Kobrabisses, ganz so, wie er sie schon des öfteren gesehen hatte, hervorgebracht. Er wäre vielleicht gestorben, hätte der Arzt ihn nicht von seiner Autosuggestion befreit.

»Es ist der Geist, der sich den Körper baut«, sagt Schiller, und man kann hinzufügen: »und ihn auch zerstört«. Bei Frauen oder auch Tieren, die sich eine Scheinschwangerschaft einbilden, zeigen sich alle äußeren Anzeichen einer Schwangerschaft. Und in Tiefkühlwaggons oder Tiefkühlräume versehentlich Eingeschlossene sind schon erfroren, obgleich die Kühlaggregate gar nicht eingeschaltet waren.

Was ich erlebt habe, sei durchaus kein Ausnahmefall. Auf Ceylon und in Indien beruhten etwa 30 Prozent aller Todesfälle, so schätze man, auf der Einbildung, von einer giftigen Schlange gebissen und dem Tod geweiht zu sein, und gingen auf keinen tatsächlichen Giftbiß zurück. Je »primitiver« eine Bevölkerung, um so höher liege diese Quote. So erklärte mir der Arzt.

Die Macht afrikanischer Medizinmänner

Dies entspricht auch meinen Erfahrungen in Afrika. Bei Negerstämmen, bei denen der Medizinmann noch absolute Autorität besitzt, genügt zuweilen sein »Todesfluch«, und der Ausgestoßene ist binnen drei Tagen tot.

Vermögen aber umgekehrt die Zaubersprüche und Zaubermittel eines solchen Medizinmannes einen Giftbiß zu heilen? Die Mittel selbst scheinen mir objektiv untauglich zu sein. Von einem Medizinmann unweit von Malindi in Kenia erstand ich ein Stück seines Wundermittels, ein einfaches Wurzelholz. Abgeschabte Späne auf die Einbißstelle gelegt und eingenommen, heilten selbst einen Mambabiß, versicherte der Medizinmann. Ich lieh mir von einer Schlangenfarm eine Schwarze Mamba aus und trug sie zu ihm, damit er sich nach dem Biß mit seinem Wundermittel heile. Aber auch mit viel Geld war er dazu nicht zu bewegen. Draußen spielte ein Junge, dem sein Arm amputiert war: Schlangenbiß! Der Chirurg schien offensichtlich mehr Vertrauen zu seiner als des Medizinmannes Kunst zu haben.

Als ich über einen Erdhügel neben seinem Hause ging oder, besser gesagt, stolperte, lamentierte der Medizinmann, ich hätte die Ruhe seiner hier begrabenen Eltern gestört und deren Fluch werde Schlangen herbeilocken und einzig seinem Mittel würde ich mein Leben verdanken. Doch in Afrika biß mich keine Giftschlange, und so war ich eines Ausprobierens des Wurzelholzes enthoben. Ich ließ es in Deutschland analysieren. Es ergaben sich keinerlei Anhaltspunkte für eine Schlangengift neutralisierende Wirkung.

Und dennoch berichten Eingeborene immer wieder von den Zauber- und Heilkünsten ihrer Medizinmänner. Ich bin dem nachgegangen. Deren »Künste« sind leicht durchschaubar. Erkennt der Medizinmann, daß eine ungiftige Schlange am Werke war, malt er des Gebissenen Tod in düstersten Farben. Die Wirkung seines Zaubermittels grenzt dann ans Phänomenale, erhöht seinen Nimbus und vergrößert die Suggestionskraft, die er ausstrahlt. Probierte eine Giftschlange ihre Zähne an einem Stammesangehörigen aus und erachtet der Medizinmann den Tod als unabwendbar, bezeugt ihm ein Orakel, daß böse Geister am Werke waren. Sie vom Dorf fernzuhalten ist dann seine verdienstvollste Aufgabe, doch eines ist nicht auszuschließen: Die suggestive Ausstrahlung des Medizinmannes vermag die Kräfte eines Gebissenen zu mobilisieren und damit zur Heilung beizutragen, so, wie bei uns manche Pille mehr (oder ausschließlich!) durch den Glauben an ihre Wirksamkeit als durch ihren Chemismus wirkt. Auch den »Wundermitteln« eines Medizinmannes kann ein solcher »Placeboeffekt« zukommen, aber doch keinesfalls bei stark wirksamen Schlangengiften.

Brasilianische »Schlangendoktoren«

Die Behandlung eines gefährlichen Schlangenbisses, die mir zu denken gibt und vielleicht auch dem Rätsel des »Grauen Pulvers« näherkommt, mit dem der Chinese in Hongkong den Kobrabiß ohne Komplikationen überstand, erlebte ich im brasilianischen Staate Bahia, 13 Breitengrade unter dem Äquator, etwa in der Mitte zwischen der Hauptstadt Salvador und dem Flughafen.

Die Straße verläuft längs der flachen Atlantikküste, deren monotoner Wellenschlag mit dem Rauschen des Windes in den Wedeln der Palmen auf schlanken Stämmen zusammenklingt. Westwärts, etwas abseits vom Strand, versteckt sich ein Dorf im aufschwellenden Grün, wie es nur die Tropen hervorzaubern.

Nachts erklingen hier die aufpeitschenden Rhythmen des Macumba-Kultes, der in Ekstase führt und Geister beschwört, bis ein Geist in einen Ausübenden fährt. Aufschreiend und unter Zuckungen bricht er im Trancezustand zusammen, wird aus dem Kreis der anderen getragen, um ihm den Geist auszutreiben und ihn dem Leben wiederzugeben, was nicht immer gelingt. Ich sah dabei nicht nur Schwarze, Indios und Mischlinge, sondern auch viele »gläubige« Weiße, alles Katholiken. Die Kirche duldet angeblich Macumba. Was bleibt ihr bei dieser Bevölkerung auch anderes übrig?

Am hellichten Tage erlebte ich hier etwas ganz anderes und war nicht minder beeindruckt. Eine hier häufige »Caissaca« (die Lanzenotter Bothrops atrox) hatte eine alte Negerin in den linken Fuß gebissen. Der einheimische »Schlangendoktor« erweiterte die Einbißstelle mit einem Kreuzschnitt und saugte soviel wie möglich an mit Gift durchtränktem Blut heraus. Rund um die Wunde färbte sich das Fleisch bereits schwarz.

Das Gift dieser Bothropsart macht die Blutgefäße durchlässig. Das Blut durchdringt die Gewebe. Nach etwa einer Viertelstunde verliert es seine Gerinnungsfähigkeit, und der Mensch blutet innerlich aus. Ohne Serum verläuft daher ein solcher Biß in aller Regel tödlich.

Der Schlangendoktor zerstampfte Blätter und Wurzeln der »Aristolochia serpentaria«, die bei uns in manchen Apotheken als »Virginische Schlangenwurzel« geführt wird. Er preßte den Brei in die Wunde und gab der Frau einen teeartigen Auszug.

Ich hatte keine Zeit, länger zu bleiben. Der Zustand der Negerin schien sich eher zu bessern als zu verschlechtern. Nach einer Woche sah ich nach ihr, als ich zum Flugplatz fuhr. Sie war wohlauf. Die beinahe verheilte Wunde hatte sich tiefviolett gefärbt.

Jeder Mensch reagiert anders auf das Gift der Lanzenotter, und womöglich wäre die Frau auch ohne die »Pflanzentherapie« durchgekommen, doch hätte die Heilung gewiß länger gedauert.

Je mehr man sich in Brasilien dem Äquator nähert, um so mehr vertraut die Bevölkerung auf heilkräftige Pflanzen, wenn kein Serum zur Hand ist. Authentisches Material war mir nicht zugänglich.

Pflanzliche Mittel gegen Schlangenbiß?

Jeder westliche Wissenschaftler erkennt an, daß etwa die Indios der Amazonasurwälder aus Pflanzen hochwirksame Gifte – man denke etwa an Curare – herzustellen vermögen. Aber schon bei einer Andeutung, sie könnten auch pflanzliche Gegenmittel gegen Schlangenbisse haben, gerät man in die Nähe der »Schlangendoktoren«, die in den Augen westlicher Ärzte Scharlatane sind. Nach Meinung vieler Brasilianer, besonders Neger und Indios, soll es sich allerdings gerade umgekehrt verhalten.

Ich werde das Odium, mit einem »Scharlatan« von brasilianischem Schlangendoktor auf eine Stufe gestellt zu werden, auf mich nehmen. Das botanische Wissen der »Schlangendoktoren« scheint ungleich höher zu sein als das der meisten Ärzte. Und die Homöopathie, die Pflanzen verwendet, übertreibt nach einer anderen Seite. Homöopathen verdünnen ihre Mittel und geben den Verdünnungsgrad in der Dezimalpotenz »D« an: D 1 bedeutet die 10fache, D 2 die 100fache, D 3 die 1000fache Verdünnung des Mittels und so fort. Blei hilft angeblich bei Netzhautentzündung in der Verdünnung D 30, also in der 1 000 000 000 000 000 000 000 000 000 000fachen, zusammen mit Phosphor D 6, wobei nur noch ein Millionstel davon enthalten ist. Sowohl Blei und zumeist auch Phosphor sind in weit größerer Konzentration in unserer Atemluft, deren Gifte wir »kostenlos« geliefert bekommen. Bei chronischem Durchfall gibt der Homöopath neben Acidum phosphoricum D 3 Schwefel D 30, obgleich der Schwefel in den Schwefelverbindungen in der

Luft ein Vielfaches beträgt. Starkes Herzklopfen beseitigt Aconitum D 6, und es wäre besser, sogleich den Geruch einer Eisenhutpflanze im Garten einzuatmen.

Will man es mir verargen, wenn ich die Pflanzenkenntnis der Indianer und der brasilianischen Schlangendoktoren ernster nehme!

Heilende Kräfte oder zumindest positive Wirkungen werden folgenden Pflanzen bei Klapperschlangen- oder Lanzenotternbissen zugeschrieben, wobei ich zum Teil der älteren amerikanischen Nomenklatur folge: Aristolochia serpentaria und anderen Aristolochien, Dracontium dubium, Echinacea angustifolia und serotina, Byrsonima crassifolia, Quebitea guianensis, Mikania huaco, Moreila spez., Prenanthes serpentaria, Eryngium aquaticum, Argemone mexicana und in manchen Gegenden noch Polygala senega und purpurea.

Die Heilkräfte der Aristolochien

So unsinnig ist nicht, was Indianer und »Schlangendoktoren« von den Heilkräften der Pflanzen bei Schlangenbissen halten. Ich möchte es am Beispiel der Aristolochien, der Osterluzeigewächse, aufzeigen.

Die Heilwirkung unserer Osterluzei (Aristolochia clematitis) – sie stammt aus dem Mittelmeerraum – war schon im Altertum den alten Ägyptern und Griechen als Mittel gegen Eiterungen, schlecht heilende Wunden, Ausflüsse nach der Geburt und Schlangengift wohl bekannt. Das besagt auch ihr aus »aristos« (sehr gut) und »locheia« (Geburt) zusammengesetzter Gattungsname. Ihre entzündungshemmenden und die Wundheilung beschleunigenden Eigenschaften sind heute medizinisch unbestritten, nur wußte man, wie bei so vielen anderen Heilpflanzen, nichts über den effektiven Heilstoff. Möse, Leiter des Hygiene-Instituts der Universität Graz, erkannte in der Aristolochiasäure, deren chemische Struktur inzwischen auch geklärt ist, den wirksamen Stoff.

Schon geringe Mengen dieser Säure verstärken die Tätigkeit der weißen Blutkörperchen (Leukozyten) als »Gesundheitspolizei« unseres Körpers erheblich, wehren Infekte ab und erhöhen die bakterienhemmende Wirkung des Blutserums beträchtlich.

Überdies, und das ist besonders wichtig, vermehrt die Aristolochiasäure die Anzahl der weißen Blutkörperchen.

Da gerade das Gift der Vipern (Ottern) und Grubenottern Bestandteile enthalten, die die weißen Blutkörperchen zerstören (sogenannte Zytolysine) und Körpergewebe angreifen, erscheint mir bereits der »Aberglaube« der alten Ägypter und Griechen in einem anderen Licht.

Die nahe deutsche Verwandte der Aristolochia, die Haselwurz (Asarum), hat bereits Karl der Große anbauen lassen, um sie als Brechmittel zu verwenden, wenn es galt, dem menschlichen Körper schnell Gift zu entziehen. Zur Zeit der Giftmorde wird man schon gewußt haben, was man tat.

Die Heilwirkungen der Virginischen Schlangenwurzel (Aristolochia serpentaria), die der brasilianische »Schlangendoktor« bei der Negerin anwandte, hat unsere Medizin als granulationsfördernd und gewebeaufbauend anerkannt. Es liegt nahe, daß diese Pflanze – und warum sollte es nicht so sein – Aristolochiasäure, und das möglicherweise in weit höherer Konzentration, enthält. Dann wäre gerade sie ein geeignetes Mittel, den Giftwirkungen der Lanzenottern wirksam zu begegnen.

Alte Schriften bezeugen den Glauben der Schlangenbeschwörer Asiens an die giftneutralisierende Wirkung der asiatischen Aristolochien. Könnte sich die Rettung des von der Kobra in Hongkong gebissenen Chinesen durch das »Graue Pulver« nicht zum Teil auch von daher erklären lassen? Dabei möchte ich keineswegs verkennen, daß das Kobragift vornehmlich auf die Nerven (neurotoxisch) wirkt.

Wie dem auch sei, unsere Wissenschaft hätte Grund genug, sich mit den Heilwirkungen der genannten Pflanzen bei Schlangenbissen zu beschäftigen, zumal *Mitsch* behauptet, es gäbe in Südamerika bereits einen Pflanzenextrakt, der, injiziert, dem Schlangengiftserum in der Wirkung kaum nachstehe.

Der Nutzen des Giftes für die Schlange

Die Schlangen benötigen das, was wir als Gift bezeichnen, weil es uns und manchem anderen tierischen Organismus schadet, in erster Linie zur Verdauung. Es ist für sie ein Verdauungsferment. Gerade in den Tropen sind Schlangen auf eine schnelle Verdauung ihrer unzerkleinerten Beute angewiesen. In Versuchen hat sich bestätigt: *Mit* Gift wird das Beutetier in zwei bis drei Tagen, *ohne* in zwei bis drei Wochen verdaut.

Der Giftbiß ist weiterhin Jagd- und Verteidigungswaffe der Schlangen. Wir sollten bedenken, daß wir es zumeist selbst in der Hand haben, ob uns eine Schlange als Feind ansieht oder nicht. Auf ihrem Speisezettel stehen wir jedenfalls nicht. Sie beißt nur einen Menschen, der sie erschreckt oder von dem sie sich angegriffen fühlt. Sich ihres Lebens zu erwehren wird man ihr, wie auch anderen Tieren, zuzubilligen haben, so unliebsam es für einen Betroffenen auch sein mag.

Deshalb sollten sich Tierfreunde nicht – wie etwa *Brehm* im vorigen Jahrhundert – die Auffassung Vergils zu eigen machen: »Nur frisch zu Steinen und Knütteln gegriffen und wacker losgeschlagen auf das Gezücht, wie es auch drohend sich hebe und mit schwellendem Halse zische.«

In den zweitausend Jahren, die seit Vergil vergangen sind, sollten wir etwas dazugelernt haben.

In einem der schönsten aller botanischen Gärten der Welt, dem »Peradeiya«, sechs Kilometer westlich von Kandy auf Ceylon, im Jahre 1371 als Lustgarten angelegt und 1821 von den Briten mustergültig umgestaltet, stehen noch aus der britischen Kolonialzeit Tafeln. Sie fordern auf, jede Schlange, gleich ob giftig oder nicht, wo immer sie anzutreffen, sofort zu erschlagen.

Sich auf den Schutz ihrer bedrohten Tierwelt zu besinnen, zumindest was die ungiftigen Schlangen angeht, blieb den Ceylonesen in den dreißig Jahren ihrer Freiheit als Dominion versagt.

Das Schlangengift

Schlangengifte sind starke Toxine. »Melkt« man eine Schlange, tröpfelt eine farblose bis gelbliche amorphe Flüssigkeit ins Glas. Im Exsiccator oder über einem hygroskopischen Mittel wie Phosphorpentoxyd getrocknet, bleibt ein Zehntel davon als haltbare Trockensubstanz übrig.
Chemisch erweisen sich die Schlangengifte zum großen Teil als ein Gemisch biologisch hochwirksamer Polypeptide von meist 60 bis 70 Aminosäureresten mit gefalteten Peptidketten, die Cystinbrücken verknüpfen. Ferner sind ebenfalls giftig wirkende Enzyme (wie etwa Proteinasen, Phospholipasen, Exo- und Endopeptidasen u. a.) enthalten, die den Blutdruck senken, die Blutgerinnung stören oder Blutgefäße und Gewebe zerstören.
Gerade die Peptide zeichnen sich durch ganz unerwartete biologische Wirkungen aus, einmal als höchst toxisch, wie im Schlangengift, zum anderen als lebensnotwendige Hormone. (Der Nobelpreis für Medizin des Jahres 1977 ging an drei amerikanische Peptidforscher.)
Mit Hilfe moderner chromatographischer Verfahren gelingt es, die einzelnen Komponenten eines Schlangengiftes voneinander zu trennen. Anschließend wird die biologische Aktivität bestimmt und dann die Struktur geklärt. Über 40 Schlangengifte sind derzeit in ihrer Primärstruktur erforscht.

Wirkungen der Schlangengifte

Ihrer verschiedenartigen Wirkung nach lassen sich folgende Bestandteile in den Schlangengiften unterscheiden:
Bei den Vipern (Viperidae) und den Grubenottern (Crotalidae) solche, die eine Gerinnung des Blutes in den Gefäßen herbeiführen (Thrombine); die die Wandschicht der Blutgefäße durchlässig machen oder ganz zerstören (Hämorrhagien); und schließlich solche, die die weißen Blutkörperchen und Körpergewebe zerstören (Zytolosine). Bei den Giftnattern (Elapidae) und den Seeschlangen (Hydrophiidae) herrschen Nervengifte (Neurotoxine) vor, die auf Gehirn- und Rückenmarksganglien, auf die Nerven der Atemmuskulatur und der quergestreiften Muskulatur einwirken und zumeist zu einer irreversiblen neuromuskulären Blockade führen. Ferner sind Gifte zu verzeichnen, die die roten Blutkörperchen auflösen und das Gerinnen des Blutes verlangsamen oder ganz aufheben (Hämolysine).
Bei manchen Schlangen sind die genannten Giftbestandteile beider Gruppen gemischt anzutreffen. Es finden sich auch, wie schon angedeutet, Gifte, die – wahrscheinlich durch Freisetzen von Histaminen (Gewebshormonen) – den Blutdruck bis zum Kreislaufkollaps senken oder durch diffuse Blutungen in Herzmuskeln oder auf andere Art und Weise zum Herzversagen führen (Cardiotoxine).
Nicht alle Menschen reagieren gleich stark auf Schlangengifte. Am günstigsten ist es, geht der Giftbiß in Muskel- oder Fettgewebe. Zum Schlimmsten steht es, werden große Blutgefäße wie eine Aorta oder Vene getroffen. Der Tod kann binnen weniger Minuten trotz Seruminjektion eintreten. Der Biß einer Kobra in die Zunge endet nach 50 Sekunden mit dem Tod.

Hilfreiches Schlangengift

Die Erforschung des Schlangengiftes werten manche lediglich als Befriedigung menschlichen Wissensdurstes so wie andere wissenschaftliche Grundlagenforschung auch. Doch gibt es kaum ein Forschungsgebiet, das so reiche Früchte getragen hat. Ganz abgesehen von der Entwicklung der Sera gegen Schlangengifte waren die Forschungen äußerst hilfreich in der Biochemie, der Neurophysiologie und der Phylogenie als der Wissenschaft von der stammesgeschichtlichen Entwicklung der Lebewesen. Dabei lassen sich auch eine Evolution der Schlangengifte und der Giftschlangen nachweisen und aufschlußreiche Aspekte für die Systematik der Schlangen gewinnen.

Schlangengift als Medizin

Viel zuwenig ist bekannt, welch segensreichen Arzneimittelschatz die Menschheit den Giftschlangen verdankt.

Auch der Weg vom Gift bis zum Heilmittel war nicht frei von abergläubischem Heilzauber und nicht unbeeinflußt von mystischer und religiöser Verbrämung.

Der berühmte Leibarzt des Kaisers Augustus, Antonius Musa, verordnete Vipern (Ottern) zu Heilzwecken, und jede neue Ärztegeneration folgte bis weit hinein ins Mittelalter seinem Beispiel: Vipern gebraten, gesotten, gekocht, pulverisiert oder in Alkohol ausgezogen waren »gut« gegen Lähmung, Schlagfluß, Zahnfäule, Fieber jeder Art, Epilepsie und sogar gegen die Pokken. Otternfett half bei Schwindsucht, Quetschungen, Prellungen und Augenkrankheiten und wurde von eitlen Frauen auf das Gesicht aufgetragen, um die Haut zu glätten.

Der Bedarf an Vipern konnte in Europa allein nicht mehr gedeckt werden, und Importe aus Nordafrika setzten ein. Wer Schlangen nicht mag, wird diesem Aberglauben zugute halten, er habe nicht nur die Kassen der Apotheker gefüllt, sondern auch für eine Dezimierung der Vipern gesorgt.

Erst unsere Zeit erkannte die Bedeutung der Schlangengifte zu Heilzwecken.

Im Jahre 1908 machte der amerikanische Arzt Self eine seltsame Beobachtung. Einer seiner Patienten litt seit über zehn Jahren an Epilepsie. Er wurde von einer Klapperschlange gebissen, überlebte und war ab sofort von der Epilepsie geheilt.

Das gab einen Anstoß für die Erforschung der Schlangengifte zu Heilzwekken. Folgender Denkansatz, der auf Paracelsus zurückgeht, erwies sich als fruchtbar: So, wie etwa das Gift des Fingerhuts (Digitalis) in großer Dosis durch Herzlähmung tötet, wohldosiert jedoch ein unentbehrliches Heilmittel für Herzkranke ist, könnte es ähnlich auch mit Schlangengiften sein. Und so ist es auch. Man macht sich – vereinfacht ausgedrückt – die so verschiedenartigen Wirkungen der Schlangengifte auf Nerven, Blut, Gewebe und Herz medizinisch nutzbar.

Um dies zu verdeutlichen, möchte ich einige Medikamente mit Schlangengiften vorstellen. Die erforderliche Auswahl bedeutet kein Urteil über die Güte nichtgenannter Präparate. Und mit der Nennung nur westdeutscher Medikamente möchte ich keineswegs den Eindruck erwecken, sie seien die einzigen oder besten in der Welt. In manchen anderen Ländern sind ebenso gute, wenn nicht bessere auf dem Markt.

Medikamente aus Schlangengift

Von der Erkenntnis des amerikanischen Arztes Self und anderer ausgehend, wurde *»Epileptasid«* als Injektionslösung entwickelt. 1 ml enthält 20 M.E. Toxin der Waldklapperschlange (Crotalus horridus), der Linné höchstpersönlich ihren Namen gab. Es ist ein bewährtes Mittel gegen traumatische und genuine Epilepsie und hilft bei starken Migräneanfällen.

»Vipericin-forte-Salbe« und *»Vipericin Liniment«* enthalten Gifte der Hornviper (Cerastes cerastes), der »Seitenwinderin«, die wir im Saharasand fingen, des legendären Buschmeisters (Lachesis mutus), einer Schlange mit dem »sechsten Sinn«, und schließlich unserer Kreuzotter (Vipera berus). Auf 100 Gramm entfallen 0,6 Gramm Trockensubstanz Gift. Es hilft bei rheumatischen Beschwerden und peripheren Durchblutungsstörungen, bei Neuralgien selbst schwerer Art ebenso wie bei Myalgien, Neuritiden und Teudoraginitis.

In der Homöopathie wird einem Mittel gegen Netzhautentzündung *»Lachesis D 12«* beigegeben. Ich kann mir nicht vorstellen, daß Schlangengift 1 000 000 000 000fach verdünnt irgendeine Wirkung hervorbringt.

Bei rheumatischen und neuralgischen Beschwerden, aber auch bei Prellungen und Quetschungen bewährt sich das Gift der Horn- oder Sandotter (Vipera ammodytes) in der Emulsion *»Viperacutan«* (125 M.E. Toxin auf 100 Gramm). Ich benütze es mit bestem Erfolg auch bei Massagen.

Die Injektionslösung *»Viprasid«* baut ebenfalls auf dem Gift der Horn- oder Sandotter auf. 1 ml enthält 20 M.E. Toxin. Sie hat besonders überzeugende Heilerfolge bei Rheuma, Neuralgien, schwerer Arthritis und Gelenkentzündung, Myalgien und in der Umstimmungstherapie aufzuweisen.

Kobragift anästhetisiert. Calmette hat dies als erster im Selbstversuch nachgewiesen. Forschungsarbeiten des Pharmakologischen Instituts der Universität Heidelberg erbrachten den Nachweis einer zentralanalgetischen Wirkung von Kobragiften. All dies führte zu Mitteln, die stärkste Schmerzen gleich dem Morphium oder anderen Opiaten lindern, ohne wie diese süchtig zu machen, ein gar nicht hoch genug zu bewertender Vorteil. Aus bisher noch nicht geklärten Gründen versagen diese Schlangengiftmittel bei einer kleinen Anzahl von Patienten.

Eines dieser Mittel, das auch stärkste Schmerzen beseitigt, nennt sich *»Cobratoxin Asid«*. In 1 ml der Injektionslösung sind 1 500 M.E. Toxine folgender Kobraarten enthalten, die uns alle schon wohlbekannt sind: der indischen Brillenschlange (Naja naja), der Uräusschlange (Naja haje), der gelben Kapkobra (Naja nivea) und der Ringhals-Speikobra (Hemachatus haemachatus), die die Herstellerfirma unter dem wissenschaftlich ungültigen Namen »Sepedon hemachates« führt.

Kobragifte werden ferner noch eingesetzt bei Gelenkentzündungen, Asthma, Veitstanz und Epilepsie und auch anderen Geisteskrankheiten.

Das Gift der »Caissaca« (Bothrops atrox), dem der brasilianische Schlangendoktor mit der Aristolochia serpentaria entgegenwirkte, hat schon viele Menschen vor einem Verbluten gerettet. Es wird als Prophylaxe und zur Therapie von Blutungen aller Art – mit Ausnahme bei operativen Eingriffen – in allen Bereichen der Medizin verwendet. Das in Ampullen erhältliche *»Reptilase Haemokoagulase Klobusitzky«* enthält Batroxobin (in 1 ml eine Klobusitzky-Einheit). Das ist der spezifisch gereinigte gerinnungsfördernde Bestandteil des genannten Schlangengiftes.
Auch aus dem Gift der Kettenviper (Vipera ruselli) mit den stark gerinnungsfördernden Komponenten werden mehrere Mittel zur Blutstillung hergestellt. Als medizinisch besonders ergiebig erweist sich das Gift der Malaiischen Grubenotter (Agkistrodon rhodostoma) mit seinen durchblutungsfördernden Wirkstoffen, insbesondere wenn man den hochpolymeren Eiweißstoff Fibrin beziehungsweise Fibrinogen ausscheidet, der blutgerinnend wirkt. Die Ampullen *»Arwin«* enthalten eine Fraktion des Giftdrüsensekrets und helfen bei chronischen und peripheren arteriellen Durchblutungsstörungen. Deutsche Wissenschaftler sind bemüht, mit diesem Gift das sogenannte Raucherbein zu heilen und manchem, der zu viel Nikotin inhalierte oder an Stoffwechselkrankheiten leidet, die Beinamputation zu ersparen. Schlangengift kämpft erfolgreich gegen das Gift Nikotin an.

Bereits diese beispielhafte Aufzählung läßt erahnen, welche Möglichkeiten einer zielstrebigen Erforschung der Giftschlangen und der medizinischen Verwendung ihrer Gifte zum Wohle der leidenden Menschheit offenstehen. Wir stehen noch ganz am Anfang, und noch manch Gutes wird von so »bösen« Tieren wie den Schlangen zu erwarten sein. Ob sich allerdings die Hoffnungen auf eine gezielte Krebsbekämpfung erfüllen, läßt sich derzeit noch nicht übersehen.
Man wird schwerlich von jemandem, der Schlangen nicht mag, erwarten können, daß er vom Saulus zum Paulus wird, wenn er seine Heilung einer Schlange verdankt, aber vielleicht macht es ihn etwas nachdenklich, sieht er eine Schlange, und er greift nicht sogleich zu Stock oder Stein, könnte sie doch zu den Wohltätern einer leidenden Menschheit zählen. Und vielleicht versteht er etwas besser, warum ich mich um den Schutz der Schlangen bemühe – aus pragmatischen, vor allem aber auch aus ethischen Gründen. Woher nehmen wir Menschen das Recht, Tiere der Natur zu verachten und sie zu töten wenn sie uns nichts tun. Lassen wir sie in Frieden!

Die giftigste Schlange der Welt

Kürzlich sah ich im Dritten Programm einer westdeutschen Fernsehanstalt eine Dokumentation über Gifte und Giftforschung. Gleich am Anfang züngelte eine Klapperschlange über den Bildschirm und wurde als Inhaberin des wirksamsten und gefährlichsten Giftes vorgestellt, das wir kennen. Zumeist schalte ich eine Fernsehsendung ab, die gleich zu Beginn mit barem Unsinn aufwartet, was zunehmend der Lebensdauer der Bildschirmröhren zugute kommt. Doch hier konnte ich nicht widerstehen und wurde auch nicht enttäuscht: Halbwahrheiten, zumeist noch unpräzis dargestellt, und nur gelegentlich zutreffend, gaben die »Berufenen« in Kitteln verschiedener Farbe von sich. Dabei haben die Deutschen auch ein paar Wissenschaftler von Rang, etwa bei den Behring-Werken, im Institut in Ludwigshafen, bei der Universität in Kiel und noch ein paar anderen Forschungsinstituten.

Erst bei den Giften zur chemischen Kampfführung wurden die Erfolge der Menschheit auf dem Wege, sich selbst auszurotten, einprägsam deutlich. Das ist verständlich, wird doch von jeher mehr Geld dafür ausgegeben als für medizinische Forschung. Nun sei es gelungen, Nervengifte zu entwickeln, die Menschen schon bei einer Konzentration von unter 0,1 Milligramm pro Kubikmeter Luft restlos töten.

Demgegenüber erscheinen Giftschlangen als ausgesprochene Großverbraucher an Gift.

Nur ein Drittel der über 2 700 Schlangenarten ist giftig in dem Sinne, daß sie Menschen schädigen können.

Vor über einem Jahrzehnt beeindruckte mich im Frankfurter Zoo der Hinweis am Terrarium mit dem australischen Taipan (Oxyuranus scutellatus), bisher habe kein Mensch den Biß dieser Schlangenart überlebt. Ein Pferd stirbt binnen fünf Minuten. Seitdem ein Serum entwickelt werden konnte, trifft beides nicht mehr zu.

Wir verdanken das Kevin Budde vom Commonwealth-Serum-Laboratory in Melbourne, wo ein Taipan gemolken wurde und sich ein halber Teelöffel seines Giftes gewinnen ließ. Budde war vier Tage zuvor gebissen worden, wußte um seinen baldigen Tod und verwendete die letzten Minuten seines Lebens, den Versand des Taipans ins Labor in die Wege zu leiten.

Das Gift des Taipans wirkt ähnlich wie das der Gabunviper zweifach, als Nervengift und gleichzeitig blut- und gewebezersetzend.

Doch sein Gift wird weit übertroffen von dem einer zwei Meter langen kleinschuppigen Schlange aus dem Osten Mittelaustraliens, der die Wissenschaft den Namen »Parademansia microlepidotus« gab. Ihr Gift wirkt viermal stärker als das des Taipans, zwanzigmal stärker als das der indischen Brillenschlange und dreihundertmal stärker als das einer nordamerikanischen Klapperschlange.

Über die Häufigkeit von Giftschlangenbissen

Über die Häufigkeit von Giftschlangenbissen und ihre Folgen liegt nur wenig statistisches Material vor. Von den etwa 1 300 Kreuzotterbissen in Schweden pro Jahr werden nur etwa 150 in Krankenhäusern behandelt. Trotzdem enden nur drei bis vier der 1 300 Bisse tödlich. In der Bundesrepublik Deutschland wurden im Zeitraum 1964 bis 1969 211 Menschen von Kreuzottern gebissen. Kein einziger starb.

Wie man sieht, wird die Schlangenfurcht bei uns in Europa reichlich aufgebauscht, und die sie schüren, täten gut daran, ihr Augenmerk auf Verkehrsunfälle, Suchtgefahren und andere Übel unserer Zivilisation zu richten.

In den wärmeren und mit mehr Giftschlangen »gesegneten« Gebieten unserer Erde nimmt es sich allerdings etwas anders aus. Aber auch da wird die Schlangenfurcht im Vergleich mit anderen Naturgewalten reichlich übertrieben. In den USA sterben über 100 Menschen jährlich an Blitzschlag und nicht einmal 15 an Schlangenbissen.

Die Statistik weist etwa 40 000 jährlicher Todesfälle in der Welt durch Schlangen aus (mit Ausnahme Rußlands und Chinas, die uns ihre Zahlen nicht zugänglich machen, und Europas, wo Schlangenbisse nicht ins Gewicht fallen). Diese Statistik erfaßt allerdings nur die in Krankenhäusern behandelten Menschen.

Nur 2,4 Prozent aller Giftschlangenbisse verlaufen nach dem langjährigen statistischen Mittel tödlich. Das ergibt rund 1,7 Millionen Schlangenbisse pro Jahr. Da sich diese Zahl nur auf die statistisch in Krankenhäusern erfaßten Todesfälle stützt, ist noch eine Dunkelziffer hinzuzurechnen.

Man wird nicht fehlgehen, wenn man jährlich mindestens zwei Millionen Giftschlangenbisse annimmt. Diese Zahl erscheint beängstigend hoch, verliert jedoch viel von ihrem Schrecken, berücksichtigt man die verschieden hohen Todesraten in den einzelnen Ländern und die unterschiedliche Häufigkeit von Giftschlangen in einzelnen Gebieten.

Bei der Schwarzen Mamba beträgt die Todesrate nahezu 100 Prozent, bei der indischen Brillenschlange 32 Prozent und bei der gefürchteten tropischen Klapperschlange (Crotalus durissus terrificus) 12 Prozent. In Nordamerika, wo jährlich rund 8 000 Menschen von Giftschlangen – zu zwei Drittel von Klapperschlangen – gebissen werden, sterben nicht einmal 15 Personen. Dies bezeugt, welche Bedeutung einer guten ärztlichen Betreuung zukommt. Im Spezialkrankenhaus »Hospital Vital Brasil« des Schlangeninstituts Butantan in São Paulo wurden in den elf Jahren von 1954 bis 1965 1 718 Giftschlangenbisse behandelt. Nur 30 Patienten waren nicht mehr zu retten.

Nach einer von der WHO (Weltgesundheitsorganisation) im Jahre 1954 veröffentlichten Untersuchung in den schlangenreichsten Ländern der Erde lag Burma mit jährlich durchschnittlich 15,4 Toten durch Schlangenbiß, gerechnet auf jeweils 100 000 Einwohner, einsam an der Spitze, gefolgt von Indien mit 5,4, Ceylon mit 4,2 und Brasilien mit 4,1 Toten.

Genug der Zahlen. Sie erweisen, welche Bedeutung dem Kampf gegen das Gift zukommt. Jetzt, wo jährlich Hunderttausende in Schlangengebiete reisen und schon in Italien oder Jugoslawien auf die Sand- oder Hornotter (Vipera ammodytes) treffen, ist er auch für uns wichtig genug.

Die Verteufelung der Schlange im Christentum

Der Kampf gegen das Gift begann bereits im Altertum, aber erst dem Christentum war es vorbehalten, ihn bis in unsere Zeit mit der Ächtung auch der harmlosesten Schlange gleichzusetzen. Wo viel Licht ist, ist eben auch Schatten.

Der Mensch des Mittelalters stand unter dem Eindruck der Wirkung des Bis-

ses eines Tieres, das ihm geheimnisumwoben als dämonenhafte Verkörperung des Bösen und der Strafe Gottes dargestellt wurde. Dies mag noch angehen, ist man doch vom Christentum des Mittelalters Schlimmeres gewohnt. Weit schwerer wiegt, daß diese Auffassung auch noch heute von manchen Theologen, die bar naturwissenschaftlicher Erkenntnisse und des Verständnisses für Schlangen als Geschöpfe Gottes sind, breiten Schichten Gläubiger als »Glaubensgut« dargeboten wird. Solche Theologen werden sich vorhalten lassen müssen, nicht nur das Bild der Gläubigen von der Schlange verfälscht, sondern auch eine wertneutrale Erforschung der Schlangen und ihrer Gifte zum Wohle der Menschheit erschwert zu haben.
Ich möchte diesen Vorwurf mit zwei Beispielen, nicht etwa aus dem Mittelalter, sondern aus unserem – doch so aufgeklärten – Zeitalter belegen.
In einer der verbreitetesten Bibelübersetzungen in deutscher Sprache vermerken die drei Übersetzer, bekannte katholische Universitätsprofessoren, in einer Anmerkung zu Genesis 3, 15: »Die Schlange ist ein gottfeindliches Wesen.« Sie unterstellen damit einem Tier eine religiöse Willensrichtung und ein Unterscheidungsvermögen zwischen Gut und Böse, das zumindest eine Schlange nicht haben kann.
Wer annimmt, der Sündenfall und damit auch die Verführung Evas durch die Schlange (Genesis 3, 1 bis 6), die sich dazu der menschlichen Sprache bediente, sei nur allegorisch zu verstehen, muß sich enttäuscht sehen, belehrt ihn doch ein »Lehrbuch der katholischen Religion für die oberen Klassen höherer Lehranstalten« wie folgt: »Die Erzählung von dem Sündenfall berichtet einen wirklichen *Vorgang* und kann nicht bildlich verstanden werden... Die Schlange als die Betrügerin und das Weib als die zuerst Betrogene sind in der Erinnerung der Völker geblieben.«
Auch hier wird wieder die für eine Schlange naturwissenschaftlich unsinnige, da nur dem Menschen vorbehaltene Willensrichtung, betrügen zu können, als bare Münze verkauft. Und wie schade für uns Schlangenfreunde in aller Welt, daß unsere Schlangen das Sprechen verlernt haben.
Was die »Erinnerung der Völker« anbelangt, so erbringt dieses Buch Beweise genug, daß das Verhältnis der Völker zur Schlange je nach Kulturkreis recht unterschiedlich und oft auch positiv war und ist. Und welcher Theologe es nicht glaubt, dem empfehle ich einen Besuch bei seinen wenn auch nicht christlichen, so doch nicht minder gläubigen Kollegen im erwähnten Tempel von Penang, wo sich im Garten, an den Wänden und auf dem Boden des Tempels und auch in den Opferschalen farbenprächtige Lanzenottern (Trimerusurus wagleri) als liebenswerte, glückbringende Giftschlangen räkeln. Keine Angst, sie beißen diejenigen ebensowenig, die sie für »gottesfeindliche Wesen« halten, da ihnen nichts von deren Intoleranz zu eigen ist.

Kampf dem Gift

Plinius berichtet von König Mithridates, er habe Blut von Enten unter die obskuren Mittel gegen Schlangengift gemischt. Der bereits erwähnte Hausarzt des Kaisers Augustus, Antonius Musa, verordnete Vipernfleisch als Gegenmittel.

Doch das klassische Heilmittel gegen Schlangenbiß erfand der Leibarzt des Kaisers Andromachus auf Kreta: Es ist das »Theriak«, das aus über 70 verschiedenen Substanzen, darunter auch pulverisierten Vipern, besteht. Seine Zusammensetzung galt als Geheimrezept, das Geschäftstüchtige immer wieder zu erlangen versuchten. So mußten die Behörden Roms die Jesuiten, die das Theriak herstellten, ständig gegen »mißgünstige Nachahmer« schützen. Nicht nur gegen Schlangenbiß, auch gegen Aussatz, Kropf, Krätze und anderes wurde es als wahres Allheilmittel angepriesen so wie die Verjüngungs- und Wundermittel unserer Tage. Der Arzt Christoph Hellvig empfiehlt in seinem 1716 erschienen Buch »Armer Leute sicherer und geschwinder Hauss-Medicus«: »Nimm ein warm Brod aus dem Ofen oder machs auffm Rost warm, mach in der Mitten ein Loch, fülle es mit Theriak und Essig, solch Loch auf den Leib geleget, daß das Loch gerade auf den Nabel kommt, das zeugt allen Gift heraus.«

Bis zum Jahre 1882 wurde Theriak im offiziellen deutschen Heilmittelverzeichnis geführt. Analysen und Versuche ergaben seine völlige Wertlosigkeit.

Noch heute wird in Ostasien, aber auch anderswo dem Schlangenstein Wunderkraft zugeschrieben. In Ceylon fand ich ihn unter dem Namen »Pembukelu«. Er besteht aus einem Gemisch von Kalk, gebrannten Knochen oder Hirschhorn und verkohlten Harzen und erweist sich als stark porös. Infolge der Kapillarwirkung erscheint er geeignet, einen Teil des Blut-Gift-Gemisches aufzusaugen, sofern die Einbißstelle aufgeschnitten wird.

Aber dann ist ein Aussaugen der Wunde, wie es schon zu Zeiten der alten Römer geschah, wirksamer. Natürlich darf man keine Wundstellen im Mund und keine Magengeschwüre haben, durch die Gift in die Blutbahn gelangen könnte. Der Magen baut das Gift wie anderes Eiweiß ab.

Bei Bißverletzungen an Arm oder Bein ist ein Abbinden oberhalb der Einbißstelle von jeher gebräuchlich. Es darf nie länger als höchstens zwei Stunden andauern.

Nur in Western verfehlt ein Ausbrennen eines Klapperschlangenbisses mit einem glühenden Eisen oder noch attraktiver mit Schießpulver niemals seine Wirkung (auf die Zuschauer) und zeugt von abgebrühtem Heldentum. Tatsächlich ist ein Ausbrennen der Wunde unnütz und von Nachteil. Das körpereigene Eiweiß gerinnt und verhindert ein wenigstens teilweises Ausschwemmen des Blutes mit dem Gift.

Ich würde davon abraten, das empfohlene Kaliumpermanganat in die Wunde zu reiben oder als Lösung zu gießen. Im Reagenzglas vermag bereits eine einprozentige Lösung Gift zu zerstören. Doch wie erhält man eine solche Konzentration im Blut, ohne daß das Kaliumpermanganat das Gewebe schwer schädigt und Nekrosen folgen. Ist kein Serum verfügbar, könnte sich bei einem lebensbedrohenden Biß ein solches Risiko dennoch

lohnen. Abgesehen von der Serumbehandlung, aber auch sie ergänzend, sind Calciumstöße und Antihistaminica stets hilfreich, und das nicht nur bei Überempfindlichkeit gegen Pferdeserum. Schlangengift setzt zumeist Histamine (Gewebshormone) mit lebensbedrohender Schockwirkung frei.
Mit Cortisonpräparaten (Nebennierenrindenhormon) einen giftbedingten Hypoadrenalismus anzugehen ist alles andere als problemlos. Und Bluttransfusionen mit Zusätzen von Vitaminen und Kreislaufmitteln bleiben sowieso einer Krankenhausbehandlung vorbehalten.

Alkohol als Gegenmittel?

Wer konsumiert nicht gern Alkohol in der einen oder anderen Form. Ihn als Gegenmittel zu trinken ist ein Irrglaube, dem auch jetzt noch manche Ärzte unter der medizinischen Verbrämung »physiologisches Antidot« huldigen. Alkohol bei Schlangenbiß zu sich zu nehmen ist ausgesprochen schädlich, auch wenn eine solche Therapie manchem Patienten als besonders angenehm erscheinen mag.
Aufgebracht haben dies, wie so vieles andere, die alten Römer, die zu Wein mit zerriebenem Kümmel (Marcus Porcius Cato Censorius) oder zu Wein mit Knoblauch und Pfeffer (Celsus) rieten.
Schlangengift wird durch Alkohol keineswegs zerstört. Ein Petersburger Museumsdiener verletzte sich an den Zähnen einer viele Jahre lang in Spiritus konservierten Schlange und starb an ihrem Gift.
Alkohol beschleunigt den Blutkreislauf und damit auch die Verbreitung des Giftes im Körper. Genau das Gegenteil ist jedoch anzustreben: sich ruhig verhalten und, so möglich, nicht herumlaufen.
Bei Viperngift, das Blutkörperchen zerstört und Gefäßwandungen durchlässiger macht, begünstigt Alkohol zudem Blutergüsse in die Gewebe und in Körperhöhlen. Ferner verstärkt er nach einiger Zeit den Abfall des Blutdrukkes und hemmt in konzentrierter Form die Auflösung und Oxydation des Giftes. Und noch schlimmer: Er schwächt die Wirkung des Serums ab oder macht sie ganz zunichte.
Alkohol einzunehmen ist demnach nicht angebracht und, um in der Sprache der Ärzte zu bleiben, »kontraindiziert«.

Die vorsichtigen Römer

Die beste Behandlung eines Schlangenbisses bleibt nach wie vor, ihn zu vermeiden. Dies beherzigten besonders die alten Römer. Im Winter, wenn die Vipern schliefen, trugen sie Sandalen, im Sommer jedoch »aestivali«, was soviel wie Sommerschuhe bedeutet. Unser Wort »Stiefel« kommt daher. Und solche oder hohe Schuhe in schlangenreichen Gegenden zu tragen bedeutet auch heute noch einen wirksamen Schutz gegen Bodenschlangen.

Der Weg zum Serum

Das oft einzig wirksame Mittel ist ein Schlangengiftserum. Viele Millionen Menschen verdanken ihm ihr Leben, und weiteren Millionen wird es ihre einzige Rettung bedeuten.
Der Weg zum Serum war langwierig und nicht frei von Irrtümern. Nach Meinung der großen Ärzte und Gelehrten des Altertums (wie etwa Galenus) war die Galle Sitz des Giftes. Erst im 17. Jahrhundert begann man am Hofe

des Großherzogs von Toskana, Ferdinands II., an diesem Dogma zu zweifeln. Ein Vipernfänger, der gelehrten Reden der gelehrten Ärzte überdrüssig, verschluckte vor den Augen aller Viperngalle und blieb am Leben. Der Weg zu Versuchen war frei.

Ihnen widmete sich vor allem der französische Arzt Philippe Fermin. Er hielt als erster Klapperschlangen in einem Terrarium und ließ Kätzchen beißen, um die Wirkung des Giftbisses zu studieren. Das war der Anfang mit Tierversuchen.

Dem genialen Geist des Franzosen Calmette und seiner Furchtlosigkeit verdankt die Menschheit weit mehr. Er glaubte an die Möglichkeit einer Serumtherapie ähnlich wie bei Pocken, Scharlach oder Diphterie. Bei seinen Versuchen (seit 1887) fand er heraus: Tiere, die Schlangengift nicht in tödlicher Dosis eingeimpft bekommen, bilden Antitoxine (aktive Immunisierung). Ihr Blutserum kann gebissenen Tieren injiziert werden und das Schlangengift im Körper neutralisieren (passive Immunität). Dies war der entscheidende Durchbruch, zu dem auch die Versuche von Cesaire Philasix und Gabriel Bertrand mit dem Gift der Aspisviper beitrugen.

Nur in einem irrte Calmette, wenn er annahm, ein so gewonnenes Serum wirke gegen jeglichen Schlangenbiß. Dies ist jedoch nicht der Fall, wie schon die Verschiedenartigkeit der einzelnen Gifte vermuten läßt.

Für jede Schlangenart ist ein besonderes Serum erforderlich, da oft nicht feststellbar ist, welche Schlange gebissen hat. Um eine Behandlung zu vereinfachen, werden polyvalente (mehrwertige) Sera aus den Giften aller in einem Gebiet lebenden Giftschlangen hergestellt.

Um die weitere Entwicklung der Schlangengiftsera haben sich insbesondere der Südafrikaner *Fitz Simons* in Port Elizabeth, der Brasilianer *Vital Brasil* und der Deutschbrasilianer *Bücherl* und in Deutschland die Behringwerke verdient gemacht.

Die Herstellung von Serum

Die Institute für Schlangenserum benützen Pferde, denen in steigender Dosis Schlangengift injiziert wird. Das Pferd bildet aktiv Antitoxine. Dann wird aus dem Blut des Pferdes das Serum mit den Antitoxinen gewonnen.

Ich war im Schlangeninstitut Butantan in São Paulo eingeladen, einem der größten und besten der Welt, und möchte seine Erfahrungen wiedergeben.

Länger als vier Jahre vermag dort ein Pferd diese Prozedur nicht durchzuhalten. Bei drei Immunisierungen im Jahr liefert es bei 500 Kilo Körpergewicht etwa 75 Liter Blut. Das ergibt rund 900 Ampullen Serum zu je 10 Millilitern. Dafür sind im Durchschnitt 3 bis 3,5 Gramm Trockengiftsubstanz erforderlich. Auf eine Ampulle Serum kommen somit rund etwas über 3 Milligramm Gift.

Wenden wir uns den Lieferanten des Giftes zu, den Giftschlangen. Butantan beschäftigt seit dem Ersten Weltkrieg in einer eingespielten Organisation bis zu 16 000 freiwillige Schlangenfänger. Allein in den zehn Jahren von 1948 bis 1957 lieferten sie dem Institut 131 269 Giftschlangen. Der ständige Bestand an Giftschlangen im Institut beträgt rund 13 000. Da jede Schlange im Jahr mindestens zweimal »gemolken« wird, fallen jährlich mindestens 26 000 Giftentnahmen an. Seit dem Ersten Weltkrieg bis 1960 wurden Giftschlangen 1 170 000mal gemolken, ein Weltrekord besonderer Art zum Wohle der Menschheit, gegen den manche Weltrekorde verblassen, über die die Tagespresse überschwenglich berichtet.

Trotz größter Vorsicht und Erfahrung der »Schlangenmelker« werden jährlich etwa zehn von ihnen gebissen und nur durch sofortige Seruminjektionen gerettet. Dauerschäden an Sehkraft, Nieren oder Leber bleiben oft zurück, und immer wieder begegnete ich Personal, dem ein oder zwei Finger fehlten. Ein Teil der Gebissenen muß wegen allergischer Reaktionen auf Schlangengift den Beruf aufgeben. (Versuche mit einem »elektrischen Melken« sind schon weit gediehen.)

Gefahren der Serumbehandlung

Auch das Serum selbst kann im menschlichen Körper als artfremdes Eiweiß zu Komplikationen führen. Wer Giftschlangen hält oder fängt und daher stets mit einem Biß rechnen muß, sollte rechtzeitig feststellen lassen, ob er gegen Pferdeserum allergisch reagiert, und sich wegen der Gefahr eines (anaphylaktischen) Serumschocks bei anderen Impfungen (wie etwa Tetanus) möglichst nicht Pferdeserum injizieren lassen.

Eine weitere Gefahr zeigt sich in der Serumkrankheit, die sieben bis zwölf Tage nach einer Serumbehandlung mit Fieber, Gelenkschmerzen und Sprachstörungen beginnt, jedoch mit Cortison- und Adrenalinpräparaten und insbesonders Antihistaminica leicht zu beheben ist.

Wie dem auch sei: Wen eine gefährliche Giftschlange gebissen hat, wird zum Serum greifen müssen. Die Arbeiten und Erkenntnisse von Generationen von Toxikologen, Serologen, Ärzten, Herpetologen und nicht zuletzt der vielen Schlangenliebhaber ermöglichen es ihm zu überleben. Der Giftschlangenbiß hat weithin an Schrecken verloren, und auch die Einstellung zu den Giftschlangen beginnt sich zu wandeln.

Wir haben es nicht mehr nötig, sie auszurotten, zumal sie als Heilmittellieferanten ständig an Bedeutung, wenn auch nicht an Ansehen gewinnen.

Schlangen auf dem Kriegspfad gegen Römer

Wie groß der Unterschied von einst und heute ist, erweist ein Bericht des Römers Lucanus über den Zug des römischen Feldherrn Marcus Portius Cato des Jüngeren und seiner Legionäre durch die »schlangenverseuchte« afrikanische Wüste vor der Schlacht bei Thapsus im Jahre 46 v. Chr., bei der Cato und die Söhne des Pompejus gegen Caesar verloren und er sich das Leben nahm:

Mitten durch die Wüste der scheußlichen Gifttiere bahnte sich Catos kampferprobtes Heer seinen Weg. Viele der mutigen Krieger starben an kleinen Einbissen elend dahin.

Der Fahnenträger Aulus trat, unvorsichtig, wie er war, auf eine Dipsas (gemeint ist eine Viper), die ihren Kopf zurückwarf, sich aufrichtete und kräftig zubiß. Sein Gaumen und seine Zunge trockneten aus. Das elendige Gift durchdrang seinen ganzen Leib bis hin ins Mark der Knochen. Schweiß floß aus allen Poren seines Körpers. Er warf die Fahne weg und lechzte, von schrecklichem Durst gepeinigt, nach Wasser. Je mehr er trank, um so durstiger wurde er. Wahnsinnig von den Qualen des Verdurstens, schnitt er sich seine Adern auf und trank sein eigenes Blut.

Entsetzen bemächtigte sich des Feldherrn Cato, und er befahl, schleunigst weiterzuziehen. Doch in noch furchtbareren Visionen sollte sich der Tod ihm zeigen.

Am Bein des Sabellus verbiß sich ein kleiner Seps (eine völlig harmlose Erzschleiche, die die Römer für sehr giftig hielten). Er riß ihn heraus, doch seine Haut fiel sogleich in Fetzen ab, bis auf die blanken Knochen. Zu Jauche wurde das Fleisch, und selbst die Knochen verfaulten. Keine Leiche blieb übrig, lediglich ein gräßlicher Jauchefleck färbte die Wüste.

Dem unglücklichen Levus schwanden, von einer Viper gebissen, die Sinne, ehe er es sich versah. Von einem Baumstumpf sauste schneller als ein surrender Pfeil die Schlange Jaculus mitten durch Paulus' Kopf. Mit einem Speer durchbohrte Murrus einen Basilisken, doch das Gift drang durch den Speer in seine Hand. Kurz entschlossen hieb er sich selbst seine Hand mit dem Schwert ab und blieb am Leben.

Ist dieser Bericht auch übertrieben und geprägt vom abergläubischen Zeitgeist der Römer, das hilflose Entsetzen des Menschen der Antike gegenüber dem Gift könnte trefflicher nicht geschildert sein.

Aus dem Leben eines Schlangenliebhabers

Wie anders hingegen nimmt sich die Schilderung des Schlangenliebhabers Hans Joachim Mitsch aus, der bis zu achtzig Giftschlangen aus aller Welt pflegte.

Da war als erstes eine Puffotter (Bitis arietans) – sie biß ihn in den linken Unterarm. Zwei Seruminjektionen machten ihn beschwerdefrei. Bei einem zweiten Puffotternbiß half das Serum nur noch wenig. Sieben Stunden lag Mitsch in einem Dämmerzustand, und erst nach drei Tagen ging es ihm besser.

Beim Auspacken einer Klapperschlange (Crotalus) aus der Transportkiste biß sie ihn durch das Hosenbein, als er ihren Fluchtversuch vereitelte. Ein stechender Schmerz durchzuckte ihn. Die erste Serumgabe zeigte keinerlei Wirkung, und sein Zustand verschlechterte sich so, daß noch mehrere Ampullen injiziert werden mußten. Nach 20 Stunden ging es ihm etwas besser, aber erst nach fünf Tagen war er wieder wohlauf.

Als nächstes fühlte sich eine Uräusschlange (Naja haje) bemüßigt, ihre Zähne und ihr Gift an ihm auszuprobieren. Er überstand auch dies. Vier Wochen litt er an starkem Brechreiz.

Am ungünstigsten verlief ein Biß einer indischen Brillenschlange (Naja naja) in die äußere rechte Handkante. Mitsch leidet noch heute unter starken Herzbeschwerden und ist an manchen Tagen nicht fähig, auch nur eine kurze Strecke zu gehen.

Zwei »kleinere Giftlieferanten« hielten es ebenfalls für nachahmenswert, ihr Gift an ihn zu verschwenden, was jedoch ohne Folgen blieb.
Nur beim ersten Biß beschlich Mitsch »ein unbehagliches Gefühl«. Dann hatte er sich daran gewöhnt, daß Giftschlangen beißen, so man sie läßt.

Eine ungewöhnliche Vergiftung

Die Betrachtung über Schlangengifte möchte ich nicht abschließen, ohne über die ungewöhnlichste Vergiftung und ihre Behandlung zu berichten, der ich je in den Jahrzehnten meiner Reptilienliebhaberei begegnet bin. Sie entbehrt nicht humoristischer Züge, auch wenn es für den Betroffenen bitterer Ernst war. Ich habe ihm, einem befreundeten Schlangenliebhaber in einer westdeutschen Großstadt, versprochen, seinen und die Namen der anderen Beteiligten nicht zu nennen, und komme dieser sehr verständlichen Bitte gern nach.
Als mir mein Freund schrieb, er liege auf der Privatstation für Alkoholiker und andere Süchtige in einer großen Nervenheilanstalt, war mein erster Gedanke, er habe sich im Konsum seines geliebten Whiskys übernommen. Doch gefehlt.
Ich fuhr sofort hin und sprach zuerst mit seiner Frau – natürlich mit der bei Ehefrauen von Schlangenliebhabern stets gebotenen Zurückhaltung, sofern sie das Hobby ihres Mannes nicht teilen, was leider zu oft der Fall ist. Ich erfuhr von ihr: Sonntag vor zwei Wochen hatte ihr Mann, der sonst nur ab und zu zum Einschlafen oder bei Schmerzen eine Tablette anrührte, plötzlich soviel Tabletten geschluckt, als müsse er sich von ihnen ernähren. Eine ganze Packung von Ampullen Frubiase-Calcium war verschwunden, ebenso wie die Packung eines Mittels zur Stützung des Kreislaufes. Kein Wunder, daß er immer wieder in einen Dämmerzustand, in Schwindelanfälle und plötzliche Schweißausbrüche geriet. Selbst das Sprechen fiel ihm schwer. Whisky, sein Lieblingsgetränk, das bisher als Allheilmittel bei all seinen Krankheiten half, lehnte er ab, nach Mitteilung seiner Frau ein untrügliches Zeichen für die Schwere seiner Erkrankung. Deshalb brachte sie ihren Mann gegen Abend auf die Privatstation eines Anstaltspsychiaters.
Ich ließ mir ein Röhrchen der geschluckten Tabletten zeigen und wußte Bescheid: Es war das Anthistaminicum Diphenhydraminhydrochlorid, das vor allem antiallergisch wirkt und dem man als Bestandteil in Schlafmitteln sedierende, bei Husten schleimhautabschwellende und örtlich anästhesierende und schließlich die Reisekrankheit abschwächende Eigenschaften zuschreibt. Dazu Calciumstöße und keinen Alkohol! Alles typisch für einen Schlangenbiß!
In der Krankenanstalt erfuhr ich von meinem Freund die näheren Einzelheiten. Er hatte wieder einmal Terrarienanlagen umgebaut, gemauert, gesägt, gehämmert und dabei einige Hautabschürfungen an seinen Händen in Kauf genommen. Bei seiner Arbeit zerbrach eines seiner Gläser, in dem seit langem eine Mangroven-Nachtbaumnatter (Boiga dendrophila) konserviert war. Der Spiritus ergoß sich über seine zerschundenen Hände, und Glassplit-

ter rissen zusätzlich ein paar Wunden. Er dachte sich dabei nichts. Spiritus desinfiziert!
Doch dann wurde ihm schwindlig und schlecht. Die Hände begannen zu schmerzen. Wie ein vernichtender Schock durchzuckte ihn die Erkenntnis: Das Gift dieser Trugnatter war im Spiritus enthalten und über seine Wunden in den Blutkreislauf gelangt.
Es ist ein höchst wirksames Gift. Die Literatur verzeichnet einige Todesfälle. Ein Serum gegen dieses wenig erforschte Gift gibt es nicht. Es war Sonntag, sein Hausarzt nicht erreichbar, und von den toxikologischen Fähigkeiten irgendeines Notarztes hielt er wohl nicht viel. So tat er das, was jeder andere in seiner Lage auch getan hätte. Wieviel der Tabletten er geschluckt hatte, wußte er nicht mehr, wie überhaupt sein Erinnerungsvermögen stark getrübt war. So fand er sich auf der Privatstation der Nervenheilanstalt wieder.

Im Bannkreis der Psychiatrie

Er bat mich gerade, seiner Frau von dem Giftspiritus ja nichts zu sagen, als eine adrette junge Schwester kam und mir bedeutete zu gehen. Er werde mir seine Tagebuchaufzeichnungen schicken, flüsterte mir mein Freund noch zu. Nach fünf Wochen erhielt ich sie.
Anfangs war es meinem Freund alles andere als gutgegangen. Eine Kreislaufschwäche, ständige Schweißausbrüche, ein zittriges Gefühl, eine zeitweise Schlaflosigkeit und Schmerzen machten ihm zu schaffen. Träume von Giften, Schlangen und Untieren quälten ihn. Doch der behandelnde Psychiater führte das nicht auf das Schlangengift zurück.
In dem Tagebuch meines Freundes ist darüber zu lesen: »Schon mehrmals habe ich den Doktor gebeten, etwas gegen das Gift der Boiga in meinem Körper zu geben. Sich Vergiftungen einzubilden, so behauptet er, sei in meinem Zustand normal – was versteht ein Psychiater darunter? Schwitzen und nochmals Schwitzen, empfiehlt er, damit das Gift herauskommt. Damit meint er aber nicht das Schlangengift, sondern das Antihistaminicum.«
Seine Krankheit stellte sich für den Psychiater als »Tabletten-Abusus mit Halluzinationen von Schlangen« dar. Doch scheint er kein besonders typischer Fall gewesen zu sein. In seinem Tagebuch schreibt er: »Ein Mitpatient, Alkoholiker, erzählte mir von einer Mitpatientin, Gräfin oder so etwas Ähnliches, die auf ihrer Terrasse am hellichten Tag ein ausgewachsenes weißes Pferd gesehen habe und nun der Lieblingsfall des Doktors sei. Ich mit meinen viel zu kleinen und nicht einmal weißen Schlangen könne es hier zu keinem Ansehen bringen.«

Langsam besserte sich der Zustand meines Freundes. Nur die Leberwerte blieben schlecht. Der Gamma-GT-Wert – bis 28 M.E. ist er normal – betrug immer noch 270 M.E. Das ist nichts Besonderes, wenn Schlangengift die Leber belastet. Bei einem Schlangenliebhaber, den eine asiatische Lanzenotter (Trimerusurus) gebissen hatte, belief sich der Gamma-GT-Wert vier Monate danach noch auf 360 M.E., und sein Arzt rechnete ihm einen Whiskykonsum

von täglich einer Flasche vor. Solchen Verdächtigungen pflegen Liebhaber von Giftschlangen eben ausgesetzt zu sein.
Als angeblicher Suchtkranker sollte mein Freund drei Monate in psychiatrischer Obhut bleiben. Doch nach vier Wochen hielt er es nicht mehr aus und fuhr nach Hause. Das nahm man ihm übel, wie er von seinem Hausarzt erfuhr. Er hat es seinem Tagebuch anvertraut: »Der Hausarzt ließ mich den Arztbericht des Psychiaters lesen. Diagnose: akute Antitoxikationspsychose. Schließlich kann man von keinem Psychiater das Eingeständnis verlangen, er habe eine einfache Vergiftung behandelt. Einen Hinweis auf die Psyche ist er sich schuldig, wie der Detektiv in einem Krimi, einen Täter zu finden.«
Der erfahrene und von dem Malheur mit dem Giftspiritus unterrichtete Hausarzt strich in seiner für die Krankenkasse bestimmten Diagnose das Wort »Psychose« und übrig blieb, was stimmte: »akute Toxikation«.
So ist es einem Schlangenliebhaber ergangen, der in den Bannkreis der Psychiatrie geriet.

Es bleibt zu hoffen, daß die Frau meines Freundes dieses Buch nicht liest. Es ist höchst unwahrscheinlich. Und wenn doch, müßte ich jede Ähnlichkeit mit der Krankheit ihres Mannes abstreiten. Das wäre immer noch besser, als daß mein Freund seine Schlangen abschaffen müßte, nur weil ein Glas zerbrach, der mit Gift angereicherte Spiritus in seine Wunden lief und er in die Obhut eines Psychiaters kam, der sein Bestes tat im Kampf mit dem Schlangengift, obgleich er es nicht als solches anerkannte, und ihm trotzdem besser begegnete, als es vielleicht ein Toxikologe gekonnt hätte.
Und wie schreibt Spoerl so schön als Leitsatz zu seiner »Feuerzangenbowle«: »Dies ist ein Loblied auf die Schule (Psychiatrie), aber es ist möglich, daß die Schule (Psychiatrie) es nicht merkt.«

Nachlese

Waren die Saurier warmblütig?

Eine neue These des amerikanischen Paläontologen R. T. Bakker von der John-Hopkins-Universität in Baltimore ließ kürzlich die Fachwelt aufhorchen: Die Dinosaurier seien nicht wechselwarm sondern »warmblütig« gewesen wie die Säugetiere. Das wurde bisher allenfalls von den Flugsauriern angenommen. Die Landsaurier hätten den Körper nach Art der Säugetiere bewegt. Dies erfordere eine beträchtliche Muskelarbeit, was einen intensiven Stoffwechsel wie bei den Warmblütern voraussetze.

Doch leisten nicht auch Reptilien eine ganz erstaunliche Muskelarbeit, wenn etwa Warane der Wüste, Savanne oder Steppe, Eidechsen und viele andere Echsen mit behender Schnelligkeit flüchten?

Das indische Volk der Maharaten bediente sich der Muskelkraft der Bengalwarane (Varanus bengalensis), als es sich in vergangenen Jahrhunderten anschickte, ganz Indien zu erobern. Die senkrecht-steil in den Himmel ragenden beinahe fugenlosen Mauern einer mohammedanischen Festung, die als uneinnehmbar galt, geboten ihnen Einhalt. Sie fingen zwei Meter große Bengalwarane und banden ihnen dicke Seile um den Leib. Freigelassen, rasten die Warane, mit ihren dolchscharfen Krallen vorzügliche Kletterer, die Mauern nach oben ihrer vermeintlichen Freiheit entgegen und zogen die Krieger mit hinauf. Nach einer Stunde war die Festung gefallen.

Welches Säugetier leistet solche Kriegsdienste? Da müßte man schon Hannibals Kriegselefanten bemühen, aber solchen Mauern gegenüber wären selbst sie machtlos gewesen.

Meeresschildkröten schwimmen Tausende von Kilometern, ohne zu erlahmen, und andere Reptilien erbringen Leistungen an Stärke und Ausdauer, ohne warmblütig zu sein. Die Muskelkraft eines großen Pythons entspricht der eines Tigers oder Leoparden.

Untersuchungen von Dinosaurierknochen hätten eine Feinstruktur winziger Kanälchen ähnlich wie in den Knochen der Säuger ergeben – das wird wei-

terhin ins Feld geführt. Doch eine solche Feinstruktur fehlt den Knochen mancher Nagetiere, während die Gräten kaltblütiger Fische sie aufweisen.
Schließlich beruft sich Bakker auf die Grabungsprotokolle namhafter Dinosaurier-Fundstellen, wo die Beutetiere in Überzahl zu den Räubern gewesen sein sollen. Nur Warmblüter müßten wegen ihres Stoffwechsels soviel Nahrung aufnehmen. Doch wissen wir wirklich, welche und wie viele uns unbekannter Faktoren in fossilen Zeiten zusammenwirkten? Was ist mit den pflanzenfressenden Dinosauriern? Und benötigen die wechselwarmen Schildkröten oft nicht mehr an Nahrung als vergleichsweise manche Säuger?
Für Bakker sind die Dinosaurier keine Reptilien und somit auch keine Verwandte zu den Krokodilen, Schildkröten, Echsen und Schlangen. Sie sollen sich wie die Reptilien aus Reptilienvorfahren entwickelt haben und mit den Vögeln in eine eigene neue Klasse der Wirbeltiere gehören. Eine Zeitschrift zog daraus denn auch die verblüffende Folgerung:
»Die Dinosaurier sind überhaupt nicht ausgestorben, ihre Nachkommen zwitschern in den Zweigen.«

Eine Königskobra als Nachtwächterin

Im Aquarium des Stockholmer Zoos erbeuteten Einbrecher die Kasse mit rund 5 000 Mark. Wozu ernährt man eine Königskobra? Sie wurde als Nachtwächterin dienstverpflichtet. Sobald der letzte Besucher gegangen ist, wird sie aus ihrem Terrarium entlassen und bewacht nun Kasse und wertvolle Tiere. Ist es nicht etwas lästig, sie jeden Morgen wieder einzufangen, und könnte sie den, der es besorgt, nicht auch für einen Einbrecher halten? Doch einen Vorteil hat es: Da ein Mensch nach einem Biß binnen einer Viertelstunde tot ist, liefert sie des Einbrechers Leiche »gleich mit« und erspart der Polizei zeitraubende Nachforschungen.

Wer ist der größte Schlangenbeschwörer?

Eine Nachricht aus Haiderabad, der Großstadt im Süden Pakistans am unteren Indus, liegt noch auf meinem Tisch. Hier wurde im Stadion bei 15 000 Zuschauern ein viertägiger Wettkampf der Zunft pakistanischer Schlangenbeschwörer ausgetragen. 50 000 Rupien (etwas über 10 000 DM) an Gewinn lockten. Den Sieg in allen Klassen errang der legendäre Photo Khan im spannenden Wettstreit gegen Nawab von Tajpur. Auch er ist eine bekannte Persönlichkeit mit Verdiensten um das Hospital, das Blutkrebs mit Schlangengift heilt. Doch dieser uralte Schlangenbeschwörer ließ sich von Photo Khan austricksen: Er konnte nicht beweisen, daß seine Vorführkobra giftig ist. Die Kaninchen, die sie biß, blieben am Leben. Sein Gegner Photo Khan hatte die Kobra »beschworen«. Erst als er seinen Bann löste, fiel das nächste gebissene Kaninchen auf der Stelle tot um. Nawab von Tajpur gab sich geschlagen.
»Neuester Weltrekordler im ›Schlangensitzen‹ ist Peter Snyman im südafrikanischen Hartbeespört, der 50 Tage und Nächte – der bisherige Rekord lag bei 36 Tage und Nächten – in einem Glashaus mit 24 der gefährlichsten Giftschlangen verbrachte. Sie krochen nach einigen Tagen zu ihm ins Bett und untersuchten Augen, Nase und Ohren.«

Die Liebe zu Reptilien

Da ruft mich unsere Raumpflegerin, die im Wintergarten die Terrarien putzt. Was hat sie nun wieder angestellt?
Sie nichts! Doch mein mittelgroßer Bengalwaran (Varanus bengalensis), ein seltenes, wertvolles Tier, das nun unter höchstem Naturschutz steht, hat mit einem gezielten Schwanzhieb eine Scheibe seines Terrariums durchschlagen.Er gewöhnt sich schlecht an so neumodische Errungenschaften wie Staubsauger und unruhestiftende Putzfrauen. Im Grunde meiner Seele vermag ich es ihm nachzufühlen.
Doch ich muß in den Keller und eine neue Scheibe schneiden und einsetzen. Unsere Raumpflegerin wundert sich über meine Gelassenheit: Warum ließe ich mich von einem so ungezogenen Tier ärgern? Und überhaupt, warum nähme ich die viele Arbeit mit den Reptilien auf mich?
Was soll ich ihr antworten?
Die Wahrheit: Wissensdurst und die Freude am Beobachten, Entdecken und Forschen spielen gewiß mit. Doch letztlich ist es die Liebe zu den Reptilien – den Verfemten des Tierreichs. Eine Liebe, die zum Sehenden und Wissenden macht, herausreißt aus der Gleichgültigkeit gegenüber liebenswürdigen und zumeist liebenswerten Geschöpfen, die der Schwierigkeiten und Gefahren nicht achtet, und die mich dieses Buch schreiben ließ – vielleicht gewinnt es wirklich neue Freunde für unsere Reptilien?

Literatur

Angel, F.: *Fauna de France. Reptiles et Amphibiens.* Paris 1946.
Augusta, J., und Z. Burian: *Flugsaurier und Urvögel.* Prag 1961.
Bechtle, W.: *Bunte Welt im Terrarium.* Bunte Kosmos-Taschenführer. Stuttgart 1971.
Behringwerke: *Die Giftschlangen der Erde.* Mitteilungen der Behringwerke. Marburg 1963.
Bellairs, A.: *The Life of Reptiles.* Deutsch »Die Reptilien« von H. Wermuth. Lausanne 1971.
Berndt, T.: *Kleine Terrarienkunde.* Wiesbaden 1966.
Boulenger, G. A.: *Monograph of the Lacertidae.* London 1921.
Bourret, R.: *Les serpents de l'Indochine.* Toulouse 1936.
Brehm, A. E.: *Tierleben.* Bd. 7 »Die Kriechtiere und Lurche« 3. Aufl. bearb. v. Pechuel-Loesche. Leipzig, Wien 1892.
– : *Brehms Neue Tierenzyklopädie.* Bd. 9 »Reptilien, Amphibien«. Freiburg 1976.
Brock, J.: *Krokodile.* Kleine DATZ-Bücherei Nr. 22. Stuttgart 1965.
Bruno, S., und Maugeri: *Rettili d'Italia.* Florenz 1976.
Brunton, P.: *Geheimnisvolles Ägypten.* Zürich 1951.
Bücherl, W.: *Das Haus der Gifte.* Stuttgart 1963.
Carr, A.: *The Reptiles.* Deutsch »Die Reptilien« von K. Klemmer. Das farbige LIFE Bildsachbuch. Reinbek 1976.
– : *Handbook of Turtles of USA, Canada and Baya California.* New York 1952.
Chasteler, G. M.: *Was weißt du wirklich über Schlangen?* Perlen-Reihe 103. Wien, München 1956.
Ditmars, R. L.: *Snakes of the World.* New York 1937.
Dottrens, E.: *Bastraciens et Reptiles d'Europe.* Neuchâtel 1963.
Easterbrook, M. S.: *A Book of East African Snakes.* Mombasa 1965.
Ehrenberg, K.: *Paläozoologie.* Wien 1960.
Fitz Simons, V. F. M.: *A Field Guide to the Snakes of Southern Africa.* Glasgow, London 1974.
– : *Snakes.* Deutsch »Schlangen« von R. Imscheidt. Stuttgart 1934.
Floericke, K.: *Kriechtiere und Lurche fremder Länder.* Stuttgart 1912.
Frank, W.: *Schlangen im Terrarium.* Das Vivarium. Stuttgart 1978.
Freytag, G. E.: *Vom Wasser zum Landleben.* Leipzig, Jena, Berlin 1976.
Frommhold, E.: *Die Kreuzotter.* Neue Brehm-Bücherei 332. Wittenberg 1964.
– : *Heimische Lurche und Kriechtiere.* Neue Brehm-Bücherei 49. Wittenberg 1954.
– : *Wir bestimmen Lurche und Kriechtiere Mitteleuropas.* Radebeul 1959.
Gerlach, R.: *Salamandrische Weit.* Hamburg 1960.
Geus, A.: *Schlangen, ihre Haltung und Pflege.* Lehrmeister-Bücherei 167. Minden 1961.
Gläss, H., und W. Meusel: *Die Süßwasserschildkröten Europas.* Neue Brehm-Bücherei 418. Wittenberg 1969.
Gow, G. F.: *Snakes of Australia.* Sydney 1976.
Grzimek, B.: *Grzimeks Tierleben.* Bd. 6 Kriechtiere. Zürich 1971.
Habermehl, G.: *Gift-Tiere und ihre Waffen.* Berlin, Heidelberg, New York 1976.
Hediger, H.: *Die Schlangen Mitteleuropas.* Basel 1936.
Herter, K.: *Das Tierreich.* Sammlung Göschen Bd. VII, Teil 4 Kriechtiere. Berlin 1960.
Huene, F. von: *Die Saurierwelt.* Jena 1954.
Jahn, J.: *Kleine Terrarienkunde.* Lehrmeister-Bücherei 66. Minden 1975.
– : *Schildkröten.* Lehrmeister-Bücherei 166. Minden 1969.
Jocher, W.: *Schildkröten.* Das Vivarium. Stuttgart 1969.
– : *Futter für Vivarientiere.* Das Vivarium. Stuttgart 1954.
Kaiser, E., und H. Michl: *Die Biochemie der tierischen Gifte.* Wien 1958.
Kästle, W.: *Echsen im Terrarium.* Das Vivarium. Stuttgart 1974.
Kinghorn, J. R.: *Snakes of Australia.* Sydney 1964.
Klemmer, K.: *Liste der rezenten Giftschlangen.* Marburg 1963.
Klingelhöffer, W.: *Terrarienkunde.* 2. Aufl. hrsg. v. C. Scherpner. Stuttgart 1955.
Klobusitzky, D. de: *Giftschlangen und Schlangengifte.* Orionbücher 143. München 1960.
Knortz, K.: *Reptilien und Amphibien in Sage, Sitte und Literatur.* Annaberg 1911.
Krebs, J.: *Schildkröten.* Perlen-Reihe 117. Wien, München, Zürich 1968.
Krefft, G.: *Die Schildkröten.* Braunschweig 1949.
Krefft, P.: *Das Terrarium.* Berlin 1908.

Kuhn, O.: *Die deutschen Saurier.* München 1968.
– : *Die vorzeitlichen Krokodile.* München 1968.
– : *Die Familien der rezenten und fossilen Amphibien und Reptilien.* Bamberg 1958.
– : *Die Reptilien.* System und Stammesgeschichte. München 1966.
– : *Die Lurche und Kriechtiere der Vorzeit.* Neue Brehm-Bücherei 217. Wittenberg 1958.
– : *Handbuch der Paläoherpetologie.* 19 Teile. Hrsg. v. P. Wellnhofer. Stuttgart 1978.
– : *Handbook of Paleoichtyology.* 10 Teile. Hrsg. v. H. P. Schultze. Stuttgart 1978.
Kundert, F.: *Fascination.* Bildband. Spreitenbach 1974.
Küster, E.: *Die Schlange in der griechischen Kunst und Religion.* Gießen 1913.
Leydig, F.: *Die in Deutschland lebenden Arten der Saurier.* Tübingen 1872.
Loveridge, A.: *Reptiles of the Pacific World.* New York 1954.
Lüdicke, M.: *Handbuch der Zoologie.* Bd. 7 Ordnung der Klasse Reptilia: Serpentes. Berlin 1962/64.
Macauley, R.: *Crocodile trader.* London 1960.
Martini, M., H. Rabe und R. Upham: *Schlangen- und Insektengifte.* Nachdruck 1953.
Mell, R.: *Grundzüge einer Ökologie der chinesischen Reptilien.* Berlin, Leipzig 1929.
Mertens, R.: *Kriechtiere und Lurche.* Stuttgart 1972.
– : *Zwischen Atlantik und Pazifik.* Stuttgart 1951.
– : *Naturforschererinnerungen vom Mittelmeer.* Stuttgart 1916.
– und H. Wermuth: *Die Amphibien und Reptilien Europas.* Senckenberg-Buch 38. Frankfurt am Main 1960.
– : *The world of Amphibians and Reptiles.* New York, London, Toronto 1960.
Merwald, F.: *Tiere der Welt.* Bd. 2 Reptilien, Amphibien, Fische. Linz 1967.
Mlynarski, M.: *Fossile Schildkröten.* Neue Brehm-Bücherei 396. Wittenberg 1963.
Nietzke, G.: *Die Terrarientiere.* 2. Aufl. Stuttgart 1977.
Nikol'skii, A. M.: *Fauna of Russia and adjacent Countries.* Reptiles, Bd. 1 Chelonia and Sauria. Petrograd 1916.
– : *Fauna of Russia and adjacent Countries.* Reptiles Bd. 2 Ophidia. Petrograd 1916.
Obst, F. J., und W. Meusch: *Die Landschildkröten Europas.* Neue Brehm-Bücherei. Wittenberg 1963.
Pawlowsky, E. N.: *Gifttiere und ihre Giftigkeit.* Jena 1927.
Perkins, L.: *Amphibien und Reptilien.* Wiesbaden 1974.
Peters, G.: *Urania Tierreich.* Bd. 4 Fische, Lurche, Kriechtiere. Jena, Berlin 1969.
Pope, C. H.: *The Giant Snakes.* New York 1961.
– : *The Reptiles of China.* New York 1935.
Radovanović, M.: *Rassenbildung bei den Eidechsen auf Adriatischen Inseln.* Wien 1956.
Reichenbach-Klinke, H. H.: *Krankheiten der Reptilien.* Stuttgart 1978.
Reichert, E.: *Giftschlangen im Terrarium.* Perlen-Reihe 102. Wien, München 1952.
Renker, G.: *Verkanntes Schlangenvolk.* Hameln, Hannover 1966.
Rollinat, R.: *La Vie des Reptiles de la France Centrale.* Paris 1934.
Rotter, J.: *Die Warane (Varanidae).* Neue Brehm-Bücherei 325. Wittenberg 1963.
Sachs, W. B.: *Giftzahn und Schleuderzunge.* Stuttgart 1948.
– und R. Oeser: *Terrarienpflege leichtgemacht.* Stuttgart 1961.
Schmidt, K. P., und R. F. Inger: *Living Reptiles of the World.* Deutsch »Reptilien« von H. Wermuth in: Knaurs Tierreich in Farbe. München, Zürich 1975.
Schneider, F.: *Die Pflanzen des Terrariums.* Lehrmeister-Bücherei 960. Minden 1956.
Schreiber, E.: *Herpetologica europaea.* Jena 1912.
Sielmann, H.: *Ins Reich der Drachen und Zaubervögel.* München, Gütersloh, Wien 1972.
Stanek, V. J.: *Ungiftige Schlangen.* Prag 1962.
– : *Achtung Giftschlangen!* Prag 1960.
– : *Die Drachensippschaft.* München 1959.
Steel, R.: *Die Dinosaurier.* Neue Brehm-Bücherei 432. Wittenberg 1970.
Steinheil, F.: *Die europäischen Schlangen.* Jena 1928.
Stemmler-Morath, C.: *Schlangen.* Gute Schriften. Basel 1968.
– : *Freundschaft mit Tieren.* Erlenbach 1941.
Sternfeld, R., und G. Steiner: *Die Reptilien und Amphibien Mitteleuropas.* Heidelberg 1952.
Swanson, S.: *Lizards of Australia.* Sydney 1976.
Terentev, T. V., und S. A. Chernov: *Key to Amphibians and Reptiles.* Moskau 1949.

Trutnau, L.: *Europäische Amphibien und Reptilien.* Stuttgart 1975.
Uthmöller, W.: *Schlangen, wie ich sie sah.* Lengerich 1950.
Visser, J.: *Poisonous Snakes of Southern Africa and the Treatment of Snakebite.* Kapstadt 1966.
Vogel, Z.: *Riesenschlangen aus aller Welt.* Neue Brehm-Bücherei 402. Wittenberg 1968.
– : *Wunderwelt Terrarium.* Leipzig 1963.
Vogt, D., und H. Wermuth: *Knaurs Aquarien- und Terrarienbuch.* München, Zürich 1961.
Weltzel, H.: *Von Ottern und Nattern.* Braunschweig 1934.
Wermuth, H.: *Taschenbuch der heimischen Amphibien und Reptilien.* Leipzig 1957.
– und R. Mertens: *Schildkröten, Krokodile, Brückenechsen.* Jena 1961.
– und K. Fuchs: *Bestimmen von Krokodilen und ihrer Häute.* Frankfurt am Main 1978.
Werner, F.: *Die Amphibien und Reptilien Griechenlands.* Stuttgart 1938.
Wittmann, B.: *Europas Giftschlangen.* Wien, München 1954.
Wood, L. N.: *Schlangen, seltene Tiere und Insekten.* Berlin, Stuttgart 1949.
Worrel, E.: *Reptiles of Australia.* Sydney 1964.
Wright, A. H., und A. A. Wright: *Handbook of Snakes of the United States and Canada.* Bd. 1 und 2. New York 1937.
Wykes, A.: *Snake Man.* Deutsch »Der Schlangenfänger« von G. Holsten. Stuttgart 1962.

Zeitschriften

Aquarienmagazin. Neue Monatshefte für Aquarien- und Vivarienkunde. Franckh'sche Verlagshandlung. Stuttgart.
Aquarien und Terrarien. Monatsschrift für alle Gebiete der Aquarien- und Terrarienkunde. Urania. Leipzig, Jena.
British Journal of Herpetology. British Herpetological Society. London.
Copeia. American Society of Ichthyologists and Herpetologists. Washington D. C.
Das Aquarium. Zeitschrift für Aquarien- und Terrarienfreunde. Verlag Engelbert Pfriem. Wuppertal-Elberfeld.
Die Aquarien- und Terrarienzeitschrift. Alfred Kerner Verlag. Stuttgart.
Herpetologica. Herpetologists League. Chicago.
Herpetological Review. Society for the Study of Amphibians and Reptiles. Cincinnati.
Journal of Herpetology. Society for the Study of Amphibians and Reptiles. Cincinnati.
Lacerta. Nederlandse Vereniging voor Herpetologie en Terrariumkunde. Gravenhage.
Maandelijks Medelingenblad. Nederlandse Schildpadden-Vereniging. Deventer.
Salamandra. Deutsche Gesellschaft für Herpetologie und Terrarienkunde. Frankfurt am Main.
Senckenbergiana biologica. Wissenschaftliche Mitteilungen der Senckenbergischen Naturforschenden Gesellschaft. Verlag Cramer. Frankfurt am Main.
The Snake. The Japan Snake Institute. Nittagun.
Zeitschrift für Vivarienkunde. Mitteilungsblatt der Conföderation europäischer Vivarianer.
Zoologica. Originalabhandlungen aus dem Gesamtgebiet der Zoologie. Schweizerbart'sche Verlagsbuchhandlung. Stuttgart.

Register

Cold Spring
New York
Hopi-Land
Norris Dam
Rancho Nuevo
Marrakesch
Goulimine
Dakar
Tortuguero
Galapagos
Leticia
Ascension
Salvador
São Paulo

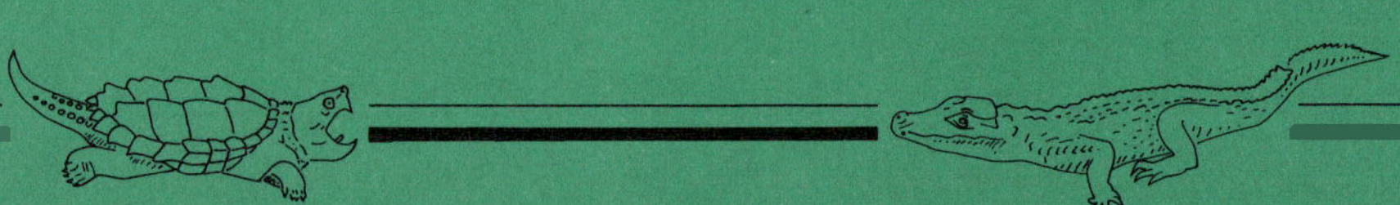